PRÄPARATIVE ANORGANISCHE CHEMIE

VON

HORSTMAR HECHT

SPRINGER-VERLAG BERLIN HEIDELBERG GMBH

Präparative Anorganische Chemie

Von

Dr. rer. nat. Horstmar Hecht
Assistent am Chemischen Institut der Universität Greifswald

Mit 58 Abbildungen

Springer-Verlag Berlin Heidelberg GmbH

ISBN 978-3-642-52828-6   ISBN 978-3-642-52827-9 (eBook)
DOI 10.1007/978-3-642-52827-9

Ursprünglich erschienen bei Springer-Verlag OHG., Berlin/Göttingen/Heidelberg 1951
Softcover reprint of the hardcover 1st edition 1951

Vorwort.

Eines der wichtigsten Ziele des anorganischen Ausbildungsganges besteht in der Vermittlung einer möglichst ausgedehnten und umfassenden Stoffkenntnis. Innerhalb dieser Zielsetzung bleibt der bisher in den Vordergrund gerückten analytischen Chemie weiterhin eine große Rolle vorbehalten. Sie erzieht den Lernenden zu sauberem, exaktem Arbeiten und gibt ihm selbst wie auch dem Lehrenden eine einfache Kontrollmöglichkeit, inwieweit Verständnis für die typische Reaktionsweise der einzelnen Verbindungen und Beherrschung des rein Handwerklichen von Stufe zu Stufe wirklich erreicht ist. Die Analyse ist also mehr Mittel zum Zweck geworden, und zwar nicht nur aus didaktischen Gründen, sondern ebensosehr auf Grund der Tatsache, daß die in der Praxis angewandten Verfahren des Nachweises und der Bestimmung seit der Entwicklung physikalischer und mikrochemischer Methoden vielfach ganz andere sind als die vom Anfänger geübten.

Im Einklang mit dieser Entwicklung steht jedoch auch eine wesentlich stärkere Betonung des präparativen Arbeitens schon während der „anorganischen" Semester. Kein Student sollte heute zum organischen Praktikum übergehen, ohne eine Anzahl schwierigerer anorganischer Präparate angefertigt zu haben. Die Zeit, da die anorganische Chemie als abgeschlossene Wissenschaft erschien, ist vorüber, und nichts bringt dies dem Studierenden besser zum Bewußtsein, als die Beschäftigung mit Präparaten, die ihn einerseits mit der oft recht subtilen modernen Experimentaltechnik bekannt macht, anderseits mit Stoffklassen, die von der analytischen Chemie kaum berührt werden, wie Säurehalogenide, Carbonyle usw. Es genügt heute nicht mehr, sich im Anfängerpraktikum auf die Chemie in wässerigen Lösungen zu beschränken. Feuchtigkeits- und luftempfindliche Substanzen müssen ihrer Bedeutung gemäß in den Gesichtskreis der Studierenden gerückt werden, und das experimentelle Umgehen mit ihnen muß geübt werden.

Unter diesen Gesichtspunkten wird das Fehlen bzw. Vergriffensein brauchbarer Anleitungen zum präparativen Arbeiten in der anorganischen Chemie als schwerer Mangel empfunden. Der Verfasser hofft, mit der vorliegenden Auswahl von Arbeitsvorschriften diesem Mangel abzuhelfen. Bei ihrer Zusammenstellung wurde angestrebt, in möglichst viele Stoffklassen vorzudringen und dadurch den Überblick über die anorganische Chemie abzurunden. Ferner wurde Wert darauf gelegt, neben bekannten und bewährten Vorschriften auch solche aus dem neueren Schrifttum aufzunehmen. Wo einzelne Bevorzugungen bemerkt werden, erklären sie sich natürlich dadurch, daß der Verfasser auf manchen Gebieten besondere Erfahrungen sammeln konnte; wie überhaupt nach Möglichkeit alle Vorschriften auf ihre Verläßlichkeit geprüft wurden. Anderseits wird vielleicht manches vermißt werden, besonders bei solchen Stoffklassen, bei denen — wenn der Darstellende nicht schon über besondere Erfahrung verfügt, und wenn nicht komplizierte Geräte und Untersuchungsmethoden zu Gebote stehen — der Erfolg der Darstellung fraglich oder schwer kontrollierbar ist. Für Hinweise auf weitere erwünschte und verläßliche Vorschriften wäre der Verfasser dankbar.

Den einzelnen Kapiteln, mitunter auch speziellen Vorschriften, sind kurze allgemeine Hinweise vorangestellt, die jedoch — dies sei betont — lediglich dazu bestimmt sind, Anregung zur näheren Information über die durchzuführende Aufgabe in größeren Lehrbüchern oder in der Originalliteratur zu geben.

Herrn Professor Dr. G. Jander, Greifswald, danke ich für die Anregung zu diesem Buch und für die weitgehende Unterstützung, die er der Durchführung meiner Arbeit zuteil werden ließ. Für unermüdliche Hilfe bei der Herstellung des Manuskripts danke ich Fräulein cand. chem. R. Greese, sowie Herrn stud. chem. Theus für die Hilfe bei der Korrektur. Auch seien die zahlreichen Praktikanten des Instituts nicht vergessen, die die neueren Vorschriften häufig kontrolliert und dadurch eine wesentliche Bereicherung der Auswahl ermöglicht haben. Schließlich danke ich dem Springer-Verlag, der auf meine Wünsche bereitwillig eingegangen ist und das Buch in so guter Ausstattung herausgebracht hat.

Greifswald, im Juli 1951.

H. Hecht

Inhaltsverzeichnis.

I. Allgemeine Arbeitsmethoden[1].

1. Erhitzen.

Luftheizung. Kolbenartige Reaktionsgefäße bedürfen, namentlich bei höheren Temperaturen, eines möglichst gleichmäßigen Erhitzens, um die Gefahr des Springens zu vermeiden. Eine gleichmäßige Heizung mit durch eine Bunsenflamme erhitzter Luft wird durch den Baboschen Trichter (Abb. 1) gewährleistet. Die Heizung kann auch durch entsprechend gewickelte Widerstandsdrähte elektrisch erfolgen.

Wasserbäder sind für Erhitzungen auf ungefähr 80° eine Heizquelle von guter Konstanz, sofern für einen dauernden Zufluß von Wasser durch die Überlaufvorrichtung (Abb. 2) Sorge getragen wird. Die kolbenartigen Gefäße werden

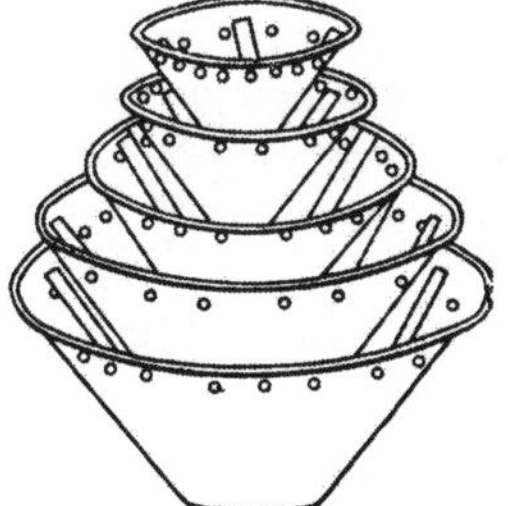

Abb. 1. Babo-Trichter.

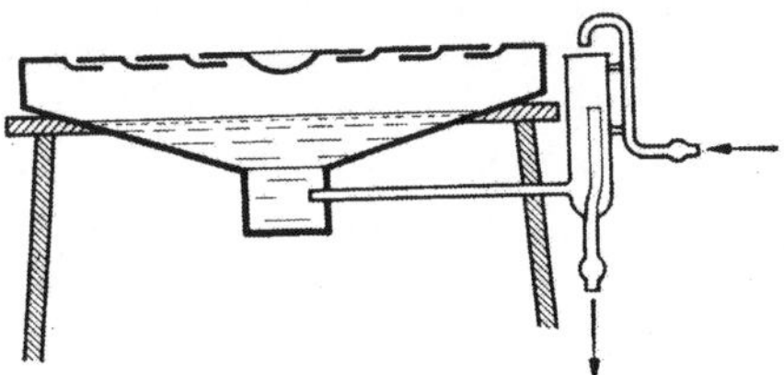

Abb. 2. Wasserbad.

möglichst weit durch einen passenden Einsatzring in das Bad eingetaucht, Eindampfschalen ebenfalls so weit wie möglich eingesenkt, um die Verdampfungsgeschwindigkeit zu steigern. Das Wasserbad der Abb. 2 ist für Beheizung durch eine Bunsenflamme eingerichtet, sehr zweckmäßig sind, namentlich beim Arbeiten mit leicht entflammbaren Stoffen wie Äther, usw. elektrisch beheizte Wasserbäder.

Für mittlere Temperaturen werden vorzugsweise *Ölbäder* benutzt, die Badflüssigkeiten befinden sich in einer Metallschale oder einem passenden Becherglas aus widerstandsfähigem Jenaer Glas. Als Badflüssigkeiten können Paraffinöl bis 250° oder festes Paraffin bis 300° verwendet werden, wobei bei diesen Temperaturen aber schon lästige Rauchentwicklung beginnt. Konzentrierte Schwefelsäure kann bis 200° benutzt werden, beginnt aber ebenfalls dann zu rauchen. Allgemein ist bei Destillationen die Temperatur der Badflüssigkeit um 20···30° höher zu wählen, als die Siedetemperatur der zu destillierenden Flüssigkeit. Höhere Temperaturen

---

[1] Genauere Einzelheiten über apparative Voraussetzungen zum präparativen Arbeiten findet man in: Stähler: Handbuch der anorganischen Arbeitsmethoden; Wittenberger, W.: Chemische Laboratoriumstechnik. Wien: Springer 1942 u. K. Bernhauer: Einführung in die organisch-chemische Laboratoriumstechnik. Wien: Springer 1942.

erzielt man auf dem *Sandbad* (Eisenschale mit gesiebtem Sand), das hauptsächlich zum Erhitzen von Eindampfschalen benutzt wird. Gleichmäßige Temperaturen zum Erhitzen von Kolben usw. erhält man in *Metallbädern*, die niedrigschmelzende Legierungen (z. B. Woodsches Metall: 4 Teile Wismut, 2 Teile Blei, 1 Teil Cadmium und 1 Teil Zinn oder Rosesche Legierung: 9 Teile Wismut, 1 Teil Blei und 1 Teil Zinn) enthalten. Vor dem Erstarren des Metallbades werden die Kolben aus demselben herausgenommen.

Für höhere Temperaturen wird vornehmlich die direkte Heizung mit Gas verwendet, wobei das Gefäßmaterial dem gewünschten Temperaturgrad anzupassen ist. Glas erweicht bereits bei 400···500°, schwerschmelzbares Glas (Supremax) bei 800°, für höhere Temperaturen ist die Verwendung von Porzellan, Quarzgut (undurchsichtig) oder am besten von klargeschmolzenem Quarzglas notwendig.

Elektrische Heizung ist wegen ihrer Konstanz und Regulierbarkeit für viele präparative Zwecke unerläßlich, zumal die Widerstandsheizung eine Zuführung der Wärmemenge auch an schwer zugänglichen Stellen einer Apparatur ermöglicht.

Die Widerstandsheizung beruht prinzipiell darauf, daß durch elektrischen Strom geheizte Drähte die für die gewünschte präparative Manipulation erforderlichen Temperaturen erzeugen. Am allgemeinsten sind Tiegelöfen und Röhrenöfen verwendbar oder auch Konstruktionen, die beide Verwendungsarten ermöglichen. Die erzielbaren Höchsttemperaturen sind wiederum vom Drahtmaterial abhängig. Für Temperaturen bis 1000° (Dauerbetrieb!) sind Chrom-Nickel-Legierungen verwendbar, über 1000°···1100° Platinwicklungen, für noch höhere Temperaturen auch Molybdändraht (unter Schutzgasatmosphäre). Die Widerstandsheizung mit Silitstäben ermöglicht Temperaturen bis 1400° zu erzeugen.

Auf die einzelnen Ausführungsarten weiterer Ofentypen (Kohlerohr-Kurzschlußofen, Hochfrequenz-Induktionsofen usw.) muß hier auf einschlägige Spezialwerke verwiesen werden[1].

2. Kühlen.

Zur Durchführung stark exothermer Reaktionen und zur Darstellung temperaturempfindlicher Stoffe bedarf es häufig intensiver Kühlung, ebenfalls, wenn durch Abkühlung einer Lösung eine Kristallisation des gelösten Stoffes herbeigeführt oder gasförmige Stoffe zu Flüssigkeiten oder festen Stoffen kondensiert werden sollen.

Die Auswahl eines geeigneten Kühlmittels erfolgt je nach den benötigten Kältegraden.

Für geringe Temperaturerniedrigungen wird das Eis das am besten zugängliche Kühlmittel darstellen, das in fein zerstoßenem Zustand oder am besten als Schnee verwendet wird, um eine möglichst innige Berührung mit dem zu kühlenden Gefäß zu gewährleisten, was auch durch Zugabe von etwas Wasser unterstützt werden kann.

Zur Erzielung tieferer Temperaturen benutzt man die Kältemischungen von Eis und Salzen, die höchstmöglichen Temperaturerniedrigungen können der folgenden Tabelle entnommen werden. Eine besonders gute Durchmischung ist für die Erreichung der maximalen Minustemperatur von großer Wichtigkeit.

---

[1] Goerens, P.: Einführung in die Metallographie, S. 165. — Eitel, W.: Physikalische Chemie der Silikate, Leipzig 1941, S. 312.

Tabelle 1. *Kältemischungen.*

		Erreichbare Temperatur
100 Gewichtsanteile Schnee oder fein zerstoßenes Eis	+ 33 Teile Natriumchlorid	– 20°
,,	+ 100 Teile Kalisalz (Staßfurter S.)	– 30°
,,	+ 150 Teile (kryst.!) Calciumchlorid, $CaCl_2 \cdot 6H_2O$	– 49°
,,	+ 100 Teile konz. Salzsäure (D. 1,18)	– 37,5°
,,	+ 50 Teile Salpetersäure	– 56°

Die feste Kohlensäure (Kohlendioxyd ist bei Atmosphärendruck nicht flüssig beständig!) oder das „Trockeneis" ist einer der saubersten und angenehmsten Kälteerzeuger für Temperaturen bis – 79° oder in Kältemischungen bis – 90°. Es ist in Form von Blöcken im Handel erhältlich und verdunstet so langsam, daß es in geeigneter Verpackung durchaus ohne allzu großen Verlust 12···24 Stunden transportiert werden kann. Im Laboratorium wird es in einem passenden Dewar-Becher aufbewahrt, in dem ein 5 kg-Block nach ungefähr fünf Tagen erst allmählich verdunstet ist. Das im Mörser zerkleinerte Trockeneis wird zu einer im Dewar-Becher befindlichen organischen Flüssigkeit bis zur gewünschten Temperaturerniedrigung gegeben, wobei man zunächst das Aufsprudeln des gasförmig entweichenden Kohlendioxyds abwartet.

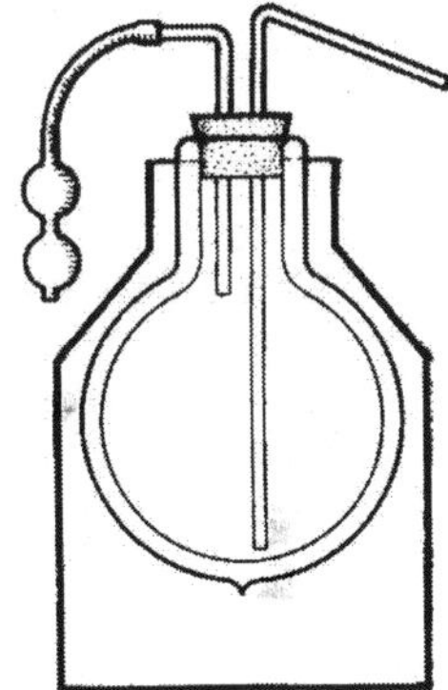

Abb. 3. Vorrats-Dewar-Gefäß für flüssige Luft.

Für die Erzeugung noch tieferer Temperaturen dient die flüssige Luft, ein Gemisch von flüssigem Sauerstoff und Stickstoff; Sauerstoff siedet bei – 183°, während Stickstoff bei – 196° siedet, so daß sich die flüssige Luft beim Stehen dauernd an Sauerstoff anreichert. Der flüssige Stickstoff ist für den Gebrauch im Laboratorium als Kühlmittel insofern angenehmer, als die stark oxydativen Eigenschaften des flüssigen Sauerstoffs auf organische Stoffe und Lösungsmittel hier ausgeschaltet sind. Es darf z. B. keinesfalls Äther oder Azeton durch Zugabe von flüssiger Luft gekühlt werden, da die gebildeten Ätherperoxyde zu explosionsartigem Zerfall neigen. Auch Aktivkohle usw. ist unbedingt von der Berührung mit flüssiger Luft auszuschalten. Die Aufbewahrung der flüssigen Luft erfolgt in einem kannenartigen Dewargefäß (s. Abb. 3). Dies sind doppelwandige Glasgefäße, deren Zwischenraum durch Evakuieren zum Wärmeisolator geworden ist. Zur Vermeidung von Kälteverlusten durch Strahlung ist die Innenwand versilbert oder verkupfert. Die Dewar-Gefäße sind sorgfältig in einen passenden Holzfuß zu stellen, ohne die Abschmelzspitze zu verletzen. Beim Eingeben der flüssigen Luft ist diese möglichst in trockene Becher zu gießen, die am Boden etwas Glaswolle (keine Watte oder dgl.!) enthalten können. Man vermeide eine Berührung der Kühlflüssigkeit mit dem oberen Rand des Gefäßes. Um sich vor Verletzungen zu schützen, fasse man den Becher beim Umgießen usw. mit einem umgewickelten Tuch an, so daß man beim Zerspringen (Implosion!) mit den Scherben nicht in Berührung kommt. Aus der Vorratskanne wird die flüssige Luft durch einen Heber in das gewünschte Gefäß hinüber gedrückt.

Zur Kühlung von Dämpfen und Gasen verwendet man zum Zwecke der Rückführung verdampfter Lösungsmittel in das Reaktionssystem die Rückflußkühler, die in verschiedenen Typen im Handel sind (s. Abb. 4) und je nach dem Siedepunkt der siedenden Flüssigkeit entsprechend mit Kühlflüssigkeit durchströmt werden müssen[1] oder zur Kondensation von Gasen sog. Gaskühlfallen (s. Abb. 5), die entsprechend stark gekühlt werden können und das zu kondensierende Gas in flüssiger oder in fester Form zur Abscheidung bringen.

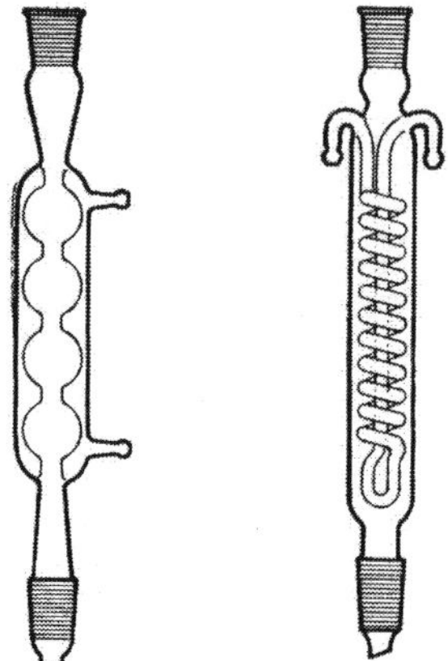

Abb. 4. Rückflußkühler links Kugelkühler rechts Schlangenkühler.

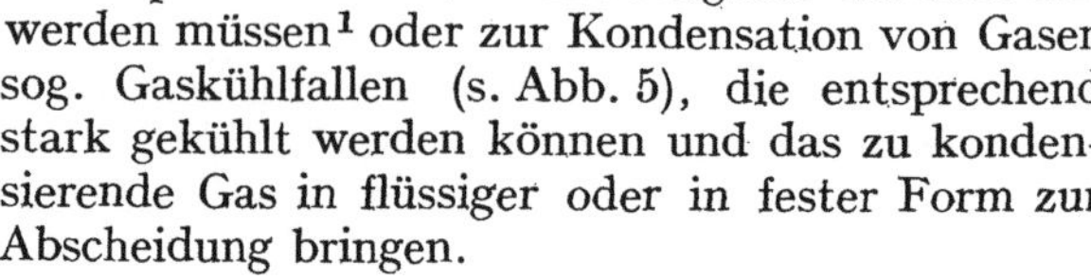

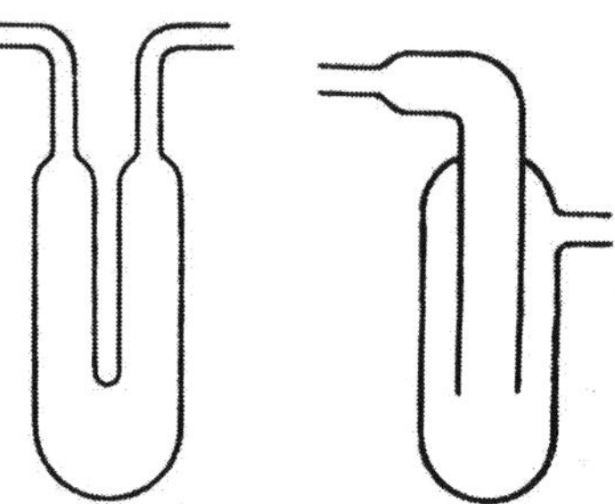

Abb. 5. Gaskühlfallen.

3. Anwendung von Vakuum.

Die Durchführung vieler präparativer Operationen ist nur im mehr oder weniger weitgehenden Vakuum möglich, sei es, um physikalisch günstigere Bedingungen (Vakuumdestillation, Siedepunktserniedrigung!) zu erhalten, oder um reaktionsfähige Gase von den reagierenden Stoffen fernzuhalten.

Erzeugung des Vakuums. Das gangbarste Gerät zur Erzeugung des Vakuums im Laboratorium ist die Wasserstrahlpumpe, die bei guter Arbeitsweise aber nur ein Vakuum von 10···14 mm Hg (wegen des Eigendampfdruckes des Wassers) liefern kann. Neben üblichen Ausführungen der Wasserstrahlpumpen in Glas (s. Abb. 6) sind die entsprechenden Metallpumpen sehr wirksam. (Weitere Einzelheiten s. Vakuumdestillation (S. 9).)

Für höhere Vakua kommen dann die Ölpumpen verschiedener Typen in Frage, deren erreichbarer Minimaldruck ebenfalls durch den Dampfdruck des Öls bestimmt wird und oft weit unter 0,1 mm Hg liegt, sofern das Pumpenöl durch Substanzen höheren Dampfdruckes nicht verunreinigt ist. Aus diesem Grunde sind die Ölpumpen und auch die Quecksilberpumpen durch vorgeschaltete Kühlfallen und Trockentürme, die mit geeigneten Absorptionsmitteln beschickt sind, vor dem Eindringen von Stoffen höheren Dampfdruckes zu schützen.

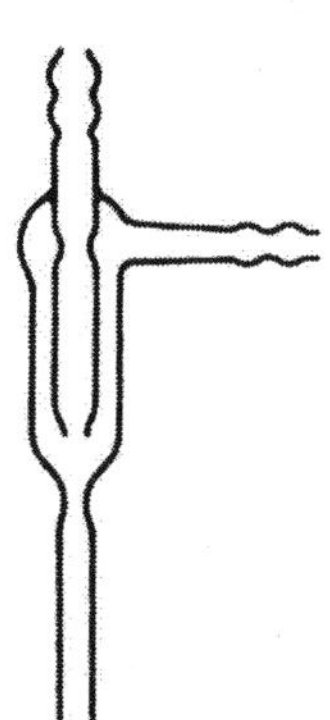

Abb. 6. Wasserstrahlpumpe.

Das Prinzip der Wasserstrahlpumpe kann auf eine entsprechende Quecksilberpumpe übertragen werden, die sog. Volmersche Quecksilberdampfstrahlpumpe, in der der Wasserstrahl durch einen Quecksilberdampfstrahl ersetzt ist. Erreichbares Vakuum 0,001 mm Hg. Die Quecksilberdiffusionspumpen beruhen auf dem Prinzip, daß das Gas in strömenden Quecksilberdampf hineindiffundiert; auf diese Weise werden Vakua von 10^{-6} mm Hg, also sog. Hochvakua erhalten. Öldiffusionspumpen, die nach dem

[1] Liebigkühler s. Destillation.

gleichen Prinzip arbeiten, werden mit sog. „Apiezonölen" von sehr niederem Eigendampfdruck betrieben und erlauben auch Hochvakuum zu erzeugen.

Messung des Vakuums. Niedere Drucke, die z. B. mit der Wasserstrahlpumpe erzeugt werden, mißt man mit einem einseitig geschlossenen Manometer (Abb. 7). Die Differenz der beiden Quecksilbersäulen zeigt den Druck in mm Hg an und wird durch ein verschiebbares Meßbrettchen gemessen. Vakua unter 1 mm Hg werden durch ein sog. MacLeod-Manometer gemessen. Es wird hier ein bestimmtes Volumen vom Gasraum, dessen Druck gemessen werden soll, abgesperrt und in einer Capillare auf ein kleines Volumen komprimiert und zwar unter einem bestimmten Druck, der an einer zweiten Capillare eingestellt werden kann. Die Meßcapillare ist geeicht und erlaubt eine direkte Ablesung des Druckes.

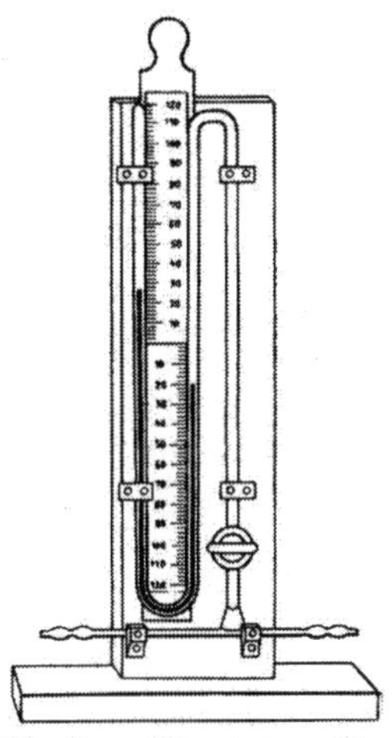

Abb. 7. Manometer für Drucke von 1—200 mm Hg.

4. Anwendung von Druck (Erhitzen unter Druck).

Eine genügend große Reaktionsgeschwindigkeit, die ein präparatives Verfahren als brauchbar erscheinen läßt, wird häufig erst bei Temperaturen erreicht, die oberhalb des Siedepunktes einzelner Komponenten oder der Lösungsmittel liegen. Aus diesem Grunde ist ein Arbeiten mit Überdruck häufig nicht zu umgehen.

Für geringe Überdrucke von ca. 300 Millimetern reichen gewöhnliche Selters- oder Bierflaschen aus, die mit dem Reaktionsgut gefüllt und mit einem Tuch umwickelt in ein langsam zu erhitzendes Wasserbad gebracht werden. Ebenfalls ist wegen der hohen Wandstärke der Flaschen für eine langsame Wiederabkühlung zu sorgen.

Für höhere Drucke kommen bei Verarbeitung kleinerer Mengen die Bombenrohre in Betracht, dickwandige einseitig geschlossene Glasrohre, die bis 20 Atm. Druck vertragen. Beim Eintragen des Reaktionsgutes vermeide man ein Festkleben desselben am oberen Rand, der zum Abschmelzen möglichst trocken und sauber zu halten ist. Soll der Zutritt von Feuchtigkeit vom Reaktionsgut ferngehalten werden, wird das Rohr ungefähr 10 cm vom oberen Rand bereits vorher verengt, so daß es nach Füllung ohne Eindringen von Feuchtigkeit von den Flammengasen schnell und leicht abgeschmolzen werden kann. Die Abschmelzstelle soll möglichst starkwandig zu einer einige Zentimeter langen Capillare ausgezogen werden.

Das Erhitzen der Bombenrohre wird in einem Schießofen vorgenommen, der ein gefahrloses Operieren auch beim Platzen der Bombenrohre gewährleistet. Er wird durch einen Reihenbrenner mit Gas oder durch Widerstandsheizung betrieben. Die Bombenrohre werden in einem Eisenrohr in den Bombenofen geschoben, der durch geneigte Aufstellung den flüssigen Inhalt immer sich am unteren Ende ansammeln läßt. Die Beheizung soll möglichst langsam erfolgen (auf 200° ungefähr 3 Stunden). Vor der Entnahme der Bombenrohre ist unbedingt auf restlose Wiederabkühlung zu achten, auf jeden Fall

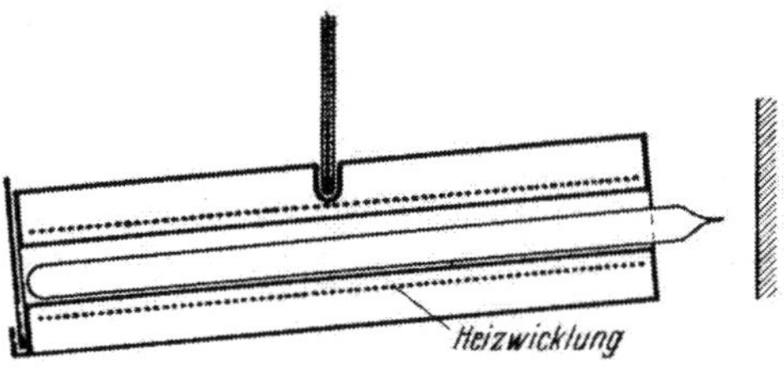

Abb. 8. Schießofen.

ist beim Hantieren mit Bombenrohren, die unter Druck stehen, eine Schutzbrille zu tragen.

Das Öffnen der Bombenrohre kann dadurch erfolgen, daß die von Reaktionsprodukten freie Spitze des im Eisenrohr liegenden Rohres durch einen scharfen Brenner vorsichtig zum Erweichen gebracht wird, so daß der Innendruck die Wandung aufbläst und bei Zimmertemperatur gasförmige Produkte entweichen. Sofern keine gefährlich hohen Drucke im Rohr herrschen, kann man sie aus dem Eisenrohr herausnehmen und durch vorsichtiges Einstellen in eine Kältemischung (Aceton-Kohlensäure oder flüssige Luft)[1] den Druck weitgehend herabsetzen, gegebenenfalls in Unterdruck überführen und dann wie oben beschrieben durch Abschmelzen der Spitze öffnen.

5. Umkrystallisation.

Die Tatsache, daß ein großer Teil der anorganischen Verbindungen, vornehmlich die salzartigen, in bestimmten Lösungsmitteln (besonders Wasser) löslich sind, bietet die Möglichkeit, eine Reinigung und Abtrennung von unlöslichen Verunreinigungen zu bewerkstelligen oder bei genügend hohem Temperaturkoeffizienten der Löslichkeit auch eine Beseitigung löslicherer Reaktionsprodukte zu erreichen.

Zur Umkrystallisation wird eine möglichst weitgehende Lösung in der Wärme (Erlenmeyer!) angestrebt und die heiße Lösung durch ein Faltenfilter schnell filtriert. Für den Fall, daß eine Auskrystallisation schon auf dem Filter erfolgt, verwendet man einen Heißwassertrichter oder für noch höhere Temperaturen einen Heiztrichter (Abb. 9). Im Filtrat scheidet sich der gelöste Stoff in um so größer ausgebildeten Krystallindividuen ab, je langsamer die Temperatur der Lösung sinkt. Bei Ausbildung zu großer Krystalle besteht zwar die Gefahr, daß sie durch Lösungsmitteleinschlüsse verunreinigt sein können, während bei sehr feinteiligen Abscheidungen eine Lösungsmittelabsorption eintreten kann. Im allgemeinen wird also eine Auskrystallisation in mittlerer, gleichmäßiger Korngröße am günstigsten sein. Sofern nach dem Abkühlen keine Krystallisation eintritt, kann die Lösung konzentriert werden, z. B. in flachen Porzellanschalen auf dem Wasserbad (Bechergläser sind für diesen Zweck sehr ungeeignet!). Das Eindampfen darf nur so weit durchgeführt werden, als in der Kälte noch genügend Mutterlauge neben den krystallinen Abscheidungen vorhanden ist. Eine Auskrystallisation kann auch durch Löslichkeitsherabsetzung durch Zugabe anderer Lösungsmittel erfolgen, wie z. B. Alkohol oder Aceton usw. Es ist hier jedoch eine gegenseitige Löslichkeit der beiden Lösungsmittel Voraussetzung.

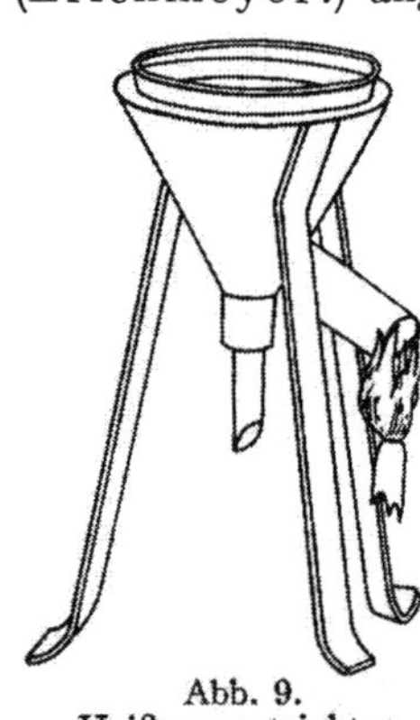
Abb. 9. Heißwassertrichter.

6. Filtrieren.

Für präparative Zwecke wird man eine Filtration in den meisten Fällen zur Beschleunigung unter Anwendung von Unterdruck durchführen, sofern man auf den in einer Flüssigkeit suspendierten, festen Stoff Wert legt. Sollen aus einer Flüssigkeit (Lösung oder dgl.) feste Bestandteile entfernt werden, so werden Filtrationen unter dem Eigendruck der Flüssigkeit vorgenommen. Von Wichtigkeit ist die Anpassung der Größe der Filtriervorrichtung an die Menge des abzutrennenden Niederschlages

[1] Ein direktes Einstellen in fl. Luft soll vermieden werden, das Rohr wird in ein weites Reagenzglas gestellt und dieses erst in fl. Luft getaucht.

oder das Volumen der Lösung. Wenn z. B. eine geringe Menge eines festen Niederschlages aus einem großen Volumen einer Flüssigkeit abgetrennt werden soll, so wird man trotz der großen Flüssigkeitsmenge ein kleines Filter wählen, um den Niederschlag auf einen möglichst kleinen Raum zu konzentrieren und nicht auf eine große Filterfläche zu verteilen. Sollen dagegen aus einer Lösung geringe Beimengungen fester Stoffe entfernt werden, so benutzt man z. B. ein Faltenfilter, das dem Volumen der Lösung angemessen ist und eine möglichst schnelle Filtration gewährleistet.

Zum Abfiltrieren krystalliner und nicht zu feinteiliger Niederschläge verwendet man die Büchner-Trichter, Porzellannutschen mit durchlöcherter Grundplatte, auf die ein gerade passendes rundes Papierfilter feucht aufgelegt wird. Der Trichter wird mit Hilfe eines gut passenden Gummistopfens, Gummifilterscheibe oder Filterkonus auf eine Saugflasche gesetzt, die durch eine Wasserstrahlpumpe evakuiert wird. Glasfrittennutschen sind aus dem Grunde für präparative Filtrationen von allgemeinem Vorteil, als kein Filtrierpapier zur Verwendung kommt und daher auch stark saure und alkalische Flüssigkeiten filtriert werden können und der Niederschlag ohne Verunreinigung von der Fritte abgehoben werden kann. Die Jenaer Glasfritten werden in 4 Porenweiten hergestellt: G1 (grobporig)—G4 (engporig), die je nach der Körnung des Niederschlages passend gewählt werden sollen. Sehr feinteilige Substanzen vermeide man durch Glasfritten zu filtrieren, wenn sie schwerlöslich und damit aus der Fritte wieder schwer entfernbar sind und eine Verstopfung der Fritte herbeiführen. Zum Abnutschen leicht schmelzender oder temperaturempfindlicher Stoffe können doppelwandige Kältenutschen, die mit einer geeigneten Kältemischung beschickt sind, benutzt werden.

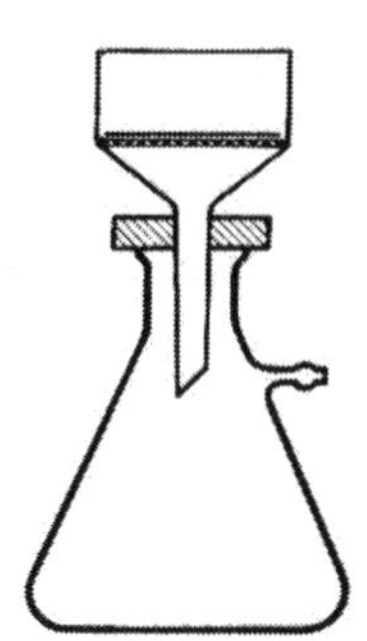

Abb. 10. Büchner-Trichter.

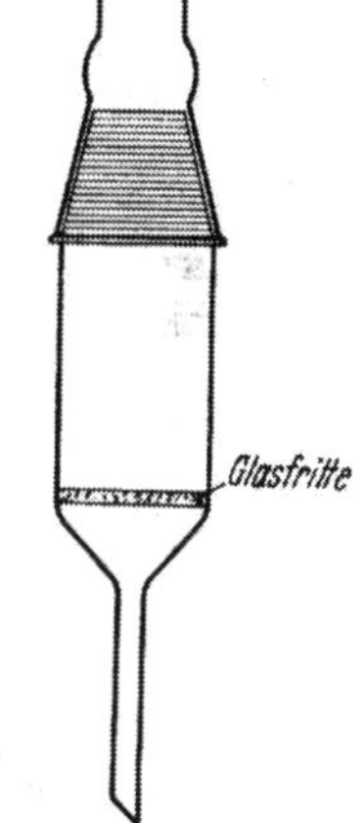

Abb. 11. Glasfrittennutsche zur Filtration in feuchtigkeits- bzw. CO_2-freier Atmosphäre.

Beim Absaugen des Niederschlages wird die Mutterlauge durch den Saugvorgang schon weitgehend entfernt, durch Aufdrücken mit einem flachen Glasstöpsel kann dies noch weiter unterstützt werden. Erst nach derartiger Entfernung der Mutterlauge wird der Niederschlag durch eine passende Waschflüssigkeit ausgewaschen, wobei während der Zugabe der Waschflüssigkeit das Absaugen unterbrochen wird.

Muß ein Niederschlag wegen Feuchtigkeits-, Sauerstoff- oder Kohlendioxydempfindlichkeit unter Abschluß von der Atmosphäre filtriert werden, so benutzt man eine Anordnung mit Schliffkappe nach Abb. 11.

7. Trocknen.

Begriffsmäßig handelt es sich beim Trocknen um Entfernung von anhaftendem Wasser, jedoch muß man methodisch auch die Entfernung anderer Lösungsmittelreste dazu rechnen. Um nun durch die Filtrationsoperationen noch nicht entferntes Wasser oder andere Lösungsmittelreste zu beseitigen, wird man die zu trocknenden Substanzen in einem Exsiccator über ein Trockenmittel bringen. Als solche können fungieren: trockenes Calciumchlorid, $CaCl_2$, — konz. Schwefelsäure, — Phosphorpentoxyd, — wasserfreies Magnesiumperchlorat, — festes Kaliumhydroxyd.

Silicagel kann aus dem Grunde sehr allgemein angewendet werden, weil Dämpfe allgemein durch physikalische Adsorption im Kieselsäuregerüst aufgesogen werden. Sehr praktisch ist das sog. Blaugel, das einen Feuchtigkeitsindikator enthält, der nach Sättigung mit Wasser von blau nach rosa umschlägt. Ein großer Vorteil des Silicagels ergibt sich auch daraus, daß es nach Sättigung mit Wasser ohne weiteres durch gleichmäßiges Erhitzen auf 180° im Trockenschrank wieder regeneriert werden kann.

Der Trocknungsvorgang wird durch Anwendung von Vakuum weitgehend unterstützt. Die benutzten Exsiccatoren sollen daher möglichst evakuierbar sein und das Vakuum auch nach Abschaltung der Saugvorrichtung wenigstens 24 Stunden aufrecht erhalten. Eine Temperaturerhöhung unter gleichzeitigem Evakuieren kann in der sog. Trockenpistole durchgeführt werden. In einem solchen Röhrenexsiccator wird die Substanz im Vakuum über einem geeigneten Trockenmittel vom Dampf eines Lösungsmittels mit passendem Siedepunkt erhitzt (s. Abb. 13).

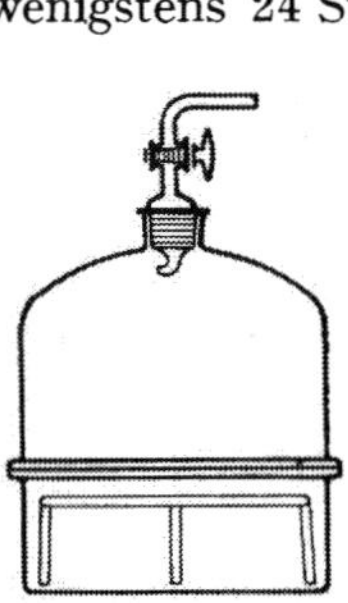

Abb. 12. Vakuumexsiccator.

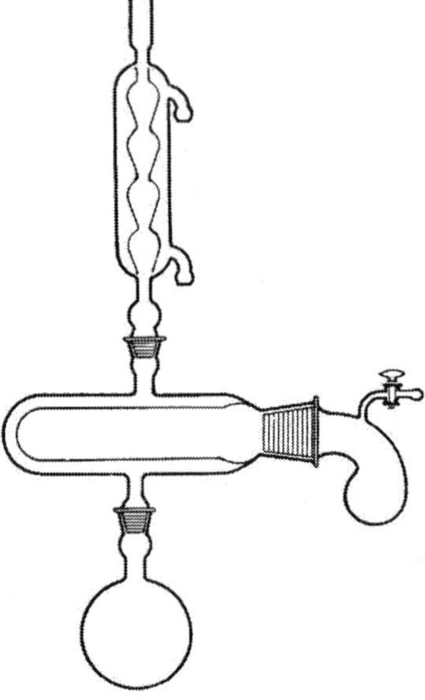

Abb. 13. Trockenpistole.

8. Destillation.

Destillation bei Atmosphärendruck. Die Destillation ist eine der am einfachsten durchführbaren Reinigungsoperationen, nicht nur bei organischen, sondern auch bei vielen anorganischen Stoffen. Der Destillationsvorgang besteht in der Verdampfung des zu destillierenden Stoffes im Destillationskolben, der Kondensation der Dämpfe im Kühler und dem Sammeln des Destillates im Vorlagegefäß.

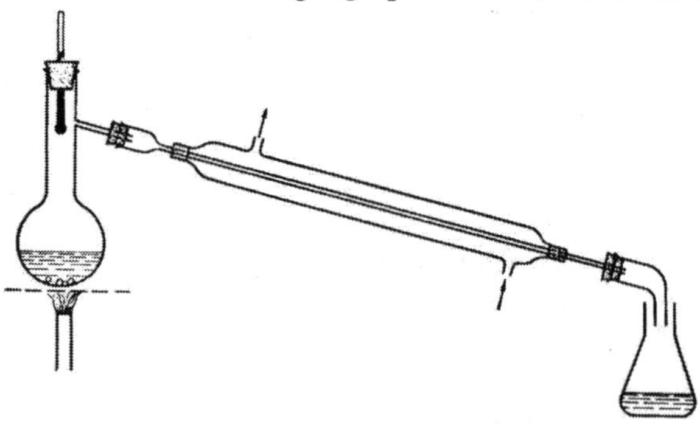

Abb. 14. Destillation bei Atmosphärendruck.

Der Destillationskolben hat eine seitliche Abzweigung zur Ableitung der Dämpfe, die bei hochsiedenden Stoffen möglichst tief sein soll. Die Siedetemperatur wird durch ein eingeführtes Thermometer gemessen, dessen Quecksilberkugel gerade in der Höhe der Abzweigstelle angebracht sein soll, so daß es von den vorbeistreichenden Dämpfen vollkommen erwärmt wird. Vor Erwärmung des Destillationsgutes ist unbedingt zur Vermeidung des Siedeverzuges auf Zugabe von Glasperlen oder zerkleinerten porösen Tonscherben zu achten. Das Erhitzen soll möglichst langsam erfolgen; bei einigen Stoffen ist eine Erhitzung durch eine Badflüssigkeit notwendig.

Im sog. Liebig kühler werden durch das von der Kühlflüssigkeit durchflossene Mantelrohr die Dämpfe im Gegenstromprinzip gekühlt. Bis 120···130° kann mit Wasser gekühlt werden, bei höher siedenden Stoffen genügt Luftkühlung, sofern der Kühler lang genug ist. Um das Destillat in einem senkrecht stehenden Kolben auffangen zu können, wird ein gebogener Vorstoß an das Kühlrohr angesetzt.

Durch die laufende Beobachtung des Siedepunktes kann die Reinheit der destillierenden Substanz kontrolliert werden; Stoffgemische können so in sehr vielen Fällen durch verschiedene Siedetemperaturen der Komponenten getrennt werden, besonders, wenn die Siedepunkte nicht allzu nahe beieinander liegen. In diesem Fall muß durch fraktionierte Destillation, die gegebenenfalls mehrere Male wiederholt werden muß, eine möglichst weitgehende Trennung herbeigeführt werden.

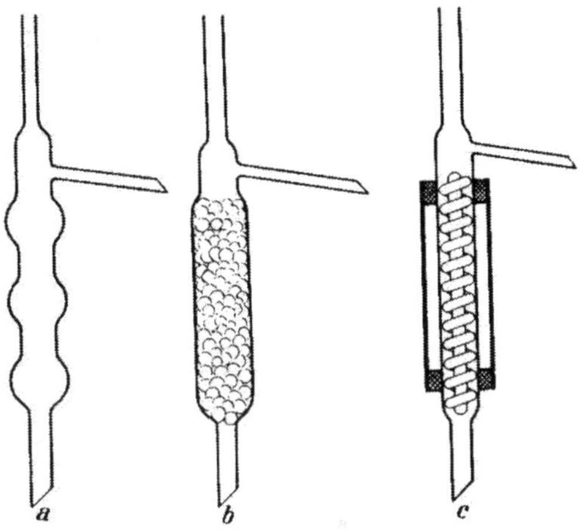

Abb. 15. Fraktionieraufsätze.

Bei Änderung des Siedepunktes wird also die Vorlage gewechselt und nur konstant siedende Destillate aufgefangen. Diese einzelnen Fraktionen werden dann gegebenenfalls einzeln nochmals fraktioniert, bis die Konstanz des Siedepunktes die Reinheit der Substanz anzeigt. Eine Fraktionierung kann auch durch Verwendung von Fraktionieraufsätzen intensiviert werden. Diese wirken teils in der Weise, daß sie als Rückflußkühler fungieren und nur die Substanz mit niedrigstem Siedepunkt übergehen lassen, sofern die Destillation langsam genug verläuft (s. Abb. 15), teils so, daß der Destillationsweg verlängert wird und die Dämpfe vor Austritt in das Überlaufrohr vorgeheizt werden, wie z. B. bei der Widmerkolonne (s. Abb. 15 c u. 47) (s. Darstellung von $SOCl_2$).

Vakuumdestillation. Herabminderung des bei der Destillation herrschenden Druckes senkt auch die Siedetemperatur. Man hat dadurch die Möglichkeit, Stoffe, die unter Atmosphärendruck beim Siedepunkt sich schon zersetzen, durch Vakuumdestillation zu reinigen, da die Siedepunktserniedrigung 80···150° betragen kann, je nachdem, ob mit der Wasserstrahlpumpe oder der Ölpumpe das Vakuum erzeugt wird. Der Siedeverzug spielt bei Vakuumdestillationen eine besondere Rolle, er muß durch Einführung einer Siedecapillare dauernd aufgehoben werden; durch Verwendung eines sog. Claisen-Kolbens mit seitlichem Ansatz zur Anbringung des Kontrollthermometers muß ein Überspritzen der oft stark aufsiedenden Flüssigkeiten verhindert werden. Die Siedecapillaren werden vor Benutzung in einer kleinen Flamme ausgezogen und soweit verlängert, daß ihre Spitze kurz über dem Boden des Destillierkolbens endet. Die Capillare soll so eng sein, daß selbst bei starkem Einblasen in Äther nur langsam kleine Blasen austreten. In der Regel ist eine Erwärmung des Destillationskolbens zur Erzielung eines gleichmäßigen Siedevorganges nur durch Badflüssigkeiten möglich. Große Schwierigkeiten hat man besonders mit der Dichtung der Korkverschlüsse; zweckmäßigerweise werden Gummistopfen verwendet, die mit Glycerin zur Dichtung verschmiert werden. Eine Glasschliffapparatur (mit Vakuumfett geschmiert) vermeidet diese Undichtigkeitsschwierigkeiten weitgehend.

Zur Destillation solcher Stoffe, die bei Zimmertemperatur schon erstarren, verwendet man die sog. Säbelkolben, die bei Vakuumdestillation mit Claisen-Ansatz versehen sind oder auch nach Abb. 49 eingerichtet sein können.

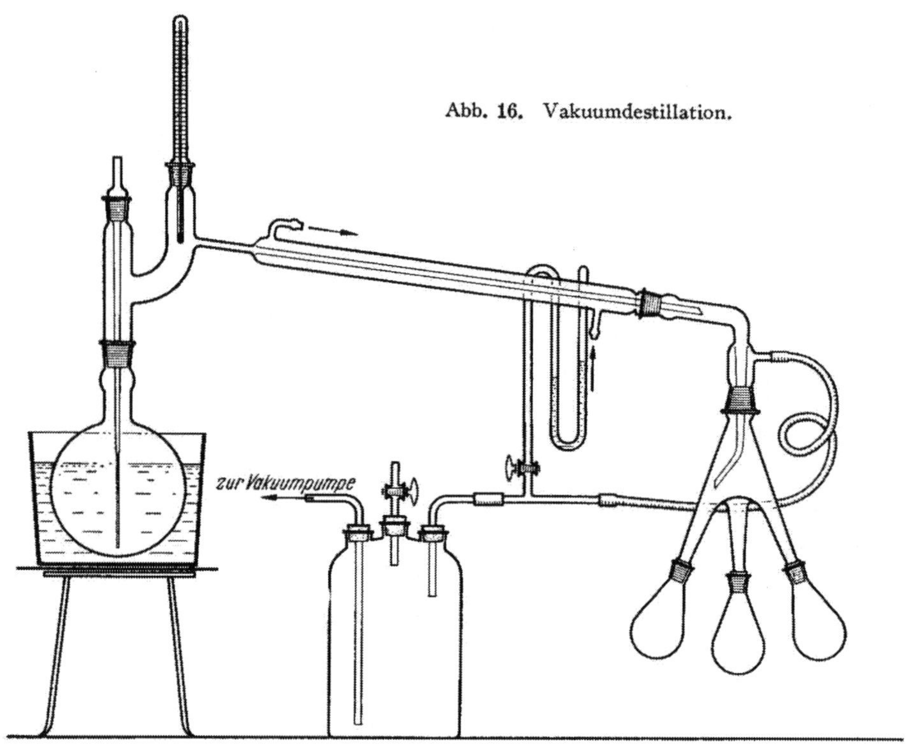

Abb. 16. Vakuumdestillation.

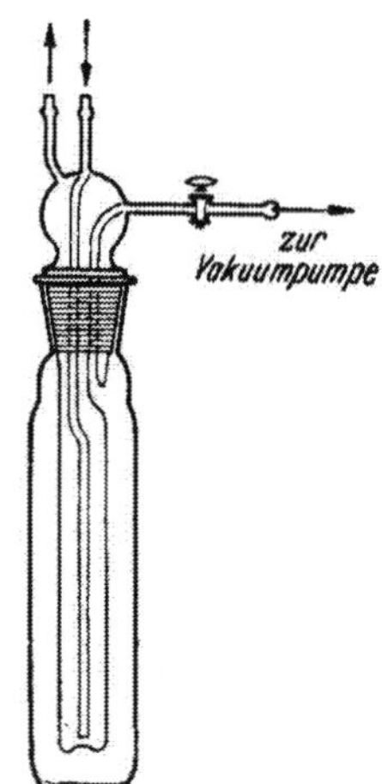

Abb. 17. Vakuumsublimation.

9. Sublimation.

Tritt die vollständige Verflüchtigung einer Substanz unterhalb des Siedepunktes ein, so bezeichnet man den Vorgang als Sublimation. Aus dem dampfförmigen Zustand scheidet sich der Stoff dann wieder im festen Zustand ab. Als Reinigungsoperation ist die Sublimation auch bei vielen anorganischen Stoffen von großer Wichtigkeit, da auf diese Weise Stoffe von hohem Reinheitsgrad ohne wesentliche Substanzverluste erhalten werden können.

Die Sublimation unter Atmosphärendruck gestaltet sich besonders einfach, wenn es sich um feuchtigkeits- und sauerstoffunempfindliche Stoffe handelt. Zwei übereinandergelegte Uhrgläser, von denen das untere die Substanz enthält, werden von unten durch ein Sandbad erwärmt. Die sublimierte Substanz schlägt sich am oberen Uhrglas (oder Krystallisierschale) nieder und wird durch ein dazwischengelegtes Filtrierpapier am Zurückfallen gehindert (s. Abb. 48, S. 93 beim $HgBr_2$). Häufig ist es jedoch notwendig, zur Herabminderung der Verflüchtigungsverluste in einem abgeschlossenen Gefäß mit Wasserkühlung zu arbeiten und auch wegen Temperaturempfindlichkeit der Substanz die Sublimationstemperatur durch Vakuum herabzusetzen (s. Abb. 17).

10. Extraktion.

Sofern eine Trennung von zwei festen Stoffen notwendig ist, wird man bestrebt sein, die eine Komponente durch ein für sie spezifisch wirkendes Lösungsmittel zu entfernen. Das Stoffgemisch wird also z. B. in einem Erlenmeyerkolben mit dem Lösungsmittel geschüttelt und dann die gelöste Komponente abfiltriert. Vollständige Trennung wird durch Wiederholung dieser Operation erzielt, wobei aber darauf geachtet werden muß, daß allmählich eine Verunreinigung durch die zweite Komponente erfolgt, die dadurch hervorgerufen werden kann, daß diese ebenfalls in geringem Betrage löslich ist.

Diesen Extraktionsvorgang kontinuierlich zu gestalten, ist das wesentliche Prinzip vieler Extraktionsapparate, von denen der Soxhletsche der bekannteste ist. Das Lösungsmittel wird in einem Rundkolben zum Sieden erhitzt (s. Abb. 18), die Dämpfe steigen im Nebenrohr nach oben und werden im aufgesetzten Rückflußkühler wieder kondensiert. Nunmehr tropft es im Hauptrohr des Soxhlet-Aufsatzes in die Extraktionshülse aus Papier, Pergament oder für aggressive Substanz aus Glas (Glasfilterkerzen von Jena), die das Substanzgemisch enthält. Die Lösung sammelt sich im Hauptrohr an und steigt schließlich so hoch, daß sie im engen seitlichen Heberrohr abgesaugt wird und in den Lösungsmittelkolben hinunterläuft. Durch eine dauernde Erhitzung verläuft der Vorgang in Perioden automatisch.

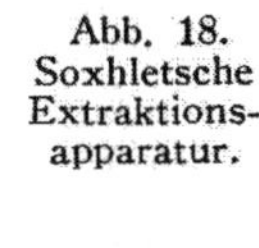

Abb. 18. Soxhletsche Extraktionsapparatur.

11. Schmelzpunktbestimmung.

Obgleich die Schmelzpunktbestimmung vornehmlich zur Charakterisierung organischer Substanzen herangezogen wird, kann der Schmelzpunkt auch bei anorganischen Stoffen als Reinheitskriterium und Identifikationsmerkmal häufig eine Rolle spielen. Sofern nicht besondere Schmelzpunktapparate zur Verfügung stehen, wird ein am unteren Ende kugelförmiges, erweitertes Gefäß benutzt, durch dessen genügend langen Hals ein geeichtes Thermometer durch einen Kork, der durch einen keilförmigen Schlitz die Sicht auf das Thermometer freigibt, eingeführt ist. Im allgemeinen wird konz. H_2SO_4 als Badflüssigkeit benutzt, über 200° beginnt dieselbe jedoch schon lästige Dampfentwicklung zu zeigen, man kann in diesem Fall durch Zugabe von K_2SO_4 das Bad bis zu Temperaturen von 350° brauchbar machen, beim Abkühlen erstarrt es jedoch dann unter Abscheidung von $KHSO_4$.

Die Substanz bringt man auf den Boden eines Schmelzpunktröhrchens, bei großer Adhäsion an den Wandungen läßt man dieses durch eine 70 cm lange Glasröhre auf eine Glasplatte aufprallen, wobei die Substanz sich am unteren Ende des Röhrchens ansammelt. Mit Hilfe von etwas H_2SO_4 wird dieses so an das Thermometer geklebt, daß die untere Spitze mit dem Quecksilber des Thermometers sich auf einer Höhe befindet. Es wird nun langsam mit fächelnder Flamme erwärmt, vor Erreichen des Schmelzpunktes besonders langsam. Um eine möglichst weitgehende Durchmischung der H_2SO_4 zu erreichen, kann mit einem entsprechend geformten Rührer gerührt werden. Der Schmelzpunkt ist erreicht, wenn die bei unreinen Stoffen häufig vorher zusammensinternde Substanz in eine klare Flüssigkeit übergegangen ist. Bei reinen Stoffen wird meistens ein scharfer Schmelzpunkt beobachtet.

II. Laboratoriumsmäßige Darstellung der wichtigsten Gebrauchsgase.

Allgemeines. Die elementaren Gase sowie verschiedene einfache gasförmige anorganische Verbindungen sind wichtige Reagenzien für präparative Zwecke, auf deren zweckmäßige Darstellung in möglichst hohem Reinheitsgrad in fast allen Fällen besonderer Wert gelegt werden muß. Auf die apparativen Voraussetzungen für die Darstellungen der Gase wird in den einzelnen Fällen eingegangen werden.

Reinigung. Ein Gasstrom wird im allgemeinen einer Reinigung unterzogen werden müssen, sei es daß er getrocknet oder von Sauerstoff bzw. von Kohlendioxyd befreit werden soll. Das Waschen mit Flüssigkeiten, die Wasser oder Sauerstoff bzw. Kohlendioxyd absorbieren, wird in Gaswaschflaschen durchgeführt, von denen die verschiedensten Typen im Gebrauch sind (s. Abb. 19). Die einfache Drechselsche Waschflasche weist nur bei geringer Strömungsgeschwindigkeit oder mehrfacher Hintereinanderschaltung eine genügend intensive Wirkung auf. Auf verschiedene Weise kann für eine Verlängerung der Berührungszeit der Gasblasen mit der Waschflüssigkeit gesorgt werden. Waschflaschen, in denen das Gas in feiner Zerteilung durch Glasfritten durch die Waschflüssigkeit gedrückt wird, sind außerordentlich wirksam. Soll ein Gasstrom innerhalb einer Apparatur nur zeitweise durch die Waschflasche geleitet werden, so wird Typ d, Abb. 19 benutzt.

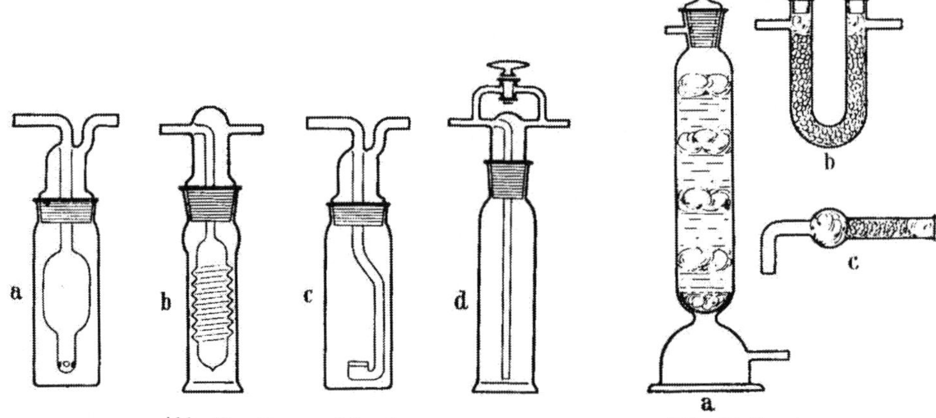

Abb. 19. Gaswaschflaschen.
a nach Drechsel, b nach Friedrichs,
c Frittenwaschflasche, d ausschaltbare Waschflasche.

Abb. 20. Trocknungsgeräte.
a Trockenturm,
b Trocken-U-Rohr,
c Trockenröhrchen.

Trocknung. Neben Flüssigkeiten dienen sehr oft auch feste Stoffe zur Entfernung von Verunreinigungen der Gase, z. B. kann Feuchtigkeit durch Phosphorpentoxyd oder Kohlendioxyd durch Kaliumhydroxyd bzw. Natronkalk entfernt werden. Wesentlich ist, daß diese Trockenmittel in möglichst aufgelockerter Verteilung mit dem entsprechenden Gas in Berührung kommen und ein Zusammenbacken vermieden wird. In dem Trockenturm (s. Abb. 20a) wird z. B. Phosphorpentoxyd auf eine Schicht von Glaswolle aufgetragen, worauf wieder abwechselnd Glaswolle und Phosphorpentoxyd aufgetragen wird. In ähnlicher Weise können die U-Röhren (b) Verwendung finden. Die Trockenröhrchen (c) dienen hauptsächlich dem Zweck, von einer feuchtigkeits- oder kohlendioxydempfindlichen Substanz diese störenden Stoffe fernzuhalten.

1. Wasserstoff.

Wasserstoff wird im Laboratoriumsmaßstab hauptsächlich elektrolytisch (aus sauren oder basischen Lösungen) oder durch Einwirkung von Säuren oder Laugen auf Metalle (Zink u. Schwefelsäure, Aluminium u. Natronlauge) oder durch Einwirkung von Alkalimetallen auf Wasser dargestellt, wenn man nicht in Stahlflaschen komprimierten Wasserstoff als bequemstes, aber noch zu reinigendes Ausgangsmaterial zur Anwendung bringen kann.

Für die meisten präparativen Operationen ist eine weitgehende Entfernung der von der Darstellungsweise des Wasserstoffes abhängigen Verunreinigungen notwendig, die häufig mit einem gewissen apparativen Aufwand verbunden ist.

Der **Bombenwasserstoff** enthält, falls er elektrolytisch dargestellt worden ist, Sauerstoff. Aus Wassergas hergestellter Wasserstoff enthält Kohlenmonoxyd und Kohlendioxyd, möglicherweise noch Schwefelwasserstoff, Arsenwasserstoff, Phosphorwasserstoff, Kohlenwasserstoffe, Sauerstoff, Stickstoff und Wasser. Kohlenmonoxyd wirkt bei den hohen Drucken auf das Eisen der Stahlflasche unter Bildung von $Fe(CO)_5$ ein, so daß diese Verunreinigung die Verwendung derartigen Wasserstoffs für Laboratoriumszwecke in vielen Fällen ungeeignet macht.

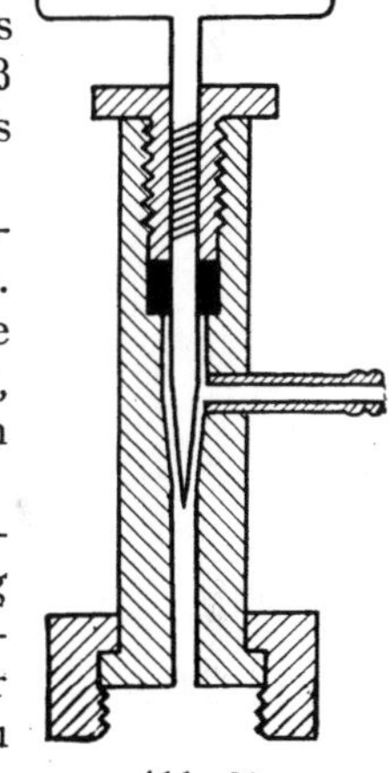

Abb. 21. Reduzierventil, Nadelventil. (Aus Rheinboldt-Schmitz-Dumont: Chemische Unterrichtsversuche.)

In den Stahlflaschen befindet sich der Wasserstoff komprimiert bis zu Drucken von 100···150 Atm. (rote Anstrichfarbe). Nach Entfernung der Verschlußkappe der Bombe wird an Stelle der seitlichen Verschlußschraube ein Reduzierventil aufgesetzt, welches einen regelbaren Gasstrom aus der Bombe zu entnehmen gestattet.

Stahlflaschen mit brennbaren Gasen besitzen alle ein Linksgewinde (Wasserstoff, Kohlenmonoxyd), damit eine Vermischung z. B. mit Sauerstoff und Bildung von Knallgasgemisch vermieden wird. Allgemein achte man darauf, die Stahlflaschen vor Umfallen und starker Wärmeeinwirkung (Sonne, Heizung) zu schützen, um durch derartige Einwirkungen durchaus mögliche Explosionen zu verhüten. Beim Arbeiten speziell mit Wasserstoff beachte man, daß beim Durchleiten desselben durch eine Apparatur zunächst explosives Knallgasgemisch entsteht. Bevor nicht der Sauerstoff restlos aus der Apparatur hinausgespült ist, darf kein Teil der Apparatur erhitzt werden. Man prüfe also am Ende der Apparatur bis auf Ausbleiben der Knallgasprobe, indem man über die Austrittsöffnung ein Reagenzglas mit der Öffnung nach unten hält und es vom Gasstrom durchspülen läßt. Bei Abwesenheit von Sauerstoff brennt das Gas im Reagenzglas ruhig ohne ein pfeifendes Geräusch ab.

Eine Trocknung ist sowohl beim Bombenwasserstoff als auch bei dem nach anderen Verfahren hergestellten Wasserstoff vonnöten[1]. Phosphorpentoxyd, welches frei von Phosphorverbindungen niederer Wertigkeit und höherer Flüchtigkeit sein muß, erweist sich hier am wirksamsten. Konz. Schwefelsäure wird bei etwas erhöhter Temperatur schon in merklichen Mengen zu Schwefelwasserstoff reduziert, so daß man dieses sonst gut wirksame Trockenmittel nur unterhalb 30° verwenden kann oder möglichst vermeidet.

Die Entfernung von Sauerstoff, der auch in sehr geringen Mengen die störendste Verunreinigung darstellt, muß der Trocknung vorangehen, da derselbe im allgemeinen in Wasser überführt wird. Es wird hauptsächlich von der katalytischen Beschleunigung

[1] Für Laboratoriumszwecke eignet sich nur der Elektrolytwasserstoff in Stahlflaschen. Der Lindewasserstoff enthält zuviel störende und zum Teil schwer entfernbare Verunreinigungen wie CO, CO_2, $Fe(CO)_5$.

der Wasserbildung durch Platin- oder Palladiumasbest Gebrauch gemacht, über den das durch Sauerstoff verunreinigte Wasserstoffgas bei 200···400° geleitet wird.

Platinasbest wird wie folgt hergestellt: 5 g Asbestfasern werden mit 3 cm^3 einer 10proz. Lösung von Platinchlorwasserstoffsäure getränkt und nach Trocknung im Porzellantiegel über dem Gebläse stark ausgeglüht.

Man kann den Sauerstoff auch direkt durch Erhitzen mit metallischem Kupfer bei Rotglut binden, doch muß für weitgehende Reinigung des Wasserstoffs der schon ins Gewicht fallende Sauerstoffdruck des Kupferoxyds beachtet werden. Bei 900° beträgt der Dissoziationsdruck an O_2 nach der Gl. $4CuO \rightleftharpoons 2Cu_2O + O_2$ bereits 12,6 mm Hg. Aus diesem Grunde ist von Meyer und Ronge eine besondere Reinigungsapparatur auf dieser Grundlage entwickelt worden, die sich in zahlreichen Fällen für die Darstellung sauerstofffreier Elementargase bewährt hat.

Sauerstoffabsorption nach Meyer und Ronge[1]. Um den Zersetzungsdruck des Kupferoxyds bei höheren Temperaturen, der ja keine über den Sauerstoffpartialdruck hinausgehende Reinigung des vorliegenden Gases erlaubt, soweit herabzusetzen, daß er selbst für anspruchsvolle Arbeiten nicht mehr ins Gewicht fällt, muß man bei niederen Temperaturen arbeiten, bei denen jedoch die Reaktionsgeschwindigkeit stark herabgesetzt ist. Dieser Schwierigkeit kann nun dadurch begegnet werden, daß man „aktives" Kupfer in feiner Verteilung und großer Oberfläche verwendet, welches mit Luftsauerstoff schon bei 200° reagiert, wo auf Grund seiner Oberflächeneigenschaften der Zersetzungsdruck des Kupferoxyds noch unter der Nachweisbarkeitsgrenze der empfindlichsten Reaktionen auf Sauerstoff bleibt. Um das feinverteilte Kupfer aktiv zu erhalten, wird es auf einer Trägersubstanz (Infusorienerde) zur Anwendung gebracht.

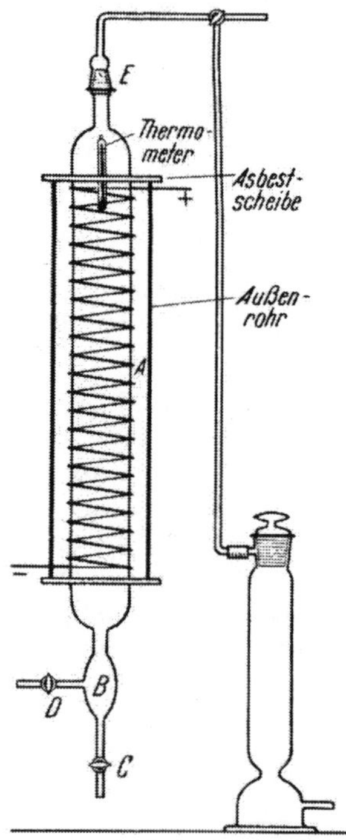

Abb. 22. Apparatur nach Meyer und Ronge zur Entfernung von O_2 aus Gasen.

Apparatur. Die Absorptionsmasse ist in dem senkrecht stehenden 4 cm weiten und 75 cm langen Rohr *A* untergebracht, welches durch einen Widerstandsdraht auf 200° geheizt werden kann und zur Wärmeisolation von einem Außenglasrohr umgeben ist. Im Raum *B* sammelt sich das vom Sauerstoff stammmende Wasser, welches durch *C* im Bedarfsfalle abgelassen werden kann. Durch *D* wird das gereinigte Gas abgeleitet. Wird Wasserstoff gereinigt, so ist eine Regeneration des aktiven Kupfers nicht notwendig, da gebildetes Kupferoxyd durch den überschüssigen Wasserstoff immer gleich unter Bildung von Wasser reduziert wird.

Wird Stickstoff auf diese Art gereinigt, so kann die Notwendigkeit einer Regeneration daran erkannt werden, daß das violett-rote Kupfer bis unten durch die oxydischen Reaktionsprodukte verfärbt ist. Eine Regeneration mit Wasserstoff muß dann durchgeführt werden.

Herstellung des aktiven Kupfers. 120 g $CuCO_3$—$Cu(OH)_2$ werden in 2 l konz. Ammoniak gelöst und mit 420 g gereinigter Infusorienerde auf dem Wasserbad eingedampft; die noch etwas feuchte Masse wird mit dem Spatel auf mindestens 5 mm zerkleinert und im Trockenschrank bei 150···180° bis zum Auftreten einer bräunlichen Farbe getrocknet. Nun wird der Staub durch ein weitmaschiges Eisendrahtnetz abgesiebt und die Brocken durch den Schliff *E* in das Absorptionsrohr

[1] Meyer, F. R., u. G. Ronge: Z. angew. Ch. **52** (1939) 637.

eingefüllt. Nunmehr wird Wasserstoff durchgeleitet, bis bei geschlossenem Hahn *D* bei *C* die Knallgasprobe ausbleibt. Dann erst wird die Heizung angestellt. Bei 200° zersetzen sich die karbonatischen bzw. hydroxydischen Kupferverbindungen und werden auf dem SiO_2-Träger zum aktiven Kupfer von violetter Farbe reduziert. Wenn die reduzierte Schicht bis zum unteren Ende durchgelaufen ist, ist die Anlage verwendungsfähig und der sauerstofffreie Wasserstoff kann durch *D* entnommen werden.

Die **Darstellung aus Zink und Salzsäure (bzw. Schwefelsäure)** im Kippschen Apparat ist die sonst gebräuchlichste Methode. Zur Anwendung kommt verdünnte Schwefelsäure (1:6) bzw. Salzsäure (1:1) auf möglichst reines Stangenzink. Zur Aktivierung des Zinks wird Kupfersulfatlösung zugegeben.

Werden reine Säuren verwendet, so treten hauptsächlich die Verunreinigungen des Zinkmetalls als störende Faktoren auf. Ein Arsengehalt geht als Arsenwasserstoff, AsH_3, mit dem Gasstrom flüchtig, aber auch Schwefelwasserstoff, Antimonwasserstoff, Phosphorwasserstoff oder Kohlenwasserstoffe aus karbidischem Kohlenstoff treten bei Verwendung von nicht ganz reinem Zink auf. Durch Waschen mit einer gesättigten, neutralen Lösung von Kaliumpermanganat werden diese Verunreinigungen durch Oxydation eliminiert. Durch das Permanganat kann jedoch auch Sauerstoff frei werden, besonders wenn zur sicheren Oxydation von Schwefelwasserstoff, Arsenwasserstoff, Phosphorwasserstoff und Kohlenwasserstoffen statt der neutralen eine alkalische Permanganatlösung verwendet wird. Es muß aus diesem Grunde nachträglich noch eine Sauerstoffabsorption einsetzen, die durch eine alkalische Lösung von Natriumdithionit $Na_2S_2O_4$ bewerkstelligt werden kann.

Hierzu werden 50 g $Na_2S_2O_4$ in 250 cm^3 Wasser unter Zugabe von 40 cm^3 NaOH (50 g NaOH + 70 cm^3 Wasser) oder entsprechend KOH gelöst. Als Waschflasche nach Möglichkeit eine Glasfrittenflasche.

Allgemein kann Wasserstoff durch die angegebenen Reinigungsmittel in folgender Reihenfolge von seinen Verunreinigungen befreit werden:

1. Waschflasche mit Kalilauge zur Absorption von Verunreinigungen saurer Natur, z. B. CO_2 usw.
2. Zwei Waschflaschen mit gesättigter, neutraler Permanganatlösung zur Oxydation von Hydriden, ungesättigten Kohlenwasserstoffen usw.
3. Waschflasche mit Natriumdithionit zur Absorption von Sauerstoff.
4. Verbrennungsrohr mit met. Kupfer oder Platinasbest bzw. Reinigungsanlagen nach Meyer und Ronge zur Entfernung der letzten Spuren von Sauerstoff.
5. Trockenrohre oder Trockenturm mit Calciumchlorid zur Bindung der Hauptmenge der Feuchtigkeit.
6. Trockenrohre oder -turm mit Phosphorpentoxyd zur Bindung der letzten Wasserspuren.

Stickstoff, Kohlenoxyd und gesättigte Kohlenwasserstoffe lassen sich hierdurch nicht aus Wasserstoff entfernen.

Entwicklung aus Palladiumwasserstoff. Geringe Mengen sehr reinen Wasserstoffs können durch Zersetzung von Palladiumwasserstoff, einem typisch legierungsartigen Hydrid erhalten werden[1]. Palladiumschwamm okkludiert das 850fache seines Volumens an Wasserstoff und gibt diesen bei 200° wieder ab. Auf der Hydridbildung beruht auch die Diffusion von Wasserstoff durch Palladiumblech. Infolge seines kleinen Atomvolumens diffundiert Wasserstoff durch heißes Glas und Quarzglas; aus demselben Grund kann man auch beim Helium diese Eigenschaft feststellen. Das geringe Atomvolumen kann jedoch bei der Diffusion von Wasserstoff

[1] Mellor u. Russel: J. chem. Soc. London **81** (1902) 1277. — Scott: Philos. Trans. Roy. Soc. London **184** (1893) 548.

durch Palladium nicht der ausschlaggebende Faktor sein, da Helium in keiner Weise durch Palladium diffundiert[1]. Offensichtlich ist die spezifische Hydridbildung bzw. Bildung von atomarem Wasserstoff für diesen Effekt verantwortlich, die es erlaubt, auch kleine Mengen an Verunreinigungen durch heißes Palladiumblech (Sauerstoff, sogar Helium) aus Wasserstoff sozusagen herauszufiltrieren. Wenn die Anwendung dieser Methode auch wegen des apparativen Aufwandes nur in wenigen Fällen möglich sein wird, soll kurz das Prinzip wiedergegeben werden[2]. Der elektrolytisch entwickelte, von Sauerstoff zu reinigende Wasserstoff tritt bei *A* ein und kommt mit einem einseitig geschlossenen Palladiumrohr in Berührung, welches am offenen Ende mit einem Stück Platinrohr verschweißt ist, das seinerseits dann mit dem bei *B* austretenden Glasrohr verschmolzen ist. Das Palladiumrohr ist mit einem Schutz-

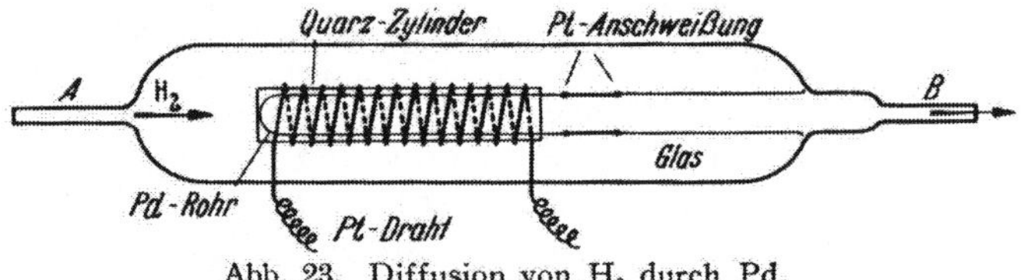

Abb. 23. Diffusion von H_2 durch Pd.

zylinder aus Quarzglas versehen, um den eine Heizspirale aus Platindraht gewickelt ist, die das Palladiumrohr durch Einführungen durch die Glaswand von außen durch einen Strom auf jede gewünschte Temperatur zu erwärmen gestattet. Dadurch, daß man in das Palladiumblech bei niederen Temperaturen (100°) Wasserstoff hineindiffundieren läßt und diesen bei höheren (180°) wieder austreibt, erhält man an der Austrittstelle bei *B* Wasserstoff, aus dem alle Verunreinigungen sozusagen molekular ausgesiebt worden sind, denn nur Wasserstoff vermag durch das Palladium hindurchzudiffundieren.

2. Stickstoff.

Die bequemste und gangbarste Methode zur laboratoriumsmäßigen Stickstoffgewinnung ist die Entnahme aus Stahlflaschen, die durch Luftverflüssigung erhaltenen Stickstoff geben, der noch durch Sauerstoff, Wasser und Edelgase, möglicherweise Spuren von CO_2 verunreinigt ist. Für die Entfernung des Sauerstoffs kann die Methode von Meyer und Ronge (s. S. 14) in erster Linie empfohlen werden.

Weitere Darstellungsverfahren beruhen auf der Entfernung sämtlicher störender Bestandteile der Luft und Verwendung des zurückbleibenden Stickstoffs. Die relativ großen Mengen an Sauerstoff können auf trockenem Wege durch Kupfer oder auf nassem Wege durch Chrom(II)-chlorid-Lösung entfernt werden. Bei Verwendung alkalischer Pyrogallollösung ist jedoch auf die Möglichkeit der Bildung geringer Mengen von Kohlenoxyd zu achten.

Um vollkommen sauerstofffreien Luftstickstoff zu erhalten, führt man[3] Luft und überschüssigen Wasserstoff getrennt durch einen Stopfen in eine Platinasbest enthaltende Drahtnetzhülle ein und schiebt diese alsdann in ein eisernes Rohr ein, in welchem aller Sauerstoff ohne äußere Erwärmung in Wasser übergeführt wird. Der noch überschüssige Wasserstoff wird alsdann in der gleichen eisernen Röhre durch erhitztes Kupferoxyd wieder vollkommen zu Wasser verbrannt. Das aus-

---

[1] Paneth, F., u. K. Peters: Z. physik. Chem. (B) **1** (1928) 262.

[2] Burt, F. P., u. E. C. Edgar (veröfftl. v. H. B. Dixon): Philos. Trans. Roy. Soc. London **A 216** (1916) 393.

[3] Knietsch, B.: Ber. V. internat. Kongreß f. angew. Chemie I (1904) 674.

tretende, nur Stickstoff und Wasser enthaltende Gas wird durch einen Kühler geleitet, getrocknet und stellt dann sofort gebrauchsfähigen reinen Stickstoff dar.

Nach diesem Verfahren werden die Edelgase aus dem herzustellenden Stickstoff nicht entfernt, da sie wegen ihrer Reaktionsunfähigkeit auf chemischem Wege nicht erfaßt werden können. Die Verfahren, die auf Zersetzung stickstoffhaltiger Verbindungen oder auf Umsetzung solcher mit anderen Verbindungen unter Stickstoffentwicklung beruhen, vermeiden prinzipiell diese Verunreinigung, müssen aber andere mögliche Reaktionsnebenprodukte beachten.

Darstellung von Stickstoff in kleinen Mengen durch Zersetzung von Aziden[1]: 1—2 g Kalium- oder Natriumazid werden im einseitig geschlossenen, durch Glasschliff mit der Hochvakuumanlage verbundenen, vollkommen evakuierten Rohr im Sandbad unter vorsichtigem Erwärmen allmählich bis 330° (KN_3) bzw. 320° (NaN_3) erhitzt, wobei die Zersetzung der Salze vor sich geht. Die einmal eingeleitete Gasentwicklung verläuft auch bei Entfernung der Wärmezufuhr vollkommen regelmäßig unter Bildung äußerst reinen Stickstoffs und Hinterlassung reinen Alkalimetalls:

$$2NaN_3 \rightarrow 2Na + 3N_2.$$

Darstellung aus Ammoniumnitrit, bzw. Natriumnitrit und Ammoniumsulfat. Ammoniumnitrit zersetzt sich in wässeriger Lösung beim Erwärmen

$$NH_4NO_2 \rightarrow N_2 + 2H_2O.$$

Da die Herstellung des Ammoniumnitrits unbequem ist, geht man von Lösungen des Natriumnitrits und Ammoniumsulfats aus (Ammoniumchlorid ist wegen der Möglichkeit der Bildung von NCl_3 zu vermeiden!). Zu einer kalt gesättigten Natrium- oder Kaliumnitritlösung, die auf dem Wasserbad erwärmt wird, läßt man aus einem Tropftrichter eine kaltgesättigte Lösung von Ammoniumsulfat zufließen und regelt die Stickstoffentwicklung durch die Zuflußgeschwindigkeit. Durch Evakuieren und Ausspülen der Apparatur durch kurze Stickstoffentwicklung wird die anfänglich noch vorhandene Luft entfernt.

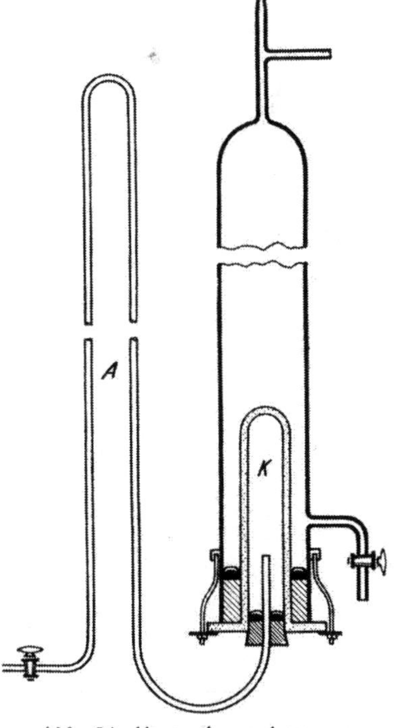

Abb. 24. Absorptionsanlage zur Entfernung von Sauerstoff aus Stickstoff (nach Kautsky).

An Verunreinigungen können N_2O und NO auftreten, Sauerstoff und Kohlendioxyd in geringen Mengen.

NO läßt sich am besten durch Waschen mit Eisen(II)-sulfatlösung entfernen unter Verwendung mehrerer Waschflaschen und nachfolgendem Trocknen mit Natronkalk. Nunmehr wird das Gas über glühendes Kupfer in einem 60 cm langen Rohr geleitet, wobei die noch verbliebenen Reste an Stickoxyden quantitativ in die Elemente zerfallen und der Sauerstoff gleichzeitig als CuO gebunden wird.

Reinigung von Sauerstoff. Um eine möglichst lange Berührungszeit und -strecke des Gases mit der Absorptionsflüssigkeit zu gewährleisten, wird nach Abb. 24 ein 1,5 m langes Absorptionsrohr verwendet[2]. Das Gas wird durch die Biegung *A*, die ein Zurücksteigen der Flüssigkeit verhindern soll, in die Filterkerze

[1] Tiede, E.: Ber. dtsch. chem. Ges. **49** (1916) 1745.

[2] Kautsky, H., u. H. Thiele: Z. anorg. allg. Chem. **152** (1926) 342. — Schramm, H.: Diss. Leipzig 1930.

gedrückt (Porenweite 26a Staatl. Porz. Manufaktur Berlin), die 20 cm lang und unten 5 cm glasiert ist. Die Befestigungsart geht aus der Abbildung hervor. Die Gummistopfen sind gegen die alkalische Absorptionsflüssigkeit durch eine kleine Quecksilberschicht geschützt. Durch die Fritte in feine Gasbläschen zerteilt, tritt der von Sauerstoff zu reinigende Stickstoff in die alkalische Pyrogallollösung (alkoholische Natriumhydrosulfitlösung hat sich wegen leicht entstehender Zersetzungsprodukte nicht bewährt). Wichtig ist hierbei noch, daß die Gasbläschen bei ihrer Zerteilung gleichsinnig aufgeladen werden wie die poröse Wand. In diesem Falle sind die Gasbläschen und die Wandung beide negativ aufgeladen. Dadurch wird ein Zusammentreten zu größeren Blasen verhindert und eine sehr intensive Reinigung erzielt. Danach wird mit konz. Schwefelsäure getrocknet und zur Entfernung der letzten Spuren von Sauerstoff über zur dunklen Rotglut erhitzte Kupferspiralen geleitet.

3. Sauerstoff.

Wenn irgend möglich, wird man bei Gebrauch von reinem Sauerstoff im Laboratorium auf den in Stahlflaschen komprimierten zurückgreifen. In erster Linie kommt der Linde-Sauerstoff in Betracht, der also durch fraktionierte Destillation verflüssigter Luft nach dem Linde-Verfahren hergestellt wird und einen sehr hohen Reinheitsgrad aufweist, wenn man von den chemisch inaktiven Edelgasen absieht. Spuren von Kohlendioxyd und Wasser lassen sich leicht entfernen, während geringe Verunreinigungen von Stickstoff nicht zu entfernen sind, sondern nur durch Kondensation und Verdampfen des Kondensats unter Temperaturkontrolle (O_2: Sdp. $-183°$; N_2: Sdp. $-196°$) abzutrennen sind.

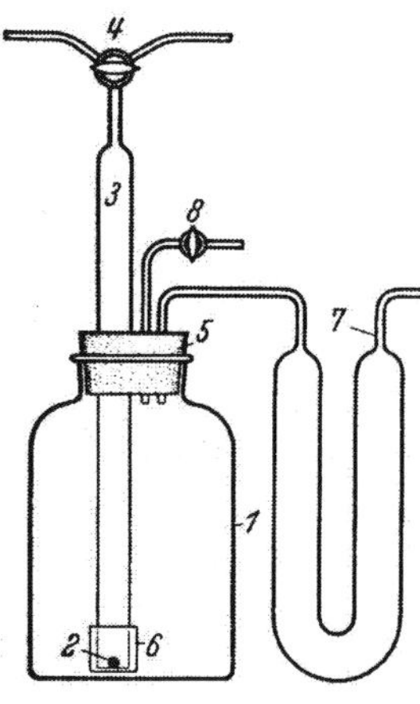

Abb. 25. Apparatur zur Darstellung von O_2 aus H_2O_2.

Elektrolytsauerstoff (in Stahlflaschen 97proz.) enthält etwas mehr Stickstoff und Wasserstoff; letzterer wird durch glühenden Platinasbest entfernt.

Kleine Mengen reinen Sauerstoffs kann man durch Zersetzung von 30proz. Wasserstoffperoxyd durch katalytische Einwirkung von Platin oder Platinmohr bzw. Mangandioxyd-Zersetzungsperlen herstellen.

Elektrolytische Darstellung im Laboratorium, s. Wasserstoff S. 13 bzw. Travers[1].

Darstellung durch katalytische Zersetzung von Wasserstoffperoxyd[2]. (Abb. 25.) (1) ist eine etwa 1 l fassende, mit Wasserstoffperoxyd gefüllte Glasflasche, (2) eine Zersetzungspille und (3) ein Eudiometerrohr von etwa 100 cm^3 Inhalt, (4) der dazugehörige Verschlußhahn. Das Eudiometerrohr (3) ist durch einen Stopfen (5) oder Schliff geführt und greift mit seinem unteren Ende über die Pastille (2), die zweckmäßig in einem kleinen Becher (6) liegt, um sie in der Mitte des Gefäßbodens zu halten. (7) ist ein Wasserabschlußgefäß, (8) ein Ablaßhahn. Zum Gebrauch wird die Pille mit dem Becher auf die Mitte des Gefäßbodens gebracht und der Stopfen mit Rohr (3) aufgesetzt, derart, daß die Pille vom unteren Ende des Rohres erfaßt wird. Das Gefäß (1) wird bis auf einen kleinen Restraum mit 30proz. Wasserstoffperoxyd gefüllt. Schließlich saugt man die Lösung bis zum Hahn (4). Die Sauer-

[1] Travers, M. W.: Experimentelle Untersuchung von Gasen, deutsch v. T. Estreicher. Braunschweig 1905.

[2] Krutzsch, J., u. H. Kahle: Chem. Fabrik **7** (1934) 452. — v. Wartenberg, H.: Z. anorg. allg. Chem. **238** (1938) 297.

stoffentwicklung beginnt sofort an der Pille, und das entwickelte Gas sammelt sich im Rohroberteil an. Dieses Gas enthält noch die in der verhältnismäßig kleinen Flüssigkeitsmenge des Rohres gelösten Fremdgase. Nach Ausspülung der ersten 20 cm^3 kann dagegen schon der Sauerstoff mit einer Reinheit von über 99 Vol.-% entnommen werden, dessen Reinheit nach etwa 2 Rohrfüllungen auf etwa 99,9% ansteigt.

Um eine Diffusion von Luft in den Sauerstoff zu verhindern, ist das Gefäß durch einen Wasserverschluß (7) gegen die Atmosphäre abzuschließen. Die beim Einfüllen der Flüssigkeit gelösten Luftbestandteile werden durch Sauerstoff bald ausgetrieben, da eine durch Spuren von Verunreinigungen an der Glaswandung hervorgerufene schwache Zersetzung der Lösung auch außerhalb des Bereiches der Zersetzungspille vor sich geht. Das hier entstehende Gas gelangt über den Verschluß (7) ins Freie. Gegebenenfalls kann es über Ablaßhahn (8) in einem größeren Vorratsbehälter, zweckmäßig unter geringem Überdruck, aufgefangen werden.

Das aufgefangene Gas enthält als Verunreinigung lediglich Feuchtigkeit, die mit den bekannten Mitteln leicht zu entfernen ist; der Sauerstoffgehalt beträgt, wie zahlreiche Analysen zeigten, über 99,9%.

Je nach Größe der Zersetzungsperlen können aus 30proz. Wasserstoffperoxyd 10···15 cm^3 Sauerstoff pro Stunde entwickelt werden. Durch Vergrößern der Katalysatormenge kann die Sauerstoffentwicklung beliebig vervielfacht werden. Bei Nichtgebrauch füllt sich das Eudiometerrohr mit Sauerstoff, so daß die Zersetzungsperle außer Funktion tritt.

Darstellung aus Kaliumbichromat und Wasserstoffperoxyd[1]**.** Relativ reiner Sauerstoff wird erhalten, wenn man krystallisiertes Kaliumbichromat im Kippschen Apparat mit einer Wasserstoffsuperoxydlösung (150 cm^3 Schwefelsäure werden unter kräftiger Kühlung zu 1 l 3proz. Wasserstoffperoxydlösung hinzugesetzt) behandelt. Verunreinigung: CO_2, das durch Kalilauge (1:1), bzw. festes Kaliumhydroxyd entfernt werden kann.

Darstellung aus Kaliumchlorat. Die thermische Zersetzung des Kaliumchlorats, die zuweilen verzögert werden und dann explosionsartig verlaufen kann, wird durch die Gegenwart eines Zersetzungskatalysators wie Eisenoxyd oder Mangandioxyd so geregelt, daß man die Entwicklungsgeschwindigkeit durch entsprechende Temperaturregelung in der Hand hat. Man vergewissere sich vorher, daß das verwendete Eisenoxyd oder Manganoxyd frei on organischen Substanzen ist, da diese zu Explosionen Veranlassung geben können.

Ein gleichmäßiger Gasstrom wird durch Erhitzen eines Gemisches von 2 Teilen Kaliumchlorat, 2 Tln. Natriumchlorid und 3 Tln. Fe_2O_3 oder aus 12 Tln. Kaliumchlorat, 6. Tln. NaCl und 1 Tl. Mangandioxyd erhalten. Der erhaltene Gasstrom ist jedoch sehr unrein und kann Cl_2, ClO_2, CO_2, HCl, O_3, N_2 und Staub enthalten. Die Reinigung von diesen Nebenbestandteilen erfordert umfangreiche Absorptionsvorrichtungen, so daß dieses Verfahren hauptsächlich nur für gelegentliche Demonstrationsversuche anzuwenden sein wird.

4. Chlor.

Das Chlor in Stahlflaschen enthält bei Herstellung durch Elektrolyse Sauerstoff, Stickstoff, Kohlenmono- und -dioxyd und Wasser als verunreinigende Beimengungen. Die Entfernung derselben gelingt am besten, wenn das Chlor in einem

[1] Blau: Mh. Chem. **13** (1892) 279.

Bad von Äther-Kohlensäureschnee kondensiert wird (Sdp. Cl_2 $-34°$). Das nunmehr durch Eintauchen in Eiswasser zum Sieden gebrachte Chlor ist nach Trocknen mit konz. Schwefelsäure sehr rein.

Entwicklung aus Braunstein und konz. Salzsäure. Man verwendet hierzu Braunstein, der durch Fällung erhalten wurde, in gekörnter oder gepulverter Form und reine, konzentrierte Salzsäure (D. 1,19). Sowohl das durch Fällung erhaltene (z. B. MnO_2 Merck 86%), wie das natürliche Mangansuperoxyd enthalten Karbonate, letzteres auch manchmal Sulfide; zu deren Zerstörung kocht man den Braunstein vorher kurze Zeit mit Salpetersäure, wäscht ihn mit siedend heißem Wasser bis zum Ausbleiben der Diphenylaminreaktion aus und trocknet bei 100···120°. Als Entwicklungsgefäß wird ein Rundkolben mit Glasschliff verwendet, durch dessen Schliffaufsatz ein Tropftrichter bis zum Boden des Kolbens reicht und der andererseits ein rechtwinklig gebogenes Gasentwicklungsrohr eingeschmolzen hat. Kautschuk- und Korkverbindungen (auch paraffinierte) sind zu vermeiden; die Verbindungen werden entweder mit Glasschliffen oder mit aneinandergeschmolzenen Glasröhren hergestellt. Wird der Apparat vorerst evakuiert und dann erst die Gasentwicklung vorgenommen, die durch Erwärmung im Sandbade unterstützt wird, so ist das Gas frei von Kohlendioxyd, Sauerstoff, Stickstoff und Schwefelwasserstoff. Zur Absorption von HCl-Dampf wird mit Wasser gewaschen, dann durch konz. Schwefelsäure und durch Phosphorpentoxyd getrocknet. Da das so erhaltene Gas sehr rein ist, so ist die Verflüssigung in den meisten Fällen unnötig.

Darstellung aus Kaliumpermanganat und Salzsäure[1, 2]. Man läßt Salzsäure (D. 1,16) auf 10 g reinstes, gepulvertes Kaliumpermanganat tropfen, und zwar durch einen unten aufgebogenen Tropftrichter, wobei man die heftige Einwirkung durch Einstellen des Entwicklungskolbens in kaltes Wasser mäßigt[3]. Die Einwirkung beginnt in der Kälte unter Ausscheidung von Mangandioxyd und ist später durch Erwärmen zu unterstützen. Man verwendet einen geringen Überschuß an Salzsäure, etwas mehr als der Gleichung

$$2\,KMnO_4 + 16HCl = 2MnCl_2 + 2KCl + 5Cl_2 + 8H_2O$$

entspricht, also auf 10 g $KMnO_4$ 60···65 cm^3 Salzsäure.

Das erhaltene Chlorgas enthält jedoch mehr oder weniger große Mengen Sauerstoff bzw. Chloroxyde.

5. Chlorwasserstoff.

Darstellung aus Salzsäure und Schwefelsäure. Die Entwässerung konzentrierter Salzsäure (D. 1,19) mit konz. Schwefelsäure stellt eines der gangbarsten und bewährtesten Chlorwasserstoffdarstellungsverfahren dar. Man kann konz. Schwefelsäure aus einem Hahntrichter in rauchende Salzsäure (D 1,19) tropfen lassen oder auch umgekehrt die rauchende Salzsäure auf den Boden einer mit konz. Schwefelsäure beschickten Flasche fließen lassen, worauf die Entwicklung sogleich beginnt und durch Unterbrechung des Zuflusses wieder abgeschaltet werden kann[4, 5].

---

1 Graebe, C.: Ber. dtsch. chem. Ges. **35** (1902) 43.
2 Jannasch, P., u. W. Jilke: Ber. dtsch. chem. Ges. **40** (1907) 3606.
3 Lewis, S. J., u. E. Wedekind: Z. angew. Chem. **22** (1909) 580.
4 Hofmann, P. W.: Ber. dtsch. chem. Ges. **1** (1868) 272.
5 Küster, F. W., u. Abegg: Z. chem. Apparatekunde **1** (1905) 89.

Von W. Seidel[1] ist eine Vorrichtung konstruiert worden, die zur Erzeugung eines starken, beliebig lange anhaltenden Chlorwasserstoffstromes durch Mischen von konz. Salz- und Schwefelsäure sich besonders bewährt hat (Abb. 26): Ein am unteren Ende verjüngtes Glasrohr von 5 cm ⌀ wird mit einem inerten Material (Kies bzw. Glasperlen) in einer Höhe von 20···25 cm gefüllt, das durch eine Siebplatte (*A*) gehalten wird. Unten befindet sich ein Hahn (*B*) mit Doppelknie zum Abfluß der verbrauchten Reaktionsflüssigkeit. Das obere Knie liegt unter dem Niveau der Siebplatte und hat bei (*C*) eine Öffnung. Die Schliffkappe (*D*) trägt die beiden Tropftrichter für die Salz- bzw. Schwefelsäure, die zur Feineinstellung Tropfenzähler enthalten und deren Abtropfrohre nebeneinander über dem Füllmaterial angeordnet sind, so daß eine sofortige Durchmischung der beiden Säuren gewährleistet ist. Durch Regelung der Zutropfgeschwindigkeit kann die Stärke des gewünschten Gasstromes beeinflußt werden. Die anfänglich sich in der Apparatur befindende Luft kann dadurch durch das Ableitungsrohr (*E*) ausgespült werden, daß man das Säuregemisch durch Schließung des Hahnes (*B*) über das Füllmaterial steigen läßt. Die beste Ausbeute an Chlorwasserstoff wird bei einem Verhältnis von 1 Vol. Salzsäure zu 1 Vol. Schwefelsäure erzielt.

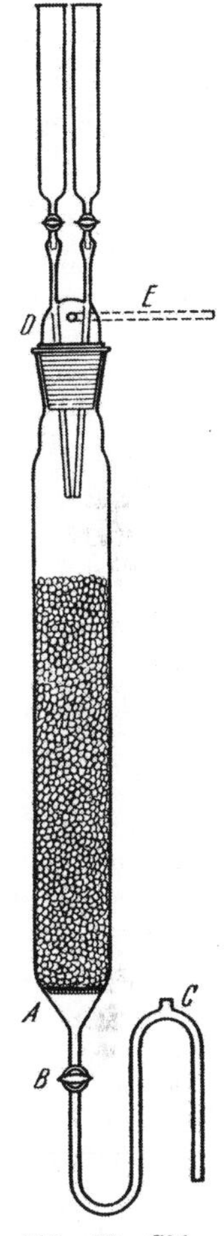

Abb. 26. Chlorwasserstoffentwicklungsapparat (nach Seidel).

Darstellung aus Ammoniumchlorid und konz. Schwefelsäure. Ammoniumchlorid (sublimiert) wird in nußgroßen Stücken im Kippschen Apparat mit konz. Schwefelsäure zur Reaktion gebracht. Der erhaltene Chlorwasserstoff ist jedoch durch mehr oder weniger große Mengen Sauerstoff verunreinigt. Das entstehende Ammoniumsulfat löst sich in der Schwefelsäure zu einer sirupartigen Flüssigkeit, deren Dichte kleiner ist als die der Schwefelsäure.

Man vermeide, Chlorwasserstoff mit Phosphorpentoxyd zu trocknen, da er folgendermaßen auf dieses einwirken kann[2]:

$$2P_2O_5 + 3HCl = 3HPO_3 + POCl_3.$$

Neuerdings ist es auch möglich, Chlorwasserstoff in Stahlflaschen zu beziehen, der sehr rein und trocken ist.

6. Kohlendioxyd.

Das in *Stahlflaschen komprimierte Kohlendioxyd* ist zumeist ziemlich rein und nur von geringen Mengen Sauerstoff, Stickstoff und Kohlenoxyd, möglicherweise Spuren von Schwefelwasserstoff und Schwefeldioxyd, verunreinigt. Alkalische Reinigungsmittel kommen wegen des sauren Charakters des Kohlendioxyds nicht in Betracht. Zur Entfernung des Sauerstoffs wird daher die Einschaltung zweier Waschflaschen mit Chrom(II)-acetatlösung bzw. Titan(III)-chloridlösung (s. S. 81) empfohlen; mitgerissene saure Dämpfe werden in einem mit Kaliumbicarbonatstückchen gefüllten U-Rohr absorbiert und weiter mit konz. Schwefelsäure getrocknet. Letzte Spuren von Sauerstoff werden durch ein 40 cm langes mit Kupfer beschicktes, zum Glühen erhitztes (700°) Rohr entfernt. Kohlenmonoxyd kann durch pulveriges, fein verteiltes Kupferoxyd CuO bei 700···800° zu Kohlendioxyd oxydiert werden. Geringe Mengen von Schwefelwasserstoff werden durch Kalium-

[1] Seidel, W.: Chem. Fabrik **11** (1938) 408.
[2] Bailey u. Fowler: J. chem. Soc. London **53** (1888) 755.

bicarbonat schon absorbiert, es kann jedoch auch noch ein U-Rohr mit Bimssteinstückchen, die mit Kupfersulfatlösung getränkt sind, eingeschaltet werden. Durch neutrale 1-n Kaliumpermanganatlösung wird Schwefelwasserstoff ebenfalls oxydiert. Kohlendioxyd kann über ausgekochtem, kohlendioxydgesättigtem Wasser, konz. Schwefelsäure oder Quecksilber aufbewahrt werden.

Entwicklung aus Calciumcarbonat und Salzsäure. Kleine Marmorstücke werden in einem Stutzen mit Salzsäure übergossen und grobe Verunreinigungen als Schlamm abgeschieden. Ein Auskochen ist nach Weygand[1] nicht notwendig, da das Abätzen mit Säure wesentlicher ist, und Gaseinschlüsse im Innern der Marmorstücke auch nicht entfernt werden können. Nach Abspülen des mit Salzsäure behandelten Marmors mit fließendem Wasser wird die mittlere Kugel eines Kippschen Apparates damit gefüllt. Um aus dieser die Luft möglichst vollkommen zu entfernen, führt man das Gasableitungsrohr vom Stopfen aus fort bis zum höchsten Teile der mittleren Kugel, welcher der luftreichste Teil derselben ist. Der Apparat wird mit Salzsäure (1:1 mit Wasser verdünnt) in der üblichen Weise gefüllt, und zwar so weit, daß die unterste Kugel vollständig, die oberste bis zur Hälfte mit Salzsäure beschickt ist. Die in der Salzsäure enthaltene Luft wird durch Verdrängen mit Kohlendioxyd in der Weise entfernt, daß man in die oberste Kugel mehrere Marmorstückchen wirft, die so groß sind, daß sie durch das Trichterrohr nicht hindurchfallen können. Nach dem Verbrauch dieses Marmors wiederholt man den Vorgang, wobei man durch öfteres Öffnen und Schließen des Gasableitungshahnes stets neue Salzsäure mit dem Marmor in Berührung bringt und gleichzeitig die Luft aus der mittleren Kugel nach und nach vollkommen entfernt. So neu hergerichtete Apparate liefern aber noch immer ein lufthaltiges Gas, dessen Reinheit mit der Gebrauchsdauer jedoch zunimmt. Wenn die Säure schwach geworden ist, so muß das Erneuern derselben so geschehen, daß keine Luft in die mittlere Kugel des Apparates gelangen kann; man entfernt sie durch Ausheben der obersten Kugel nach dem Hochsteigen der Säure, oder durch Ablassen derselben mittels Glashahnes aus der untersten Kugel unter gleichzeitiger Ergänzung der Flüssigkeit durch konz. Salzsäure. Die entstehende Chlorcalciumlauge hat den Vorteil, daß sie weniger Luft aufnimmt als die verdünnte Säure.

Das so erhaltene Kohlendioxyd kann geringe Mengen an Chlorwasserstoff, Schwefelwasserstoff, Sauerstoff und Feuchtigkeit enthalten, die durch Natriumbicarbonat in Stücken, mit Kupfersulfatlösung getränktem Bimsstein, durch auf Rotglut erhitztes metallisches Kupfer und durch Trocknung mit konz. Schwefelsäure bzw. Phosphorpentoxyd oder Silicagel entfernt werden.

7. Ammoniak.

In Stahlflaschen kondensiertes Ammoniak wird in den weitaus meisten Fällen die gangbarste und bequemste Quelle für dieses Gas darstellen. Es kann bis zu 2% Verunreinigungen enthalten, wie Sauerstoff, Stickstoff, organische Stoffe und Feuchtigkeit. Der Sauerstoff kann dadurch entfernt werden, daß er beim Durchleiten des Gases durch zwei Waschflaschen mit wässeriger Ammoniaklösung, die blankes Kupferdrahtnetz enthalten, das Kupfer oxydiert. Getrocknet wird Ammoniak durch frisch gebrannten Kalk oder Natronkalk im Trockenturm oder in längeren Röhren, ebenso durch Kalium-, Natrium- oder Bariumhydroxyd. Wasserfreies Magnesiumperchlorat ist ebenfalls als Trockenmittel empfohlen worden. Durch eine Kühlfalle (Kältemischung Eis-Kochsalz) können wesentliche Mengen an Feuchtigkeit ebenfalls zurückgehalten werden. Obgleich wegen des basischen Charakters

---

[1] Weygand, C.: Organisch-chemische Experimentierkunst. Leipzig: J. A. Barth, 1948. S. 136.

des Ammoniaks nur basische Trockenmittel in Frage kommen, wird auch das Phosphorpentoxyd zur Entfernung letzter Spuren Feuchtigkeit herangezogen, da bei extremer Trocknung Ammoniak und Phosphorpentoxyd nicht unter Salzbildung reagieren können. Metallisches Natrium, durch die Natriumpresse in Drahtform gebracht, kann ebenfalls als Trockenmittel dienen. Stickstoff — und damit auch Sauerstoff — kann durch Kondensation des Gases mit Trockeneis entfernt werden, die nicht kondensierten Gase werden durch Abpumpen entfernt. (Sdp. NH_3: — 33°C.)

Darstellung durch Verdrängung aus Ammoniumsalzen. 1 Gewichtsteil Ammoniumchlorid wird mit 2 Gewichtsteilen Calciumoxyd und 2···3 Gewichtsteilen Wasser zu einem dünnen Brei verrührt und Ammoniak durch Erwärmen auf dem Sandbade entwickelt, nachdem die Luft vorher verdrängt worden ist.

Entwicklung aus konz. wässeriger Lösung durch Erwärmen und Trocknung vom Wasserdampf über Calciumoxyd liefert auch ein Gas, das Verunreinigungen organischer stickstoffhaltiger Verbindungen enthalten kann. Durch Verwendung reinen Salmiakgeistes als Ausgangsmaterial für die Ammoniakentwicklung wird diese Verunreinigungsmöglichkeit ausgeschaltet.

III. Metalle.

Allgemeines. Bei einer überblicksmäßigen Betrachtung aller Metalle läßt sich leicht eine starke Unterschiedlichkeit innerhalb dieser Gruppe von Elementen feststellen, sowohl hinsichtlich ihrer physikalischen Eigenschaften, als auch ihres chemischen Verhaltens und der Eigenschaften ihrer Verbindungen. Dieses unterschiedliche Verhalten prägt sich auch in der (oft nur bei einer bestimmten Elementgruppe vorliegenden) Anwendbarkeit der verschiedenen Methoden zur Darstellung der metallischen Elemente aus. Bei den wichtigsten Metallen sind viele Darstellungsverfahren mit technischen Prozessen identisch und werden im Laboratorium nur aus didaktischen Gründen nachgeahmt. Die Problematik, vom Standpunkt der anorganischen Präpariertechnik aus, liegt hauptsächlich in der Darstellung der Metalle in immer höherem Reinheitsgrad oder technologisch ausgedrückt in der Raffination. Es hat sich nämlich gezeigt, daß die typisch metallischen Eigenschaften dieser Elemente von sehr geringen Spuren von Fremdbeimengungen stark beeinflußt werden können, so daß die immer fortschreitende Entfernung dieser Beimengungen ein wichtiges, anzustrebendes Ziel darstellt. Quecksilber ist wohl das Metall, das bisher in reinstem Zustand hergestellt werden konnte, zweifellos auf Grund seiner Destillierbarkeit, wodurch wegen der Nichtflüchtigkeit der anderen metallischen Elemente eine ideale Reinigungsmöglichkeit gegeben ist. Von anderen Metallen hat man z. B. Aluminium in einem Reinheitsgrad von 99,9995% Al, Silber von 99,999% Ag, Beryllium dagegen nur von 99,97% Be herstellen können.

In gediegener, d. h. elementarer Form kommen die Metalle wegen ihrer hohen Affinität zum praktisch immer vorhandenen Sauerstoff nur in den Fällen vor, wo diese Affinität nicht extrem hoch ist, also bei den Edelmetallen z. B. Silber, Gold, Platin und auch Quecksilber und Kupfer[1]. Als Ausgangsquelle werden die Metalle also meistens in Form der Oxyde oder auch der Carbonate oder Sulfate vorliegen, von denen die letzteren durch Brennen (Carbonate) oder Rösten (Sulfide) in die Oxyde überführt werden, deren Reduktion zum Metall also das Prinzip aller Dar-

[1] Natürliches gediegenes Kupfer weist merkwürdigerweise einen derartigen Reinheitsgrad auf, wie er auf technischem und präparativem Weg bisher nicht erzielt werden konnte.

stellungsverfahren ist. Diese Reduktion wird um so leichter durchführbar sein, je geringer die Bildungswärme des betreffenden Oxyds aus Metall und Sauerstoff ist, es wird also ein Alkali- oder Erdalkalioxyd sich schwieriger reduzieren lassen, als z. B. ein Oxyd eines Edelmetalles, dessen Bildungswärme so gering ist, daß es bei der Reduktion mit Wasserstoff schon bei Zimmertemperatur reagiert (z. B. Ir_2O_3).

1. Reduktion mit Wasserstoff.

Als wichtigste Reduktionsmittel kommen hauptsächlich der *Wasserstoff* und der *Kohlenstoff* in Betracht. Allgemein ist zu beachten, ob das angestrebte Metall mit dem überschüssigen Reduktionsmittel zu reagieren in der Lage ist, ob also eine Hydrid- oder Karbidbildung unter den vorliegenden Reduktionsbedingungen eintreten kann; z. B. können die zur Bildung salzartiger Hydride befähigten Metalle durch Reduktion mit Wasserstoff nicht erhalten werden. Andere *Metalle*, die zum Sauerstoff eine höhere Affinität aufweisen als das als Oxyd vorliegende können auf das letztere reduzierend wirken (s. S. 27).

Für die Metalle Wolfram und Molybdän hat sich Wasserstoff als brauchbarstes Reduktionsmittel auch im technischen Maßstabe erwiesen, da diese auf elektrochemischem Wege aus wässeriger Lösung noch nicht abgeschieden werden konnten. Die Reduktion nach:

$$WO_3 + 3H_2 \rightarrow W + 3H_2O$$

verläuft in mehreren Stufen, was am Auftreten des Wolframblaus, einem Wolframoxyd mit partiell 5wertigem Wolfram von der Zusammensetzung W_2O_5—W_4O_{11} und tiefblauer Farbe (zwei Wertigkeitszustände desselben Elements in der Verbindung!) bei 500° und des braunen WO_2 bei 600° beobachtet werden kann. Von 800° an beginnt die Reduktion zum Wolfram, sie verläuft aber erst bei 900···1000° vollständig.

1. Wolfram, W[1]. Wolframtrioxyd, das durch Ausglühen gereinigt worden ist, wird in einem Porzellanschiffchen im Quarzrohr in einem elektrisch beheizten Röhrenofen im Wasserstoffstrom erhitzt. Der Wasserstoff, der nach Meyer und Ronge (s. S. 14) gereinigt ist, wird vorerst in der Kälte durch die Apparatur geleitet, um den Luftsauerstoff restlos zu vertreiben. Um sich hiervon zu überzeugen, prüft man das aus der Apparatur ausströmende Gas auf Abwesenheit von Knallgas. Hiernach wird erst der Ofen angeheizt und einige Zeit bei 800° belassen, um eine Verflüchtigung des Wolframtrioxyds durch zu schnelles Erhitzen zu vermeiden. Die sich bei langsamer Erhitzung bildenden niederen Oxyde sind nicht flüchtig. Dann wird die Temperatur auf 1000···1200° gesteigert, wo die Reduktion schnell verläuft und beim Ausbleiben der Wasserdampfentwicklung als beendet betrachtet werden kann. Man läßt nun im Wasserstoffstrom erkalten und erhält das Wolfram in Form eines grauen Pulvers. Der Reinheitsgrad hängt von der Reinheit des Ausgangsmaterials ab. Oxydbeimengungen treten bei niederer Reduktionstemperatur auf.

Eine intensive Reduktionswirkung von Wasserstoff wird auch bei relativ niedrigen Temperaturen erzielt, wenn derselbe in atomarem Zustande vorliegt. Bei der Rekombination $2H \rightarrow H_2$ werden noch 103 kcal frei, so daß z. B. Kupferoxyd, Bleioxyd, Quecksilberoxyd, Silberoxyd und Wismutoxyd bei Zimmertemperatur zum Metall reduziert werden können.

---

[1] Ruff, O.: Z. angew. Chem. **25** (1912) 1889.

2. Pyrophore Metalle.

Je größer die Oberfläche eines Metallpräparates ist, um so höher ist der Energieinhalt, um so leichter reagiert es mit anderen Stoffen. Aber auch mehr oder weniger weitgehende Störungen des Krystallgitteraufbaus können eine Erhöhung des Energieinhaltes bewirken.

In einem gestörten Gitter liegen die Metallatome nicht alle in den bei idealem Aufbau zu erwartenden Lagen, sondern sie sind in mehr oder weniger großer Zahl gegenüber ihrer Normallage etwas „verrutscht". Diese Verschiebung entspricht einer Ortsveränderung des Atoms, die auch durch thermische Anregung des betreffenden Atoms herbeigeführt werden kann; nur wird das Atom in diesem Falle die Möglichkeit haben, wieder in die Normallage (bei Abkühlung) zurückzukehren. In einem gestörten Gitter bestehen diese Abweichungen von der Normallage aber bei einer Temperatur, die weit unterhalb derjenigen liegt, bei der diese sonst auf thermischem Wege erzielt werden könnten. Die Gitterstörungen stellen also sozusagen „eingefrorene Wärmeschwingungen" dar.

Kommen nun derartige aus ihrer natürlichen Gleichgewichtslage gebrachten Atome mit Reaktionspartnern zusammen, so benehmen sie sich diesen gegenüber wie bei derjenigen Temperatur, die der Abweichung von der Gleichgewichtslage entspricht, ihre Reaktionsfähigkeit ist also bedeutend gestiegen. Es kommt daher die Erscheinung des pyrophoren Verhaltens zustande, die an einer spontanen Verbrennung mit Luftsauerstoff bei Zimmertemperatur erkennbar ist.

Die Wasserstoffreduktion wird meistens bei Temperaturen durchgeführt, die weit unter dem Schmelzpunkt des betreffenden Metalles liegen, so daß dasselbe in Form eines mehr oder weniger lockeren Pulvers anfallen. Man wird dies Verfahren also dann anwenden, wenn man solche feinverteilten, oberflächenreichen Produkte anstrebt, also auch zur Darstellung feinverteilten Eisens, bei dem die Oberfläche so stark ausgedehnt ist, daß es sich schon an der Luft entzündet. Metalle in solchem Zustand spielen nämlich bei der heterogenen Katalyse als Kontaktmaterial eine große Rolle. Um von vornherein eine feinverteilte Struktur des Ausgangsmaterials zu erzielen, kann man wie beim Kobalt vom Oxalat ausgehen; dieses zerfällt in Oxyd, das in feinverteiltem Zustand anfällt und nach Reduktion zum Metall bei möglichst niederer Temperatur in einem solchen vorliegt.

Wird das Metall auf einer Unterlage verteilt, so werden die gestörten Stellen besonders leicht fixiert, d. h. man kann u. U. bei bedeutend höheren Temperaturen reduzieren. Man mischt also das zu reduzierende Oxyd mit einem durch Wasserstoff nicht reduzierbaren, bzw. fällt die entsprechenden Hydroxyde nebeneinander, z. B. Aluminium und Eisen oder Aluminium und Wismut.

2. Pyrophores Eisen. Amorphes Eisen(III)-oxydhydrat, das durch Fällung von Eisen(III)-chloridlösung mit Ammoniak erhalten worden ist, wird in einem elektrisch auf etwa 350° geheizten Rohr im Wasserstoffstrom (getrocknet und sauerstofffrei) 1···2 Tage reduziert. Das bei der Reduktion entstehende Wasser wird möglichst durch entsprechendes Erhitzen aus dem Rohr entfernt. Das nunmehr pyrophore Material entzündet sich bei Zutritt von Luft sofort unter Bildung von Oxyd. In einem geeigneten Rohr kann es auch unter Wasserstoff eingeschmolzen und aufbewahrt werden. Ein pyrophores Material wird auch erhalten, wenn man Eisen(II)-oxalat als Ausgangsmaterial benutzt. Das Eisen(II)-oxalat erhält man bei Zusatz von Oxalsäure zu einer Eisen(II)-sulfatlösung in Form eines zitronengelben Niederschlages, der nach Filtration im Exsiccator getrocknet wird und dann zur Reduktion verwendbar ist. Das hierbei resultierende Produkt ist zwar kein reines Eisen, sondern enthält außerdem noch Eisen(II)-oxyd und Kohlenstoff.

Pyrophores Nickel. Die pyrophoren Eigenschaften eines Metalls hängen weitgehend sowohl von der Reduktionstemperatur als auch sehr wesentlich vom Ausgangsmaterial ab. Wenn z. B. pyrophores Nickel durch Reduktion von Nickelhydroxyd oder von basischem Nickelcarbonat oder von Nickeloxalat hergestellt wird, so ist das aus Nickelhydroxyd hergestellte Präparat in bezug auf seine pyrophoren Eigenschaften den beiden anderen bei weitem überlegen.

3. Pyrophores Nickel[1]. Eine 10proz. Lösung von reinem Nickelnitrat wird unter leichtem Rühren mit überschüssigem Natriumhydroxyd versetzt. Der Hydroxydniederschlag wird 8mal mit kaltem Wasser dekantiert, filtriert und bis zum Ausbleiben der Nitratreaktion mit heißem Wasser gewaschen und darauf 48 Stunden im Trockenschranke bei 85° getrocknet. Der trockene Niederschlag wird nun in einem reinen Wasserstoffstrom bei 155° während 35 Stunden reduziert. Die Temperatur ist möglichst niedrig zu halten, bei einer Reduktionstemperatur von 235° wird schon kein spontan pyrophores Metall mehr erhalten.

4. Pyrophores Wismut[2]. In einem großen Becherglas löst man 2 g reinstes Aluminiumsulfat und fügt 30 cm³ einer Wismutnitratlösung hinzu, die man erhält, indem man 20 g Wismutnitrat in 100 cm³ verdünnter Salpetersäure löst und mit Wasser auf 200 cm³ verdünnt. Zu diesem Gemisch fügt man 1300 cm³ Wasser hinzu. Ohne Rücksicht auf ausfallendes basisches Wismutnitrat erwärmt man auf dem Wasserbad und gibt dann 140 cm³ einer Pottaschelösung hinzu, die in 6 cm³ 1 g Kaliumcarbonat enthält. Die Flüssigkeit, welche alkalisch reagieren soll, läßt man erkalten, dekantiert, filtriert und wäscht den Niederschlag bis zum Verschwinden der Salpetersäure-Reaktion aus. Der Niederschlag wird dann bei 100° getrocknet, danach feinst verrieben und nochmals ungefähr eine Stunde lang getrocknet. Zur Darstellung des pyrophoren Wismuts bringt man einige Gramm des Nd. in ein Porzellanschiffchen und erhitzt es in einem Rohr aus schwer schmelzbarem Glas im Wasserstoffstrom auf 170···210°. (Vor dem Erhitzen muß die Luft in der Apparatur völlig durch Wasserstoff verdrängt sein.) Der Wasserstoff wird nach Meyer-Ronge (s. S. 14) gereinigt. Die Reduktion geht rasch vor sich, und es resultiert ein samtschwarzes Pulver, welches sich an der Luft bei Zimmertemperatur spontan unter Wärmeentwicklung, vielfach sogar unter Feuererscheinung zu gelbem Wismutoxyd oxydiert. In reinem Sauerstoff verbrennt es unter glänzender Feuererscheinung, ebenso in rauchender Salpetersäure und in flüssigem Brom.

3. Reduktion mit Kaliumcyanid.

Kaliumcyanid kann durch Metalloxyde zum Kaliumcyanat oxydiert werden unter Reduktion der Oxyde zu den betreffenden Elementen. Zinndioxyd in unlöslicher Form kann auf diese Weise aufgeschlossen und das metallische Zinn auch in präparativem Maßstabe gewonnen werden.

5. Zinn, Sn. 20 g sehr fein gepulverter Zinnstein werden mit der gleichen Menge Kaliumcyanidpulver gemischt und in einem Porzellantiegel, der vom Gemisch etwa zu drei Vierteln angefüllt ist, eine halbe Stunde vor dem Gebläse geschmolzen. Nach dem Erkalten wird der Zinnregulus (12···15 g) mit Wasser von der anhaftenden Schmelze (KCNO) gereinigt.

6. Antimon, Sb. Antimonoxychlorid, SbOCl, wird in trockenem Zustande mit dem doppelten Gewicht Kaliumcyanidpulver gemischt und im Porzellantiegel vor dem Gebläse geschmolzen, wobei man ein passendes Stück Eisenrohr oder einen Blumentopf als Wärmeschutzmantel verwendet. Der krystalline Antimonregulus wird nach dem Erkalten mit Wasser von der noch anhaftenden Schmelze befreit.

---

[1] Fricke, R., u. W. Schweckendick: Z. Elektrochem. **46** (1940) 90.
[2] Vanino, L., u. A. Menzel: Z. anorg. allg. Chem. **149** (1925) 18.

4. Darstellung durch metallische Reduktionsmittel.

Die Reduktion einer Metallverbindung zum betreffenden Metall kann auch durch ein zweites Metall bewirkt werden, wenn dessen Affinität zum Verbindungspartner des ersten Metalls größer ist, als die des ersten Metalls zu dem jeweilig vorliegenden Verbindungspartner. Auch hier kann das überschüssige Reduktionsmittel wegen der Möglichkeit der Legierungsbildung eine Verunreinigungsmöglichkeit darstellen.

Edle Metalle kommen wegen ihrer relativ gering ausgeprägten Tendenz zur Verbindungsbildung als Reduktionsmittel nicht in Betracht, sondern im Gegenteil in erster Linie die stark elektropositiven unedlen Metalle, z. B. die Alkalimetalle, von denen das Natrium das am leichtesten zugängliche darstellt. Die Reduktion von Oxyden ist jedoch meistens mit Natrium nicht durchführbar, da die Bildungswärme des Natriumoxyds kleiner ist als die vieler Metalloxyde. Zum Ziel kommt man jedoch in vielen Fällen, wenn man von den Metallchloriden ausgeht; so konnte Fr. Wöhler aus wasserfreiem Aluminiumchlorid mit Natrium zuerst das Aluminium erhalten. Auch andere Metalle wie Titan, Zirkon, Hafnium, Thorium, Vanadin und Uran sind nach dieser Methode erhältlich. Die Reaktionswärme erhöht die Temperatur so stark, daß die in einer eisernen Bombe entstehenden Metalle trotz hohen Schmelzpunktes zusammensintern. Wegen der ziemlich hohen Dampfdrucke der Metallhalogenide bei stark erhöhter Temperatur entstehen während der Reaktion ziemlich hohe Drucke. Um dies zu vermeiden, kann ein geringer Zusatz von Kaliumchlorat die Reaktion schon bei tieferer Temperatur einleiten, so daß der extreme Druckanstieg und damit die Möglichkeit von Explosionen ausgeschaltet ist. Beim Titan ist diese Methode wegen der Flüchtigkeit des Titantetrachlorids schwieriger durchführbar; man kann in solchen Fällen aber z. B. von komplexen Alkalifluoriden vom Typ K_2TiF_6 ausgehen, die in trockener und nicht hydrolysierbarer Form erhältlich sind. Das Alkalifluorid wirkt in diesem Falle als Flußmittel, mäßigt die Reaktion, unterbindet dafür aber auch die Sinterung, so daß das feinteilig anfallende Metall beim Auswaschen des Kaliumfluorids leicht einer Re-Oxydation unterliegt.

Das Natrium als Reduktionsmittel hat den großen Vorteil, mit Metallen keine thermisch sehr stabilen Legierungen zu bilden, kann also im Überschuß leicht durch Erhitzen entfernt werden. Der Nachteil ist, daß die Metalle in Form der Halogenide vorliegen müssen. Will man Oxyde mit Metallen reduzieren, so muß man zu den Erdalkalien bzw. Erdmetallen übergehen.

Als Beispiel einer Reduktion eines Oxyds mit Natrium soll die Darstellung von amorphem Bor nach

$$B_2O_3 + 6Na = 2B + 3Na_2O$$

angegeben werden.

7. Bor, amorph. Das Bortrioxyd stellt man sich durch Entwässern reiner Borsäure her. Hierzu wird Borsäure in einem großen Porzellantiegel auf einem Gebläse sehr stark geglüht, indem man anfangs nicht zu viel Borsäure in den Tiegel gibt, da sie sich stark aufbläht, und fügt nach und nach noch Borsäure hinzu. Nunmehr wird solange geglüht, bis sich keine Gasblasen mehr in der jetzt klaren Schmelze befinden. Zum völligen Abkühlen wird der Tiegel in einen Exsiccator gebracht. Das Bortrioxyd zerspringt dann in glasklare Brocken unter Zertrümmerung des Porzellantiegels. Es wird, nachdem man es von den Porzellanscherben befreit hat, in einem Eisenmörser möglichst schnell gepulvert und in gut verschlossenen Gefäßen aufbewahrt. Bei Verwendung eines Platintiegels schreckt man diesen nach dem Glühen durch Eintauchen in kaltes Wasser ab, das Bortrioxyd zerspringt dann in Brocken.

Zur Darstellung des amorphen Bors werden 40 g Bortrioxyd in einem großen Nickeltiegel (notfalls auch gut gereinigter Eisentiegel) mit 25 g kleingeschnittenem

Natrium und je 10 g Kalium- und Natriumchlorid gemischt und unter Bedeckung mit einer Tonplatte stark geglüht. Wenn die Reaktion beendigt ist, wird die Tonplatte vorsichtig abgenommen (Schutzbrille!) und mit einem Eisenstab umgerührt, bis die Masse ruhig schmilzt. Sie wird dann in mit Salzsäure angesäuertes Wasser gegossen, das Bor abfiltriert und mit HCl-haltigem, darauf mit reinem Wasser ausgewaschen und durch Abpressen auf Tonplatten bei Zimmertemperatur getrocknet, da es sich in der Wärme leicht entzündet. Überschüssiges B_2O_3 kann durch Behandeln mit siedendem Wasser extrahiert werden. — Das amorphe Bor fällt als graues Pulver an.

5. Reduktion mit anderen Metallen. (Aluminothermie.)

Es ist nun sehr wichtig, daß das reduzierende Metall eine höhere Verbrennungswärme aufweist, als das als Oxyd vorliegende zu reduzierende Metall. Die größte Verbrennungswärme haben die Erdalkalimetalle, die kleinste die Edelmetalle, so daß man eine Reihenfolge der Metalle in bezug auf ihre Verbrennungswärme aufstellen kann, die der Spannungsreihe teilweise symbat verläuft und auf Grund derer prinzipiell angegeben werden kann, welche Metalle andere aus ihren Oxyden zu verdrängen vermögen. So reicht die hohe Bildungswärme des Aluminiumoxyds wohl aus, um mit metallischem Aluminium Eisenoxyd oder Chromoxyd mit geringeren Bildungswärmen zu reduzieren, aber nicht mehr, um die noch unedleren Metalle Magnesium oder Calcium aus ihren Oxyden von noch höherer Bildungswärme (die alle aus Gründen der Vergleichbarkeit auf ein Sauerstoff-Äquivalent bezogen sein müssen) in Freiheit zu setzen. Aus diesem Grunde wären die letzteren Metalle also für diesen Zweck geeigneter als das Aluminium, praktische Gründe haben aber das Aluminium in dieser Hinsicht das brauchbarste Metall werden lassen (Aluminothermie); z. B. ist das Aluminium trotz seines unedlen Charakters wegen einer dünnen oxydischen Schutzschicht bei gewöhnlicher Temperatur ziemlich indifferent und läßt sich als Pulver, Grieß, Schnitzel usw. in alle Verteilungsgrößen bringen, wodurch die Schnelligkeit der jeweiligen Reduktionsreaktion wesentlich beeinflußt werden kann. Außerdem ist Aluminium bedeutend weniger flüchtig, als z. B. Calcium, was im Hinblick auf die starke Temperatursteigerung, die zur Durchführbarkeit einer solchen Reaktion notwendig ist, sehr wichtig ist. Die notwendige hohe Reaktionstemperatur wird nicht von außen zugeführt, sondern muß durch den Reduktionsprozeß selbst geliefert werden; es lassen sich aber aus diesem Grunde auch hochschmelzende Metalle, die man mit gewöhnlichen Apparaturen sonst nicht in geschmolzenem Zustande verarbeiten kann, in Form kompakter Reguli erhalten, die nun in kohlenstofffreier Form relativ rein, wenn auch mechanisch durch oxydische Schlacken oberflächlich verunreinigt, anfallen.

Praktisch gestaltet sich das aluminothermische Verfahren nun so, daß man den Aluminiumgrieß mit dem Oxyd des zu reduzierenden Metalles vermischt und in einem Hessischen Tontiegel durch Zündung mittels eines Gemisches von z. B. Magnesium und Bariumperoxyd[1] die Reaktion vor sich gehen läßt. Durch die stark positive Wärmetönung, die sich nun auf einen relativ kleinen Raum konzentrieren kann — auch weil keine gasförmigen Produkte entstehen, die thermische Verluste verursachen könnten — werden leicht Temperaturen über 2000° erreicht, die sowohl die angestrebten Metalle als auch das Aluminiumoxyd (das Verfahren wird auch zur Herstellung künstlichen Korundes angewendet) zum Schmelzen bringen. Es kann vorkommen, daß das Metalloxyd wegen zu großer Flüchtigkeit

[1] Das Gemisch wird durch Schütteln von 5 g wasserfreiem BaO_2 und 7 g Magnesiumpulver in einer Pulverflasche hergestellt; ein Verreiben im Mörser ist unbedingt zu vermeiden. Alle verwendeten Materialien, auch der Tontiegel, müssen vollkommen frei von Feuchtigkeit sein.

bei diesen Temperaturen auch verdampft, z. B. im Falle des Molybdän(VI)-oxyds; hier kommt man besser zum Ziel, wenn man vom niederen, basischeren und daher schwerer flüchtigen Oxyd MoO_2 ausgeht. Um die Reaktionsmasse bei der hohen Temperatur durchmischungsfähiger zu machen, wird häufig als Flußmittel Calciumfluorid (Smp. 1390°) zugesetzt. In einigen Fällen muß die Temperatur jedoch noch durch eine Begleitreaktion gesteigert werden, z. B. bei der Darstellung von Silicium und Bor. Durch zusätzliche Zugabe von Schwefelpulver und entsprechenden Mengen von weiterem Aluminium wird durch die stark exotherme Reaktion:

$$2\,Al + 3\,S = Al_2S_3 + Q$$

die sonst für diese Reaktion nicht ausreichende Temperatur genügend gesteigert.

Dieses Prinzip kann auch angewendet werden bei der Herstellung von Alkalimetallen, deren Oxyde sich ja auch durch hohe Bildungswärmen auszeichnen und durch die üblichen Metalle mit praktischem Erfolg nicht reduzierbar sind. Mit metallischem Zirkon, dessen Oxyd ebenfalls eine sehr hohe Bildungswärme aufweist, hat man jedoch die Möglichkeit, die Alkalimetalle in kleinen, aber definierten Mengen im Vakuum schon bei relativ geringen Temperaturen (bei Natrium z. B. bei 550°) zu erzeugen. Wegen der leichten Flüchtigkeit der Alkalimetalle können diese vom Zirkonoxyd und auch vom sehr schwer flüchtigen Zirkon sehr gut abdestilliert werden. Dieses Verfahren kommt jedoch nur für Spezialzwecke in Betracht[1].

Allgemein ist darauf hinzuweisen, daß wegen der Gefahr des Fortsprühens glühender Teilchen die aluminothermischen Ansätze (nach Goldschmidt) nur im Freien oder an einem feuersicheren Ort durchzuführen sind und daß bei der Zündung sehr vorsichtig vorzugehen ist (Schutzbrille! usw.). Hat sich das Magnesiumband entzündet, so ziehe man sich sofort zurück, da das Reaktionsgemisch häufig zum Sprühen neigt. Tritt keine sofortige Zündung ein, so nähere man sich dem Tiegel nicht sogleich, da eine verzögerte Zündung unerwartet doch noch einsetzen kann.

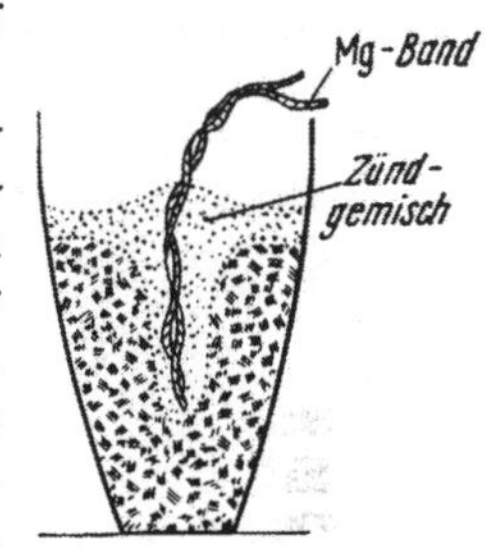

Abb. 27. Aluminothermischer Ansatz.

8. Chrom, Cr. 70 g Chromoxyd, Cr_2O_3, (wasserfrei, eventuell vorher glühen!), 25 g geschmolzenes Kaliumbichromat und 33 g Aluminiumgrieß werden gut gemischt. In einem Tontiegel von zweckmäßigerweise hohem Format werden auf den Boden 10 g Calciumfluorid als Flußmittel gegeben und das obige Gemisch[2] darüber geschichtet und durch ein hineingestecktes Magnesiumband entzündet. Nach der Reaktion kann das metallische Chrom größtenteils als zusammenhängender Regulus aus dem zerschlagenen Tiegel neben kleineren Metallkügelchen erhalten werden, die mechanisch von der anhaftenden Schlacke befreit werden. Auffallend ist die Härte des Metalls, Glas wird geritzt.

9. Molybdän, Mo[3]. Ein Gemisch von 80 g Molybdändioxyd (s. Nr. 30) und 21 g Aluminiumpulver (oder besser Aluminiumgrieß von Sandkorngröße) wird durch das Zündgemisch im Hessischen Tiegel zur Reaktion gebracht. Nach dem Abkühlen wird der Tiegel zerschlagen, und man erhält etwa 50 g geschmolzenes Molybdän als Regulus. Bei kleineren Ansätzen sinkt die Ausbeute. Der Molybdängehalt beträgt 98···98,5%. Das Metall enthält etwas Silicium, Eisen und Aluminium.

10. Silicium, krystallisiert, Si. 90 g reiner Sand (gesiebt) werden in trockenem Zustand mit 100 g Aluminiumpulver und 120 g Schwefelblumen gemischt. Die Mischung wird in einen Hessischen Tiegel gegeben, der dadurch zur Hälfte ge-

[1] de Boer, J. H., J. Broos u. H. Emmens: Z. anorg. allg. Chem. **191** (1930) 113.
[2] S. Anm. 1, S. 28.
[3] Biltz, H., u. R. Gärtner: Ber. dtsch. chem. Ges. **39** (1906) 3370.

füllt sein soll. Es wird mit dem Zündgemisch zur Reaktion gebracht, wobei sehr viel Schwefeldioxyd entweicht. Nach dem Erkalten wird der Tiegel zerschlagen und die Schmelze mit Wasser übergossen, wodurch das Aluminiumsulfid heftig unter Entwicklung von Schwefelwasserstoff hydrolysiert. Das entstehende Aluminiumoxydhydrat wird vom grauschwarzen, glänzenden Metallregulus abgeschlämmt und dieser zusammen mit kleineren herausgelesenen Metallkugeln von Silicium in einem Becherglas mit starker Salzsäure mehrere Tage in der Wärme behandelt, worauf sich das Aluminiummetall restlos gelöst haben soll und das gebildete Silicium in metallisch glänzenden Blättchen zurückbleibt. Nach mehrfacher Erneuerung der Salzsäure werden die Kristalle mit derselben ausgekocht und darauf in einer Platinschale vorsichtig mit Fluorwasserstoffsäure übergossen, wobei sich die Mischung ziemlich stark erwärmt; man erwärmt dann noch $^3/_4$ Stunden auf dem Wasserbad, verdünnt dann mit Wasser und wäscht dekantierend aus. Die Krystalle werden abgesaugt, mit Wasser gewaschen und getrocknet. Erneute Einwirkung von Fluorwasserstoffsäure oder Salzsäure darf aus den gereinigten Krystallen nichts mehr herauslösen. Ausbeute 20···25 g.

11. Bor, krystallisiert, B. 50 g wasserfreies, geschmolzenes, gepulvertes Bortrioxyd, 75 g Schwefel und 100 g Aluminium werden zur Reaktion gebracht und in der Weise wie beim Silicium das entstandene Bor mit Wasser und Salzsäure von der Schlacke und überschüssigem Aluminium befreit. Nach dem Reinigen mit Flußsäure erhält man in einer Ausbeute von 7,5···10 g kleine, derbe, metallisch glänzende Kryställchen, von denen die dünneren rot durchscheinen. Das so erhaltene Bor ist aber stets aluminiumhaltig (von der ungefähren Zusammensetzung AlB_{12}). Borkrystalle ritzen Glas.

6. Reduktion durch metallisches Eisen.

Das metallische Eisen, das in technischem Maßstabe am besten zugängliche Metall, kann ebenfalls als Reduktionsmittel dienen, und zwar vermag es sulfidische Erze direkt zum betreffenden Metall zu reduzieren; z. B. kann Zinnober durch Erhitzen mit metallischem Eisen in metallisches Quecksilber überführt werden:

$$HgS + Fe \rightarrow FeS + Hg,$$

wobei das Quecksilber wegen seiner guten Destillierbarkeit besonders leicht abgetrennt werden kann; jedoch werden auch andere Metalle wie Antimon und Wismut nach dieser Methode in größerem Maßstab gewonnen, die man technologisch als Niederschlagsarbeit bezeichnet.

12. Quecksilber, Hg, (*aus Quecksilbersulfid*). Ein Gemisch von 20 g Quecksilbersulfid und der berechneten Menge möglichst oxydfreier feiner Eisenfeile füllt man in eine kleine trockene Retorte aus schwer schmelzbarem Glas und erhitzt vorsichtig mit fächelnder Flamme. Das Quecksilber destilliert man in eine Vorlage, am einfachsten in ein vorher gewogenes Reagenzglas. Zum Schluß bringt man die im Retortenhals hängengebliebenen Quecksilbertröpfchen auch noch in die Vorlage und bestimmt die Ausbeute. (Vorsicht! Unter dem Abzug arbeiten! Quecksilberdämpfe sind giftig!)

7. Darstellung von Metallen durch thermische Zersetzung.

Das Prinzip, Metalle durch thermische Zersetzung ihrer Verbindungen darzustellen, läßt sich bei den verschiedenen metallischen Elementen mit sehr verschiedenem Erfolg durchführen, je nachdem ob für diesen Zweck geeignete Verbindungen vorliegen, und ob eine den stofflichen Gegebenheiten Rechnung tragende Experimentiermethodik schon geschaffen worden ist.

Die thermische Zersetzung von Metalloxyden hat natürlich bei den Metallen die größte Aussicht auf Erfolg, deren Oxyde die kleinste Bildungswärme haben, also bei den Edelmetallen, deren Herstellung aber praktisch nur nach anderen Methoden erfolgt und bei denen im Gegenteil die Darstellung ihrer Oxyde ein präparatives Problem bildet. Die Darstellung unedler Metalle gelingt wegen der zu hohen Bildungswärme auf diesem Wege meistens nicht, in besonders günstig gelagerten Einzelfällen hat man diese Methode jedoch erfolgreich durchführen können, z. B. beim Vanadin, Niob und Tantal[1]. Reduziert man die Pentoxyde dieser Metalle zu niederen Oxyden, so erhält man bei höheren Temperaturen stromleitende Verbindungen, was für die Durchführung des Verfahrens ausschlaggebend ist. Schickt man also durch gepreßte Stäbe dieser niederen Oxyde einen genügend starken Strom und zwar im Vakuum, so tritt eine geringe Abspaltung von Sauerstoff ein, die durch Fortführung des Sauerstoffs durch das Vakuum dauernd weiter verläuft; die hochschmelzenden Metalle (V Smp. 1700°, Nb Smp. 2500°, Ta Smp. 3030°) bleiben schließlich allein zurück, da auch alle anderen Verunreinigungen wegen höherer Flüchtigkeit bei diesen Temperaturen schon entfernt werden. Es wurde z. B. so ein Niobmetall erhalten, welches duktil war, also sich verformen ließ. Diese Eigenschaft deutet bei Metallen immer darauf hin, daß oxydische, karbidische und andere Beimengungen praktisch nicht vorhanden sind. Sie stellt somit ein Kriterium für einen hohen Reinheitsgrad dar.

Größere Bedeutung hat diese Methode bei den Metallen, die Carbonyle zu bilden in der Lage sind. Die Metallcarbonyle sind homöopolare, leichtflüchtige Stoffe, die durch Fraktioniermethoden gereinigt und durch ihre thermische Zersetzbarkeit wieder in die reinen Metalle überführt werden können, bei denen man nur Kohlenstoff und Sauerstoff bzw. Kohlenoxyd als Verunreinigungsmöglichkeit in Betracht ziehen muß. Namentlich bei Eisen spielt die Zersetzung des Eisenpentacarbonyls, $Fe(CO)_5$, zur Herstellung des sog. Carbonyleisens auch in größerem Maßstabe eine wichtige Rolle. Unter Einhaltung bestimmter Versuchsbedingungen können die Verunreinigungsmöglichkeiten vollkommen ausgeschaltet werden.

13. Carbonyleisen, Fe. Eine Waschflasche wird mit Eisenpentacarbonyl beschickt und ein langsamer Strom von reinem und trockenem Wasserstoff hindurchgeleitet. Den mit den Carbonyldämpfen beladenen Gasstrom leitet man in ein weites, gut gereinigtes und vollkommen glattes Glasrohr, das durch einen elektrischen Ofen

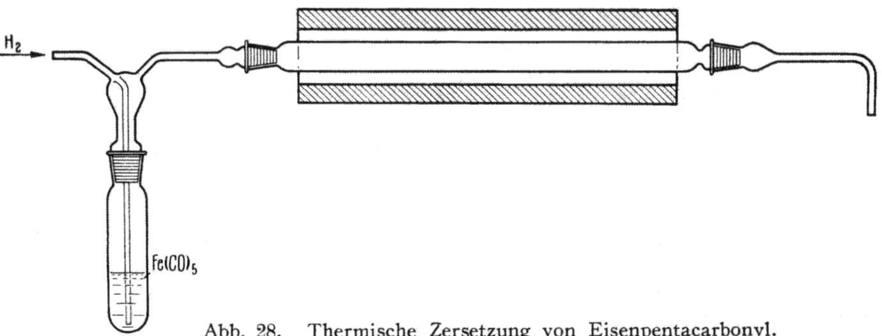

Abb. 28. Thermische Zersetzung von Eisenpentacarbonyl.

auf 250° erhitzt wird. Die Menge des mitgeführten Eisenpentacarbonyldampfes kann durch Einstellen der Waschflasche in warmes Wasser gesteigert werden. Nach einiger Zeit setzt sich das Eisen in Form eines zusammenhängenden glänzenden

[1] v. Bolton: Z. Elektrochem. **11** (1905) 47.

Spiegels nieder, der nach längerer Zeit das Metall stellenweise in glänzenden Folien abblättern läßt.

Die Hydride, von denen sich die gasförmigen auch leicht thermisch zersetzen lassen (Arsenwasserstoff, Antimonwasserstoff), stellen im präparativen Maßstabe bisher kein brauchbares Ausgangsmaterial für die Metalldarstellung dar.

Von den Aziden[1] lassen sich die Alkali- und Erdalkalisalze im Vakuum thermisch zersetzen. Man hat hiermit die Möglichkeit, sowohl kleine definierte Mengen von freien Alkalimetallen als auch von reinem Stickstoff zu erzeugen.

8. Aufwachsverfahren.

Es soll im Folgenden auf ein Verfahren eingegangen werden, welches in seiner Entwicklung zeigt, wie man durch sorgfältiges Berücksichtigen und Abtasten der individuellen Eigenschaften der jeweiligen Metalle und ihrer Verbindungen zu präparativen Ergebnissen kommen kann, die sowohl in wissenschaftlicher Hinsicht als auch vom technischen Gesichtspunkt von größter Bedeutung sind, nämlich auf das sog. Aufwachsverfahren, das in erster Linie von holländischen Forschern wie van Arkel, de Boer und anderen entwickelt worden ist und das auch auf thermischer Zersetzung einer flüchtigen Metallverbindung beruht. Um die großen experimentellen Schwierigkeiten, die der Entwicklung dieses Verfahrens zunächst entgegenstanden, aufzuzeigen, soll im folgenden etwas näher darauf eingegangen werden.

In einem evakuierten Glasgefäß wird durch Steigerung der Temperatur auf 600° in diesem befindliches Rohzirkon und Jod zur Reaktion gebracht, wobei sich ZrJ_4 in dampfförmiger Phase bildet. Ein im Gefäßraum ausgespannter dünner Wolframfaden (*F* in Abb. 29) wird elektrisch auf 1800° erhitzt. An diesem Draht tritt eine thermische Zersetzung in Zirkon und Jod ein, wobei das Metall sich in reiner, krystallisierter Form auf dem Draht niederschlägt, das Jod aber mit weiterem Rohzirkon wieder reagieren und die durch Zersetzung verschwundenen Zirkontetrajodidmengen wieder nachliefern kann. Da das Zirkon einen sehr hohen Schmelzpunkt von 2130° hat, ist es bei 1800°, die zur thermischen Zersetzung des Zirkontetrajodids notwendig sind, noch genügend wenig flüchtig, d. h. die Verdampfung des Metalls ist geringer als die Abscheidung desselben. Mit wachsender Drahtdicke muß der Heizstrom natürlich auch laufend verstärkt werden (von 0,25 auf 200 A, wenn der Draht von 40 μ auf 5000 μ angewachsen ist. Die Wolframseele des erhaltenen Zirkonstabes macht dann mengenmäßig nichts mehr aus (0,01 Volumprozent Wolfram im Zirkon).

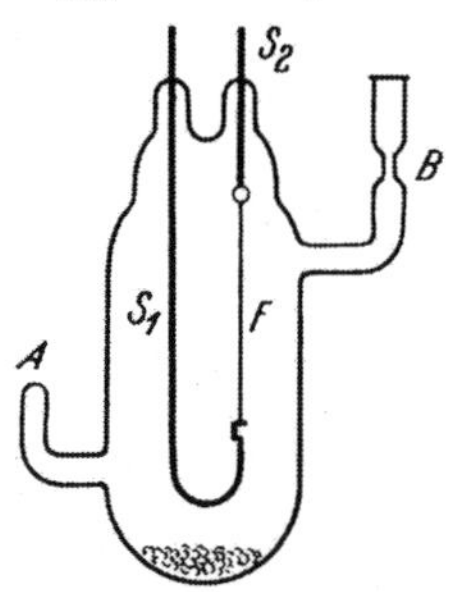

Abb. 29. Darstellung von reinen Metallen (nach dem Aufwachsverfahren von v. Arkel).

Ein so erhaltener Zirkonstab hat duktile Eigenschaften, woraus seine weitgehende Reinheit bereits hervorgeht (er ist nicht spröde, läßt sich kalt hämmern und ist walzbar). Das Aufwachsverfahren stellt also nur ein Reinigungsverfahren dar, da ein Rohmetall ja zunächst vorliegen muß. Die Bedeutung liegt jedoch darin, daß oxydische, nitridische oder carbidische Beimengungen, die die qualitativen Eigenschaften von Metallen so weitgehend beeinflussen, in eleganter Weise entfernt werden können, da die großen Materialschwierigkeiten der Tiegel- und Gefäßsubstanzen hier wegfallen. Jedoch ist hierdurch keine Entfernung von den Nachbarelementen z. B. Hafnium möglich, deren Jodide sich in ähnlicher Weise bilden und zersetzen.

Voraussetzungen für die Anwendbarkeit des Aufwachsverfahrens sind: 1. Vorliegen einer leichtflüchtigen Verbindung des Metalls, 2. Bildung dieser Verbindung

[1] Tiede, E.: Ber. dtsch. chem. Ges. **49** (1916) 1742.

bei relativ niedriger Temperatur, 3. leichte thermische Zersetzbarkeit bei höherer Temperatur, 4. hoher Schmelzpunkt des abzuscheidenden Metalls und 5. niedriger Dampfdruck desselben. Hierdurch wird das Verfahren also auf bestimmte Metalle und bestimmte Metallverbindungen beschränkt. Das Zirkontetrachlorid z. B. dissoziiert thermisch bedeutend weniger, so daß bei den anwendbaren Temperaturen kein Anwachsen des Drahtes erfolgt; beim Zirkontetrabromid ist ein Anwachsen gerade zu erkennen bei einer Drahttemperatur von 2600°, so daß bald ein Durchschmelzen des Drahtes erfolgt. Erst beim Jodid sind alle Voraussetzungen erfüllt. Eisen muß man bei geringerer Drahttemperatur aufwachsen lassen, da dieses bei

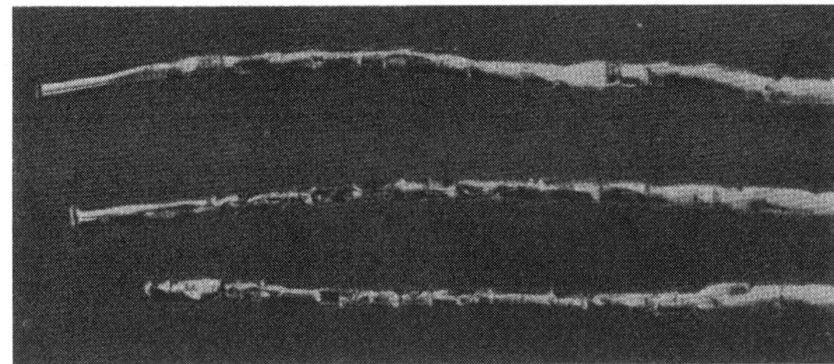

Abb. 30. Nach dem Aufwachsverfahren hergestellte Zirkonstäbe (~½ nat. Größe). (Aus van Arkel: Reine Metalle.)

1800° schneller verdampft, als es durch thermische Zersetzung vom Eisen(III)-jodid aufwächst. Bei einer Zirkondarstellung wird eine Verunreinigung durch Eisen also durch Verdampfung des Eisens entfernt werden.

Die Jodide sind jedoch bei den höchsten Wertigkeitsstufen der Metalle häufig nicht verfügbar, die niederen Jodide sind wegen der geringen Umhüllung des Zentralions sehr schwer flüchtige Substanzen. Man hat jedoch mit Erfolg versucht, aus dem Vanadin(II)-jodid das Vanadin auf diese Weise zu erhalten, allerdings muß das Reaktionsgefäß aus Quarz gewählt werden, da zur Verflüchtigung des Vanadin(II)-jodids schon eine Außentemperatur von 800···1000° erforderlich ist, die Elektroden müssen durch Übergangsgläser in das Quarzgefäß eingeschmolzen werden usw.

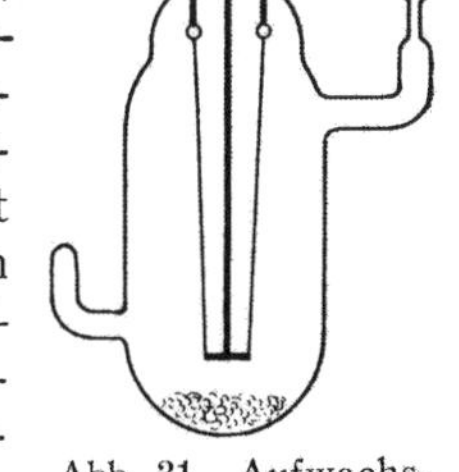

Abb. 31. Aufwachsapparatur mit 2 Aufwachsdrähten.

Im Reaktionsgefäß müssen jegliche Gasreste entfernt sein, besonders Sauerstoff und Stickstoff, da diese mit dem niedergeschlagenen Metall sofort reagieren würden, und das entstandene Zirkonoxyd auch in sehr geringen Mengen sofort eine Sprödigkeit des erhaltenen Metalls verursachen würde. Mit Stickstoff tritt Zirkonnitridbildung ein, was ebenfalls das Zirkon spröde werden läßt; unter beabsichtigter Zugabe von Stickstoff oder Stickstoff-Wasserstoff-Gemischen kann das Zirkonnitrid wegen seiner Leitfähigkeit in reiner krystallisierter Form nach dieser Methode erhalten werden (ebenso auch Carbide, Boride, Silicide usw.)[1]. Um nun letzte Gasreste vollkommen auszuschließen, werden in den Reaktionsraum (s. Abb. 31) *zwei* Wolframfäden eingebaut und der Faden auf der linken Seite zunächst geglüht. Hier werden so die letzten Spuren Sauerstoff, Stickstoff usw. durch Reaktion mit dem Zirkon aus dem Gasraum entfernt; nunmehr kann bei Einschaltung des zweiten Glühfadens über den mittleren und rechten Anschluß ein Stab vollkommen reinen Zirkons aufwachsen.

[1] Moers, K.: Z. anorg. allg. Chem. **218** (1931) 243.

9. Weitere Reinigungsverfahren für Metalle.

Mit fortschreitender Entwicklung der Hochvakuumtechnik wurde die Vakuumbehandlung der Metalle immer weitgehender zu deren Reinigung ausgenutzt, wobei das Vakuum 1. den Zweck hat, Fremdgase auszuschließen, 2. den Siedepunkt der Metalle herabzusetzen. Die *Vakuumschmelze* kann bei vielen Metallen zur Entfernung flüchtiger Verunreinigungen dienen, wie z. B. okkludierter Wasserstoff, andere mechanisch eingeschlossene Gase oder auch Alkalimetalle aus Metallen mit nicht allzu hohem Schmelzpunkt. Das Hochvakuum muß natürlich während der ganzen Schmelze dauernd aufrechterhalten bleiben. Bei sehr hoch schmelzenden Metallen genügt oft auch schon eine *Vakuumerhitzung* zur Erhöhung des Reinheitsgrades. Eine *Vakuumsublimation* oder *-destillation* ist bei den Metallen nur eine Frage des Gerätematerials und der notwendigen Temperatur, da die Siedepunkte der Metalle (mit Ausnahme des Quecksilbers) recht hohe Werte erreichen können. Es ist darum sehr wesentlich, durch Anwendung von Vakuum den Siedepunkt herabzusetzen, was häufig in starkem Maße der Fall ist (s. Tab. 2).

Tabelle 2. *Erniedrigung der Siedepunkte von Metallen im Vakuum.*

Metall	Sdp. bei 1 mm Hg	Sdp. bei 760 mm Hg
Na	710° abs. Temp.	1156° abs. Temp.
Mg	877°	1375°
Si	1910°	2900°
Cr	1775°	2600°
Mo	3450°	5000°

Beim Quecksilber gestaltet sich die Reinigung durch Destillation wegen des niedrigen Siedepunktes sehr einfach. Wegen des relativ hohen Preises und der großen Bedeutung, die das Quecksilber für die Laboratoriumspraxis hat, soll seine Aufarbeitung und Reinigung im einzelnen beschrieben werden.

14. Reinigung von Quecksilber. Da das Quecksilber andere Metalle unter Amalgambildung leicht löst, muß es von diesen befreit werden. Durch einfaches Filtrieren durch ein glattes trockenes Filter, in dessen Boden ein kleines Loch gestoßen ist, wird es zunächst von äußerem Schmutz und mechanischen Beimengungen befreit. Weiter können alle unedlen Metalle durch Oxydation mittels Luft oder Salpetersäure entfernt werden. Am einfachsten geschieht das in der Weise, daß man das Quecksilber in eine Saugflasche füllt, wobei man die Dimensionen so wählt, das der Boden etwa 1···2 cm mit Quecksilber bedeckt ist. Dann gibt man etwa 3 n-Salpetersäure hinzu und verschließt die Saugflasche mit einem dicht schließenden, einfach durchbohrten Gummistopfen, durch dessen Bohrung ein Glasrohr bis zum Boden reicht. Der Ansatz der Saugflasche schließt an eine Wasserstrahlpumpe an. Man saugt einen solchen Luftstrom durch das Quecksilber, daß es in wallende Bewegung kommt. Die Salpetersäure löst neben den unedlen Metallen auch etwas Quecksilber auf; alle Metalle, die unedler als das Quecksilber sind, werden aber zuerst herausgelöst. Nach 24 Stunden gießt man die Lösung ab, wäscht mit Wasser, trocknet mit Filtrierpapier und filtert schließlich wie oben beschrieben.

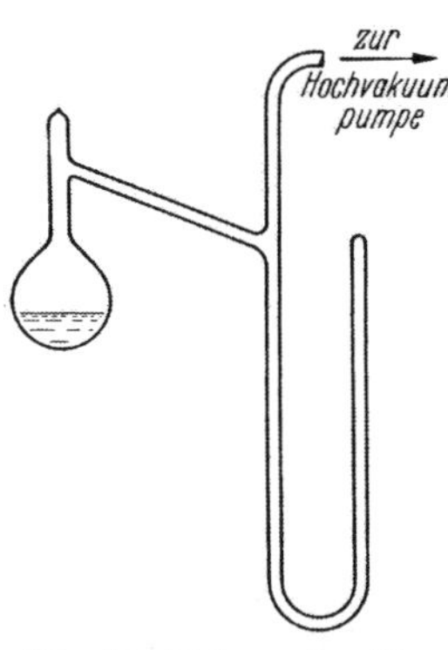

Abb. 32. Vakuumdestillation von Hg in ein Manometer.

Für sehr viele Zwecke ist das so behandelte Quecksilber rein genug. Häufig, besonders für Manometer, kann man aber nur Quecksilber gebrauchen, das durch Destillation im Hochvakuum gereinigt ist. Dazu wird das Quecksilber in einen Destillationskolben gefüllt, dessen Hals zugeschmolzen wird. Das Ansatzrohr wird mit einer Hochvakuumvorrichtung und zugleich mit dem zu füllenden Gefäß, also mit einem Manometer so verblasen, daß das verdampfte und wieder kondensierte Quecksilber in dieses hineinfließt (s. Abb. 32).

Wichtig bei allen Operationen ist äußerste Sauberkeit. Alle Teile, mit denen das Quecksilber in Berührung kommt, müssen völlig fettfrei (vorher mit Chromschwefelsäure behandeln), staubfrei und trocken sein. Zu diesem Zweck werden nach Zusammensetzen der Apparatur und Erreichen des Hochvakuums alle Teile mit fächelnder Flamme erhitzt. Dann erst kann mit der langsamen Destillation begonnen werden, wobei der Kolben mit fächelnder Flamme vorsichtig anzuheizen ist.

10. Elektrolytische Darstellung von Metallen.

Allgemeines. Die elektrolytische Reduktion von Metallverbindungen zu den metallischen Elementen erweist sich als eine ziemlich allgemein anwendbare Methode. Die Kathode fungiert hier sozusagen als ein in seiner Stärke kontinuierlich variables Universalreduktionsmittel, welches je nach dem vorliegenden Metall in mehr oder weniger starker Form, d. h. in diesem Fall bei mehr oder weniger hoher Spannung in Anwendung gebracht werden muß. Metalle, die mit Wasser zu reagieren vermögen, lassen sich aus wässerigen Elektrolyten (denn als solche müssen die Metallverbindungen hier naturgemäß immer vorliegen) nicht abscheiden. Da nichtwässerige Lösungsmittel sich für diesen Zweck auch nur in Einzelfällen als geeignet erwiesen haben, bleibt somit nur noch die Möglichkeit, die geschmolzenen Salze der Metallverbindungen selber zu elektrolysieren, womit jedoch eine bedeutende Steigerung der Arbeitstemperatur und damit wieder Komplizierung der Gefäßmaterialfrage verbunden ist.

Darstellung durch Schmelzelektrolyse. Um die Schmelztemperatur von Salzen wasserzersetzender Metalle für die Elektrolyse herabzusetzen, wird zweckmäßig die Beimengung eines anderen Metallsalzes, für gewöhnlich mit gleichem Anion, zugegeben. Die Stromstärke und die Spannung, die für den beabsichtigten Verlauf der Elektrolyse maßgebend sind, werden nach dem Schaltungsschema in Abb. 33 kontrolliert.

15. Lithium, Li. Man schmilzt in einem Porzellantiegel von ca. 6···8 cm Höhe und 9 cm Weite etwa 30 g getrocknetes Lithiumchlorid und 30 g trockenes Kaliumchlorid mit einem Teclubrenner zusammen und erhält die Masse während der Elektrolyse eben flüssig. Es genügt dazu eine geringere Brennerhitze, da der Strom zur Erwärmung beiträgt. In die Schmelze taucht als Anode ein 0,8 cm starkes Stück Bogenlampenkohle, die von dem sich entwickelnden Chlor nicht angegriffen wird. Als Kathode dient ein 0,3 cm starker Eisendraht, der von einem 2 cm weiten Glasrohr umgeben ist. Oben ist das Glasrohr mit einem Stopfen, der zugleich dem Eisendraht als Führung dient, verschlossen. Der untere, offene Teil des Glasrohres reicht etwa 1 cm in die Schmelze hinein. Der Eisendraht selbst taucht noch 0,3 cm tiefer (vgl. Abb. 33). In dem Raume zwischen Eisendraht und Glasrohr sammelt sich das Lithiummetall an und bleibt durch den Glasmantel gegen Verstäubung innerhalb des Elektrolyten ziemlich geschützt. Nunmehr wird der Strom eingeschaltet, der Widerstand so reguliert, daß das Ampèremeter 6···10 Ampère anzeigt, und die Zeit abgelesen. Zur Erreichung dieser Stromstärke ist eine Spannung von etwa 7···12 Volt (3···6 hintereinander geschaltete Akkumulatoren) notwendig. Während der Elektrolyse notiere man häufig Zeit und Ampèrezahl und berechne daraus die insgesamt verwandten Ampèresekunden, indem man das Mittel der annähernd konstant gehaltenen Ampère mit den Sekunden multipliziert.

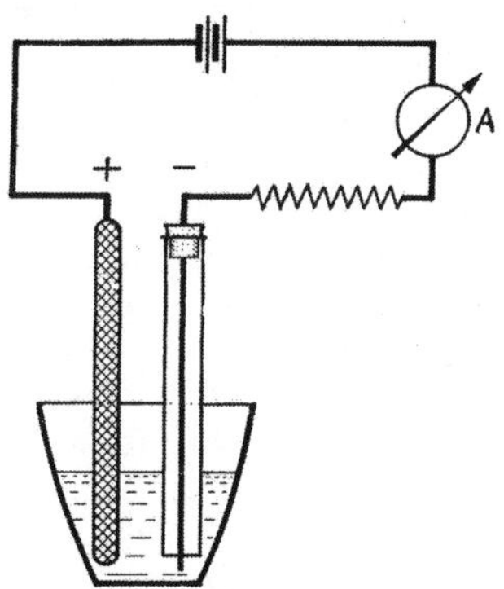

Abb. 33. Elektrolytische Darstellung von Lithium.

Zwischen Glasrohr und Kathode sammelt sich metallisches Lithium an. An der Anode treten zeitweise Lichtbogen auf, die vermutlich dadurch entstehen, daß sich um die Kohleelektrode eine isolierende Chlorgashülle bildet, ein Umstand, der ein starkes Zurückgehen der Stromstärke zur Folge hat; man schaltet auf einen Augenblick den Strom aus, wodurch die Störung leicht beseitigt wird. Nach etwa 20 Min. hat sich reichlich Lithium angesammelt; man hebt alsdann die Kathode aus der Schmelze so heraus, daß man das Herabfallen von Metall durch Darunterhalten eines eisernen Löffels verhindert und taucht das Ganze in Petroleum. Nach dem Erkalten schneidet man das gewonnene Lithium sorgfältig mit einem Messer aus dem Glasrohr heraus und bringt es in Petroleum zur Wägung. Die erhaltene Ausbeute in Prozenten der nach der verwendeten Ampèresekundenzahl zu erwartenden theoretischen Menge gegenüber — d. h. die „Stromausbeute" — beträgt etwa 70%.

Das erhaltene Lithium ist durch etwas Kalium verunreinigt. Man bestimme das spezifische Gewicht in Petroleum von bekannter Dichte mittels eines Pyknometers. Zu diesem Zwecke wägt man das Pyknometer 1. leer, 2. mit Petroleum gefüllt, 3. mit dem Lithium beschickt, 4. mitsamt dem Lithium und so viel Petroleum, daß das Pyknometer völlig gefüllt ist. Die Differenz der um das Gewicht des verwendeten Lithiums verminderten Wägung 4 und der Wägung 2 liefert das Gewicht des von dem Metalle verdrängten Petroleums. Das bekannte oder noch zu ermittelnde spezifische Gewicht des Petroleums liefert hieraus das Volumen dieser Petroleummenge und damit das Volumen des verwendeten Lithiumstückes. Die Dichte des reinen Lithiums beträgt 0,534.

Darstellung durch Elektrolyse aus wässerigen Lösungen. Die Bedeutung der elektrolytischen Abscheidung von Metallen liegt hauptsächlich auf technologischem (Raffination, Galvanoplastik) wie auch auf analytischem (Elektrogravimetrie) Gebiet, jedoch auch auf präparativem Gebiet ist es oft zweckmäßig, auf diese Methode zurückzugreifen.

16. Thallium[1], Tl. Aus einer gesättigten, schwefelsauren Thallium(I)-sulfatlösung läßt sich das metallische Thallium sehr gut abscheiden. Die Kathode, welche zweckmäßigerweise leicht eingefettet wird, um das abgeschiedene Metall leicht ablösen zu können, befindet sich am Boden des Elektrolysiergefäßes. Sie besteht aus einem Kupferblech und bildet einen 4,5 cm breiten Ring von etwa 100 cm² Oberfläche. Der Zuleitungsdraht ist, soweit er durch den Elektrolyten führt, durch ein übergestreiftes Glasrohr geschützt. Zwischen der Kathode und den in dem oberen Teil der Flüssigkeit befindlichen Anoden läuft ein Flügelrührer, um zu verhindern, daß Thalliumkrystalle von der Kathode bis zu den Anoden hinaufwachsen und Kurzschluß verursachen. Als Anoden benutzt man zwei, seitlich der Achse des Rührers im oberen Teil des Elektrolyten waagerecht angebrachte je 7···8 cm große Platinbleche. Man arbeitet bei einer Spannung von etwa 3,5 Volt und mit einer Stromstärke von 1,3···1,5 Ampère, was also einer kathodischen Stromdichte von 1,3 bis 1,5 Amp./dm² entspricht. Das Thallium scheidet sich in prächtig glänzenden, großen Blättern und Nadeln ab. Die Elektrolyse ist beendet, wenn die anfangs starke Wasserstoffentwicklung stark zunimmt, und eine Probe des Elektrolyten durch Salzsäure nicht mehr gefällt wird. Man unterbricht dann den Strom, entfernt den Rührer und ersetzt die saure Flüssigkeit schnell durch Wasser. Nun streift man die Thalliumkrystalle mit einem spatelartigen Glasstab von der Kathode ab, preßt sie zunächst unter Wasser, dann unter Filtrierpapier gut ab und schmilzt sie unter Kaliumcyanid zusammen. Den Regulus bewahrt man am besten unter einer Thalliumhydroxydlösung im zugeschmolzenen Rohr auf.

---

[1] Förster, F.: Z. anorg. allg. Chem. **15** (1897) 71.

17. Gallium[1]**, Ga.** Bei amphoteren Elementen besteht auch die Möglichkeit, die elektrolytische Abscheidung aus alkalischer Lösung vorzunehmen. Das leicht schmelzende Gallium kann nach der folgenden Vorschrift auch aus Rückständen aufgearbeitet werden.

Das Galliumhydroxyd wird in möglichst wenig konz. Natronlauge gelöst und die Lösung so weit verdünnt, daß sie in 150 cm^3 etwa 10 g Gallium enthält. Als Anode dient eine Platinfolie von 20 cm Länge und 3 cm Breite, welche an der Innenwand eines 250 cm^3 fassenden Becherglases liegt. Die Kathode besteht aus einem kleinen Platindraht, der in einem Glasbecherchen eingeschmolzen ist und dessen Zuleitung durch das gebogene Glasrohr verläuft. Man elektrolysiert bei einer Spannung von 3···4 Volt und einer Stromstärke von 1 Ampère. Der Strom erwärmt den Elektrolyten so weit, daß seine Temperatur über dem Schmelzpunkt des Galliums liegt, welches sich in dem Glasgefäß sammelt und die Kathode überzieht, so daß diese eigentlich nach kurzer Zeit eine Galliumelektrode wird (s. Abb. 34).

In dem Maße, wie der Elektrolyt an Gallium verarmt, verläuft die Abscheidung immer langsamer. Unter den oben angeführten Bedingungen erhält man in den ersten 24 Stunden etwa 6 g und in den folgenden etwa 3,5 g Metall, während die Abscheidung des restlichen halben Grammes so langsam erfolgt, daß es zweckmäßiger ist, diesen Rest wieder als Hydroxyd zu fällen und bei einer weiteren Elektrolyse mit zu verarbeiten.

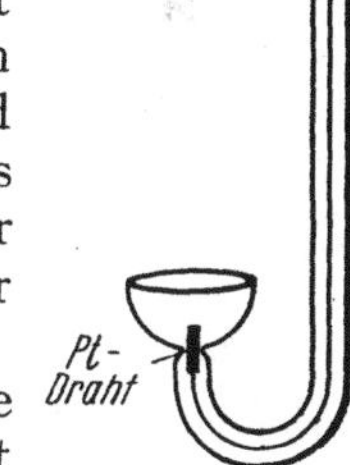

Abb. 34. Apparatur zur Darstellung von Gallium.

Das abgeschiedene Metall ist beweglich und stark glänzend wie Quecksilber. Falls es grau und großenteils pulverförmig ist, so liegt das daran, daß Sulfide vorhanden sind. Wenn man diese vor der Elektrolyse mit Peroxyd beseitigt, erhält man stets tropfenförmiges Metall. Das an der Elektrode haftende Metall entfernt man, indem man es mit etwas verd. warmer Salzsäure übergießt, worauf es leicht abgestreift werden kann. Das Rohmetall wird unter wenig heißem Wasser geschmolzen, das gleiche Volumen konz. Salzsäure zugefügt und 5 Minuten mit der Salzsäure behandelt, indem man es auf dem Boden des Glases hin und her fließen läßt. Dann wird es sorgfältig säurefrei gewaschen. Nun behandelt man das Metall mit etwas konz. Salpetersäure. Wenn die erste heftige Einwirkung, wobei das Metall sich in kleine Kügelchen zerteilt, vorbei ist, verdünnt man die Säure und läßt sie noch 10 Minuten mit dem Metall in Berührung. Dann wird die Säure wieder sorgfältig ausgewaschen. Nunmehr wird das Metall noch mit verdünnter Salzsäure gewaschen, wobei die kleinen Kügelchen sofort zusammenfließen.

11. Aufbereitung von Silberrückständen.

18. Silber, Ag. Die über den Silberrückständen stehende Lösung wird zunächst auf Silber geprüft. Enthält sie Silber, wird sie solange mit roher Salzsäure versetzt, bis kein Niederschlag von Silberchlorid mehr entsteht. Der Niederschlag, welcher Silberchlorid, -jodid und -bromid und Verunreinigungen enthalten kann, wird abfiltriert und in einer Porzellanschale mit Salzsäure, der man Kaliumchlorat zusetzt, gekocht. (Ein Überschuß von Salzsäure verhindert die Entwicklung des gelbgefärbten, äußerst explosiven Cl_2O.) Man nehme rund 10 cm^3 rohe Salzsäure und 1 g Chlorat für je 10 g getrockneten Rückstand. Hierbei entwickelt sich Chlor, welches das etwa vorhandene Silberbromid und Silberjodid in Silberchlorid überführt. Nachdem die Flüssigkeit abgegossen und der Niederschlag mit heißem Wasser ausgewaschen ist, gibt man einen Überschuß von verdünnter Salzsäure und granuliertes

[1] Sebba, F., u. W. Pugh: J. chem. Soc. London **1937,** 1373.

Zink hinzu. Man läßt die Lösung über Nacht etwas erwärmt im Abzug stehen, entfernt die ungelösten Zinkrückstände und erwärmt unter Zusatz von 20 cm^3 verd. Salzsäure, um die letzten Spuren des übriggebliebenen Zinks zu lösen. Das so gewonnene schwarze Silberpulver wird mit heißem Wasser so lange gewaschen, bis das Waschwasser keine Cl-Reaktion mehr zeigt. Die Lösung wird dann dekantiert und zu dem Niederschlag soviel verd. Salpetersäure unter Erwärmen hinzugegeben, bis sich der Niederschlag gerade gelöst hat. Die Lösung wird, falls erforderlich, filtriert und unter Erwärmen solange tropfenweise mit verd. Salzsäure versetzt, als noch ein Niederschlag von Silberchlorid entsteht. Der Niederschlag von reinem Silberchlorid wird, nachdem er sich abgesetzt hat, abfiltriert und dann von neuem mit Zink oder mit Natronlauge und Formaldehyd reduziert.

Hierzu wird das reine Silberchlorid in einer 500 cm^3 fassenden Porzellanschale mit 100 cm^3 verd. Natronlauge versetzt und zum Sieden erhitzt, wobei sich braunes Silberoxyd, Ag_2O, bildet. Zu der kochenden Lösung fügt man tropfenweise etwa 10 cm^3 40proz. Formaldehydlösung. Eine Probe des schwarzen Niederschlags wird mit heißem Wasser sorgfältig ausgewaschen und dann in chlorfreier Salpetersäure gelöst. Solange die Lösung nicht klar, sondern, da sie noch Silberchlorid enthält, milchig getrübt ist, wird sie unter weiterem Zusatz von Formaldehydlösung gekocht. Ist alles Silberchlorid zu Silber reduziert, so wird die Lösung dekantiert, der Niederschlag mit heißem Wasser ausgewaschen, abfiltriert und auf dem Wasserbad getrocknet. Das so erhaltene Silberpulver wird auf einem Kalkstein, in den man eine kleine Vertiefung macht, mit dem Gebläse zu einem Regulus unter Zugabe von Borax als Flußmittel zusammengeschmolzen.

IV. Oxyde, Hydroxyde und Oxydhydrate.

Allgemeines. Oxyde und vornehmlich die Metalloxyde sind durch ihr weitverbreitetes natürliches Vorkommen die gangbarsten Ausgangsmaterialien für die Metalldarstellung. Der Sauerstoff ist ja bekanntlich das häufigste Element, sowohl in Gewichts- als auch in Volumenprozenten, so daß alle Elemente, die eine Affinität zum Sauerstoff aufweisen, weitgehend Gelegenheit gehabt haben und noch haben, diese zu betätigen und die ja auch, wie eine Betrachtung der äußeren Schalenbereiche unseres Planeten mit seinem vorwiegend oxydischen Mineralbestand zeigt, von diesen reichlich ausgenutzt worden ist. Die Reindarstellung von Oxyden schließt also in vielen Fällen mehr oder weniger ausgedehnte Reinigungsoperationen der natürlichen Ausgangsmaterialien ein. Jedoch zeigen verschiedene Elemente eine relativ geringe Tendenz, mit Sauerstoff Verbindungen einzugehen, so daß deren Oxyde unter natürlichen Bedingungen nicht aufzutreten vermögen, sondern nur unter Einhaltung bestimmter experimenteller Bedingungen erhältlich sind, wie z. B. die Oxyde der Edelmetalle. Auf der anderen Seite ist die Reaktionsfähigkeit verschiedener Elemente gegenüber Sauerstoff derart groß, daß Verbindungen von einem Sauerstoffgehalt erhalten werden, die nicht dem valenzmäßig sauerstoffreichsten Oxyd entsprechen, sondern einem mit höherem Sauerstoffgehalt, der den sogenannten Peroxyden, also Derivaten vom Wasserstoffperoxyd zukommt, wie es z. B. bei den Alkalimetallen der Fall ist.

Die Reindarstellung von Na_2O gelingt durch Elementarsynthese nicht, weil es nicht möglich ist, bei der Reaktion der beiden Elemente eine partielle Bildung von Na_2O_2 zu verhindern. Die Reaktion des einmal gebildeten Na_2O_2 zum Na_2O durch metallisches Natrium in berechneter Menge stellt eine Möglichkeit dar, zum normalen Oxyd zu gelangen. Bei der praktischen Durchführung hat sich die Verwendung leichter handzuhabender Salze als zweckmäßig erwiesen. Das zur Reduktion notwendige metallische Natrium wird durch thermische Zersetzung von Natriumazid (s. S. 32) erzeugt. Als zu reduzierende Natriumverbindung kann Natriumnitrat benutzt werden[1]. Die innige Mischung beider Salze vermag also bei Erhitzung auf 280° nach der Gleichung

$$5NaN_3 + NaNO_3 = 3Na_2O + 8N_2$$

zu reagieren; bei Ausschluß von Luftfeuchtigkeit und Kohlensäure, also im Vakuum, wird so ein vollkommen reines Na_2O erhalten, was auf anderem Wege bisher nicht möglich war.

Den Oxyden der unedlen Metalle mit hohen Bildungswärmen können die Edelmetalloxyde als Extreme mit gegensinnigen Eigenschaften gegenüber gestellt werden. Die Bildungswärmen sind äußerst gering, ein Anzeichen für die geringe Affinität der Edelmetalle zum Sauerstoff; in gleicher Weise kommt diese im sehr hohen Dissoziationsdruck zum Ausdruck, z. B. weist Palladiumoxyd bei 780° bereits einen Sauerstoffdruck von 108 mm Hg auf, der durch die Einstellung des Zersetzungsgleichgewichtes

$$2PdO \leftrightharpoons 2Pd + O_2$$

zustande kommt[2]. Aus diesen Gründen werden die Edelmetalloxyde vorwiegend nicht durch Elementarsynthese, sondern durch Umsetzung anderer Verbindungen und häufig in Form wasserhaltiger Produkte hergestellt.

1. Darstellung durch thermische Dissoziation.

Eine technologisch sehr wichtige Herstellungsmöglichkeit von Oxyden ist die thermische Zersetzung von Carbonaten nach der Gleichung:

$$Me^{II}CO_3 \leftrightharpoons MeO + CO_2,$$

also z. B. das Brennen von Kalkstein, $CaCO_3$, zu gebranntem Kalk, CaO. Der Brennvorgang beruht auf einer Gleichgewichtsreaktion, durch Steigerung des Kohlendioxyddruckes in der mit dem festen Carbonat bzw. Oxyd in Berührung befindlichen Gasphase kann die Carbonatbildung wieder rückläufig in den Vordergrund treten. Damit der Vorgang quantitativ vor sich geht, muß entweder das gemäß der Gleichgewichtsreaktion entstehende Kohlendioxyd durch einen indifferenten Gasstrom entfernt und das Gleichgewicht dauernd nach der rechten Seite verschoben werden oder die Temperatur muß so gesteigert werden, daß der Dissoziationsdruck des Kohlendioxyds eine Atmosphäre beträgt, so daß der Außendruck überwunden werden kann. Diese Temperatur ist von Carbonat zu Carbonat verschieden, in der Reihe der Erdalkalien nimmt mit steigendem Atomgewicht des Metalls dieselbe zu. Um eine zu hohe Temperatursteigerung, die technisch ja eine Verteuerung des Verfahrens bedeutet, zu vermeiden, kann durch Zugabe von Kohlenstoff schon bei niederer Temperatur der Verbrennungsvorgang quantitativ gestaltet werden, da der Kohlenstoff sich nach Boudouard mit dem Kohlendioxyd ins Gleichgewicht setzt und damit das Kohlendioxyd aus dem Gleichgewicht entfernt wird.

Die Möglichkeiten, Salze leichtflüchtiger oder leichtzersetzlicher Säuren thermisch in die entsprechenden Oxyde zu überführen, sind sehr zahlreich. Die thermische Zersetzung der Oxalate ist aus dem Grund noch bemerkenswert, da durch das entstehende Kohlenoxyd eine reduzierende Atmosphäre erzeugt wird, die zur

[1] Zintl, E., u. H. H. v. Baumbach: Z. anorg. allg. Chem. **198** (1931) 88.
[2] Schenk, R., u. R. Kurzen: Z. anorg. allg. Chem. **220** (1931) 88.

Darstellung von Oxydstufen niederer Wertigkeit geeignet ist, wie z. B. an der Darstellung von Zinn(II)-oxyd gezeigt werden kann[1].

19. Mangan(II)-oxyd, MnO[2]. Bei 60° gesättigte Kaliumpermanganatlösung wird in eine überschüssige Menge einer heißen, gesättigten, mit Essigsäure versetzten Oxalsäurelösung gegossen. Das entstehende, schwerlösliche Mangan(II)-oxalat wird durch sehr häufiges Waschen mit destilliertem, kaltem Wasser gereinigt. Dann wird das Oxalat in der Platinschale getrocknet, unter Umrühren geröstet und dann in einem Platinschiff im Quarzrohr unter einem reinen und trockenen Wasserstoffstrom als Schutzgas zu dem Mangan(II)-oxyd zersetzt. Dieses bildet ein graugrünliches Pulver, welches beim Erhitzen an der Luft Mangan(II)-Mangan(IV)-oxyd bildet.

Aus einer Schmelze von Kaliumchlorid (Smp. 768°C) kristallisiert Mangan(II)-oxyd in graugrünen bis hellgrünen Würfel- bzw. Oktaederformen.

20. Cadmiumoxyd, CdO. Das als Ausgangsmaterial dienende Cadmiumcarbonat wird aus einer verdünnten Lösung eines löslichen Cadmiumsalzes durch Fällung mit reinem Ammoniumcarbonat hergestellt; der Carbonatniederschlag wird mehrere Male dekantiert und mit viel Wasser gewaschen, filtriert und auf dem Filter nochmals mit kaltem Wasser gewaschen. Nach Trocknung des Niederschlages wird dieser fein gepulvert und in einem Porzellantiegel so lange erhitzt, bis Gewichtskonstanz eingetreten ist. Um die Reduktionswirkung von Flammengasen zu vermeiden, erweist sich die Verwendung eines elektrischen Tiegelofens als zweckmäßig.

Das Cadmiumoxyd fällt als braunes Pulver an, das an feuchter Luft langsam Kohlendioxyd unter Weißfärbung aufnimmt.

21. Vanadin(V)-oxyd, V_2O_5. Das leicht herzustellende Ammoniummetavanadat, NH_4VO_3, ist als Ausgangsmaterial zur Darstellung von Vanadin(V)-oxyd durch thermische Zersetzung besonders geeignet. Es kann durch Ammoniumchlorid aus heißer, wässeriger, schwach ammoniakalischer, vanadathaltiger Lösung ausgefällt werden und dadurch von Verunreinigungen an Alkalien, Kieselsäure usw. befreit werden. Das gereinigte Salz muß sich praktisch vollständig in heißem Wasser auflösen. Nunmehr wird das Metavanadat durch vorsichtiges Erhitzen in das Vanadin(V)-oxyd überführt. Die Temperatur darf nicht so hoch gesteigert werden, daß das Vanadin(V)-oxyd mit der Porzellanglasur verschmilzt und auch aus dem Grunde nicht, um eine reduzierende Wirkung des bei der Zersetzung entstehenden Ammoniaks zu vermeiden. Nach einigen Stunden liegt das Vanadin(V)-oxyd als hellrote Masse vor; die durch partielle Reduktion entstandenen niederen Oxyde werden durch Abrauchen mit wenig reiner Salpetersäure wiederum zum Vanadin(V)-oxyd oxydiert. Durch Schmelzen des Vanadin(V)-oxyds in einer Platinschale (Smp. 660°) werden flüchtige Bestandteile entfernt. Aus der Schmelze krystallisiert es in hellrotbraunen Nadeln.

22. Uran(VI)-oxyd, UO_3. Eine Auflösung eines löslichen Uranylsalzes, z. B. Uranylnitrat, wird mit wässerigem Ammoniak versetzt und das ausfallende gelbe Ammoniumdiuranat $(NH_4)_2U_2O_7$ abfiltriert und getrocknet. Der Niederschlag wird nunmehr längere Zeit (1 Tag) auf 230° und darauf noch einen Tag auf 260···270° erhitzt. Um eine Sauerstoffabspaltung unter Bildung von U_3O_8 zu vermeiden, wird bei der erhöhten Temperatur im Sauerstoffstrom gearbeitet.

Das Urantrioxyd bildet ein ziegelrotes bis orangegelbes Pulver, das eine krystalline Struktur nicht erkennen läßt.

---

[1] Spandau, H., u. E. J. Kohlmeyer: Z. anorg. Chem. **254** (1947) 66.

[2] Kossler: Z. analyt. Ch. **11** (1872) 270.

2. Thermische Zersetzung von Oxydhydraten.

Die Bildungsmöglichkeit von Metalloxyden aus den entsprechenden Hydroxyden durch Wasserabspaltung auf thermischem Wege ist prinzipiell von außerordentlicher Bedeutung. Bei der Fällung von schwerlöslichen Metallhydroxyden mit Alkalihydroxyden — für präparative Zwecke vorteilhafter mit Ammoniumhydroxyd — können definierte Hydroxyd-Verbindungen auftreten; in krystalliner Form liegen sie 100proz. jedoch meist nicht vor, sondern gehen erst mehr oder weniger schnell bei mehr oder weniger hoher Temperatur, häufig unter partieller Wasserabspaltung, in einen krystallinen Zustand über; diesen Vorgang, der zu einem energieärmeren, reaktionsträgeren Stoff führt, nennt man Alterung. Gealterte Niederschläge erweisen sich z. B. gegenüber der Einwirkung von Säuren resistenter als die reaktionsfähigeren, feinteiligen, amorphen, primären Fällungsprodukte. Aus diesen Fällungsprodukten kann durch entsprechende thermische Behandlung das zugrunde liegende Hydroxyd erhalten werden. Es liegen jedoch auch Fälle vor, wo diese Wasserabspaltung aus dem Hydroxyd schon bei der Fällung des Hydroxyds bei Zimmertemperatur vor sich geht, so geht z. B. AgOH sofort in Ag_2O, $Hg(OH)_2$ in HgO, CuOH in Cu_2O und H_2CrO_4 in CrO_3 über. Auch beim $Cu(OH)_2$ läßt sich dieser Vorgang gut beobachten, bei geringer Erwärmung spaltet Kupfer(II)-hydroxyd unter Schwarzfärbung (CuO) des blauen Niederschlages Wasser ab. Dreiwertiges Thallium wird als dunkelbraunes Oxydhydrat (diese Bezeichnung bringt zum Ausdruck, daß das zugrunde liegende Oxyd mit einer nicht zwangsläufig stöchiometrisch definierbaren und in ihrer Bindungsart nicht eindeutig charakterisierbaren, also wechselnden Menge an Wasser gebunden ist) abgeschieden und geht beim Kochen innerhalb der wässerigen Lösung in krystallines Tl_2O_3 über. Andere Oxydhydrate geben das Wasser erst beim Erhitzen auf höhere Temperaturen restlos ab (z. B. $SiO_2 \cdot xH_2O$, $SnO_2 \cdot xH_2O$, $Al_2O_3 \cdot xH_2O$ usw.[1]).

Daß diese Verhältnisse durch eine große Mannigfaltigkeit von Niederschlagstypen und Modifikationen kompliziert werden können, geht aus Tab. 3 hervor.

Tabelle 3.

Übersicht über Aluminiumoxydhydratniederschläge und Modifikationen von Aluminiumoxyden und -hydroxyden.

$Al_2O_3 \cdot xH_2O$	gallertartig, amorph durch Fällung mit NH_3 (Oxydhydrat)
↓	beim Erhitzen in der überstehenden Lösung
AlO(OH)	Metahydroxyd, Böhmit
$Al(OH)_3$	krystallin, durch Fällung mit CO_2 aus Aluminatlsg. hergestellt, Hydrargillit.

$Al(OH)_3$	Hydrargillit ⟵ Bayerit (metastabil)		
↓	150° (Bombenrohr)		
AlO(OH)	Böhmit (künstl.) (natürl. Vork. Bauxit)		Diaspor
↓	300°		↓ 420°
Al_2O_3	γ-Aluminiumoxyd ⟶ (1000°)	α-Aluminiumoxyd	(Korund).

Unter welchen Bedingungen man präparativ über die verschiedenen hydroxydischen bzw. oxydhydratischen Zwischenstufen zu den Al_2O_3-Modifikationen kommen kann, soll in Verbindung mit der Tabelle kurz skizziert werden.

1. Der aus Aluminatlösung in definierter Form durch Fällung mit Kohlendioxyd erhältliche Niederschlag von Hydrargillit kann durch längere thermische

[1] Monographisch wird dieses Gebiet dargestellt in R. Fricke u. G. Hüttig: Hydroxyde und Oxydhydrate. Leipzig 1937.

Behandlung (150°) im Einschlußrohr in Böhmit übergehen, der mit dem in der Natur vorkommenden Bauxit identisch ist.

2. Eine weitere Wasserabspaltung kann durch Erhitzen auf 300° zum γ-Al_2O_3 führen, der Modifikation, die sich vor dem α-Al_2O_3 durch ihre starke Hygroskopizität auszeichnet.

3. Beim Glühen über 1000° entsteht das α-Al_2O_3, der Korund. Derartige Modifikationswechsel, die durch analytische Untersuchung der Präparate nicht mehr angezeigt werden, können nur durch röntgenographische Kontrolle aufgezeigt werden, ohne die eine Arbeit auf diesem Gebiet gar nicht mehr denkbar ist.

4. Der Bayerit ist eine metastabile Vorstufe des Hydrargillits und geht als solche bald in diesen über.

5. Der Diaspor ist ein natürlich vorkommendes Isomeres zum Böhmit, der bei 420° unmittelbar in das α-Al_2O_3 überzugehen vermag.

Bedingungen, unter denen in reiner Form Böhmit und Bayerit erhalten wird, werden von Fricke[1] angegeben. Es wäre auf Grund der Spannungsreihe der Metalle zu erwarten, daß metallisches Aluminium mit Wasser unter Wasserstoffentwicklung reagiert; die Unlöslichkeit von Aluminiumhydroxyd in reinem Wasser bedingt jedoch eine zusammenhängende, oberflächliche Schutzschicht, die diesen Vorgang sofort zum Stillstand kommen läßt. Durch Amalgamation wird die Ausbildung dieser Schutzschicht verhindert, so daß in reinem Wasser und mit reinem Aluminium der Vorgang vollständig unter Bildung von gut durchkrystallisiertem Bayerit, beim Arbeiten in siedendem Wasser von feinteiligem Böhmit erfolgt.

23. Aluminiumhydroxyd, Bayerit $Al(OH)_3$. Sehr reines Aluminiummetall (99,99% Al) in Form von dünngewalztem Blech wird kurze Zeit in 0,05n $HgCl_2$-Lösung getaucht und sogleich wieder mit destilliertem Wasser abgespült und mit Leitfähigkeitswasser (destilliertes Wasser über Zinnkühler in ausgedämpften Glasgefäßen von Jenaer Glas nochmals destilliert) übergossen. Es tritt eine langsame Gasentwicklung unter Bildung eines feinteiligen Niederschlages ein.

Bei einer Temperatur von 20···25° sind nach einigen Tagen auch die sich zunächst bildenden grauen Aluminiumflitterchen restlos zum Bayerit umgesetzt. Eine befriedigende Charakterisierung des Produktes kann nur durch röntgenographische Aufnahme eines Debye-Scherrer-Diagramms erfolgen, welches die Linien von gut durchkrystallisiertem Bayerit ergibt.

24. Silberoxyd, Ag_2O. Eine konz. wässerige Lösung von 50 g Silbernitrat wird mit einer carbonatfreien, verdünnten Lösung von 12,5 g Natriumhydroxyd (das verwendete Wasser sowie auch das feste Natriumhydroxyd sind vorher auf Carbonatfreiheit zu prüfen) versetzt und der Niederschlag dekantierend mit kohlensäurefreiem Wasser gewaschen. Das ausgefallene Silberoxyd wird unter Kohlendioxyd-Schutz abgesaugt und in einem Exsiccator in einer kohlendioxydfreien Athmosphäre (eventuell bei 60···80°) getrocknet, sofern es nicht zu weiteren Umsetzungen in frisch gefälltem Zustand in wässeriger Suspension verarbeitet wird.

Um eine Kohlendioxydverunreinigung durch das Fällungsmittel zu vermeiden, kann statt Natriumhydroxyd auch eine klare Lösung von Bariumhydroxyd zur Abscheidung des Silberoxyds verwendet werden.

Nach dem Trocknen bildet das Silberoxyd ein dunkelbraunes bis schwarzes Pulver, das sich in Wasser etwas löst und deutlich alkalische Reaktion bewirkt. Beim Erhitzen auf 250° tritt bereits Zersetzung in Silber und Sauerstoff ein.

Kupfer(I)-oxyd. Kupfer(I)-hydroxyd spaltet bereits in wässeriger Suspension Wasser ab unter Bildung von Kupfer(I)-oxyd. Wirkt ein Reduktionsmittel

---

[1] Fricke, R., u. H. Schmäh: Z. Naturforschung **1** (1946) 323.

[2] Fricke, R., u. K. Jockers: Z. anorg. Chem. **262** (1950) 3.

auf einen Tartratkomplex von 2wertigem Kupfer ein, so entsteht möglicherweise intermediär Cu(OH), welches sich dann sogleich dehydratisiert. Der meistens zu beobachtende, zunächst gelb ausfallende Niederschlag ist jedoch schon Kupfer(I)-oxyd in einem besonders fein verteilten Zustand.

25. Kupfer(I)-oxyd, Cu_2O. 50 g Kupfersulfatpentahydrat, 75 g Seignette-Salz (Kalium-Natrium-Tartrat) und 75 g Natriumhydroxyd löst man in einer Porzellanschale unter geringem Erwärmen in 600 cm^3 Wasser zu einer dunkelblauen Lösung. Hierzu gibt man solange eine Lösung von Hydrazinsulfat, bis sich kein weiterer Niederschlag mehr bildet; unter weiterem Erhitzen, nach kurzem Aufkochen, verschwindet die blaue Färbung, und ein schwerer, dunkelroter Niederschlag von Kupfer(I)-oxyd fällt aus. Die überstehende Lösung wird abgegossen und der Niederschlag durch mehrfaches Dekantieren mit destilliertem Wasser gewaschen, abgenutscht und hierbei nochmals mit reichlich heißem Wasser, zuletzt mit wenig Alkohol gewaschen und im Trockenschrank bei 100° getrocknet. Ausbeute 14 g.

Chrom(VI)-oxyd. Mit steigender Wertigkeit des Metalles nimmt der saure Charakter der entsprechenden Oxyde zu. Das Chrom(VI)-oxyd ist ein typisch saures Oxyd, das mit Wasser H_2CrO_4 mit stark ausgeprägtem Säurecharakter bildet. In freiem Zustande ist die Chromsäure nicht erhältlich, sondern wird z. B. mit wasserentziehenden Agenzien wie Schwefelsäure zum CrO_3 zerlegt.

26. Chrom(VI)-oxyd, CrO_3. In einem 200 cm^3 fassenden Becherglas werden 30 g grob pulverisiertes Natriumbichromat in 100 cm^3 Wasser gelöst und die Lösung in eine 400 cm^3 fassende Porzellanschale filtriert. Zum Filtrat läßt man unter Umrühren aus einem Tropftrichter das sechs- bis achtfache der theoretischen Menge an konz. Schwefelsäure in dünnem Strahle einfließen. Hierbei erhitzt sich die Lösung. Nach dem Erkalten krystallisiert das Chrom(VI)-oxyd in mikroskopisch kleinen, rhombischen, karminroten Krystallen aus. Die erkaltete Masse wird auf einer Glasfilternutsche abgesaugt. Der Krystallbrei wird mit einer Mischung gleicher Teile von konz. und rauchender Salpetersäure solange gewaschen, bis im Filtrat keine SO_4^{--}-Ionen mehr nachzuweisen sind. Zur Entfernung der Salpetersäure werden die möglichst trockenen Krystalle zunächst auf einem Tonteller abgepreßt und dann unter Umrühren in einer Porzellanschale solange erhitzt, bis kein Geruch nach Salpetersäure mehr wahrzunehmen ist. Die sehr hygroskopischen Krystalle werden in einer gut schließenden Flasche mit Schliffstopfen aufbewahrt.

Von den Oxyden eines Metalls, das in mehreren Wertigkeitsstufen auftreten kann, wird dasjenige in thermischer Hinsicht am unbeständigsten sein, das den höchsten Sauerstoffgehalt aufzuweisen hat, denn mit zunehmendem Sauerstoffgehalt wird eine thermische Dissoziation bereits bei niederen Temperaturen eintreten. Bei den Oxyden des Bleis können diese Verhältnisse, wie in Tab. 4 skizziert,

Tabelle 4. *Thermische Beständigkeit der Bleioxyde.*

PbO gelb Bleiglätte bei 1/5 Atm. O_2-Druck oberhalb 550° stabil	$2PbO \cdot PbO_2$ rot Mennige 350…450° (500°)	PbO_2 dunkelbraun Bleidioxyd unter 350° stabil
←————————	←————————	
————————→		
	—————————	——→ nicht durch-
—————————	—————————	——→ führbar

angegeben werden. Das sauerstoffreichste Bleidioxyd geht unter Sauerstoffabspaltung bei 350° in die sauerstoffärmere Mennige über, die bei weiterem Erhitzen bei 450° in die Bleiglätte übergeht. Diese Temperaturangaben gelten für Gleichgewichte, die sich bei dem Sauerstoffdruck der Atmosphäre einstellen, in reinem Sauerstoff werden sie nach höheren, bei Arbeiten im Vakuum nach niederen Temperaturen verschoben. Die Gleichgewichte müssen sich prinzipiell bei Abkühlung auch rückläufig wieder unter Bildung der höheren Oxyde einstellen, so läßt sich aus Bleiglätte bei entsprechender Temperatur und einer zur Gleichgewichtseinstellung genügend langen Reaktionszeit die Mennige gewinnen, jedoch nicht mehr aus dieser das Bleidioxyd, da bei den geringen Temperaturen die Reaktionsgeschwindigkeit von festen Oxyden mit Gasen schon so gering ist, daß eine Gleichgewichtseinstellung in merklichen Zeiten nicht eintritt.

Bei den verschiedenen Oxyden des Mangans liegen ähnliche Verhältnisse vor. Aus den niederen Oxyden erhält man beim Glühen an atmosphärischem Luftsauerstoff unter Sauerstoffaufnahme Mn_3O_4, aus den höheren unter Sauerstoffabspaltung ebenfalls Mn_3O_4.

27. Mangan(II)-Mangan(IV)-oxyd, Mn_3O_4, aus **Mangan(IV)-oxyd.** Eine Lösung von Mangan(II)-nitrat wird mit konz. Salpetersäure zum Sieden erhitzt und in die siedende Lösung Kaliumchlorat in kleinen Anteilen gegeben. Nachdem sämtliches Mangan als Mangan(IV)-oxyd ausgefällt ist (Prüfung auf Vollständigkeit der Fällung), wird die Lösung mit Wasser verdünnt, der Niederschlag abfiltriert, mit Wasser gewaschen und getrocknet. Das Mangan(IV)-oxyd fällt als schwarzes Krystallpulver an, das aus mikroskopisch kleinen Teilchen von purpurrot durchscheinender Farbe besteht.

Wird dieses Mangan(IV)-oxyd mehrere Stunden auf dem Gebläse bei Weißglut erhitzt, so erhält man Mn_3O_4 in Form eines rotbraunen Pulvers. Beim Erhitzen über der gewöhnlichen Bunsenflamme wird meistens ein Oxyd erhalten, dessen Sauerstoffgehalt etwas unter dem von Mn_3O_4 liegt.

Die Oxydation metallischer Elemente geht bei solchen Metallen am schnellsten vor sich, die sich relativ leicht verdampfen lassen, wie z. B. beim Zink, Cadmium, Indium und Thallium. Das durch die Reaktionswärme zum Verdampfen gebrachte Metall unterliegt der Oxydation wegen der feinen Verteilung besonders leicht, es kann daher auch bei diesen Metallen eine Verbrennung mit charakteristischer Flammenfärbung beobachtet werden. Wegen der sehr hoch liegenden Schmelzpunkte dieser Oxyde (ZnO: u. Dr. 1975°, CdO: subl. 1390°) tritt eine Ausbildung sichtbarer Krystalle nicht ein. Daß diese Produkte trotzdem krystallin sein können, ergibt sich aus elektronenmikroskopischen Aufnahmen von so entstandenen Magnesiumoxydrauchen (MgO: Smp. 2672°).

3. Darstellung von Oxyden hoher Wertigkeitsstufen.

Metalloxyde sind im allgemeinen verhältnismäßig schwer flüchtige Stoffe von heteropolarem Charakter. Wird ein Metallion jedoch von mehr als drei Sauerstoffionen „eingehüllt", so treten ähnlich wie bei den Halogeniden Substanzen auf, die ein Molekelgitter bilden und als solche niedrige Schmelz- und Siedepunkte, also hohe Flüchtigkeit besitzen. Derartige Oxyde lassen sich aus diesen Gründen besonders leicht rein darstellen, da Verunreinigungsmöglichkeiten durch andere Oxyde in den meisten Fällen ausgeschaltet werden können.

Die Heptoxyde der siebenten Nebengruppe zählen zu diesen leichtflüchtigen Oxyden, von denen das Mn_2O_7 allerdings eine sehr labile Substanz darstellt, die nur in kleinen Mengen herstellbar ist. Das Rheniumheptoxyd ist dagegen eine beständigere Verbindung.

28. Mangan(VII)-oxyd, Mn_2O_7. In stark abgekühlte konz. Schwefelsäure wird reines chlorfreies Kaliumpermanganat in Mengen bis zu 20 g portionsweise eingetragen. Es tritt Lösung zu einer dunkel-olivgrünen Flüssigkeit ein, worauf sich das Mn_2O_7 in untersinkenden Öltropfen abscheidet.

Das Mangan(VII)-oxyd bildet grünmetallischglänzende Flüssigkeitstropfen, die sich bei Berührung mit oxydierbaren Stoffen oft sehr heftig zersetzen. Organische Substanzen, Filterpapier usw. müssen daher ferngehalten werden. Eine Isolierung und Aufbewahrung ist so nicht möglich.

29. Rhenium(VII)-oxyd, Re_2O_7 [1]. Das farblose Kaliumperrhenat ist das übliche Ausgangsmaterial für andere Rheniumverbindungen. Um zum Rhenium(VII)-oxyd zu kommen, wird $KReO_4$ vorher zum metallischen Rhenium reduziert ($2\,KReO_4 + 7\,H_2 = 2\,Re + 2\,KOH + 6\,H_2O$). Hierzu wird das Salz im Quarzschiffchen im Quarzrohr (Apparatur s. S. 24) im Strom reinen Wasserstoffs auf 400° erhitzt. Es tritt durch die Rheniumbildung Schwarzfärbung auf. Sobald keine weitere Bildung von Wasser mehr auftritt, wird das Reaktionsgut nach dem Abkühlen durch Extraktion mit Wasser vom Kaliumhydroxyd befreit, darauf das Rheniummetall, das auch noch niedere, aber für diesen Zweck nicht weiter störende Oxyde enthalten kann, im Stickstoffstrom getrocknet und in trockenem Sauerstoff erwärmt. Unter Aufglühen des Metalls tritt Bildung von Rhenium(VII)-oxyd ein, das sich hinter dem Schiffchen in Form eines hellgelben Sublimats an den Rohrwandungen niederschlägt. Mit einer Glas- oder Spiritusflamme kann das leichtflüchtige Heptoxyd in ein entsprechendes Vorlagegefäß hineinsublimiert werden.

Höhere Oxyde von derart flüchtigem Charakter werden auch von Osmium und Ruthenium gebildet. Das Osmium(VIII)-oxyd entsteht beim Überleiten von Sauerstoff über erhitztes Osmiummetall in Form farbloser Krystalle vom Smp. 40° und Sdp. 134°. Der hohe Dampfdruck dieses Oxydes, das sich außerdem durch einen unangenehmen, chloroxydähnlichen Geruch auszeichnet, hat zur Namengebung dieses Elementes (ὀσμή = Gestank) beigetragen. Ruthenium(VIII)-oxyd wird nicht durch Elementarsynthese hergestellt, sondern durch Oxydation von Kaliumruthenatlösungen mit Chlor. Es ist ebenfalls eine leichtflüchtige Substanz und krystallisiert in bei 25° schmelzenden gelben Nadeln.

4. Darstellung niederer Oxyde. (Reduktion mit Wasserstoff.)

Oxyde von Metallen, die in mehreren Wertigkeitsstufen aufzutreten vermögen, können, wenn die maximale Wertigkeitsstufe vorliegt, häufig zu Oxyden niederer Wertigkeitsstufen reduziert werden. Bei den Elementen der 4. bis 7. Nebengruppe kann hier die Zunahme der basischen Eigenschaften der entsprechenden Oxyde mit abnehmender Wertigkeit in besonderer Deutlichkeit festgestellt werden. Die niederen Oxyde weisen eine bedeutend geringere Flüchtigkeit auf, der saure Charakter ist gegenüber den Oxyden der maximalen Wertigkeit vollkommen verschwunden.

Bei der Einwirkung von Wasserstoff auf die Oxyde der höheren Wertigkeitsstufen dieser Elemente kann durch entsprechende Wahl der Temperaturbedingungen die Reduktion so geleitet werden, daß das niedere Oxyd ohne Verunreinigungen an Produkten einer weiter vorgeschrittenen Reduktion erhalten wird.

30. Molybdän(IV)-oxyd, MoO_2*. In einem Quarzrohr oder auch einem Rohr aus schwer schmelzbarem Glas wird in einem Porzellanschiffchen Molybdän(VI)-oxyd im Wasserstoffstrom bei 450° reduziert. Die Erhitzung wird am zweckmäßigsten in einem entsprechend regulierten elektrischen Röhrenofen vorgenommen. Der Wasserstoff wird nach Meyer und Ronge (s. S. 14) gereinigt und getrocknet und am anderen Ende des Rohres abgeleitet; die Erhitzung wird erst nach negativem

---

[1] Hönigschmid, O., u. R. Sachtleben: Z. anorg. allg. Chem. **191** (1930) 309.
* Friedheim u. Hoffmann: Ber. dtsch. chem. Ges. **35** (1902) 792.

Ausfall der Knallgasprobe vorgenommen. Der Beginn der Reaktion kann an dem Auftreten von blauem Mo_2O_5 erkannt werden. Das nach einer Reaktionszeit von 3 Stunden entstandene Molybdän(IV)-oxyd enthält noch merkliche Mengen an Molybdän(VI)-oxyd, welches dadurch entfernt wird, daß das Reaktionsgut im trockenen Chlorwasserstoffstrom auf 420° erhitzt wird. Hierbei reagiert das Molybdän(VI)-oxyd mit dem Chlorwasserstoff zu der flüchtigen Verbindung $MoO_3 \cdot 2HCl$ bzw. $MoO_2Cl_2 \cdot H_2O$, die in weißen, bei Feuchtigkeitszutritt blau werdenden Nadeln, sich hinter dem Schiffchen absetzt, das nunmehr das reine, in der Kälte dunkelviolette, pulverige Molybdän(IV)-oxyd enthält. Die Behandlung mit Chlorwasserstoff muß so lange durchgeführt werden, bis sich kein Molybdän(VI)-oxyd mehr in Form der Anlagerungsverbindung verflüchtigt. Der im Rohr befindliche Chlorwasserstoff wird in der Kälte durch Kohlendioxyd fortgespült. Eine Erhitzung in Kohlendioxydatmosphäre ist unbedingt zu vermeiden.

31. Wolfram(IV)-oxyd, WO_2. Auf analoge Weise kann durch Reduktion von Wolfram(VI)-oxyd bei dunkler Rotglut (Höchsttemperatur 960°) Wolfram(IV)-oxyd in Form eines braunen Pulvers erhalten werden. Bei zu geringer Reduktionstemperatur enthält das Präparat Wolfram(V)-oxyd bzw. Wolframblau, bei zu hoher schon Wolframmetall.

32. Uran(IV)-oxyd, UO_2[1, 2]. Uran(VI)-oxyd UO_3 oder U_3O_8 wird im Quarzrohr wie bei Nr. 30 im Wasserstoffstrom bei 900···1000° erhitzt. Uran(IV)-oxyd wird in Form eines braunen Pulvers erhalten.

33. Vanadin(III)-oxyd, V_2O_3. Vanadinpentoxyd wird auf gleiche Weise bei 550° zum Trioxyd reduziert, welches als schwarzes Pulver anfällt, das bei längerer Lagerung an der Luft Oxydation erleidet.

34. Titan(III)-oxyd, Ti_2O_3. Um beim Titan(IV)-oxyd eine Reduktion zur dreiwertigen Stufe zu erzielen, bedarf es höherer Temperaturen, mindestens 1200···1300°. Titan(III)-oxyd bildet ein dunkelblauschwarzes Pulver.

Die Reduktion kann auch durch Ammoniak bewirkt werden, das durch thermische Dissoziation zur Erzeugung von Wasserstoff befähigt ist. Im Falle des Ammoniumbichromats, liegt das Reduktionsmittel und das zu reduzierende Oxyd CrO_3 bereits in derselben Substanz vor, so daß es sozusagen nur eines Anstoßes bedarf, um CrO_3 zum Cr_2O_3 zu reduzieren.

35. Chrom(III)-oxyd, Cr_2O_3. Trockenes Ammoniumbichromat (5 g) wird in einer Porzellanschale mit einem glühenden Eisendraht berührt. Die Reduktion, die an dem Berührungspunkt beginnt, setzt sich mit ziemlich hoher Geschwindigkeit und unter Aufsprühen durch das ganze Reaktionsgut unter Zurücklassung von grünem Cr_2O_3 fort.

Eine weitere, sehr zweckmäßige Reduktionsmöglichkeit höherer Oxyde besteht darin, das betreffende Metall mit dem Oxyd gemischt zur Reaktion zu bringen, wobei ohne störende Nebenprodukte das gewünschte niedere Oxyd entstehen muß. So kann z. B. das Ti_2O_3 auch dadurch erhalten werden, das TiO_2 mit metallischem Titan gemäß der Gleichung:

$$3TiO_2 + Ti \rightarrow 2Ti_2O_3$$

gemischt und bei höherer Temperatur zur Reaktion gebracht wird.

---

[1] Friederich, E., u. L. Sittig: Z. anorg. allg. Chem. **145** (1915) 138.

[2] Biltz, W., u. H. Müller: Z. anorg. allg. Chem. **163** (1927) 261.

Im Prinzip ebenso verläuft der Vorgang beim Silicium. Wenn man nämlich Silicium und Siliciumdioxyd im äquimolekularen Verhältnis miteinander mischt und im Vakuum auf 1300···1400° erhitzt, so tritt Reaktion unter Bildung von SiO ein. Dieses SiO hat man zwar in reiner Form noch nicht direkt in den Händen gehabt, da es offenbar nur bei diesen hohen Temperaturen existenzfähig ist und bei niederen Temperaturen unter Disproportionierung sofort wieder in Silicium und Siliciumdioxyd zerfällt. In der Flüchtigkeit von SiO_2 kann man jedoch die Bildung des flüchtigen SiO erkennen. U. a. ist es auf diesem Wege gelungen, aus Silikaten durch Erhitzen mit Silicium das SiO_2 auszutreiben, was sowohl präparativ als auch analytisch von der größten Bedeutung werden kann[1].

5. Darstellung höherer Oxyde.

Allgemeines. Ist die höchste Wertigkeitsstufe eines Metalls nicht die beständigste, so bedarf es besonderer Oxydationsmittel, um das Oxyd dieser Wertigkeitsstufe zu erhalten. Auf diese Weise läßt sich das Bleidioxyd durch Oxydation zweiwertiger Bleiverbindungen mit Chlorkalk erhalten.

36. Bleidioxyd, PbO_2. 10 g Bleiacetat werden in 20 cm^3 Wasser gelöst und in eine Porzellanschale gegeben. Nunmehr verreibt man 20 g technischen Chlorkalk mit 20 cm^3 Wasser, verdünnt den Brei mit 75 cm^3 Wasser und filtriert durch ein Faltenfilter in die die Bleilösung enthaltende Porzellanschale. Man kocht solange, bis die entstehende Essigsäure am Geruch nicht mehr festgestellt werden kann. Das Bleidioxyd setzt sich als brauner Niederschlag ab. Um die Vollständigkeit der Reaktion zu prüfen, gibt man zur überstehenden klaren Lösung nochmals Chlorkalklösung hinzu. Entsteht nochmals ein brauner Niederschlag, so muß die Oxydation in der oben angegebenen Weise noch fortgeführt werden, bis sämtliches Bleiacetat restlos oxydiert ist. Nun wird das Bleidioxyd abfiltriert und mit heißem Wasser bis zur Chloridfreiheit ausgewaschen. Dies erfolgt am besten durch Dekantation, d. h., man schlämmt den Niederschlag im Becherglas mit Wasser auf, läßt absitzen und gießt die überstehende Lösung so weit wie möglich ab. Nach mehrfacher Wiederholung dieser Operation wird der Niederschlag in einer Porzellanschale auf dem Wasserbad unter Umrühren getrocknet. Das auf diesem Wege erhaltene Bleidioxyd enthält kein Mangan und ist daher als analytisches Reagenz auf Mangan gut verwendbar.

6. Nichtmetalloxyde.

Allgemeines. Die Darstellungsmethoden von Nichtmetalloxyden sind häufig von ganz anderer Natur als diejenigen der Metalloxyde, denn sowohl apparativ als auch methodisch bedingen die bedeutend höheren Flüchtigkeiten der Nichtmetalloxyde vollkommen unterschiedliche, in vielen Fällen nur auf einzelne Stoffe anwendbare Verfahren. So sind häufig tiefe Temperaturen oder auch niedere Drucke, namentlich bei Verfahren, die eine Synthese in der elektrischen Entladung herbeiführen, anzuwenden. Wegen des endothermen Charakters von Nichtmetalloxyden ist deren Darstellung häufig nur durch Zuhilfenahme gekoppelter Reaktionen möglich (z. B. beim Cl_2O nach: $2Cl_2 + HgO = Cl_2O + HgCl_2$). Viele Nichtmetalloxyde sind die Anhydride bekannter Sauerstoffsäuren und können aus ihnen durch Dehydratation erhalten werden, die man hier aber nicht thermisch durchführt, sondern chemisch durch wasserentziehende Agenzien, z. B. P_2O_5 (z. B. beim Cl_2O_7 und N_2O_5). Bei festen Nichtmetalloxyden ist das Auftreten mehrerer Modifikationen häufig auch von präparativer Bedeutung, z. B. beim Schwefeltrioxyd.

---

[1] Zintl, E., u. Mitarbeiter: Z. anorg. allg. Chem. **245** (1940) 1.

a) Oxyde des Stickstoffs.

Die Darstellung des Stickoxyds durch Elementarsynthese ist ein nur in technischem Maßstabe durchführbarer Prozeß; man erhält so nach den bekannten Verfahren das endotherme Stickoxyd NO und von diesem, teilweise über andere Stickstoffverbindungen, die anderen Oxyde, z. B. N_2O durch thermische Zersetzung von Ammoniumnitrat, NO_2 bzw. N_2O_4 durch thermische Zersetzung von Bleinitrat, N_2O_3 aus NO und NO_2 und das N_2O_5 durch Wasserentzug von 100proz. Salpetersäure mit P_2O_5.

Die üblichen Darstellungsverfahren für NO beruhen auf Reduktion von NO_3^-- oder NO_2^--Ionen, wobei das Gas Verunreinigungen einer weiterlaufenden Reduktion wie N_2O, N_2 bzw. NH_3 enthalten kann.

Welche Stickoxyde bei der Reduktion von Salpetersäure z. B. erhalten werden, hängt von der Konzentration derselben weitgehend ab. Bei der Anwendung von Arsentrioxyd als Reduktionsmittel wird so mit verdünnter Salpetersäure NO erhalten, mit konzentrierter dagegen NO_2, mit mittelkonzentrierter NO + NO_2, die sich in der Kälte zu N_2O_3 vereinigen.

37. Stickstoffmonoxyd, NO. I. Salpetersäure der Dichte 1,1···1,2 wird zu fettfreien Kupferschnitzeln oder Kupferblech gegeben (gegebenenfalls kühlen!) und nachdem das durch die Anwesenheit von Luft anfänglich braun gefärbte Gas (NO_2!) ausgespült worden ist, das farblose NO aufgefangen. Es kann durch Schwefelsäure und Phosphorpentoxyd getrocknet werden. Im Kippschen Apparat ausführbar.

II. Eine starke Natriumnitritlösung wird in eine solche von Eisen(II)-sulfat, die mit dem gleichen Volumen Salzsäure (1:1) versetzt wurde, eingetropft. Das entwickelte NO ist sehr rein, höhere Stickstoffoxyde können durch 5n Kalilauge und 90proz. Schwefelsäure entfernt werden, Feuchtigkeit durch konz. Schwefelsäure und Phosphorpentoxyd.

38. Distickstofftrioxyd, N_2O_3. Die Entwicklung des Gases ist bei der Nitrosylschwefelsäure beschrieben. Das erhaltene Gas läßt sich bei —20° zu einer grünen Flüssigkeit verdichten, die erst bei der Temperatur der flüssigen Luft zu tief blauen Krystallen erstarrt (s. Nr. 189, S. 144).

Stickstoffdioxyd steht im Gleichgewicht mit seinem Dimeren N_2O_4, die Einstellung des Gleichgewichtes kann an der Farbänderung verfolgt werden, bei tiefen Temperaturen liegt hauptsächlich N_2O_4 vor, bei höheren das braune NO_2, bei 64° liegen die beiden Polymeren in gleichen Mengen vor. Über 130° tritt wieder Entfärbung ein, da sich NO_2 in NO und O spaltet.

Während beim Erhitzen von Alkalinitraten eine Nitritbildung einsetzt, sofern ein Reduktionsmittel zugegen ist, werden Schwermetallnitrate thermisch in Metalloxyd und N_2O_5 zerlegt, das sich weiterhin in N_2O_4 und O zersetzt. Der Eintritt dieser Zersetzung liegt bei verschiedenen Metallnitraten in verschiedenen Temperaturbereichen, so daß auf diese Weise eine Trennung entsprechender Metalle herbeigeführt werden kann. Die Nitrate der seltenen Erden können auf diese Weise durch fraktionierte thermische Zersetzung partiell zerlegt werden, wodurch eine Aufspaltung der in ihren Eigenschaften so ähnlichen Elemente der seltenen Erden erzielt werden kann. Zur N_2O_4-Entwicklung eignet sich besonders das $Pb(NO_3)_2$.

39. Stickstoffdioxyd, N_2O_4 bzw. NO_2. I. *Aus N_2O_3 und Sauerstoff.* Leitet man in verflüssigtes N_2O_3 reinen trockenen Sauerstoff, so erhält man Distickstofftetroxyd, wobei sich die Flüssigkeit entfärbt.

220 g grobe Stücke von Arsentrioxyd werden in 250 g roher konzentrierter Salpetersäure (Dichte 1,4) in einem Kolben auf einem Baboschen Siedetrichter mäßig erhitzt. Das entweichende Gasgemisch wird durch eine leere Waschflasche,

ein mit Glaswolle gefülltes U-Rohr und eine zweite leere Waschflasche geleitet und in einer mit Eis gekühlten Waschflasche verdichtet. Man erhält eine grünliche Mischung von Stickstoffdioxyd, Stickstofftrioxyd und Stickoxyd. Nach Beendigung der Entwicklung leitet man durch die erhaltene Mischung unter mäßiger Kühlung mit Eis einen Sauerstoffstrom, bis die Farbe rein gelbbraun geworden ist; dabei entweicht nur ein geringer Teil von Stickoxyden. Zur Aufbewahrung des flüssigen Stickstoffdioxyds wird es aus einem Schliffkolben in ein Präparatenglas mit verengtem Hals destilliert, das durch eine Eis-Kochsalz-Mischung gekühlt ist, Sdp. 22°.

II. *aus Bleinitrat*[1]: 250 g Bleinitrat werden fein gepulvert und bei 120° 2 Stunden im Trockenschrank getrocknet. Das so vorbehandelte Salz wird in einem einseitig geschlossenen Stahlrohr erhitzt, die entweichenden Dämpfe werden in einem mit P_2O_5 beschickten Rohr getrocknet und in einem Kondensationsgefäß bei —15° verflüssigt. Wegen der Aggressivität der Verbindung sind Glasschliffe notwendig. Beigemengtes N_2O_3 kann nur durch Destillation im Sauerstoffstrom und erneuter Trocknung durch P_2O_5-Trockenrohre ($CaCl_2$ ist als Trockenmittel unbedingt zu vermeiden, da hiermit NOCl-Bildung eintreten würde!) entfernt werden.

Distickstoffpentoxyd wird nach dem prinzipiell bei vielen Nichtmetalloxyden anwendbaren Verfahren des Wasserentzugs aus der zugehörigen Säure mit wasserentziehenden Agenzien erhalten, z. B. durch Behandlung von 100proz. Salpetersäure mit Phosphorpentoxyd. Im Gegensatz zu den anderen Stickoxyden ist es ein fester Stoff, weiße Krystalle, die bei + 34° sublimieren. Außerdem besteht auch die Möglichkeit, Distickstofftetroxyd durch Einleiten von ozonisiertem Sauerstoff in Distickstoffpentoxyd zu überführen.

40. Distickstoffpentoxyd, N_2O_5[2,3]. In konzentrierte, möglichst 100proz. Salpetersäure wird unter Kühlung mit Eiskochsalz-Mischung etwas mehr als das gleiche Gewicht Phosphorpentoxyd eingetragen und zwar in kleinen Anteilen so vorsichtig, daß die Temperatur der Salpetersäure nicht über 0° steigt. Die breiige Masse wird aus einem Fraktionierkolben äußerst langsam destilliert, wobei sofort gekühlt werden muß, wenn die breiige Masse aufsteigt und das Distickstoffpentoxyd in der gekühlten Vorlage in Form großer, weißer Krystalle kondensiert. Gegen Ende der Destillation geht etwas Flüssigkeit über. Das Pentoxyd kann über Schwefelsäure im Exsiccator aufbewahrt werden.

b) Oxyde des Phosphors.

Vom Phosphor sind 3 Oxyde bekannt, das Phosphortrioxyd, P_2O_3, das man bei unzureichender Sauerstoffzufuhr bei der Verbrennung von weißem Phosphor erhält und das man durch seine höhere Flüchtigkeit von nebenbei entstehendem Phosphorpentoxyd, P_2O_5, abtrennen kann; letzteres erhält man bei vollkommener Verbrennung von elementarem Phosphor; durch seine Sublimierbarkeit läßt sich die krystalline Modifikation von einer amorphen und von schwerer flüchtigen Verbindungen befreien. Außerdem existiert ein Zwischenoxyd (farblose Krystalle) P_2O_4, das beim Erhitzen nach

$$4P_2O_3 \rightarrow 2P + 3P_2O_4$$

entsteht.

---

[1] Addison, C. C., u. R. Thompson: J. chem. Soc. London **1949,** 218.
[2] Berthelot, M.: Bl. 2 **21,** 53 (1878); Ann. Chim. Physique [5] **6,** 202 (1875).
[3] Gmelin: Stickstoff, 8. Aufl., S. 819.

41. Phosphortrioxyd, P_2O_3[1]. Elementarer Phosphor wird bei unvollständiger Sauerstoffzufuhr verbrannt. Hierzu wird in den vorderen Teil der in Abb. 35 dargestellten Apparatur gelber Phosphor in zentimeterlangen Stücken gebracht. Das Ende des Rohres ist etwas umgebogen, um ein Herausfließen des schmelzenden Phosphors zu verhindern. Im wasserdurchströmten Metallmantel werden die Oxyddämpfe gekühlt und zwar so, daß das Kühlwasser eine Temperatur von 50° besitzt, evtl. gegen Ende der Reaktion 60°. Am Ende des Kühlers verhindert ein Glaswollepfropfen, daß noch gebildetes Phosphorpentoxyd in die Kühlvorlage mitgerissen wird, die aus einem abnehmbaren Schliffkölbchen, welches sich in einem Dewar-Gefäß befindet, besteht. Durch die hinter dieser Kühlvorlage eingeschaltete mit konz. Schwefelsäure beschickte Waschflasche wird ein Luftstrom gesaugt. Mit einer kleinen Flamme wird bei strömender Luft nun der Phosphor im linken Teil

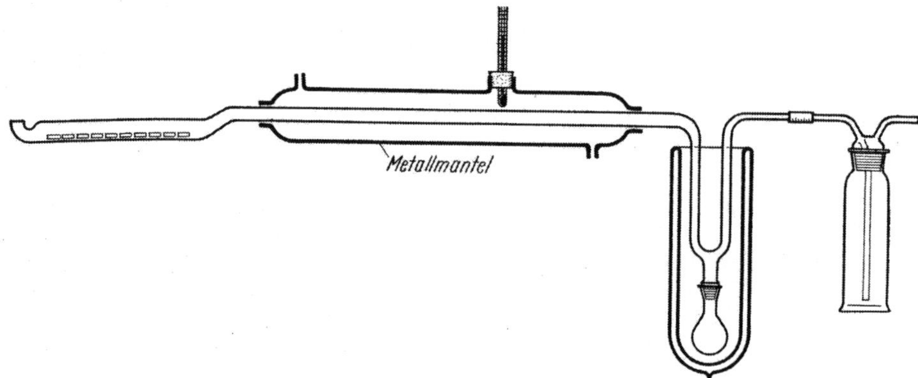

Abb. 35. Apparatur zur Darstellung von Phosphor (III)-oxyd.

des Rohres auf die Entzündungstemperatur erhitzt und mit dem Luftstrom die Kühlwassertemperatur von 50° einreguliert. Die Kondensationsröhre im Dewargefäß wird mit Eis-Kochsalz gekühlt. Nach einer halben Stunde kann hier ein Kondensat von Phosphortrioxyd in weißen Krystallen vom Smp. + 22,5° festgestellt werden.

Sofern der Glaswollepfropfen genügend dicht ist, wird kein Phosphorpentoxyd mitgerissen. Die Einhaltung der Kühltemperatur ist notwendig, um Phosphordämpfe restlos zu kondensieren, bevor sie in die Kühlvorlage eintreten. Die Verbrennung muß vor dem vollständigen Verbrauch des Phosphors unterbrochen werden, um eine Oxydation zum P_2O_5 zu vermeiden. Das in der Kühlvorlage kondensierte Phosphortrioxyd wird in ein Gefäß von der unteren Biegung herabgeschmolzen, evtl. gleich in ein passendes Aufbewahrungsgefäß, in dem es unter Kohlendioxyd zur längeren Aufbewahrung eingeschmolzen werden kann. Sdp. unter Ausschluß von Sauerstoff bei 171°. Unter Licht- und Luftabschluß aufzubewahren.

c) Oxyde des Schwefels.

Die beiden beständigsten Oxyde des Schwefels sind das Schwefeldioxyd und das Schwefeltrioxyd. Die Darstellung des ersteren gelingt auf relativ einfache Weise, entweder durch Verbrennung von Schwefel oder Reduktion von Schwefeltrioxyd in Form von Oleum mit Schwefel bzw. Schwefelsäure mit Kupfer und durch Einwirkung von Schwefelsäure auf Natriumsulfit.

---

[1] Thorpe u. Tutton: J. chem Soc. London **57** (1890) 545. — Wolf, L., u W. Jung: Z. anorg. allg. Chem. **201** (1931) 353.

Das Schwefeltrioxyd kann durch Elementarsynthese nur über das Schwefeldioxyd durch dessen katalytische Weiteroxydation erhalten werden. Sonstige Darstellungsmöglichkeiten bestehen in der thermischen Zersetzung von Schwermetallsulfaten, z. B.:

$$Fe_2(SO_4)_3 \rightarrow Fe_2O_3 + 3\,SO_3,$$

oder von Pyrosulfaten, z. B.

$$K_2S_2O_7 \rightarrow K_2SO_4 + SO_3,$$

Entwässerung von Schwefelsäure mit Phosphorpentoxyd usw.

Eine besondere Bedeutung für die experimentelle Handhabung des Schwefeltrioxyds liegt in der Tatsache, daß es im festen Zustand in mehreren Modifikationen aufzutreten vermag. Der Schwefeltrioxyddampf, in dem SO_3-Moleküle vorliegen, kondensiert beim Abkühlen zu der sog. eisartigen Modifikation (γ-SO_3), die einen definierten Schmelzpunkt (16,8°) und Siedepunkt (44,8°) besitzt. Im festen Zustand besteht sie vorwiegend aus $(SO_3)_3$-Molekeln, im flüssigen Zustand aus $(SO_3)_3$- und SO_3-Molekeln. Beim Aufbewahren dieser Modifikation tritt eine Umwandlung in die asbestartige Modifikation ein (α- und β-SO_3), die höhermolekulare Gebilde von unterschiedlichem Polymerisationsgrad darstellt. Die asbestartige Verfilzung deutet ebenfalls darauf hin. Dieses Gemisch schmilzt bei $\sim$40°, die reine β-Modifikation bei 32,5°, die α-Modifikation bei 62,2°. Eine getrennte Darstellung dieser beiden Modifikationen ist nur durch umständliche fraktionierte Sublimation möglich.

42. Schwefel(VI)-oxyd, SO_3, (durch katalytische Oxydation von Schwefel(IV)-oxyd). Um kleinere Mengen Schwefel(VI)-oxyd im Laboratorium darzustellen, wird

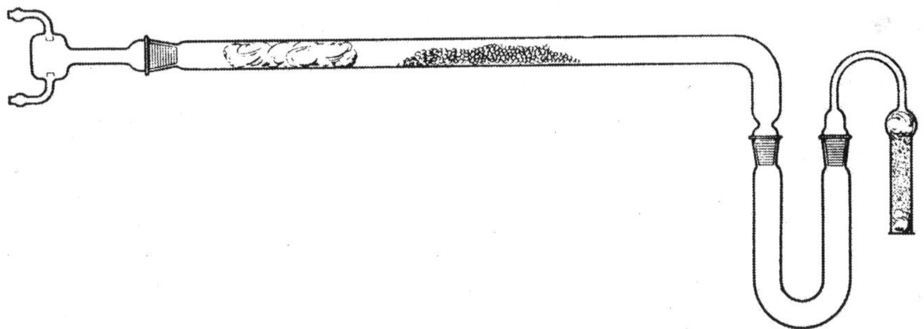

Abb. 36. Apparatur zur katalytischen Darstellung von Schwefeltrioxyd.

ein Strom von Schwefeldioxyd mit einem anderthalbfach schnelleren Gasstrom von Sauerstoff gemischt (Einstellung nach der Blasengeschwindigkeit in Schwefelsäure-Waschflaschen) und über einen Platinkatalysator geleitet. Vor denselben wird eine Schicht Glaswolle angebracht. Der Katalysator wird auf ungefähr 400° erhitzt. Im gekühlten U-Rohr setzt sich Schwefel(VI)-oxyd in Form seidenglänzender Nadeln ab. Gegen die Feuchtigkeit der Atmosphäre wird das U-Rohr durch ein Phosphorpentoxyd-Trockenrohr geschützt.

Der zur Oxydation des Schwefeldioxyds notwendige Platinasbest wird folgendermaßen hergestellt: Asbestfasern werden mit einer 10proz. Lösung von Platinchlorwasserstoffsäure getränkt und nach dem Trocknen stark geglüht. Hierbei tritt Zersetzung der Platinchlorwasserstoffsäure zu metallischem Platin ein, welches sich in feiner Verteilung auf dem Asbest niederschlägt. Nach jeder Benutzung ist der Katalysator auszuwaschen und erneut auszuglühen und kann so sehr häufig benutzt werden.

7. Bordoppeloxyde.

Boroxyd bildet mit Phosphorpentoxyd und Arsenpentoxyd Doppeloxyde der Zusammensetzung BPO_4 bzw. $BAsO_4$, die durch Zusammenschmelzen der Komponenten nach

$$P_2O_5 + B_2O_3 \rightarrow 2BPO_4$$

sich bilden. Als umkrystallisierendes Lösungsmittel (Mineralisator) wird überschüssiges Bor(III)-oxyd verwendet.

43. Bor(III)-phosphor(V)-oxyd, BPO_4[1]**.** In einem Porzellantiegel wird krystallisierte Borsäure, H_3BO_3, mit Diammoniumphosphat, $(NH_4)_2HPO_4$ gemischt, so daß Borsäure im Überschuß vorhanden ist. Durch vorsichtiges Erhitzen wird Wasser und Ammoniak vertrieben und danach im elektrischen Ofen bei 700···800° 5 Tage lang getempert. Nach dieser Zeit sind bis 30 μ große Krystalle des Doppeloxyds entstanden, das als feinkrystallines weißes Pulver aus der erkalteten Schmelze nach ausgiebiger Extraktion derselben mit kochendem Wasser erhalten wird. Unter dem Mikroskop können tetraederähnliche Krystallindividuen beobachtet werden.

44. Bor(III)-arsen(V)-oxyd, $BAsO_4$. Das entsprechende Arsendoppeloxyd wird in ähnlicher Weise hergestellt. Arsen(V)-oxyd (aus Arsensäure durch Erhitzen erhalten) wird mit dem zehnfachen Überschuß an Borsäure bei ungefähr 700° 10 Tage lang getempert. Unter dem Mikroskop können Krystalle mit treppenförmig angeordneten vierseitigen Pyramiden beobachtet werden.

V. Peroxyde und Peroxysalze.

Allgemeines. Viele Elemente vermögen Sauerstoff nicht nur gemäß ihrer höchsten Wertigkeitsstufe in Form der normalen Oxyde zu binden, sondern auch noch sauerstoffreichere Oxyde, die „Peroxyde" zu bilden, wobei keine Wertigkeitserhöhung des Elementes eintritt, sondern der erhöhte Sauerstoffgehalt auf vorliegende —O—O—-Gruppen zurückzuführen ist. Formal lassen sich die Peroxyde vom Wasserstoffperoxyd, H—O—O—H ableiten, wie z. B. $Ba\langle{}^{O}_{O}$ (Ba mit —O—O— ringförmig gebunden) oder Na—O—O—H (Hydroperoxyd); wird eine —O—O—Gruppe innerhalb eines Säuremoleküls gebunden, spricht man von Peroxysäuren, z. B. HO—SO_2—OOH (Carosche Säure). Außerdem vermag sich das Wasserstoffperoxyd als Krystallwasserstoffperoxyd solvatartig an viele neutrale Salze anzulagern.

1. Darstellung durch Elementarsynthese.

Die Tendenz zur Bildung von Peroxyden ist bei Metallen in der 1. und 2. Gruppe des Per. Systems besonders ausgeprägt, bei den höheren Alkalimetallen sind sogar Peroxyde der Konstitution K—O—O— mit einer freien Valenz bekannt. Bei der Reaktion von Lithium und Natrium mit Sauerstoff entstehen ohne weiteres Li_2O und Na_2O_2, bei den höheren Alkalien Oxyde vom Typ KO_2. Die Bildung der verschiedenen Peroxydtypen kann gut beobachtet werden; wenn man z. B. in eine Lösung von metallischem Kalium in flüssigem Ammoniak bei —50° Sauerstoff einleitet, so entsteht zunächst weißes K_2O_2, dann ziegelrotes K_2O_3 und weiterhin orangegefärbtes KO_2.

[1] Schulze, G. E. R.: Z. physik. Chem. **B 24** (1934) 216.

Die Bezeichnung „Per"oxyd und „Per"säure wird gelegentlich auch in Fällen verwendet (z. B. Bleiperoxyd $Pb^{IV}O_2$ oder Permangansäure $HMnO_4$), wo keine eigentliche Perverbindung vorliegt, sondern nur ein höherer Wertigkeitszustand des entsprechenden Elementes zum Ausdruck gebracht werden soll. Im Falle der Oxyde wäre z. B. die Benennung Bleidioxyd oder Blei(IV)-oxyd vorteilhafter.

45. Natriumperoxyd, Na_2O_2. Ein durch eine Wasserstrahlpumpe angesaugter Luftstrom wird mit Natronlauge und zweimal mit konz. Schwefelsäure gewaschen und in ein 30 cm langes, möglichst weites Verbrennungsrohr, das auf einem Reihenbrenner erhitzt werden kann, eingeleitet; das Ende des Verbrennungsrohres ist ausgezogen und mündet in eine 30 cm lange und 3 cm weite Glasröhre, die mit Asbest oder Watte locker gefüllt ist, um den bei der Reaktion sich bildenden Natriumperoxydstaub zurückzuhalten.

Zwischen das Luftfilter und die Saugpumpe wird noch eine Waschflasche mit Wasser geschaltet. Das Verbrennungsrohr wird mit einem 16 cm langen, möglichst tiefen Schiffchen aus dünnem Aluminiumblech beschickt, das 2···3 g Natrium enthält. Zweckmäßerweise stellt man das Verbrennungsrohr am Gaseintrittsende etwas höher, da das Natrium die Tendenz zeigt, dem Luftstrom entgegenzufließen. Das Natrium wird nun über seinen Schmelzpunkt erhitzt und der Luftstrom angesaugt. Bei 300° beginnt die Reaktion; die Wärmezufuhr wird nun weitgehend verkleinert, da die Reaktion von selbst weiter läuft. Ein starker Luftstrom wird solange hindurchgesaugt, bis das Erglühen der Reaktionsmasse nachläßt. Das Natriumperoxyd fällt als gelbliches Pulver an und muß vor Feuchtigkeitszutritt unbedingt geschützt werden.

46. Bariumperoxyd, BaO_2. Die Gewinnung von Bariumoxyd aus Bariumcarbonat ist wegen der hohen Zersetzungstemperatur des letzteren, zumal in kleinerem Maßstabe, unrentabel. Das Oxyd wird daher durch thermische Zersetzung des Nitrats gewonnen. Hierzu werden 130 g Bariumnitrat in einem passenden Tiegel langsam bis zur schwachen Rotglut erhitzt. Das graue poröse Zersetzungsprodukt wird nach dem Erkalten zerkleinert und in ein gewogenes Verbrennungsrohr gebracht, bevor es Luftfeuchtigkeit angezogen haben kann. Durch nochmalige Wägung wird das Gewicht des Bariumoxyds bestimmt. Nunmehr wird das Verbrennungsrohr auf dunkle Rotglut erhitzt und ein Luftstrom (mit Natronlauge und konz. Schwefelsäure gewaschen) hindurchgesaugt. Nach 2···3 Stunden wiegt man wiederum das erkaltete Rohr; sofern nicht eine Gewichtszunahme um $^1/_{10}$ des ursprünglich angewandten Bariumoxyds eingetreten ist, muß noch weiterhin im Luftstrom erhitzt werden.

Zur Reinigung wird das erhaltene Bariumperoxyd portionsweise in der berechneten Menge eiskalter 1proz. Salzsäure gelöst. Die trübe Lösung wird mit Bariumhydroxydlösung versetzt, bis ein Niederschlag entsteht, der zunächst aus verunreinigenden Metalloxydhydraten besteht. Dieser wird abfiltriert und das Filtrat vollständig mit Bariumhydroxydlösung gefällt, wobei das Bariumperoxydhydrat als feines weißes Krystallpulver abgeschieden wird. Es wird abgenutscht und bei 100° getrocknet.

47. Wasserstoffperoxyd, H_2O_2. Das in Nr. 46 erhaltene Rohbariumperoxyd wird gepulvert und in eine Mischung von 52 g konz. Schwefelsäure und 300 cm^3 Wasser eingetragen. Hierbei ist sowohl von außen als auch durch eingetragene Eisstückchen von innen weitgehend zu kühlen. Der Überschuß der Schwefelsäure wird durch Bariumcarbonat abgestumpft und die nach Sedimentation geklärte Lösung nochmals filtriert und im Vakuum destilliert (1 l-Rundkolben). Das erste Drittel des Destillats wird so gut wie kein Wasserstoffperoxyd enthalten. Den Rest destilliert man fast völlig in eine gesonderte Vorlage und bestimmt die Konzentration der erhaltenen Wasserstoffperoxydlösung durch Titration.

2. Peroxysalze.

Chromate werden durch Wasserstoffperoxyd in Peroxychromate überführt, und zwar entstehen je nachdem, ob in saurem oder in alkalischem Milieu gearbeitet wird, die blauen Peroxydichromate $Me^{I}_{2}Cr_2O_{12}$ oder die roten Peroxychromate $Me^{I}_{3}CrO_8$, denen man die Konstitution

```
      O—O         O—O
       \/          \/
MeO—Cr—O—O—Cr—OMe          bzw.     Me—OO\     /O
       /\          /\               Me—OO—>Cr<  |
      O—O         O—O               Me—OO/     \O
          blau                                rot
```

zuschreibt. Es wurde für die roten Peroxychromate ebenfalls ein Molekül mit zwei Chromatomen angenommen, wodurch die 6-Wertigkeit des Chroms aufrechterhalten werden könnte. Magnetochemische Untersuchungen haben jedoch das Vorhandensein von 5wertigem Chrom erwiesen, was mit der angegebenen Konstitution im Einklang steht.

48. Kaliumperoxychromat, K_3CrO_8. 60 cm^3 3proz. Wasserstoffsuperoxyd, 5 cm^3 30proz. Wasserstoffperoxyd („Perhydrol Merck") werden mit 5 cm^3 50proz. Kalilauge in einem 100-cm^3-Erlenmeyerkolben gemischt und in einer Kältemischung (Eis-Kochsalz) unter gelegentlichem Umschwenken zu einem dicken Brei erstarren gelassen. Nun gibt man 5 g fein gepulvertes Kaliumchromat, K_2CrO_4, zu und läßt den Erlenmeyer in der obigen Kältemischung zwei Stunden lang stehen. Danach ist der Inhalt dann vollständig aufgetaut und das Peroxychromat hat sich in Form kleiner, rotbrauner Oktaeder abgeschieden. Sie werden durch eine Glasfritte abfiltriert und mit Alkohol und Äther gewaschen und darauf im Exsiccator getrocknet.

Werden einige Kryställchen in Wasser gelöst und Säure hinzugegeben, so entsteht vorübergehend eine Blaufärbung, die sich mit Äther ausschütteln läßt.

Von der Schwefelsäure leiten sich zwei Peroxysäuren ab, die konstitutionell durch Ersatz von einem oder zwei Wasserstoffatomen im Wasserstoffperoxyd durch die SO_3H-Gruppe entstanden gedacht werden können, die Peroxymonoschwefelsäure (Carosche Säure) und die Peroxydischwefelsäure.

```
O   O—OH        O   O———————O   O
 \\/             \\/          \//
  S               S            S
 //\             //\          /\\
O   OH          O   OH      HO   O
```

Die Säuren sind wenig beständig, und nur in Form ihrer Salze in haltbarem Zustande darstellbar. Das Kaliumperoxysulfat wird am besten durch anodische Oxydation von Kaliumbisulfat erhalten. Die in der Lösung vorhandenen HSO_4^--Ionen werden an der Anode entladen zu HSO_4-Radikalen, die intermediär in dieser Form angenommen werden können und die unter gewöhnlichen Umständen nach folgender Gleichung wieder zerfallen:

$$2HSO_4 + H_2O = 2HSO_4^- + 2H^+ + {}^1/_2\,O_2.$$

Sofern die Elektrolyse bei sehr hoher anodischer Stromdichte vorgenommen wird, und somit die Konzentration der intermediär entstehenden HSO_4-Teilchen im Anodenraum sehr hoch ist, vermögen zwei von diesen nach folgender Gleichung zu kondensieren:

$$2HSO_4 = 2H^+ + S_2O_8^{--}.$$

Eine hohe Konzentration an Bisulfationen sowie eine hohe Stromdichte an der Anode sind also zur Bildung des Peroxysulfates neben tiefer Temperatur zur Herabsetzung der Zersetzungsgeschwindigkeit erforderlich.

49. Kaliumperoxysulfat, $K_2S_2O_8$. Als Elektrolyt wird eine bei 10° gesättigte Lösung von $KHSO_4$ verwandt, die sich in einem größeren Becherglas befindet. In sie taucht, wie die Abb. 37 zeigt, ein Glaszylinder von 3···3,5 cm Weite, in dem die Anode so angebracht ist, daß deren Spitze mit dem unteren Rand des Zylinders abschneidet. Die Anode besteht aus einem in ein Glasrohr eingeschmolzenen Platindraht von 0,3 mm Durchmesser, der 0,5 cm aus dem Glasrohr herausragt. Die Verbindung des Platindrahtes mit dem von oben in das Glasrohr eingeführten Zuleitungsdraht wird durch einen Tropfen Quecksilber hergestellt. Als Kathode ist entweder ein um das Glasrohr gewundenes 1 cm breites Bleiband oder besser ein Bleirohr zu verwenden, durch das zur Kühlung möglichst kaltes Wasser hindurch fließt. Das Ganze steht in einer Eis-Kochsalz-Mischung, durch die auch das Kühlwasser für das Bleirohr hindurchgeführt wird.

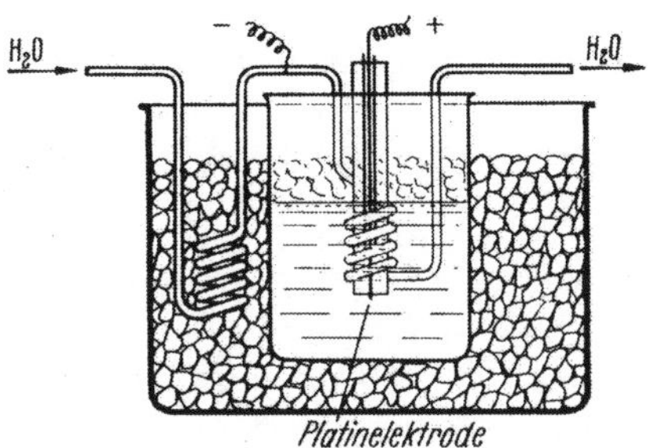

Abb. 37. Apparatur zur elektrolytischen Darstellung von Persulfat.

Es wird bei höchstens 10° gearbeitet. Die Stromdichte muß an der Anode 10 Amp. auf 1 cm² betragen. Bei den oben angegebenen Dimensionen wird man etwa 1 Amp. benötigen. Einige Minuten nach Einschalten des Stromes fällt an der Anode das Kaliumperoxysulfat, das ziemlich schwer löslich ist, aus. Man läßt die Elektrolyse etwa 2 Stunden laufen, saugt dann die Kristalle in der Kälte ab, wäscht sie mit einigen cm³ Eiswasser, dann mit Alkohol und Äther, trocknet sie im Exsiccator.

VI. Hydride.

Allgemeines. Die Verbindungen sämtlicher Elemente mit Wasserstoff können zwanglos in drei Gruppen unterteilt werden, 1. in die *salzartigen Hydride* von typisch heteropolarem Charakter (Alkali- und Erdalkalihydride), 2. in die *legierungsartigen Hydride* von meistens nicht definierter Zusammensetzung (vornehmlich Metalle der Nebengruppen) und 3. in die *gasförmigen* oder *leichtflüchtigen Hydride*, die vornehmlich von den Metalloiden bzw. von den zu diesen Elementen tendierenden Metallen gebildet werden. Die präparativen Darstellungsmethoden der Hydride stellen sich naturgemäß auf die Zugehörigkeit der gewünschten Verbindung zu einer dieser Gruppen ein, wenn auch innerhalb der Gruppen für einzelne Hydridtypen besondere Methoden eine maßgebende Rolle spielen. Die Alkali- und Erdalkalihydride bilden sich durch Elementarsynthese bei mittleren Temperaturen, die legierungsartigen Hydride werden auf prinzipiell gleichem Wege dargestellt; die erhaltenen Verbindungen enthalten aber immer weniger Wasserstoff, als ihnen nach dem zu erwartenden Hydrid zukäme, sie lassen sich durch weitere Temperatursteigerung wieder thermisch zum Metall und Wasserstoff zersetzen. Eine größere Vielfalt der Darstellungsmöglichkeiten liegt bei den gasförmigen Hydriden mit homöopolar gebundenem Wasserstoff vor, was darauf zurückzuführen ist, daß diese Gruppe auch die unterschiedlichsten Verbindungstypen in sich schließt.

1. Darstellung von salzartigen Hydriden durch Elementarsynthese.

Die *Elementarsynthese* ist hier nur durchführbar, sofern sich die Hydride in exothermer Reaktion bilden, wie z. B. bei den Halogenwasserstoffen, Schwefelwasserstoff, Wasser, Ammoniak, Methan usw. In bezug auf die Bildung mit molekularem Wasserstoff endotherme Hvdride lassen sich iedoch auch erhalten. wenn atomarer Wasserstoff (im status nascens), der entweder in saurer Lösung durch Metalle oder elektrolytisch erzeugt wird, angewendet wird, wie z. B. bei Arsenwasserstoff, Antimonwasserstoff, Wismutwasserstoff usw. Ein allgemeiner durchführbares Verfahren besteht in der Einwirkung von einer leicht zugänglichen Wasserstoffverbindung auf eine Metallverbindung des Elementes, dessen Hydrid angestrebt wird; so können z. B. Arsenwasserstoff aus Natriumarsenid, Zinnwasserstoff aus Magnesiumstannid, Phosphorwasserstoff aus Calciumphosphid, Silane aus Magnesiumsilicid, Kohlenwasserstoffe aus Carbiden usw. allerdings oft nur mit geringen Ausbeuten hergestellt werden, wenn diese Verbindungen mit Wasser oder verdünnten Säuren behandelt werden. Dadurch, daß bei den flüchtigen Hydriden nicht nur einfach ein Atom des hydridbildenden Elementes enthaltende Verbindungen auftreten, sondern auch höhere Hydride, oft viele Glieder einer homologen Reihe, ist eine große Anzahl von speziellen präparativen Verfahren und Methoden geschaffen worden, von denen nur an die komplizierte und nur mit großem experimentellem Aufwand durchführbare Arbeitsmethodik, die bei der Aufklärung der verschiedenen Borwasserstoffe und Siliciumwasserstoffe von A. Stock und Schülern in klassischer Weise entwickelt worden ist, erinnert werden soll. Durch Einwirkung elektrischer Glimmentladungen auf Gemische von Wasserstoff und flüchtige Metallverbindungen ist es neuerdings gelungen, Hydride z. B. auch von Aluminium und Gallium[1] zu synthetisieren.

Das Lithiumhydrid vermag mit einigen anderen Hydriden homöopolaren Charakters Doppelverbindungen oder sozusagen komplexe Hydride zu bilden, z. B. $LiBH_4$, $LiAlH_4$, $LiGaH_4$[2]. Besonders das Lithiumaluminiumhydrid, das durch Einwirkung von Lithiumhydrid auf Aluminiumchlorid in ätherischer Lösung entsteht, also unter Umgehung der komplizierten $(AlH_3)_x$-Synthese, spielt als Ausgangssubstanz zur Darstellung anderer Hydride eine wichtige Rolle. Es kann z. B. nach der Gleichung:

$$4\,SnCl_4 + 4\,LiAlH_4 \xrightarrow{\text{Äther}} 4\,SnH_4 + 4\,LiCl + 4\,AlCl_3$$

das Stannan in bedeutend besseren Ausbeuten erzielt werden, als es nach den von Paneth[3] beschriebenen elektrolytischen Methoden möglich ist. Es ist zu erwarten, daß durch diese Verbindung auch noch bisher nicht dargestellte Hydride erhältlich sind.

Von den heteropolaren Alkali- und Erdalkalihydriden ist das Lithiumhydrid eine der beständigsten Verbindungen und durch Elementarsynthese (600°) erhältlich. Durch Elektrolyseversuche konnte einwandfrei nachgewiesen werden, daß das Lithium sich kathodisch und der Wasserstoff sich anodisch abscheidet, somit also Wasserstoff-Anionen im Lithiumhydrid-Gitter angenommen werden müssen.

50. Lithiumhydrid, LiH[4]. Sehr gut gereinigter und getrockneter Wasserstoff (nach Meyer-Ronge, s. S. 14) wird über metallisches Lithium geleitet.

Hierzu wird zunächst ein Eisenschiffchen in ein zweites größeres gestellt; die beiden Schiffchen (*S*) werden in ein passendes Stahlrohr (*St*) geschoben, welches wiederum in einem Porzellanrohr oder Quarzgutrohr (*Q*) ruht. Durch H_2 wird nun Wasserstoff eingeleitet und nach gründlicher Durchspülung auch des Manometers wird das Stahlrohr mit den unbeschickten Schiffchen bei 500···600° reduzierend behandelt, so daß keine oxydischen Schichten nach der Abkühlung mehr festgestellt

[1] Wiberg, E.: Ber. dtsch. chem. Ges. **77 A** (1944) 75.

[2] Schlesinger, H. I., u. Mitarbeiter: J. Amer. chem. Soc. **69** (1947) 1199; **69** (1947) 2692.

[3] Paneth u. Mitarbeiter: Ber. dtsch. chem. Ges. **52** (1919) 2020; **55** (1922) 769.

[4] Moers, K.: Z. anorg. allg. Chem. **113** (1920) 184; Hüttig, G., u. A. Krajewski: ebenda **141** (1924) 135.

werden können. Nunmehr wird das innere Schiffchen mit einigen möglichst kompakten Stücken von Lithiummetall beschickt und wiederum mit H_2 die ganze Apparatur durchspült. Die durch den elektrischen Röhrenofen E erzeugte Temperatursteigerung wird durch ein Thermoelement kontrolliert. Es wird langsam auf 300° erhitzt. Die Reaktion setzt langsam ein. Bei weiterer Temperatursteigerung muß zur Vermeidung einer zu heftigen Reaktion der H_2-Druck herabgesetzt werden. Bei geschlossenem H_2 und H_4 wird durch eine Vakuumpumpe der Wasserstoff-

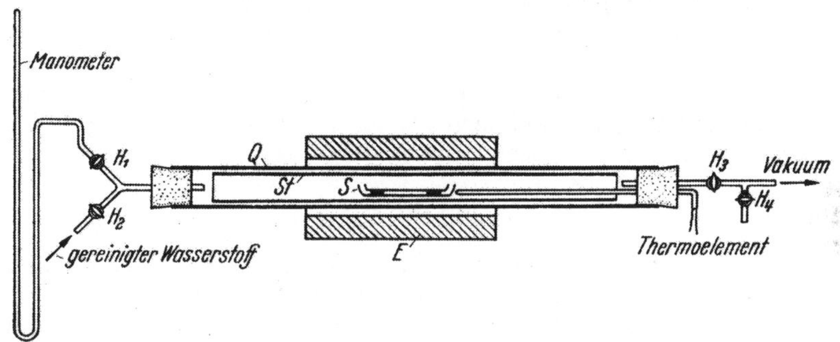

Abb. 38. Apparatur zur Darstellung von Lithiumhydrid.

druck unter Beobachtung des genügend langen Manometers auf 400 mm Hg eingestellt, H_3 geschlossen und bei weiter abnehmendem Druck durch H_2 Wasserstoff nachgegeben, der nun bei weiterer Temperatursteigerung durch die Reaktion schnell verbraucht wird. Über 600···630° ist die Hauptreaktion vorüber, es wird jedoch bis 700° kurze Zeit weiter erhitzt und dann im Wasserstoffstrom erkalten gelassen. Das bei richtigem Arbeiten als weiße krystalline Masse anfallende LiH ist zum großen Teil über den Rand des inneren Schiffchens gestiegen und muß aus diesem und dem äußeren herausgebohrt werden. Bei Zugabe von Wasser entwickelt sich Wasserstoff. Das geschmolzene LiH ist eine sehr harte und spröde Substanz.

51. Lithiumaluminiumhydrid, $LiAlH_4$[1]. 2,7 g wasserfreies Aluminiumchlorid werden mit 4 g feingepulvertem Lithiumhydrid (6facher Überschuß) in einer trokkenen Stickstoffatmosphäre gemischt und in einen kleinen Rundkolben mit Schliff gebracht. Unter Kühlung mit flüssiger Luft werden 15 cm³ Äther (trocken und peroxydfrei!) auf das Gemisch aufkondensiert. Wird der Kolben aus dem Kältebad herausgezogen, so beginnt die Reaktion beim allmählichen Erwärmen, sie kann aber von Zeit zu Zeit durch erneute Kühlung gemäßigt werden. Nach einigen Minuten ist die Reaktion nach

$$4\,LiH + AlCl_3 \xrightarrow{\text{Äther}} LiAlH_4 + 3\,LiCl$$

beendet; Lithiumchlorid wird als in Äther unlösliches Salz abfiltriert. Das ätherische Filtrat wird bei Atmosphärendruck vom Äther befreit, bis sich ein dicker Sirup bildet, aus dem der restliche Äther nur durch längeres Stehen im Vakuum unter Erwärmung bis 70° entfernt werden kann. Das Lithiumaluminiumhydrid bleibt dann als weißes Pulver zurück.

Bei der Herstellung größerer Mengen wird eine heftig einsetzende Reaktion dadurch vermieden, daß man dem Reaktionsgemisch von vornherein eine bestimmte Menge $LiAlH_4$, die man nach dem obigen Verfahren hergestellt hat, eventuell in ätherischer Lösung hinzugibt und dadurch die anfänglich sehr intensiv verlaufende Reaktion mäßigt.

[1] Finholt, A. E., A. C. Bond u. H. I. Schlesinger: J. Amer. chem. Soc. **69** (1947) 1199.

52. Calciumhydrid, CaH_2. Reines, möglichst oxydfreies, metallisches Calcium wird in einem Nickelschiffchen in einem schwer schmelzbaren Glasrohr oder bei Verwendung größerer Mengen in einem Quarzrohr zunächst in eine Atmosphäre von reinem und trockenem Wasserstoff (wie bei LiH) gebracht. Nachdem die Apparatur restlos von Wasserstoff erfüllt ist, wird die Austrittsöffnung verschlossen. Unter einem geringen Überdruck, der unter Anwendung eines mit Wasserstoff gefüllten Gasometers leicht einzuregulieren ist, wird das Schiffchen mit dem Calcium langsam erhitzt. Bei dunkler Rotglut beginnt die Reaktion und damit weitgehende Absorption des Wasserstoffs, was an der starken Erhöhung der Blasengeschwindigkeit erkannt werden kann.

Das entstandene Calciumhydrid bildet eine weiße Masse von krystallinischem Bruch, die sich mit Wasser zuweilen unter Entzündung des entstehenden Wasserstoffs zersetzt.

2. Nichtmetallhydride.

Phosphorwasserstoff. Der Phosphor bildet mit Wasserstoff das dem Ammoniak analoge Phosphin, PH_3 und das dem Hydrazin analoge P_2H_4. Der früher häufig noch angegebene feste Phosphorwasserstoff hat sich als Adsorptionsprodukt von PH_3 an elementaren Phosphor erwiesen. Ebenso wie beim Ammoniak verschiedene Wege zu seiner Darstellung möglich sind, ist dies beim Phosphin auch der Fall. Die Elementarsynthese ist ebenfalls bei höheren Drucken und 300° möglich. Weitgehende Anwendung haben jedoch die Methoden, die auf der hydrolytischen Zersetzung von Phosphiden und der Disproportionierung des elementaren Phosphors in Alkalilaugen beruhen, gefunden. Die hiernach erhaltenen Produkte sind aber im allgemeinen immer Diphosphin-haltig. Die Hydrolyse der Phosphide verläuft z. B. nach:

$$2\,AlP + 6\,H_2O = 2\,PH_3 + 2\,Al(OH)_3\,,$$

während die Reaktion mit Kalilauge nach:

$$4\,P + 3\,KOH + 3\,H_2O = 3\,KH_2PO_2 + PH_3$$

vor sich geht.

Im Vergleich zum Ammoniak ist das Phosphin eine schwächere Base, vermag jedoch mit Halogenwasserstoffen noch Phosphoniumverbindungen, z. B. PH_4Cl, PH_4Br und PH_4J, zu bilden, die aber sehr leicht in Phosphin und Halogenwasserstoff zerfallen. Unterstützt man diesen Zerfall durch Zugabe von Laugen, die die durch die Zersetzung entstandene Säure binden, so erhält man ein reines, von Diphosphin freies Phosphin.

Eine Reinigung des nach obigem Verfahren hergestellten Produktes durch Kondensation mit flüssiger Luft ist ebenfalls möglich (Smp. —133°; Sdp. —86,2°).

53. Phosphorwasserstoff, PH_3. I. *Aus Calciumphosphid.* Das zur Entwicklung benötigte Calciumphosphid wird auf folgende Weise hergestellt: 116 g durch Glühen vollkommen entwässertes Tricalciumphosphat werden mit 54 g Aluminiumpulver gut gemischt und in einem Hessischen Tiegel auf dunkle Rotglut gebracht; durch Zugabe eines Zündgemisches (s. S. 28) setzt dann eine nach kurzer Zeit beendete Reaktion nach folgender Gleichung ein:

$$3\,Ca_3(PO_4)_2 + 16\,Al = 3\,Ca_3P_2 + 8\,Al_2O_3\,.$$

Bei der Durchführung dieser Reaktion ist größte Vorsicht zu beachten (Schutzbrille!). Das Reaktionsgemisch kann nun ohne Abtrennung des Aluminiumoxyds direkt zur Entwicklung von Phosphin benutzt werden. Man bringt es vorteilhafterweise in einen Erlenmeyerkolben mit seitlichem Ansatz. Durch einen durch Schliff aufgesetzten Tropftrichter kann Wasser zugegeben werden, und zwar sofort auf einmal eine größere Menge, worauf sich ein regelmäßiger Strom von Phosphin entwickelt. Wenn die Entwicklung nachläßt, kann die Zersetzung durch Zugabe von etwas Salzsäure noch weitgehender durchgeführt werden.

Das entstehende Phosphorwasserstoffgas wird durch ein mit festem Kaliumhydroxyd beschicktes U-Röhrchen geleitet, weiterhin durch Calciumchlorid und Phosphorpentoxyd getrocknet. Die immer noch vorhandene Verunreinigung an Wasserstoff kann nur durch Verflüssigung des Phosphins bei der Temperatur der flüssigen Luft abgetrennt werden.

II. *Durch Reaktion von weißem Phosphor mit Alkalien.* Weißer Phosphor wird in verdünnte Kalilauge eingetragen, welche sich in einem Fraktionierkolben befindet. Durch einen auf diesen aufgesetzten Korken führt ein Gaseinleitungsrohr, durch das Wasserstoff zur vollständigen Entfernung der Luft durchgeleitet wird. Das Ableitungsrohr des Fraktionierkolbens ist so gebogen, daß es in einer mit Wasser gefüllten Schale unterhalb der Wasseroberfläche mündet. Nach vollständiger Füllung der Apparatur mit Wasserstoff wird die Zufuhr desselben abgesperrt und der Kolben vorsichtig erwärmt, so daß nach Schmelzen des Phosphors die Gasentwicklung einsetzt. Die einzelnen austretenden Gasblasen entzünden sich beim Aufsteigen über die Wasseroberfläche unter Ausbildung der charakteristischen Rauchringe.

Die Verunreinigungen des so erhaltenen Phosphorwasserstoffs sind sehr beträchtlich, so daß zur Erzielung eines reinen Produktes das erste Verfahren vorzuziehen ist.

Darstellung von H_2O_2 s. Nr. 47, S. 53.

Schwefelwasserstoff. Neben dem üblichen Darstellungsverfahren für Schwefelwasserstoff, das immer eine mehr oder weniger weitgehende Reinigung von Beimengungen, die durch Verunreinigungen der Reaktionsteilnehmer verursacht werden, erforderlich machen, soll eine Methode zur Herstellung von reinem Schwefelwasserstoff in begrenzten Mengen angegeben werden, die auf der Reduktionswirkung von Formiat auf Schwefel beruht nach der Gleichung:

$$NaOH + HCOONa + S = Na_2CO_3 + H_2S.$$

54. Reiner Schwefelwasserstoff, H_2S[1]. In 500 cm^3 Wasser werden 100 g Natriumformiat und 60 g Natriumhydroxyd gelöst. Nach dem Eindampfen zur Trockene wird 2 Stunden auf 130° erhitzt. 10 g dieses Trockenrückstandes werden mit 3 g Schwefelblumen (arsenfrei und mit Ammoniak gewaschen) gut gemischt und auf 400° erhitzt. Nach der oben angegebenen Gleichung entwickelt sich reiner Schwefelwasserstoff.

Wasserstoffpersulfide. Seit längerer Zeit sind Verbindungen bekannt, die aus Wasserstoff und Schwefel bestehen und deren Schwefelatome innerhalb des Moleküls kettenförmig gebunden sind. Es konnten bisher H_2S_2, H_2S_3, H_2S_4, H_2S_5 und H_2S_6 dargestellt und genau charakterisiert werden. Eingehende Untersuchungen von Féhér[2] und Mitarb. ergaben, daß das auf die nachfolgend beschriebene Weise erhaltene „Rohöl" je nach der Zusammensetzung des Ausgangs-Polysulfids höhere Polyschwefelwasserstoffe enthält. Bei einer Destillation werden diese jedoch gekrackt, so daß die älteren Autoren nur das Di- und Trisulfid in schlechter Ausbeute erhielten. Dadurch, daß diese Krackung durch besondere apparative Anordnungen unterstützt wurde, konnte eine Erhöhung der Ausbeute an niederen Polyschwefelwasserstoffen erzielt werden. Andererseits konnte durch besonders schonende De-

---

[1] Vournasos, A. C.: Ber. dtsch. chem. Ges. **43** (1910) 2265.

[2] Féhér, F., u. M. Baudler: Z. anorg. Chem. **253** (1947) 170 u. weitere Arbeiten.

stillationsverfahren (Dünnschicht- oder Molekulardestillation) in eigens dazu konstruierten Schliffapparaturen eine Reindarstellung der höheren Polyschwefelwasserstoffe erreicht werden. Durch das Ramanspektrum dieser Stoffe konnte die fortschreitende Reinigung kontrolliert werden.

55. Wasserstoffpersulfid H_2S_x, (Rohöl)[1]. 100 g technisches $Na_2S \cdot 9H_2O$ werden mit 50 g Schwefelblumen 3 Stunden auf dem Wasserbad in einer Wasserstoffatmosphäre erhitzt. Das Na_2S-Hydrat schmilzt im Krystallwasser und löst den Schwefel unter Polysulfidbildung. Das erhaltene Produkt wird in 200 cm^3 H_2O gelöst und aus einem Tropftrichter in dünnem Strahl in überschüssige Salzsäure gegeben, die sich in einem Becherglas mit reinem Eis im Verhältnis 1:1 verdünnt befindet. Das Becherglas wird von außen mit einer Kältemischung gekühlt, während des Eintropfens unter beständigem Rühren soll unbedingt eine Temperatur von $-10\cdots0°$ eingehalten werden. Die Wasserstoffpolysulfide scheiden sich zunächst als weißliche bzw. gelbliche Emulsion ab und sammeln sich allmählich als gelbes Öl am Boden des Glases. Dieses Rohöl wird im Scheidetrichter abgetrennt und mit gekörntem Calciumchlorid, das durch Behandlung mit HCl-Gas von basischen Beimengungen befreit ist, getrocknet. Auch ein sorgfältiges Ausdünsten aller verwendeten Glasgefäße mit HCl ist notwendig, um eine schon durch geringe Spuren Alkali (aus dem Glas!) verursachte Zersetzung der Polysulfide zu vermeiden. Das Rohöl ist eine gelbe, ölige, nach S_2Cl_2 oder Kampfer riechende Flüssigkeit.

3. Halogenwasserstoffe.

Halogenwasserstoffe können elementarsynthetisch um so besser dargestellt werden, je höher die Affinität zum Wasserstoff, d. h. also die Bildungswärme, ist. Diese nimmt mit steigendem Atomgewicht ab; d. h., die Gleichgewichte

$$\text{Hal.}_2 + H_2 \rightleftharpoons 2\,\text{Hal. H}$$

sind weniger weit auf die Seite der Halogenwasserstoffbildung verschoben. Während die Chlorwasserstoffbildung aus den Elementen ohne weiteres mit genügender Geschwindigkeit vor sich geht, bedarf es bei der Bildung des Bromwasserstoffs eines Katalysators; beim Jodwasserstoff geht bereits die Gleichgewichtseinstellung nur unter Anwesenheit erheblicher Mengen an Zersetzungsprodukten vor sich.

Hydrolysierbare Halogenide können ebenfalls zur Darstellung freier Halogenwasserstoffe dienen, z. B. auf Grund der Gleichung:

$$PBr_3 + 3\,H_2O = H_3PO_3 + 3\,HBr.$$

Es bedarf in diesem Falle gar nicht der Darstellung des Phosphortribromids; wenn der Phosphor bei Gegenwart von etwas Wasser mit Brom behandelt wird, tritt Bildung und sofortige Hydrolyse des Phosphortribromids ein, wobei der Bromwasserstoff als Gas entweicht und als konz. wässerige Lösung durch Einleiten in Wasser gewonnen werden kann.

Darstellung von Chlorwasserstoff s. S. 20.

56. Bromwasserstoffsäure, HBr. I. *Elementarsynthetisches Verfahren.* Man leitet Wasserstoff durch eine Schwefelwasserstoffwaschflasche, dann durch eine weitere, die mit Brom gefüllt ist und sich in einem Becherglas befindet, und durch ein weites Rohr aus schwer schmelzbarem Glas. In dem Rohr befindet sich zwischen Glaswolle gut ausgeglühte Aktivkohle als Katalysator oder eine Platinspirale. Um die in dem Kontaktrohr nicht umgewandelten Bromdämpfe restlos in Bromwasserstoff

[1] Bloch, I., u. F. Höhn: Ber. dtsch. chem. Ges. **41** (1908) 1965.

zu überführen, schließt ein U-Rohr an, das mit auf Bimssteinstücke niedergeschlagenem, angefeuchtetem roten Phosphor (s. II. Verfahren) gefüllt ist. Hierzu werden Bimsstein oder Scherben aus ungebranntem Ton zu erbsengroßen Stücken zerschlagen und mit etwa 5 g roten Phosphor und einigen Tropfen Wasser gut verrührt. Zum Schluß kommt noch die Vorlage mit destilliertem Wasser, wobei man darauf achtet, daß das Einleitungsrohr nicht in die Flüssigkeit eintaucht. Um Bromwasserstoff weitgehender im Wasser der Vorlage zu adsorbieren, kann die

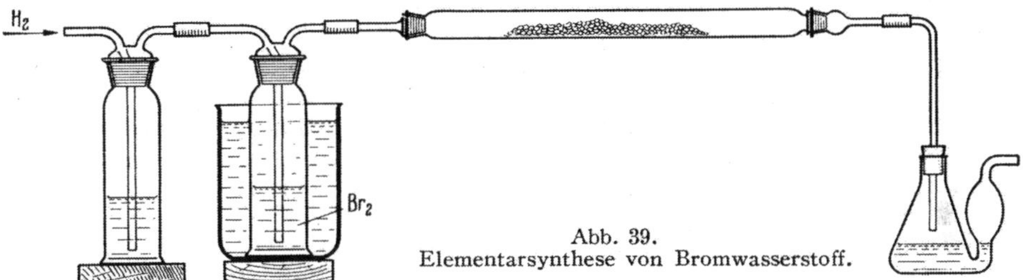

Abb. 39. Elementarsynthese von Bromwasserstoff.

Vorlage durch Eis gekühlt werden. Eine längere Berührung des Bromwasserstoffs mit Gummischlauch ist unbedingt zu vermeiden, nach Möglichkeit sind Glasschliffe zu verwenden.

Zunächst füllt man in das Becherglas, in dem sich die Bromflasche befindet, Eis. Nachdem die Apparatur mit Wasserstoff gefüllt ist, ersetzt man das Eis durch angewärmtes Wasser (45°) und erhitzt den Katalysator kurz unterhalb Rotglut. Die aus dem Kontakt kommenden Dämpfe müssen fast völlig farblos sein. Man läßt die Reaktion einige Zeit vor sich gehen. Nach Beendigung des Versuches wird die Bromwaschflasche wieder in Eis getaucht, die Vorlage entfernt und der Katalysator abgekühlt. Dann erst darf man die Wasserstoffentwicklung abstellen.

II. *Hydrolytisches Verfahren.* In einen 100 cm³ fassenden Erlenmeyerkolben wird 5 cm³ destilliertes Wasser und 3 g roter Phosphor gegeben. Der Kolben wird

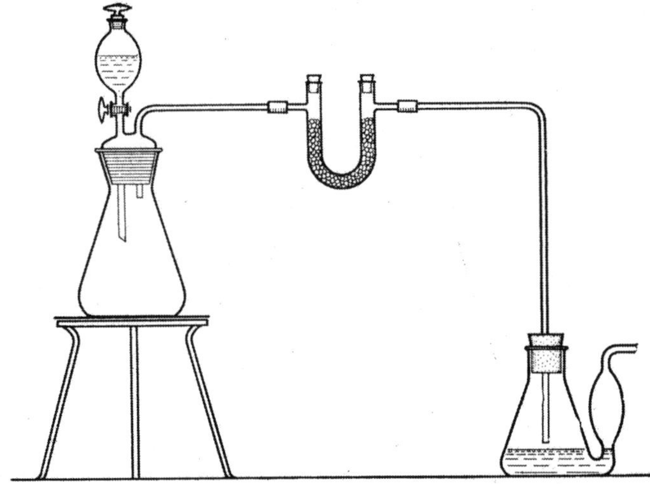

Abb. 40. Darstellung von Bromwasserstoff nach dem hydrolytischen Verfahren.

durch einen doppelt durchbohrten und gut paraffinierten Korken verschlossen, dessen eine Bohrung einen Tropftrichter mit Brom enthält, die zweite Bohrung enthält ein rechtwinklig gebogenes Ableitungsrohr. Vorteilhafterweise können diese beiden Durchführungen auch in einem auf den Erlenmeyer passenden Schliff angeordnet sein (s. Abb. 40). Das Ableitungsrohr wird mit einem U-Rohr verbunden, das mit

Tonscherben oder Bimssteinen, die mit rotem Phosphor imprägniert sind, angefüllt ist. Hierzu werden die erbsengroßen Stücke mit 5 g Phosphor und wenig Wasser gut verrührt. Durch den Tropftrichter wird nun langsam 30 g Brom hinzugegeben, wobei man den Kolben unter Kühlung mit Eiswasser etwas schüttelt. Nach vollständiger Zugabe des Broms wird durch Erhitzen über einer kleinen Flamme der gebildete Bromwasserstoff überdestilliert. Um möglicherweise noch nicht umgesetztes Brom aus den entweichenden Gasen zu entfernen, wird der Gasstrom durch das U-Rohr mit rotem Phosphor geleitet. Aus dem U-Rohr wird der Bromwasserstoffstrom in eine Volhardsche Vorlage geleitet, die mit Wasser beschickt ist. Ein Eintauchen des Einleitungsrohres ist wegen der starken Absorption in Wasser unter der Gefahr des Rücksteigens zu vermeiden.

Der Gehalt der wässerigen Bromwasserstoffsäure wird aräometrisch bestimmt, Dichte bei 20° = 1,38 = 40% HBr, 1,16 = 20% HBr.

Jodwasserstoff. Das Jod hat als Oxydationsmittel die Fähigkeit, das Sulfidion zu freiem Schwefel zu oxydieren, d. h. es ist elektroaffiner als das Sulfidion; eine wässerige Suspension von Jod wird also durch Schwefelwasserstoff reduziert zum Jodwasserstoff, dessen wässerige Lösung vom ausgeschiedenen Schwefel filtriert werden kann:

$$H_2S + J_2 = 2HJ + S.$$

57. Jodwasserstoffsäure, HJ. I. *Durch Reaktion mit Schwefelwasserstoff.* In einen 100 cm³ fassenden Erlenmeyerkolben wird in 25 cm³ Wasser Schwefelwasserstoff eingeleitet. In kleinen Anteilen werden 12 g fein pulverisiertes Jod eingetragen. Dieses löst sich anfangs schwer, da zunächst nur wenig Jodid-Ionen zur Polyjodidbildung vorhanden sind, die eine Löslichkeitserhöhung verursachen.

II. *Hydrolytisches Verfahren.* In einen Rundkolben wird ein Brei von 20 g Jod und 2 cm³ Wasser gegeben. Der Kolben wird durch einen zweifach durchbohrten

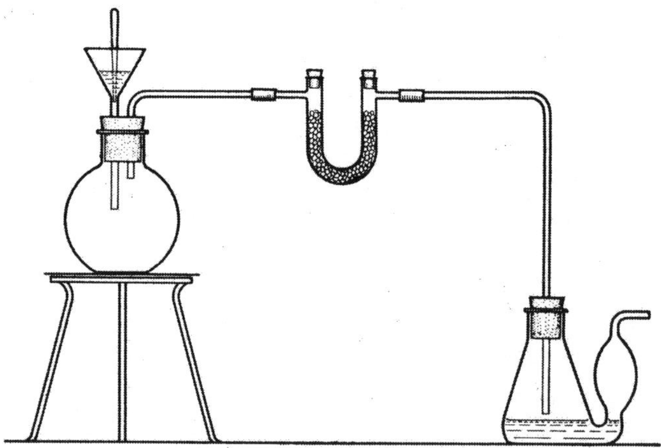

Abb. 41. Darstellung von Jodwasserstoff nach dem hydrolytischen Verfahren.

Korken verschlossen (s. Abb. 41); die eine Bohrung enthält ein rechtwinklig gebogenes Ableitungsrohr, die andere einen Trichter, dessen Rohr durch einen passenden Glasstab gut verschlossen werden kann. Der Verschluß kann zweckmäßigerweise durch einen dünnen Gummischlauch hergestellt werden. Durch Anheben dieses Stabes kann allmählich ein im Trichter befindliches Gemisch von 1 g rotem Phosphor und 1 cm³ Wasser hinzugegeben werden. Das sich an das rechtwinklig gebogene Ableitungsrohr anschließende U-Rohr enthält mit rotem Phosphor bestrichene Tonscherben, wie es bei der Bromwasserstoffdarstellung beschrieben worden ist (s. S. 61). Der gasförmige Jodwasserstoff wird dann in einer Volhardschen Vorlage aufgefangen.

Da die Reaktion am Anfang sehr heftig verläuft, läßt man zunächst nur wenig vom Phosphor zum im Kolben befindlichen Jod zufließen. Weitere Zugaben an Phosphor werden erst nach Abklingen der anfänglichen Reaktion durchgeführt. Auf diese Weise erzielt man eine ruhige Gasentwicklung, während bei zu schnellem Eintragen des Phosphors es sogar zu Explosionserscheinungen kommen kann. Beim Nachlassen der Gasentwicklung am Ende der Reaktion kann man etwas erwärmen; solange noch Jodfärbung beobachtet wird, gibt man noch etwas Phosphor zu.

Sofern man keine wässerige Lösung des Jodwasserstoffs anstrebt, muß man den Gasstrom durch eine Kühlflasche schicken, die durch ein Kohlensäure-Gemisch (Aceton-Kohlensäure oder Äther-Kohlensäure) auf —80° gekühlt ist. Smp.: —51°, Sdp.: —35,4°.

Der Gehalt wässeriger Lösungen kann aräometrisch festgestellt werden: Dichte bei 20° = 1,403 = 40%; 1,165 = 20% HJ.

VII. Halogenverbindungen.

Allgemeines. Wohl in keiner Stoffklasse anorganischer Verbindungen zeigt sich deren Mannigfaltigkeit und stark ausgeprägte Individualität der verschiedenen Elemente so deutlich wie bei den Halogenverbindungen der Metalle und auch der Nichtmetalle. Die verschiedenen Bildungsarten, die Krystallgittertypen usw. wirken sich bei den verschiedenen Halogeniden in so vielseitiger Form aus, daß Stoffe von sehr unterschiedlichen Eigenschaften entstehen können, was wiederum in präparativer Hinsicht eine Vielseitigkeit der der Methode zugrunde liegenden Reaktionen erforderlich macht. Die physikalischen und chemischen Eigenschaften der herzustellenden Halogenverbindungen bestimmen also weitgehend die Darstellungsmethode.

Ein Ionengitter z. B. wird von einem Stoff gebildet, der thermisch sehr stabil ist, da sich die entgegengesetzt geladenen Ionen durch die starken elektrostatischen Kraftwirkungen aufeinander gegenseitig in den durch das Gitter vorgeschriebenen Lagen zu halten bestrebt sind. Natriumchlorid z. B. ist der Prototyp eines heteropolaren Gitters, welches bei thermischer Beanspruchung erst bei 801° zusammenbricht, also schmilzt, der Sdp. des NaCl liegt bei 1440°. Diese thermische Beständigkeit des festen Aggregatzustandes kann nun bei der Darstellung z. B. durch Elementarsynthese hemmend wirken, da das feste Salz Krusten bildet, die noch nicht zur Reaktion gekommenes Natriummetall vor weiterem Angriff des Chlorgases schützen können.

Ganz anders liegen die Verhältnisse z. B. beim Zinntetrachlorid. Das Sn^{++++}-Ion ist von vier Cl^{-}-Ionen tetraedrisch umgeben und damit ziemlich stark „umhüllt", so daß es elektrostatisch von diesen vollkommen kompensiert ist und auf die außerhalb des Moleküls liegenden negativen Ionen keine Kräfte auszuüben vermag, die mit ihrer Stärke innerhalb des Moleküls vergleichbar wären. Die zwischen den diskreten Molekülen wirksamen, verhältnismäßig schwachen „van der Waalsschen Kräfte" erlauben somit das Zusammenbrechen des Gitters durch relativ schwache thermische Beanspruchung, bzw. die leichte Überführung in den Dampfzustand. Darum schmilzt Zinntetrachlorid schon bei —33° und siedet bei 113°. Im festen Zustand bilden diese Halogenidtypen daher Molekülgitter, in denen also die molekulare Einheit im Gegensatz zu den heteropolaren Ionengittern deutlich zu erkennen ist[1].

---

[1] van Arkel, A. E., u. S. H. de Boer, deutsch von L. u. W. Klemm: Chemische Bindung als elektrostatische Erscheinung. Leipzig 1931.

In welchem Maße der Umhüllungseffekt bei einem Metallion durch Halogenionen sich auswirken kann, wird neben der Anzahl der umhüllenden Ionen weitgehend durch das Größenverhältnis der entsprechenden Ionenradien bestimmt; und zwar wird die Abschirmung um so vollständiger sein, je kleiner (also auch je höher positiv geladen) das zentrale Metallion und je größer die umhüllenden Ionen sind. Durch die Abb. 42 soll der relative Größenunterschied positiv und negativ geladener Ionen veranschaulicht werden. Das relativ kleine Fluorion kann zum B. ein Aluminiumion nicht elektrostatisch so abschirmen, daß ein leichtflüchtiger Stoff entsteht; Aluminiumfluorid sublimiert daher erst bei 1260°, während Aluminiumchlorid, wo also das Al^{+++}-Ion durch die bereits voluminöseren Cl^{-}-Ionen umgeben ist, schon bei ungefähr 200° sublimiert. Ersetzen wir das Al^{+++}-Ion durch das kleinere B^{+++}-Ion, so reichen hier bereits die drei F-Ionen zur Umhüllung aus, um ein sehr leichtflüchtiges Fluorid entstehen zu lassen: BF_3: Smp —129°, Sdp. —101°. Das Verhältnis der Ionenradien vom Zentralion zu den umhüllenden Ionen ist also ein ausschlaggebender Faktor, ob eine salzartige, schwerflüchtige Substanz oder eine

Tabelle 5.

Äquivalentleitvermögen von Chloriden beim Schmelzpunkt.

	HCl			
Smp.	−114°			
Sdp.	−85°			
	10^{-6}			
	LiCl	$BeCl_2$	BCl_3	CCl_4
Smp.	606°	404°	−107°	−23°
Sdp.	1337°	(500°)	12,6°	77°
	166	0,0661	0	0
	NaCl	$MgCl_2$	$AlCl_3$	$SiCl_4$
Smp.	800°	718°	—	−68°
Sdp.	1442°	(1000°)	183°	57°
	134	29	$15 \cdot 10^{-6}$	0
	KCl	$CaCl_2$	$ScCl_3$	$TiCl_4$
Smp.	768°	774°	940°	−23°
Sdp.	1415°	(1100°)		136°
	104	52	15	0
	RbCl	$SrCl_2$	YCl_3	$ZrCl_4$
Smp.	717°	870°	721°	Subl. 331°
Sdp.	1388°	(1250°)		
	78	56	9,5	90
	CsCl	$BaCl_2$	$LaCl_3$	$HfCl_4$
Smp.	645°	960°	872°	
Sdp.	1289°	(1350°)	1000°	
	67	65		
				$ThCl_4$
Smp.				770°
Sdp.				840°
				16

säurehalogenidartige, leicht flüchtige Verbindung vorliegen wird. Diese Gesetzmäßigkeit ist auch erkennbar, wenn man gewisse physikalische Eigenschaften der verschiedenen Chloride wie z. B. die Äquivalentleitfähigkeit im geschmolzenen Zustand vergleicht. Es hat sich nämlich gezeigt, daß die typisch heteropolaren, salzartigen Verbindungen im geschmolzenen Zustand eine relativ gute Leitfähigkeit aufweisen[1], während die umhüllten Verbindungen kein oder nur ein äußerst geringes Leitvermögen zeigen. Da nun der Ionenradius eines Metallions mit steigender

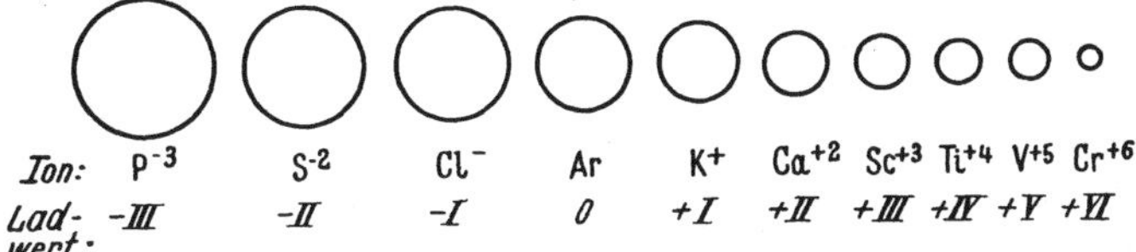

Abb. 42. Abnahme der Ionengrößen von $P^{-3} = 2{,}15$ Å — $Cr^{+6} = 0{,}33$ Å.

positiver Ladung abnimmt, wird dieser Übergang mit fortschreitender Gruppenzahl im periodischen System bei einem höheren Homologen eintreten, da die kleineren höher positiven Ionen auch noch bei steigender Periodenzahl durch die Cl^--Ionen umhüllt werden können.

Diese Betrachtungsweise, die die unterschiedlichen physikalischen Eigenschaften der verschiedenen Chloride wenigstens qualitativ weitgehend erklären kann, läßt sich auch auf Halogenide niederer Wertigkeitsstufen anwenden. Da in solchem Falle eine geringere Anzahl von Halogenionen das zentrale Metallion umgeben, ist die Umhüllung weniger vollständig, es liegt somit eine Substanz mit stärkerer Tendenz zum salzartigen Charakter vor, als beim entsprechenden Halogenid der höheren Wertigkeitsstufe, wie die folgenden Beispiele zeigen.

Tabelle 6.
Abhängigkeit des Salzcharakters von der Umhüllung.

	SnJ_4	SnJ_2	$SnBr_4$	$SnBr_2$
Smp.	114°	320°	30°	232°
Sdp.	314°		203°	620°
	WCl_6	WCl_5	WCl_4	WCl_2
Smp.	275°	248°	zersetzt sich beim Erhitzen;	nicht schmelzbare, graue Masse
Sdp.	347°	276°	nicht flüchtig	

Die Umhüllung des Wolframs wird offenbar beim Übergang von WCl_6 zum WCl_5 wenig beeinflußt. Beim WCl_4 haben wir jedoch schon eine nicht flüchtige, beim Erhitzen zersetzliche Substanz vor uns, während das WCl_2 vollkommen unschmelzbar ist. Die weiterhin angegebenen Darstellungsverfahren werden klarlegen, wie weitgehend diese durch die gegebenen physikalischen Daten und chemischen Eigenschaften der herzustellenden Substanz in apparativer Hinsicht bestimmt werden; während z. B. erstere eine dem vorliegenden Stoff weitgehend angepaßte Destillations- bzw. Sublimationstechnik oder Umkrystallisationsverfahren erforderlich machen, werden letztere bei Vorliegen leicht hydrolysierender Stoffe dem präparativ arbeitenden Chemiker zu schneller, sorgfältig alle Feuchtigkeitsspuren ausschließender Arbeitsweise zwingen.

1. Darstellung von Chloriden durch Elementarsynthese.

Die Elementarsynthese von Chloriden ist als übersichtlichste Methode in allen Fällen anwendbar, in denen der Charakter des entstehenden Chlorids keine reaktions-

[1] Die im heteropolaren Gitter vorliegenden Ionen werden nach dessen Zusammenbruch beim Schmelzen beweglich und verursachen dadurch die hohe Leitfähigkeit.

hemmende Krustenbildung verursachen würde, also nicht bei heteropolaren Chloriden der Alkali- und Erdalkalimetalle.

Bei der Darstellung von Chloriden der Elemente mit mehreren Wertigkeitsstufen kann gegebenenfalls die Chlorierung nur bis zur niederen Wertigkeitsstufe verlaufen; wegen der stark oxydierenden Wirkung des Chlors ist aber meistens sofortige Chlorierung bis zur höchsten Wertigkeitsstufe zu erwarten, so daß entsprechende niedere Chloride nur durch Reduktion der höheren zugänglich sind.

Die Reinheit des entstehenden Chlorids hängt neben dem Reinheitsgrad des Chlors in erster Linie von der Reinheit des vorliegenden Elementes ab, bzw. von den Schwierigkeiten, die der Abtrennung von Verunreinigungen des Chlorids im Wege stehen. Bei feuchtigkeitsempfindlichen Substanzen bilden hydrolytische Zersetzungsprodukte eine häufige Verunreinigungsmöglichkeit.

58. Eisen(III)-chlorid, $FeCl_3$, (wasserfrei). In den Hals einer tubulierten Retorte von ungefähr 250 cm^3 Inhalt wird dünner Eisendraht geschoben (10···25 g) und die Halsmündung mit der Chlorentwicklungsanlage verbunden. Vom Tubus der Retorte wird ein weites Ableitungsrohr senkrecht in die Öffnung eines gut ziehenden Abzuges geleitet.

Man erwärmt das Eisendrahtbündel im Retortenhals mit einer kleinen Flamme sehr vorsichtig unter gleichzeitiger Zufuhr eines lebhaften Chlorstromes. Die Reaktion setzt bald unter Glüherscheinung ein, und das gebildete Eisen(III)-chlorid setzt sich in Form eines Regens stark metallisch-schillernder Krystallflitter in der Kugel der Retorte ab. Das sich im Retortenhals bereits kondensierende Chlorid wird mit einer zweiten Flamme vorsichtig ebenfalls in die Kugel der Retorte hineinsublimiert. Die Krystalle des Eisen(III)-chlorids, die im durchfallenden Licht rot erscheinen und im auffallenden Licht von grünem, metallischem Glanze sind, verflüchtigen sich bereits von 100° an und gehen unter Hydratation schon durch die Luftfeuchtigkeit in das braune Eisen(III)-chloridhexahydrat über. Aus diesem Grunde ist es notwendig, die Krystallmasse aus der Retorte sofort in trockene Präparatengläser zu füllen und diese unter Vermeidung des Zutritts von Luftfeuchtigkeit zuzuschmelzen.

59. Chrom(III)-chlorid, $CrCl_3$, (wasserfrei). Grob pulverisiertes Chrommetall (10···20 g) wird in ein Porzellanrohr, Quarzrohr oder Quarzgutrohr von 50 cm Länge und 3 cm lichter Weite gebracht, welches waagerecht über einer Gebläseflamme erhitzt wird. Wesentlich ist, daß zuvor das Rohr durch einen vollkommen trockenen, starken Chlorstrom von jeglichen Luftresten befreit ist (mindestens eine halbe Stunde). Dann erst steigert man die Temperatur so stark wie möglich, läßt nach 1···2 Stunden erkalten und verdrängt nunmehr das Chlor durch trockenes Kohlendioxyd. Im Rohr hat sich unter starker Volumenzunahme das Chrom(III)-chlorid in glänzenden, violetten Blättchen gebildet. (Die violette Farbe geht bei höheren Temperaturen in eine deutlich olivgrüne über.) Um eine Verstopfung durch die starke Volumenzunahme zu vermeiden, ist es zweckmäßig, das Chrommetall bei der Beschickung des Rohres auf eine möglichst weite Strecke zu verteilen. Chrom(III)-chlorid ist in Wasser wie auch in Säuren vollkommen unlöslich, bzw. löst sich nur mit unendlich geringer Lösungsgeschwindigkeit. Wird jedoch etwas Chrom(II)-chlorid zugefügt, so tritt ziemlich schnell eine vollkommene Lösung des Chrom(III)-chlorids ein, was auch durch nascierenden Wasserstoff, der eine partielle Reduktion des Chrom(III)-chlorids herbeiführt, bewirkt werden kann.

a) Chloride des Siliciums, Zinns und Wolframs.

Die Tendenz des Siliciums mit sich selbst Bindungen unter Bildung von Stoffen kettenförmigen Aufbaus analog den Kohlenstoffverbindungen zu bilden, erstreckt sich auch auf die Halogenverbindungen, z. B. sind Si_2Cl_6, Si_3Cl_8, $Si_{10}Cl_{22}$, Si_2F_6,

Si_2Br_6 und Si_2J_6 bekannt. Während für die einfachen Anfangsglieder die Elementarsynthese in erster Linie in Betracht kommt, werden die höheren Glieder durch Halogenentzug aus den Grundgliedern erhalten. Wegen der höheren Bildungswärme der Chloride gegenüber den Bromiden und Jodiden ist für den Entzug von Chlor eine relativ hohe Temperatur (über 1400°) erforderlich, elementares Silicium reagiert dann nach

$$3\,SiCl_4 + Si \rightarrow 2\,Si_2Cl_6.$$

Da aber die höheren Halogenide endotherme Verbindungen darstellen, die nach der Reaktion beim allmählichen Abkühlen wieder zerfallen würden, muß man durch ein Abschreckrohr die entsprechenden Halogenide sofort so stark abkühlen, daß sie in ein Temperaturgebiet kommen, in dem die Zerfallsgeschwindigkeit unmerklich klein ist und sie metastabil beständig sind.

Beim SiJ_4 kommt man mit bedeutend geringeren Temperaturen aus, man erhält nach

$$2\,SiJ_4 + 2\,Ag \rightarrow Si_2J_6 + 2\,AgJ; \quad Si_2J_6\text{: Smp. } 250°$$

das Siliciumhexajodid bei 300° sogleich als metastabile Verbindung und kann dieses wegen der höheren Bildungswärme der entsprechenden Si-Verbindungen mit leichteren Halogenen dazu benutzen, Si_2Br_6 und Si_2Cl_6 darzustellen nach

$$Si_2J_6 + 3\,Br_2 \rightarrow Si_2Br_6 + 3\,J_2; \quad Si_2Br_6\text{: Smp. } 240°$$

$$Si_2J_6 + 3\,Cl_2 \rightarrow Si_2Cl_6 + 3\,J_2; \quad Si_2Cl_6\text{: Smp. } 2{,}5°\text{, Sdp. } 147°$$

$$Si_2Cl_6 + 3\,ZnF_2 \rightarrow Si_2F_6 + 3\,ZnCl_2; \quad Si_2F_6\text{: Smp. } -18{,}7°\text{, Sdp. } -19{,}1°.$$

60. Siliciumtetrachlorid, $SiCl_4$. 10 g aluminothermisches oder käufliches, im elektrischen Ofen erschmolzenes Silicium wird in feingepulvertem Zustand in lockerer Schicht in einem einseitig ausgezogenen Verbrennungsrohr von 40 cm Länge verteilt. Von der einen Seite wird mit konz. Schwefelsäure getrocknetes Chlorgas eingeleitet, während das ausgezogene Ende mit einer trockenen Waschflasche als Vorlage durch Gummischlauch verbunden wird, so daß Glas an Glas schließt. Die Waschflasche wird durch Eis-Kochsalz-Mischung gekühlt. Das überschüssige Chlor wird in den Abzugskamin geleitet.

Erst nach völliger Verdrängung der Luft durch Chlor wird mit dem Erhitzen begonnen. Nachdem die beginnende Reaktion sich durch Aufglühen des Siliciums erkennbar macht, wird mit einer ziemlich kleinen Flamme weiter erhitzt. Das Silicium reagiert vollständig unter Zurücklassung geringer Mengen an SiO_2 und Bildung von etwas Aluminiumchlorid, das sich am Ende des Rohres in mehr oder weniger großen Mengen abscheidet. Das Siliciumtetrachlorid kondensiert sich, verunreinigt durch Si_2Cl_6 und Si_3Cl_8, in der vorgelegten Waschflasche.

Das erhaltene Rohprodukt wird nun zunächst aus einem Fraktionierkolben mit Kühler ohne Thermometer langsam zur Entfernung der Hauptmenge des gelösten Chlors destilliert; den Rest des Chlors entfernt man durch Behandlung des Destillats mit metallischem Quecksilber, das man unter häufigerem Umschütteln einen Tag lang einwirken läßt. Bei nun folgender Fraktionierung mit Thermometer (nach Möglichkeit Schliffgeräte) erhält man Siliciumtetrachlorid von Siedepunkt 57°; den Anteil an höheren Homologen Si_2Cl_6 und Si_3Cl_8 fängt man bei den entsprechenden Temperaturen (145° bzw. 210···215°) gesondert auf.

Siliciumtetrachlorid ist eine leicht bewegliche, farblose Flüssigkeit von starker Lichtbrechung, die durch Wasser außerordentlich schnell hydrolysiert wird und daher schon bei der Berührung mit Luftfeuchtigkeit dichte weiße Nebel bildet. Die Substanz ist daher vor jeglicher Feuchtigkeit zu schützen und zur längeren Aufbewahrung in trockene Präparatengläser einzuschmelzen.

Zinntetrachlorid. Das an der Luft wegen Hydrolyse stark rauchende Zinntetrachlorid (daher der alchemistische Name „Spiritus *fumans* Libavii") entsteht durch Reaktion von metallischem Zinn mit Chlor sehr leicht. Diese Tatsache spielt beim Entzinnen von Weißblech eine Rolle.

61. Zinntetrachlorid, $SnCl_4$. Ein 40 cm langes und 4 cm weites Reagenzglas wird zu einem Viertel mit Zinngranalien angefüllt. In das aufrecht stehende Rohr, das durch einen Korken mit Einleitungs- und Ableitungsrohr versehen ist, wird Chlor zunächst bis auf den Boden eingeleitet, und zwar anfangs langsam, nach Bildung von etwas Zinntetrachlorid lebhafter, wobei das Einleitungsrohr mit längerer Chlorierungsdauer immer soweit gehoben wird, daß es gerade in das flüssige Zinntetrachlorid eintaucht.

Das erhaltene Rohprodukt wird aus einem Fraktionierkolben über etwas Zinnfolie (Stanniol) zur Entfernung des überschüssigen Chlors destilliert. Das Destillat muß ganz farblos sein, andernfalls muß die Zinnfolie längere Zeit mit dem $SnCl_4$ in Berührung bleiben. Sdp. 114°.

Zinntetrachlorid hydrolysiert ebenfalls schon mit Luftfeuchtigkeit unter Bildung weißer Nebel und muß daher zur längeren Aufbewahrung in Präparatengläser eingeschmolzen werden.

Über die Darstellung von $PbCl_4$ s. Nr. 201, S. 151.

Wolframhexachlorid. Die ausschlaggebende Rolle, die die Darstellung eines Halogenids in äußerster Reinheit bei der Bestimmung der chemischen Atomgewichte spielt, soll im Folgenden an allen präparativ wichtigen Einzelheiten am Beispiel des Wolframs gezeigt werden. Als Grundlage der chemischen Atomgewichte ist Sauerstoff = 16 festgesetzt. Bei der Atomgewichtsbestimmung könnte man nun definierte Oxyde der verschiedenen Elemente analytisch auf das Verhältnis Sauerstoff:Element hin untersuchen, was aber wegen der Reaktionsträgheit bzw. schwierigen Darstellbarkeit der Oxyde in äußerster Reinheit im allgemeinen nicht durchführbar ist. Die Chloride, bzw. Bromide sind in dieser Beziehung bedeutend günstigere Verbindungen, da der Chlorid- bzw. Bromidgehalt über die Silberhalogenide analytisch äußerst genau bestimmt werden kann und das Atomgewicht des Silbers mit dem Atomgewicht des Sauerstoffs auf verschiedene Weise (z. B. $KClO_3$: KCl : Ag : 3O) genau verglichen worden ist. So wurden von Richards und in neuerer Zeit von Hönigschmid die Atomgewichte sehr vieler Elemente durch Analyse der äußerst rein dargestellten Chloride bzw. Bromide festgelegt.

Grundlage der Atomgewichtsbestimmung von Wolfram ist z. B. die Darstellung von Wolframhexachlorid durch Elementarsynthese. Zu diesem Zweck bedarf es aber umfangreicher Vorarbeiten zur Reinigung der Ausgangsstoffe. Durch die Auswirkung der Lanthanidenkontraktion besteht zwischen den Elementen Molybdän

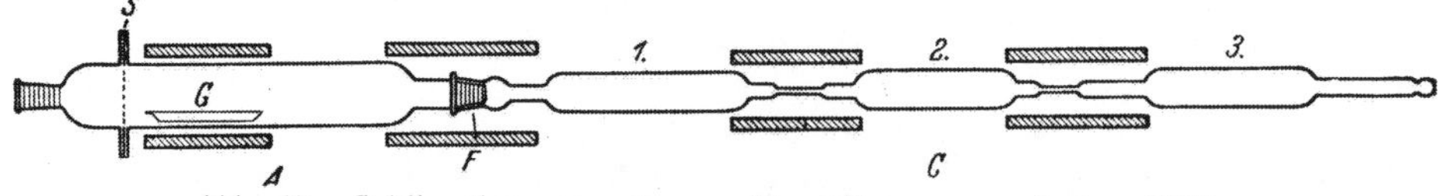

Abb. 43. Sublimationsapparatur zur Darstellung von reinstem WCl_6.

und Wolfram noch eine große Ähnlichkeit, auf der eine mehr oder weniger weitgehende gegenseitige Verunreinigung der natürlichen Ausgangsstoffe zur Darstellung von Verbindungen dieser Elemente beruht. Die Abtrennung von Molybdäntrioxyd aus dem als Ausgangsmaterial dienenden Wolframtrioxyd war also zunächst notwendig. Die Entfernung des Molybdäns als $MoO_2Cl_2 \cdot H_2O$ (bzw. $MoO_3 \cdot 2HCl$) war auch nach tagelagem Erhitzen im Salzsäurestrom nicht vollständig, so daß die Möglichkeit der fraktionierten Sublimation von Wolframhexachlorid (Sdp. 347°) und Molybdänpentachlorid (Sdp. 260°) herangezogen wurde.

Das metallische Wolfram wird in ein Quarzschiffchen (*G*) gebracht und in das Quarzrohr (*A*) geschoben, das auf der Gaseinleitungsseite durch einen Flanschschliff mit der Chlorentwicklungsanlage, auf der anderen Seite durch Schliff mit einem System von drei Kondensationskammern (Glas) verbunden ist; die Schliffe werden mit sirupöser Metaphosphorsäure gedichtet.

Nach Durchspülung mit sorgfältigst gereinigtem Chlor wird das mit dem Wolfram beschickte Quarzschiffchen durch einen Röhrenofen auf 300° gebracht. Der Normalschliff (*E*) wird während der ganzen Zeit auf 350···450° gehalten, ebenso zuerst das ganze Rohr (*C*). Die erste Einwirkung des Chlors auf das Wolfram gibt sich durch Bildung von $WOCl_4$ zu erkennen, das wegen seiner leichteren Flüchtigkeit durch entsprechende Verschiebung der Röhrenöfen ausgetrieben werden kann. Nach Entfernung sämtlicher oxydischer Beimengungen durch das Oxychlorid bildet sich dann das Wolframhexachlorid unter Hinterlassung einer geringen Menge von SiO_2, durch die das metallische Wolfram verunreinigt war.

Durch Verschieben der Öfen wird nun das vor dem Quarzschiffchen kondensierte WCl_6 bei 350···400° in die erste Kondenskammer von (*C*) gebracht, wobei der Vorlauf verworfen wird, d. h. durch die weiteren Kondenskammern hindurch wegsublimiert wird. Dann wird das WCl_6 aus der ersten Kondenskammer wiederum unter Absublimation eines Vorlaufes in die zweite Kondenskammer getrieben, wo es nun (nach dreifacher Sublimation im Chlorstrom also) geschmolzen wird. Beim Erstarren zerspringt es in charakteristischer Weise unter Knistern in kleine, dunkelviolette Krystalle.

Die engen Verbindungsstücke zwischen den Kondenskammern werden durch entsprechende Erwärmung von kondensiertem Chlorid freigehalten und können nunmehr abgeschmolzen werden. Das in der zweiten Kondenskammer sich befindende Wolframhexachlorid wird in reinstem wässerigem Ammoniak in einem ausgedämpften Erlenmeyer (um Einschleppung von Alkalispuren zu vermeiden) gelöst. Aus der Lösung von Ammoniumwolframat wird nun mit überschüssiger Salpetersäure die Wolframsäure gefällt, der Niederschlag wird in der Wärme des öfteren dekantierend gewaschen, wobei Eisen gelöst bleibt. Wegen der gleichen Flüchtigkeit von $FeCl_3$ und von WCl_6 ist eine Abtrennung von Eisenverunreinigungen bei der Chlorierung nicht möglich. Nach vierfacher Wiederholung dieser Fällungsoperation wird die Wolframsäure getrocknet und im elektrischen Ofen bei 1000° geglüht. Dieses WO_3 wird nun im Quarzschiffchen in reinstem Wasserstoff bei langsamer Steigerung der Temperatur bis 1000° zum Metall reduziert; es ist nunmehr bei chlorierender Behandlung ohne Rückstand flüchtig, enthält also kein SiO_2; nach Lösung zum Wolframat kann auch durch die Ammoniumrhodanid-Reaktion die völlige Abwesenheit von Eisen gezeigt werden. Die Rhodanid-Probe auf Molybdän verläuft ebenfalls negativ.

Diese ganzen Operationen dienen nur zur vorbereitenden Reinigung; das erhaltene reine Wolframmetall stellt nunmehr das Ausgangsmaterial für die Reinstdarstellung des Wolframhexachlorids dar.

3 g des so gereinigten Wolframs werden nunmehr im Wasserstoffstrom nochmals zur vollständigen Reduktion auf 1000···1100° erhitzt. Nach Abkühlung auf 600° wird es im Chlorstrom weiter behandelt, das WCl_6 kondensiert sich nun langsam in einem Zeitraum von 2···3 Stunden im kalten Teile des Quarzrohres. An dieses wird nach Beendigung der Chlorierung wieder ein Kondenskammersystem angesetzt, das nach Ausheizung in reinstem Stickstoff dann ebenfalls mit Chlor gefüllt wird. Nunmehr wird das WCl_6 durch Verschieben des Ofens in die erste Kammer getrieben, während die zweite Kammer geheizt wird und sich ein Vorlauf in der dritten ungeheizten Kammer abscheidet. Nun wird die erste Kammer erhitzt und das WCl_6 in die kalte zweite Kammer hineinsublimiert. Für die Isolierung des

reinsten WCl_6 ist es nun sehr wesentlich, daß überschüssiges gasförmiges Chlor restlos entfernt wird, wobei man aber berücksichtigen muß, daß sich das Wolframhexachlorid weder in Stickstoff noch im Vakuum ohne jegliche Dissoziation (Chlorabspaltung unter Bildung von WCl_5) sublimieren läßt. Man verdrängt daher das sich im Kammersystem befindende gasförmige Chlor nach Abkühlung des WCl_6 durch Stickstoff und schmilzt zwischen der ersten und zweiten Kondenskammer, die von kondensiertem Chlorid vollkommen frei sein muß, ab. Durch die Öffnung hinter der dritten Kondenskammer wird nun das restliche Rohrsystem auf Hochvakuum gebracht, hierbei bildet der Vorlauf in der dritten Kondenskammer einen guten Feuchtigkeitsschutz für den Inhalt der zweiten Kammer. Nach Erreichen von gutem Vakuum wird nunmehr ohne jegliche Erwärmung des Wolframhexachlorids, die eine partielle thermische Dissoziation bewirken würde, die Verbindung zwischen der zweiten und dritten Kammer abgeschmolzen, so daß das reinste Wolframhexachlorid in definierter Menge ohne jegliche Verunreinigung an festen Stoffen oder Gasen vorliegt. Die Kondenskammer kann nach sorgfältigster und genauester Wägung und analytischer Aufarbeitung des Inhalts später zurückgewogen werden[1].

62. Wolframhexachlorid, WCl_6[2, 3]. Feinpulveriges Wolfram (möglichst oxydfrei!) wird im Porzellanschiffchen in ein Quarzrohr gebracht, das an der einen Seite über einen Normalschliff mit einem Vorlagerohr (nach Möglichkeit ebenfalls aus Quarz) versehen ist. Besonders wichtig ist es nun, vor Ingangsetzung der eigentlichen Chlorierung das Reaktionsrohr mit reinem, mit konz. Schwefelsäure getrocknetem und sauerstofffreiem Chlor zur Entfernung der an den Gefäßwänden haftenden Sauerstoffmengen mindestens 4 Stunden auszuspülen. Ein erneuter Zutritt von Sauerstoff muß durch gasdichte Schliff- und Gummistopfenverbindungen vermieden werden. Der Chlorstrom wird nun vor dem Porzellanschiffchen erwärmt und zwei Stunden über das Wolfram geleitet. Nun wird erst auch das Wolfram erwärmt, wobei zunächst durch noch vorhandene Spuren an Sauerstoff sich das rote, verhältnismäßig leicht flüchtige $WOCl_4$ bildet, das mit der Bunsenflamme aus dem Rohr ausgetrieben wird. Das dann bei Rotglut dunkelbraunrote Dämpfe bildende Wolframhexachlorid kondensiert sich hinter dem Porzellanschiffchen, von wo es im Chlorstrom in die Vorlage getrieben wird, in der es unter charakteristischem Knacken bei der Auskrystallisation zu einer dunkelvioletten, metallisch glänzenden Krystallmasse erstarrt. Unter peinlicher Vermeidung einer Berührung mit Luftfeuchtigkeit wird das Präparat in ein trockenes Einschmelzrohr gebracht.

b) Chloride des Phosphors.

Weißer Phosphor verbrennt in Chlor mit fahlgelber Flamme zum Phosphortrichlorid, PCl_3, das durch überschüssiges Chlor zum Phosphorpentachlorid, PCl_5, einer festen Substanz, oxydiert wird. Es handelt sich um typische Säurechloride, in Berührung mit Wasser wird $P(OH)_3$, d. h. phosphorige Säure, bzw. $OP(OH)_3$, Orthophosphorsäure, letztere über die Stufe des Phosphoroxychlorids, $POCl_3$, gebildet. Völliger Feuchtigkeitsausschluß muß also bei der Darstellung dieser Chloride gewährleistet sein.

Phosphorpentachlorid ist schon bei Zimmertemperatur in geringem Maße nach

$$PCl_5 + 31\ \text{kcal} \rightleftarrows PCl_3 + Cl_2$$

---

[1] Hönigschmid, O., u. W. Menn: Z. anorg. allg. Chem. **229** (1936) 58.

[2] Cooper, A. J., u. W. Wardlaw: J. chem. Soc. London **1932** 635; s. a. Liebigs Ann. Chem. **162** (1872) 351.

[3] Ketelaar, J. A. A., u. G. W. van Oosterhout: R. **62** (1943) 197. — Ketelaar, J. A. A., G. W. Oosterhout u. P. B. Braun: R. **62** (1943) 597.

thermisch dissoziiert; daher hat die im reinen Zustand weiße Krystallmasse des Pentachlorids für gewöhnlich eine schwach gelbgrünliche Färbung aufzuweisen. Bei 300° ist vollständige thermische Dissoziation eingetreten.

Durch Einwirkung dunkler elektrischer Entladungen auf ein Gemisch von PCl_3 und H_2 läßt sich auch PCl_2 bzw. P_2Cl_4 in Form einer öligen Flüssigkeit vom Sdp. 180° erhalten.

63. Phosphortrichlorid, PCl_3. Zur Darstellung wird die in Abb. 44 wiedergegebene Apparatur verwendet. In den Kolben (*R*) mit Fraktionieransatz können durch zwei Einleitungsrohre sowohl CO_2 als auch Cl_2 eingeleitet werden. Vor der Beschickung des Fraktionierkolbens mit 20 g gelbem Phosphor in kleinen Stücken und gut getrocknetem Zustand wird derselbe mit CO_2 gefüllt und die ganze Apparatur mit diesem Gase zur restlosen Entfernung der Luft durchgespült. Nunmehr wird nach

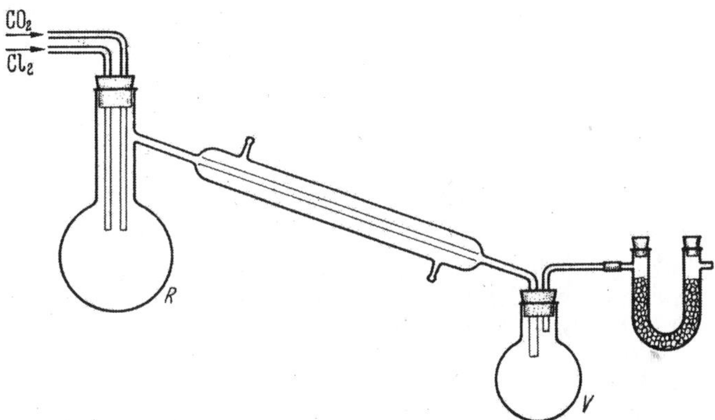

Abb. 44. Apparatur zur Darstellung von Phosphortrichlorid.

Unterbrechung der CO_2-Zufuhr Chlor eingeleitet, worauf der Phosphor mit diesem unter Feuererscheinung reagiert. Bildet sich im Kolben ein weißes Sublimat von PCl_5, so muß dessen Bildung durch Verringerung des Chlorstroms unterbunden werden. Bei Abscheidung eines gelbroten Beschlages von elementarem Phosphor ist die Flamme, mit der man zur Inganghaltung der Reaktion erhitzt, zu verkleinern und der Chlorstrom zu verstärken.

Das gebildete Phosphortrichlorid destilliert ab, wird in dem angesetzten Kühler kondensiert und in der Vorlage (*V*) gesammelt. Um ein Eindringen von Luftfeuchtigkeit zu unterbinden, wird ein U-Rohr mit Calciumchlorid hinter die Vorlage geschaltet. Nach Beendigung der Reaktion wird der Chlorstrom abgestellt und das in der Apparatur verbliebene Chlor durch Kohlendioxyd verdrängt.

Das gebildete Phosphortrichlorid ist meistens noch durch geringe Mengen an Phosphorpentachlorid verunreinigt, welches bei der folgenden fraktionierten Destillation durch Zugabe von wenig gelbem Phosphor zum PCl_3 reduziert wird. Man fängt drei Fraktionen auf, bis 72° den Vorlauf, zwischen 72° und 76° die Hauptfraktion und bis 78° den Nachlauf. Nach nochmaliger Destillation des vereinigten Vor- und Nachlaufs wird die zwischen 72 und 76° aufgefangene Fraktion zum Hauptdestillat zugefügt, und dieses nochmals destilliert. Luftfeuchtigkeit ist bei allen Operationen mit PCl_3 völlig fernzuhalten.

PCl_3 ist eine leicht bewegliche Flüssigkeit, die mit Wasser sofort zu phosphoriger Säure und Salzsäure hydrolysiert. Sdp. 76°.

64. Phosphorpentachlorid, PCl_5. Das Pentachlorid ist im Gegensatz zum Phosphortrichlorid eine feste Substanz; bei seiner Herstellung durch Chlorierung des letzteren ist es sehr wichtig, einen Einschluß von unumgesetzten PCl_3 durch das PCl_5 zu verhindern, was durch folgende Arbeitsvorschrift gewährleistet werden kann: Eine leere, trockene Pulverflasche wird mit einem dreifach durchbohrten Kork verschlossen, durch den ein Tropftrichter mit knapp unterhalb des Korkens endender Öffnung, ein Einleitungsrohr von 1 cm lichter Weite (bis zum Boden der Flasche) und ein Ableitungsrohr zur Entfernung überschüssigen Chlors geführt werden. Die Pulverflasche wird mit trockenem Chlor gefüllt, das Einleitungsrohr zur Vermeidung einer Verstopfung hochgezogen und aus dem Tropftrichter Phosphortrichlorid sehr langsam eingetropft, so daß jeder Tropfen erst dann zugegeben wird, wenn der vorhergehende vollständig chloriert worden ist. Nach Beendigung der Chlorierung läßt man noch einige Minuten mit einem Überschuß an Chlor stehen, nachdem man das gebildete Phosphorpentachlorid von der Flaschenwandung mit Hilfe eines dicken Glasstabes losgelöst hat. Sobald das überschüssige Chlor nicht mehr verbraucht wird, ist die Chlorierung zum Pentachlorid beendet. Man kann nach Entfernung des Korkens die Pulverflasche nun durch einen passenden Glasstopfen verschließen unter Abdichtung mit Paraffin oder zum Zwecke der längeren Aufbewahrung am besten in passende Präparatengläser einschmelzen, da PCl_5 äußerst leicht hydrolytisch zersetzt wird.

c) Chloride des Schwefels.

Schwefel reagiert mit Chlor bei erhöhter Temperatur unter Bildung von Dischwefeldichlorid S_2Cl_2, das wegen seiner Lösefähigkeit für elementaren Schwefel (bis zu 67% Schwefel) bei der Kautschukvulkanisation eine Rolle spielt. Bei tiefen Temperaturen nimmt S_2Cl_2 Chlor auf unter Bildung von SCl_2, das jedoch weitgehend nach

$$2\,SCl_2 \rightleftharpoons S_2Cl_2 + Cl_2$$

mit freiem Chlor und S_2Cl_2 im Gleichgewicht steht und in reinem Zustand eine granatrote Flüssigkeit vom Sdp. 59° darstellt. Ein Schwefeltetrachlorid SCl_4 ist ebenfalls als nur bei tiefen Temperaturen durch Einwirkung von flüssigem Chlor auf S_2Cl_2 in Form von weißgelben bei —30° schmelzenden Krystallen erhalten worden. In Form von Anlagerungsverbindungen $SCl_4 \cdot SnCl_4$, $SCl_4 \cdot SbCl_5$ und $SCl_4 \cdot AlCl_3$ ist Schwefeltetrachlorid auch bei Zimmertemperatur beständig.

65. Dischwefeldichlorid, S_2Cl_2. Ein Fraktionierkolben, der über einen Liebig-Kühler mit einer gekühlten Vorlage (Saugflasche) verbunden ist, wird zur Hälfte mit Schwefel gefüllt. Nach Verdrängung der Luft durch Chlor wird der Fraktionierkolben vorsichtig bis etwas über den Schmelzpunkt des Schwefels erhitzt. Das gebildete Dischwefelchlorid destilliert zum großen Teil in die Vorlage in Form einer dunkelroten, öligen Flüssigkeit. Die Chlorierung wird unterbrochen, bevor der ganze Schwefel verbraucht worden ist.

Das Rohprodukt wird in einem Fraktionierkolben über Schwefel rektifiziert. Der Siedepunkt des S_2Cl_2 beträgt bei 760 mm Hg 137°. Es ist eine schwere, gelbe Flüssigkeit von widerlichem Geruch, die die Schleimhäute angreift. Völlig rein erhält man Dischwefeldichlorid durch Destillation im Vakuum, wobei es mit rein-gelber Farbe anfällt. Die Darstellung und Destillation kann nur unter einem gut ziehenden Abzuge vorgenommen werden.

d) Chloride des Selens.

Beim Selen sind sowohl das Se_2Cl_2 als auch $SeCl_4$ beständige Verbindungen, von denen die letztere unmittelbar bei der Chlorierung von Selen entsteht, während Se_2Cl_2 durch Reduktion von $SeCl_4$ mit Selen zugänglich ist. Selendichlorid, $SeCl_2$, ist nur dampfförmig als Dissoziationsprodukt von $SeCl_4$ beobachtet worden.

66. Selentetrachlorid, $SeCl_4$. Elementares Selen wird in einem längeren Glasrohr nach Verdrängung der Luft mit Chlor zur Reaktion gebracht. Zunächst erhitzt sich die Masse ziemlich stark unter völliger Absorption des Chlorgases, später wird von außen erhitzt. Das Selentetrachlorid sublimiert in den längeren Teil des Rohres, das man nach Beendigung der Reaktion an der Stelle, wo sich das Tetrachlorid abzuscheiden beginnt, abschmelzen kann. Die dicken Krusten des Sublimates von $SeCl_4$ können durch schwaches Beklopfen des Rohres nach Erwärmung mit der Flamme abgelöst werden.

Die weiße, feste Krystallmasse des Selentetrachlorids bildet beim Erhitzen durch weitgehende thermische Dissoziation in $SeCl_2$ und Cl_2 gelbe Dämpfe.

2. Chlorierung von Metalloxyden unter gleichzeitiger Reduktion mit Kohlenstoff.

Allgemeines. Die Elementarsynthese von Chloriden setzt die Existenz des zu chlorierenden Elementes voraus; die Darstellung desselben erfordert jedoch in vielen Fällen, namentlich bei den Metallen, umständliche und langwierige Vorarbeiten, die zu umgehen die vielen Chlorierungsverfahren für oxydische Verbindungen bestrebt sind. Eine Einwirkung von elementarem Chlor tritt bei vielen Metalloxyden erst bei ziemlich hohen Temperaturen ein, und zwar auch nur in so geringem Maße, daß diese Reaktion für ein präparatives Chlorierungsverfahren meist nicht ausreicht[1]. Diese Oxyde lassen sich durch Kohlenstoff meistens auch nicht reduzieren; jedoch bei gleichzeitiger Einwirkung von Kohlenstoff und Chlor bildet sich bei erhöhter Temperatur das entsprechende Chlorid, sofern es sich durch Flüchtigkeit aus dem Reaktionsbereich der festen Stoffe entfernen kann, und dadurch die Verschiebung des Gleichgewichts nach der Seite des Metalls bzw. Metallchlorids ermöglicht. Z. B. kann Aluminiumoxyd nicht durch Kohlenstoff reduziert werden; bei erhöhter Temperatur stellt sich jedoch ein Gleichgewichtszustand ein,

$$Al_2O_3 + 3C \rightleftharpoons 2Al + 3CO,$$

der die Bildung einer sehr geringen Menge metallischen Aluminiums zuläßt. Wird dieses Aluminium aber chloriert und als flüchtiges Aluminiumchlorid aus dem Reaktionsgemisch entfernt, so wird durch Neueinstellung des Gleichgewichtes dauernd metallisches Aluminium nachgeliefert, und es kommt zu einem quantitativen Umsatz. Zuerst wurde diese Methode für den Fall des Aluminiums von Oerstedt (1824) angegeben und von Wöhler weiter ausgearbeitet.

Die innige Vermengung des Oxydes mit feinteiligem Kohlenstoff (Kienruß, verkohlter Stärkekleister, Zuckerkohle usw.) ist für den Ablauf der Reaktion in annehmbaren Zeiten sehr wichtig. Anwendung findet dieses Verfahren auch beim Berylliumoxyd, Siliciumdioxyd, Titandioxyd, Uran(IV)-oxyd usw.

67. Titantetrachlorid, $TiCl_4$. Als Ausgangsmaterial dient der natürlich vorkommende, feingepulverte Rutil, der allerdings durch merkliche Mengen Eisen bzw. Silicium, evtl. auch Vanadin verunreinigt sein kann, oder, falls vorhanden, technisches Titandioxyd. 100 g dieses Produktes werden mit 25 g Kienruß sehr gut vermengt und mit möglichst wenig Stärkekleister zu einer dicken, gerade noch plastischen Masse zusammengeknetet, aus der dann Kugeln von $^1/_2$ cm ∅ geformt werden. Diese werden im Trockenschrank soweit wie möglich getrocknet und in einem Tontiegel unter einer Schicht Ruß im Gebläseofen ausgeglüht. Nunmehr werden die Kugeln in ein Verbrennungsrohr aus schwer schmelzbarem Glas gebracht, durch das ein Chlorstrom geleitet wird, nachdem die letzte Feuchtigkeit aus dem Roh-

---

[1] Kangro, W., u. R. Jahn: Z. anorg. allg. Chem. **210** (1933) 325.

material vorher durch Erhitzen im Kohlendioxydstrom entfernt worden ist; erst dann wird die Vorlage in Form einer Saugflasche durch die senkrecht nach unten umgebogene Verengung des Verbrennungsrohres angesetzt; von der Vorlage wird das überschüssige Chlor direkt durch ein Glasrohr in den Abzugskamin geleitet. Auf vollkommene Abwesenheit von Feuchtigkeitspuren in der Apparatur ist wegen der außerordentlich leichten Hydrolysierbarkeit des Titantetrachlorids zu achten.

Nachdem die Vorlage durch Einbetten in eine Eis-Kochsalz-Mischung gut abgekühlt ist, wird das Titandioxyd-Kohlenstoffgemisch im Chlorstrom sehr langsam erwärmt und allmählich auf dunkle Rotglut gebracht. Es ist notwendig, daß ein gleichmäßig starker Chlorstrom, dessen Blasen in der Waschflasche man gerade nicht mehr zählen kann, aufrecht erhalten wird.

In der Vorlage kondensiert sich das $TiCl_4$, das durch Chlor gelb gefärbt und durch Eisenchlorid getrübt ist. Zur Entfernung fester Verunreinigungen wird das Rohprodukt durch eine trockene Glasfilternutsche filtriert und bis zur Entfernung des freien Chlors mit etwas Quecksilber oder auch Kupferspänen durchgeschüttelt, bis die überstehende Flüssigkeit farblos geworden ist. Geringe Mengen Vanadin ($VOCl_3$) lassen sich durch etwas Natriumamalgam in feste Produkte überführen, die nochmals abfiltriert werden müssen. Das erhaltene Produkt wird nun durch Destillation aus einem nach Möglichkeit mit Schliff versehenen Fraktionierkolben gereinigt, wobei nur die Fraktion von 136···137° in einem vorher gewogenen, zuschmelzbaren, trockenen Präparatenglas aufgefangen wird. Ausbeute 100···130 g. $TiCl_4$ stellt eine stark lichtbrechende und wegen Hydrolyse an feuchter Luft weiße Nebel bildende Flüssigkeit dar.

3. Chlorierung mit Tetrachlorkohlenstoff.

Allgemeines. Alle Chlorierungsmittel kann man prinzipiell auch statisch auf die zu chlorierenden Substanzen zur Einwirkung bringen, d. h. man arbeitet nicht im Chlorstrom, im Phosgenstrom oder ähnlichen Reagentien, also nicht nach einer dynamischen Arbeitsweise, sondern läßt eine ausreichende Menge des Chlorierungsmittels (gegebenenfalls mit Chlor gesättigt) in einem geschlossenen Raum, im allgemeinen bei Überdruck und erhöhter Temperatur statisch zur Einwirkung kommen. Letztere Arbeitsweise hat nun in vieler Hinsicht Vorteile aufzuweisen: Verluste an Ausgangsmaterial können nicht eintreten, da alle Substanzen für gewöhnlich in einem zugeschmolzenen Bombenrohr eingeschlossen sind. Durch die Anwesenheit von flüssigem Chlorierungsmittel wird häufig eine gute Krystallisation des gewünschten Chlorides begünstigt. Man hat es auch in der Hand, durch genaue Dosierung des Chlorierungsmittels aus Metalloxyden definierte Oxychloride herzustellen. Nachteile bestehen zwar in der Gefahr des Platzens des Bombenrohres und in der relativ niedrig begrenzten Menge des Ansatzes, was wohl nur durch Verwendung eines korrosionsfesten Autoklavens umgangen werden könnte. Verunreinigungen des Ausgangsmaterials werden bei dieser Arbeitsweise während der Reaktion auch nicht abgetrennt.

Als dynamisches Verfahren soll die Chlorierung von Titandioxyd mit Tetrachlorkohlenstoff beschrieben werden, die gewissermaßen nur als Modifikation der in Nr. 67 gebrachten Vorschrift angesehen werden kann. Kohlenstoff und Chlor werden hier nicht getrennt zur Anwendung gebracht, sondern in Form der Verbindung CCl_4. Die Reaktion verläuft nach

$$TiO_2 + 2CCl_4 = TiCl_4 + 2COCl_2,$$

also unter Bildung von Phosgen; eine sorgfältige Ableitung der Reaktionsgase in den gut ziehenden Abzugskamin muß also gewährleistet sein.

68. Titantetrachlorid, $TiCl_4$. Es wird im Prinzip dieselbe Apparatur benutzt wie bei Nr. 67. In das schwer schmelzbare Glasrohr wird ein Tetrachlorkohlenstoffstrom, der durch Kohlendioxyd als Trägergas verdünnt ist, eingeleitet. Hierzu schickt man einen in einer Waschflasche mit Schwefelsäure getrockneten CO_2-Strom durch eine Waschflasche mit Tetrachlorkohlenstoff. Die Menge an Tetrachlorkohlenstoff, die mit dem CO_2-Strom in die Apparatur gebracht wird, läßt sich durch Temperatursteigerung der CCl_4-Waschflasche durch ein Wasserbad regeln. Dieses Gasgemisch wird dann im Reaktionsrohr, in dem sich ein mit Titandioxyd beschicktes Porzellanschiffchen befindet, bei 500° mit dem Titandioxyd zur Reaktion gebracht. Da zur Bildung größerer Mengen Titan(IV)-chlorid längere Zeiten erforderlich sind, erweist sich ein elektrischer Röhrenofen, der entsprechend einreguliert worden ist, als Heizquelle zweckmäßig. Das gebildete Titan(IV)-chlorid wird dann wieder in einer gekühlten Falle kondensiert; da sich bei der Reaktion Phosgen bildet, ist eine sorgfältige Ableitung der Abgase in den Abzugskamin unbedingt erforderlich.

69. Wolfram(VI)-chlorid, WCl_6. Tetrachlorkohlenstoff wirkt auf Wolfram(VI)-oxyd unter Druck im Bombenrohr bei höheren Temperaturen chlorierend ein, und zwar verläuft die Chlorierung über die verschiedenen Oxychloride, von denen das rote $WOCl_4$ eine besonders hohe Bildungstendenz aufweist; erst bei der für die Verwendung eines Bombenrohres sehr hohen Temperatur von 400° tritt vollständige Chlorierung zum WCl_6 ein:

$$WO_3 + 3CCl_4 \rightarrow WCl_6 + 3COCl_2.$$

Das als Ausgangsmaterial dienende Wolfram(VI)-oxyd wird durch Glühen von Wasser vollkommen befreit, wobei es eine rein-gelbe Farbe annimmt. Der Tetrachlorkohlenstoff wird durch gekörntes Calciumchlorid getrocknet und mit trockenem Chlorgas gesättigt. 0,5 g WO_3 und 11 g $CCl_4 + Cl_2$ werden in ein 50 cm langes Bombenrohr eingetragen, wobei ein Festhaften von Substanz am oberen Teil des Bombenrohres im Hinblick auf die Abschmelzung peinlichst zu vermeiden ist; ebenfalls ist darauf zu achten, daß während der Abschmelzung kein Wasserdampf durch die Gebläseflamme in das Rohr gelangt, eine Gefahr, die man dadurch vermeiden kann, daß man das Bombenrohr schon vor der Beschickung am oberen lande auf den halben Durchmesser verengt. Das Rohr wird nun im Bombenofen Engsam auf 400° erhitzt (2 Stunden Anheizzeit), und 7···8 Stunden bei dieser Temperatur belassen. Die Heizquelle des Ofens wird nun abgestellt und das Rohr herausgenommen, nachdem es im Ofen sich vollständig abgekühlt hat. Beim Arbeiten mit *Bombenrohren* ist *äußerst vorsichtig* vorzugehen (Schutzbrille! usw.); vor allem sei man sich über den Dampfdruck der entstehenden Reaktionsprodukte vollkommen im klaren. Das Phosgen siedet bei +8,2°. Der im Bombenrohr herrschende Überdruck kann also durch starkes Abkühlen des unteren Rohrteiles auf mindestens —20° (Eis-Kochsalz) soweit herabgesetzt werden, daß man es durch Einbringen der Spitze in eine gute Bunsenflamme unter dem Abzug gefahrlos öffnen kann. Voraussetzung ist jedoch, daß man vollkommen wasserfrei gearbeitet hat, da es sonst zur Bildung von Kohlendioxyd, das einen erheblich stärkeren Überdruck erzeugen würde, kommen kann. In solchen Fällen läßt man das Bombenrohr in der eisernen Schutzhülle und läßt die aus dieser herausragende Spitze unter den üblichen Vorsichtsmaßregeln aufblasen. Das Phosgen läßt man nun bei Zimmertemperatur in den Abzugskamin abdunsten, gießt den überstehenden Tetrachlorkohlenstoff ab und wäscht das in guten Krystallen angefallene WCl_6 nochmals mit reinem Tetrachlorkohlenstoff. Durch Evakuierung des Rohres unter Feuchtigkeitsschutz läßt sich der noch anhaftende Tetrachlorkohlenstoff entfernen, so daß das Präparat gegebenenfalls sofort wieder im selben Rohr zur Aufbewahrung eingeschmolzen werden kann. Bei vollständigem Verlauf der Reaktion dürfen nur die bläulichen, fast schwarzen, metallisch glänzenden Krystalle des Wolfram(VI)-chlorids vorliegen und keine roten Krystallnadeln vom $WOCl_4$. WCl_6 kann durch Umkrystallisation aus mit P_2O_5 getrocknetem CCl_4 im Bombenrohr bei 100° in gut ausgebildeten Krystallen (verzerrte Oktaeder) erhalten werden[1].

4. Chlorierung mit Thionylchlorid.

Thionylchlorid hat sich als ein sehr reaktionsfähiges Chlorierungsmittel für viele Chloride erwiesen, allerdings ist es nicht immer möglich, die höchsten Chlorierungsstufen zu erreichen, sondern nur Oxychloride; diese fallen bei Anwendung der statischen Methode sehr gut krystallisiert an.

70. Wolframoxytetrachlorid, $WOCl_4$. 3 g reines Wolfram(VI)-oxyd (durch Glühen vom H_2O restlos zu befreien) werden mit 8 cm^3 reinem Thionylchlorid (= ungefähr vierfache theoret. berechn. Menge) feuchtigkeitsfrei eingeschlossen. Die Reaktion zum Wolframoxytetrachlorid verläuft nicht immer quantitativ, wenn man 6 Stunden auf 200° erhitzt, auch bei längerer Erhitzungszeit nicht. Da sich bei der Reaktion nach der Gleichung

$$WO_3 + 2\,SOCl_2 \rightarrow WOCl_4 + 2\,SO_2$$

Schwefeldioxyd bildet, kann die Entfernung dieses flüchtigen Reaktionsproduktes das Gleichgewicht in günstiger Weise beeinflussen. Man öffnet also das Rohr nach sorgfältiger und vorsichtiger Abkühlung mit einem Äther-Kohlensäuregemisch (fl. SO_2 Sdp. —10°) an der für diesen Zweck vorsorglich möglichst lang (aber dickwandig) ausgezogenen Spitze und läßt aus der möglichst kleinen Öffnung das Schwefeldioxyd bei Zimmertemperatur abdunsten; dann wird das Rohr wieder zugeschmolzen, und nach nochmaliger mehrstündiger Erhitzung auf 200° tritt vollständiger Umsatz des Wolfram(VI)-oxyds ein. Die Lösung des Wolframoxytetrachlorids in überschüssigem Thionylchlorid läßt man möglichst langsam abkühlen, wobei das Wolframoxytetrachlorid in prachtvollen, langen, orangeroten Krystallnadeln zur Ausscheidung kommt. Nach Öffnung des Rohres wird das Thionylchlorid abgegossen, die noch anhaftende Flüssigkeit im Vakuum unter Feuchtigkeitsausschluß entfernt und das Oxychlorid in Präparatengläsern eingeschmolzen. Wolframoxychlorid hydrolysiert an der Luft sofort zu Wolfram(VI)-oxyd unter Ausbildung von Pseudomorphosen von Wolfram(VI)-oxyd nach Wolframoxychlorid. Durch Sublimieren des Oxychlorides erhält man dieses in sehr feinteiliger, wolliger Form.

Eine Chlorierung bis zum Wolfram(VI)-chlorid tritt nicht ein, im Gegenteil wird Wolfram(VI)-chlorid durch Schwefeldioxyd zum Wolframoxytetrachlorid solvolysiert:

$$WCl_6 + SO_2 = WOCl_4 + SOCl_2.$$

Auch das gelbe Wolframdioxydichlorid tritt bei dieser Arbeitsweise nicht auf.

71. Niob(V)-chlorid, $NbCl_5$ und Niob(V)-oxychlorid, $NbOCl_3$. 1 g Niob(V)-oxyd wird mit 6 cm^3 Thionylchlorid wie bei Nr. 70. im Bombenrohr 3 Stunden bei 200° zur Reaktion gebracht. Nach dem Abkühlen scheidet sich das Niob(V)-chlorid in großen gelben Krystallnadeln aus. Man hat beim Niob jedoch durch dieses Chlorierungsverfahren mit dieser Arbeitsmethodik die Möglichkeit, durch Anwendung einer äquivalenten Menge Thionylchlorid das Oxychlorid $NbOCl_3$, welches sonst schwierig vom Niob(V)-chlorid ohne Fremdbeimengungen zu trennen ist, in reiner Form herzustellen. Zu diesem Zweck gibt man die Reaktionskomponenten genau

---

[1]) Ketelaar, J. A. A., u. G. W. van Oosterhout: R. **62** (1943) 197.

gemäß der Gleichung

$$Nb_2O_5 + 3\,SOCl_2 = 2\,NbOCl_3 + 3\,SO_2$$

zusammen. Das Nioboxychlorid entsteht in Form weißer seidenglänzender Nadeln, die bei 400° flüchtig sind.

Molybdänoxychloride. Ähnlich wie bei den Chloriden des Wolframs das Wolframoxytetrachlorid die größte Bildungstendenz zeigt, d. h. bei den verschiedensten Reaktionen in leichtester Weise erhältlich ist, ist es beim Molybdän das sog. „grüne Molybdänoxychlorid“ mit teilweise fünfwertigem Molybdän. Bei der Reaktion mit Thionylchlorid wird dieses also partiell zum Sulfurylchlorid oxydiert.

72. Molybdän(V, VI)-oxychlorid, $MoCl_5 \cdot MoO_2Cl_2$. 3 g Molybdän(VI)-oxyd werden mit überschüssigem Thionylchlorid im Bombenrohr 3 Stunden auf 100° erhitzt, wonach vollständige Reaktion unter Rotbraunfärbung der überstehenden Flüssigkeit eingetreten ist. Das überschüssige Thionylchlorid wird im Vakuum abdestilliert, wobei das grüne Chlorid in metallisch glänzenden Krystallen zurückbleibt. Diese werden im Kohlendioxydstrom durch Sublimation bei 100° gereinigt. Im Dampfzustand weist die Verbindung bei dieser Temperatur eine dunkelbraune Farbe auf. Metallisch glänzende, dunkelgrüne Krystalle.

73. Vanadinoxytrichlorid, $VOCl_3$. Vanadin(V)-oxyd erweist sich gegenüber Thionylchlorid so reaktionsfähig, daß die Siedetemperatur des letzteren (78°) vollauf zur Chlorierung genügt; die Arbeitsweise unter Druck erübrigt sich also.

20 g Vanadin(V)-oxyd werden mit der äquivalenten Menge (24 cm^3) Thionylchlorid in einem Schliffkolben am Rückflußkühler unter Feuchtigkeitsabschluß auf dem Wasserbad 6···8 Stunden erhitzt. Das Reaktionsprodukt wird dann am besten direkt aus den Schliffkolben destilliert. Wenn man einen Überschuß an Thionylchlorid vermeidet, so geht sofort das reine Vanadinoxytrichlorid bei einem Siedepunkt von 125° über.

5. Chlorierung mit Ammoniumchlorid.

Die Chlorierung von Oxyden ohne gleichzeitige Reduktion wie bei dem Verfahren, das Kohlenstoff als intermediäres Reduktionsmittel benutzt, führt nur bei wenigen Oxyden zum Ziel, aber auch nur bei relativ hohen Temperaturen und oft nur in unbefriedigender Ausbeute. Eine Chlorierung von Oxyden ist aber manchmal auch auf anderem Wege möglich: Man erhitzt die Chloride mit Ammoniumchlorid, wobei dann z. B. ein Umsatz nach

$$La_2O_3 + 6\,NH_4Cl = 2\,LaCl_3 + 6\,NH_3 + 3\,H_2O$$

stattfindet. Möglicherweise wirkt das durch thermische Dissoziation entstandene Ammoniak auf das Oxyd reduzierend, worauf nunmehr die Chlorierung ungehemmt vor sich gehen kann.

Diese Methode leitet zu einer anderen über, die ein wichtiges, präparatives Problem berührt, nämlich Chloride, die die Fähigkeit bzw. große Neigung besitzen, Hydrate zu bilden, in wasserfreiem Zustand herzustellen. Es ist so, daß besonders die stark basischen Metalle in ihren Halogenverbindungen eine große Tendenz zeigen, Wasser in verschiedenen Verhältnissen als Krystallwasser anzulagern, abgesehen von den Alkalichloriden, die auch aus wässerigen Lösungen ohne Krystallwasser auskrystallisieren. Darum ist die Darstellung dieser wasserhaltigen Halogenverbindungen auch nicht weiter schwierig, da durch Neutralisation von Oxyd bzw. Oxydhydrat mit Salzsäure leicht eine wässerige Lösung dieser Salze hergestellt und durch Eindampfen das Salzhydrat abgeschieden werden kann. Aus dem Hydrat jedoch das wasserfreie Salz durch Erhitzen darzustellen, gelingt nur in seltenen Fällen bei sehr vorsichtigem Arbeiten, meist tritt aber bei den erhöhten Temperaturen, die zur Austreibung des Krystallwassers notwendig sind, eine Hydrolyse ein, so daß das Salz oxyd- bzw. oxychloridhaltig wird. So kann z. B. das leicht zugängliche $MgCl_2 \cdot 6H_2O$ nicht ohne Hydrolyse total entwässert werden. Bei Gegenwart von Ammoniumchlorid wird durch dessen Dissoziation in Ammoniak und Chlorwasserstoff durch die Anwesenheit von Chlorwasserstoff die Hydrolyse zurückgedrängt, so daß man auf diese Weise zu reinem wasserfreien Magnesiumchlorid kommt[1].

Vermag das wasserfrei darzustellende Chlorid mit Ammoniumchlorid ein wasserfreies Doppelchlorid zu bilden, so gestaltet sich die thermische Entfernung des Ammoniumchlorids unter Zurücklassung des wasserfreien Chlorids besonders günstig. Für kleine Mengen kann die Methode jedoch auch so modifiziert werden, daß Hydrate im Salzsäurestrom vorsichtig und langsam bei möglichst niederer Temperatur entwässert werden[2].

74. Lanthanchlorid, $LaCl_3$[3]. 10 g Lanthanoxyd (oder ein Oxyd einer anderen Seltenen Erde) werden mit 20 g reinem Ammoniumchlorid im Mörser fein zerrieben und gemischt. Das Gemisch wird in einer Porzellanschale auf der Bunsenflamme vorsichtig unter dauerndem Rühren erhitzt. Nach einigen Stunden kann die Umsetzung zum Chlorid an der völligen Löslichkeit des Reaktionsproduktes in Wasser erkannt werden. Sobald dies festgestellt werden kann, besteht nur noch die Notwendigkeit, das überschüssige NH_4Cl vom Chlorid zu trennen. Zweckmäßigerweise wird hierzu das Reaktionsgemisch in ein ungefähr 30 cm langes Glasrohr, welches auf der einen Seite geschlossen ist und durch eine Schliffverbindung auf der anderen Seite an eine Vakuumanlage angeschlossen werden kann, eingetragen. In waagerechter Lage des Rohres wird nun die Substanz im Vakuum langsam auf 300° durch einen elektrischen Röhrenofen erhitzt, so daß das NH_4Cl in dem aus dem Ofen herausragenden Teil des Schliffrohres sich kondensiert. Diese thermische Behandlung muß mindestens mehrere Stunden erfolgen, wonach man das nun reine und bei vorsichtigem Arbeiten oxychloridfreie Lanthanchlorid im Vakuum erkalten läßt. Das Vakuum wird unter Feuchtigkeitsschutz aufgehoben. $LaCl_3$ fällt in Form eines weißen Pulvers an, welches sehr hygroskopisch ist und NH_4^+-frei und in Wasser Wasser klar löslich sein muß.

6. Darstellung von Chloriden niederer Wertigkeitsstufen.

Allgemeines. Viele Metalle, namentlich die der Nebengruppen, zeigen mehr oder weniger starke Tendenz, in ihren Verbindungen in verschiedenen Wertigkeitsstufen aufzutreten. Da Chlor als starkes Oxydationsmittel immer zur Bildung des Chlorids der höchsten Wertigkeitsstufe führt, wird man die Darstellung niederer Chloride häufig durch Reduktion der höheren erreichen, z. B. kan man Titan(IV)-chlorid mit Wasserstoff zum Titan(III)-chlorid reduzieren, eine Reduktion, die man auch mit Metallen wie z. B. Quecksilber, Silber oder Natrium herbeiführen kann. Prinzipiell wird die Verwendung des elementaren Metalls, dessen niederes Chlorid man darstellen will, den großen Vorteil bieten, daß sich kein störendes Nebenprodukt bildet, in diesem Falle z. B.

$$3TiCl_4 + Ti = 4TiCl_3.$$

---

[1] Biltz, W., u. W. Klemm: Z. physik. Chem. **110** (1924) 331.

[2] Treadwell, W. D., u. Th. Zürrer: Helv. chim. Acta **15** (1932) 1276.

[3] Reed, J. B., B. S. Hopkins u. L. F. Audrieth: J. Am. Chem. Soc. **57** (1935) 1159.

Als weitere Methode hat die sog. reduzierende Chlorierung mit Chlorwasserstoff größere Bedeutung; wird z. B. metallisches Eisen im Chlorwasserstoffstrom erhitzt, so bildet sich Eisen(II)-chlorid und Wasserstoff und nicht wie bei der Chlorierung mit elementarem Chlor Eisen(III)-chlorid. Außerdem kann von der Möglichkeit, mit nicht oxydierend wirkenden Chlorierungsmitteln niedere Oxyde in niedere Chloride umzuwandeln, in vielseitiger Weise Gebrauch gemacht werden, z. B. kann Molybdän(IV)-oxyd mit Tetrachlorkohlenstoff zum Molybdän(IV)-chlorid und Uran(IV)-oxyd mit Thionylchlorid zum Uran(IV)-chlorid chloriert werden. Die elektrolytische Reduktion höherer Chloride hat bisher nur in wässerigen Lösungen zur Darstellung niederer Chloride Bedeutung erlangt, z. B. von Titan(III)-chlorid- bzw. Chrom(II)-chlorid-Lösungen.

Die Tendenz der Metalle, in den niederen Chloriden einen stärker basischen Charakter anzunehmen, wirkt sich natürlich auch auf die präparative Methodik aus; die niederen Chloride zeigen einen weniger homöopolaren Charakter, da die weniger positiv geladenen Zentralionen von der geringeren Anzahl an Chlorionen nur noch in geringem Maße umhüllt werden und der Einfluß des Zentralions auf andere außer den direkt gebundenen Chlorionen dadurch nicht ausgeschaltet werden kann, wie am Beispiel des Vanadiums gezeigt werden soll.

VCl_2 hellgrüne, glimmerglänzende Blättchen, nicht flüchtig
VCl_3 pfirsichblütenfarbene Krystallblättchen, nicht flüchtig
VCl_4 dunkelbraunrote, ölige Flüssigkeit, Sdp. 154°
$VOCl_3$ gelbe Flüssigkeit, Sdp. 127°.

Die Neigung einzelner Chloride mittlerer Wertigkeitsstufen zur Disproportionierung, z. B.

$$2\,TiCl_3 \leftrightharpoons TiCl_2 + TiCl_4$$

muß ebenfalls bei vielen Verfahren beachtet werden.

Niedere Chloride von Platinmetallen lassen sich durch thermische Abspaltung von Chlor aus höheren Chloriden darstellen, sind aber auch nur in den entsprechenden höheren Temperaturbereichen beständig; so spaltet z. B. Platin(IV)-chlorid bei 370° in einer Chloratmosphäre unter Bildung von Platin(III)-chlorid Chlor ab, dieses geht bei 435° wiederum in Platin(II)-chlorid über, bei 581° bildet sich Platin(I)-chlorid, das bei 583° schon in metallisches Platin übergeht[1].

Der modernen anorganischen Experimentierkunst ist es gelungen, auch z. B. die Existenz niederer Halogenide des Aluminiums nachzuweisen, ohne daß man sie unter Normalbedingungen substanzmäßig in den Händen gehabt hat. Wird z. B. Aluminiumbromid dampfförmig über im elektrischen Röhrenofen stark erhitztes Aluminiummetall geleitet, so kann man vor der Austrittsstelle des zur Erhitzung verwendeten Quarzrohres aus dem Röhrenofen einen Ring von kondensiertem Aluminiummetall feststellen. Aluminium kann bei der verwendeten Temperatur (1000°) noch nicht durch Destillation oder Sublimation verflüchtigt werden. (Aluminium Smp. 660°, Sdp. 2270°.) Man ist daher zu der Annahme gezwungen, daß folgende Reaktion eintritt:

$$AlBr_3 + 2\,Al \leftrightharpoons 3\,AlBr,$$

und zwar ist das Gleichgewicht bei höheren Temperaturen nach rechts verschoben; kommt jedoch das gebildete Aluminiummonobromid auf niedere Temperaturen, so tritt sofort wieder Disproportionierung zu $AlBr_3$ und Al ein, so daß phänomenologisch nur ein Transport von Aluminiummetall zu konstatieren ist[2].

---

[1] Wöhler, L., u. S. Streicher: Ber. dtsch. chem. Ges. **46** (1913) 1591.

[2] Klemm, W., E. Voss u. K. Geiersberger: Z. anorg. allg. Chem. **256** (1948) 15.

a) Darstellung durch Reduktion höherer Chloride.

Eisen(II)-chlorid. Neben der Einwirkung von Salzsäure auf Eisen besteht noch die Möglichkeit der Reduktion von Eisen(III)-chlorid mit Wasserstoff oder der Entwässerung des Eisen(II)-chloridhydrats $FeCl_2 \cdot 4H_2O$. Wegen der geringen Flüchtigkeit (Smp. 677°, Sdp. 1300°) verhindert eine Deckschicht von Eisen(II)-chlorid leicht eine völlige Durchreaktion des ganzen Metalls.

75. Eisen(II)-chlorid, $FeCl_2$. Ein Porzellanrohr von 50···60 cm Länge und 3 cm lichter Weite wird waagerecht durch einenen elektrischen Röhrenofen geführt, der bis auf 1000° erhitzt werden kann. In das Porzellanrohr wird an die heißeste Stelle ein lockeres, 15 g schweres Bündel von Eisendraht (1 mm ∅) gebracht. Im lebhaften Chlorwasserstoffstrom (nach Seidel s. S. 21) reagiert das Eisen bei einer möglichst hohen Temperatur unter Bildung von Eisen(II)-chlorid, das sich zum größten Teil an den kälteren Stellen des Porzellanrohres in Form schmutzig-weißer, hygroskopischer Krystallblättchen absetzt. Das Ende des Porzellanrohres wird vor Feuchtigkeitszutritt geschützt. Ausbeute 15···20 g.

Chrom(II)-chlorid. Chrom(II)-salze sind außerordentlich oxydabel, daher ist die Fernhaltung oxydierender Stoffe bei der Herstellung das Hauptproblem. Um zum Chrom(II)-chlorid zu kommen, kann man entweder Chrom(III)-chlorid mit reinstem Wasserstoff reduzieren oder metallisches Chrom durch gasförmigen Chlorwasserstoff chlorieren[1]). Löst man Chrommetall in wässeriger Salzsäure auf, so wird trotz des nascierenden Wasserstoffs das primär gebildete Cr^{++} sofort zum Cr^{+++} oxydiert.

76. Chrom(II)-Chlorid, $CrCl_2$. In ein Quarzrohr wird ein Porzellanschiffchen eingeschoben, das mit erbsengroßen Stücken oder besser mit gepulvertem metallischem Chrom beschickt ist. Es wird trockener, sauerstofffreier Chlorwasserstoff durch das Rohr geleitet und möglichst hoch (helle Rotglut) erhitzt. Nach Abkühlen im Chlorwasserstoffstrom hat sich im Schiffchen eine asbestartige, nadelig-krystallisierte Masse von weißem (oder verunreinigt grauem) Chrom(II)-chlorid gebildet, das wegen seiner Zähigkeit sehr schwer aus dem Schiffchen zu entfernen ist, zumal man das Präparat sehr schnell in ein mit Stickstoff oder Kohlendioxyd gefülltes Präparatenglas einschmelzen muß, da durch sogleich erfolgende Hydratation des wasserfreien Chlorids durch Luftfeuchtigkeit auch sofort Oxydation eintritt. Wegen seines hohen Schmelzpunktes besteht die Möglichkeit, daß etwas Metall vom entstandenen Chlorid eingeschlossen und damit der Reaktion entzogen wird.

Titan(III)-chlorid. Die Reduktion von Titan(IV)-chlorid mit Wasserstoff verläuft bei verschiedenen Temperaturen und Mischungsverhältnissen mit sehr ungleichen Ausbeuteverhältnissen, die darin ihren Grund haben, daß der in mehreren Teilreaktionen verlaufende Reduktionsmechanismus von diesen Faktoren beeinflußt wird. Oberhalb 600° setzt die Reaktion

$$2TiCl_4 + H_2 \rightleftharpoons 2TiCl_3 + 2HCl \qquad (1)$$

ein. Eine hohe Chlorwasserstoffkonzentration muß also, um das Gleichgewicht nicht rückläufig zu beeinflussen, vermieden werden. Das wäre durch Überschuß an Wasserstoff, der den gebildeten Chlorwasserstoff fortspült, möglich. Da bei höheren Temperaturen jedoch auch der Vorgang

$$TiCl_4 + H_2 \rightleftharpoons TiCl_2 + 2HCl \qquad (2)$$

---

[1] Koppel, J.: Z. anorg. allg. Chem. **45** (1902) 361.

eintritt und das hiernach entstandene Titan(II)-chlorid bei niederen Temperaturen wieder durch Titan(IV)-chlorid nach

$$TiCl_2 + TiCl_4 \leftrightharpoons 2\,TiCl_3 \qquad (3)$$

umgesetzt werden muß, ist eine höhere Titan(IV)-chloridkonzentration durch dessen Dampfdrucksteigerung günstig, da es wegen seiner Flüchtigkeit aus Titan(III)-chlorid relativ leicht entfernt werden kann, was beim nicht flüchtigen Titan(II)-chlorid unmöglich ist[1, 2, 3, 4].

Um weitgehenst zu vermeiden, daß einmal gebildetes Titan(III)-chlorid durch Gleichgewichtseinstellung nach (1) oder (3) wieder rückläufig in Titan(IV)-chlorid oder Titan(II)-chlorid übergeht, entfernt man es durch Abschrecken des im Gaszustand befindlichen Gleichgewichtsgemisches durch die sog. Devillesche „heißkalte Röhre", ein Kühlrohr, das in den heißen Reaktionsraum hineinragt, dort ein starkes Temperaturgefälle erzeugt und dadurch alle nichtflüchtigen Bestandteile irreversibel auf sich abscheiden läßt; wegen der geringen Temperatur ist eine Gleichgewichtseinstellung bis zur unmerklichen Geschwindigkeit herabgedrückt.

77. Titan(III)-chlorid, $TiCl_3$. Als Reaktionsrohr wird ein Quarzrohr (*G*) von 20 mm ⌀, das an einem Ende mit weitgehend auf die rechte Seite verschobenen Schliff versehen ist, verwandt. Im Schliffgefäß (*T*) befindet sich das Titan(IV)-chlorid, dessen

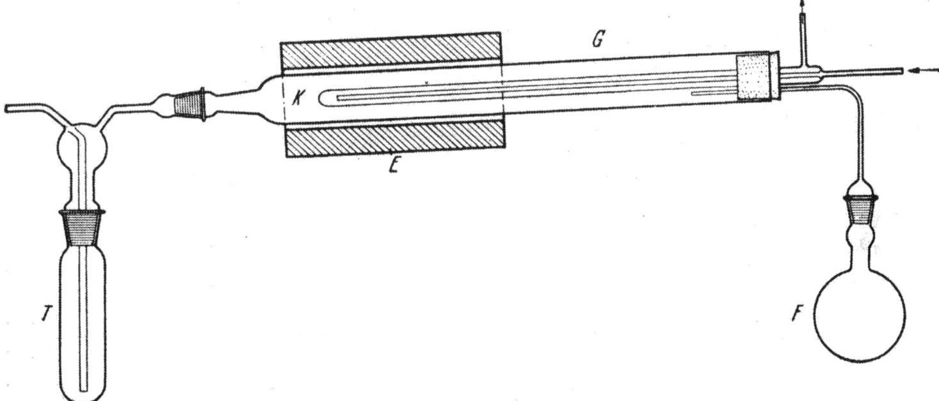

Abb. 45. Apparatur zur Darstellung von $TiCl_3$ aus $TiCl_4 + H_2$.

Dämpfe durch Wasserstoff in das Reaktionsrohr gespült werden, das im Wasserstoffstrom vorher sorgfältigst ausgetrocknet und ausgeheizt worden ist. Der Wasserstoff muß vollkommen sauerstofffrei und restlos trocken sein, also Reinigung nach Meyer und Ronge (s. S. 14) und Trocknung durch Silikagel und zwei Phosphorpentoxydtrockentürme. Durch einen elektrischen Röhrenofen wird das Quarzrohr an der Eintrittstelle der Reaktionsteilnehmer schnell auf 800° erhitzt, und das Kühlwasser des Kühlrohres (*K*) mit möglichst hoher Strömungsgeschwindigkeit in Gang gesetzt. Das Titan(IV)-chlorid im Kolben wird bis fast zum Sieden erhitzt um eine Abscheidung von Titan(II)-chlorid möglichst zu vermeiden. Das nicht umgesetzte Titan(IV)-chlorid wird im gekühlten Kolben (*F*) wieder kondensiert. Während der Durchführung der Reduktion wird der Kolben *F* durch einen ähnlichen ersetzt, der durch ein seitliches Ansatzrohr die Ableitung des strömenden Wasserstoffs gestattet. Um eine Kondensation von Titan(IV)-chlorid am Verschluß-

[1] Meyer, F., A. Bauer u. R. Schmidt: Ber. dtsch. chem. Ges. **56** (1923) 1908.
[2] Young, R. C., u. W. C. Schumb: J. Amer. chem. Soc. **52** (1930) 4233.
[3] Schumb, W. C., u. R. F. Sundström: J. Amer. chem. Soc. **55** (1933) 596.
[4] Klemm, W., u. F. Krohse: Z. anorg. Chem. **253** (1947) 210.

stopfen (Gummi) zu vermeiden, wird das Rohr etwas nach der Seite des Entwicklungskolbens geneigt aufgestellt. Sobald das ganze Titan(IV)-chlorid durch das Rohr hindurchdestilliert ist, wird der Ofen möglichst schnell auf eine Temperatur von 120° abgekühlt, die Kühlung abgestellt und das Kühlwasser aus dem Rohr entfernt. Durch mehrstündige Erwärmung auf 120° wird nun das anhaftende Titan(IV)-chlorid durch Wasserstoffspülung entfernt. Aus den nicht geheizten Teilen der Apparatur wird das Titan(IV)-chlorid durch Abfächeln mit der Flamme entfernt. Nach dem Erkalten im Wasserstoffstrom wird sauerstofffreies Kohlendioxyd durchgeleitet und das Titan(III)-chlorid unter Kohlendioxydatmosphäre in ein mit Kohlendioxyd gefülltes Präparatenglas gefüllt, das unter Fernhaltung von Sauerstoff zugeschmolzen wird. Das Präparat darf durch anhaftendes Titan-(IV)-chlorid nicht rauchen. Dunkelviolette Krystalle.

Kupfer(I)-chlorid. Kupfer(I)salze zeichnen sich, wenn nicht komplexe Verbindungen vorliegen, durch Schwerlöslichkeit in Wasser aus und können daher in unhydratisiertem Zustand aus wässerigen Lösungen durch Reduktion von Salzen des 2-wertigen Kupfers erhalten werden. So läßt sich aus einer Kupfer(II)-chloridlösung durch die verschiedensten Reduktionsmittel (met. Cu, $SnCl_2$, H_2SO_3, $N_2H_4 \cdot H_2SO_4$, $NH_2OH \cdot HCl$ usw.) das schwerlösliche CuCl zur Abscheidung bringen. Bei Verwendung von met. Kupfer ist die Anwesenheit von NaCl notwendig, um das Cu(I)Cl zunächst als Komplex $Na[CuCl_2]$ in Lösung zu halten. Beim Verdünnen mit Wasser kann dann durch die starke Sekundärdissoziation das Cu(I)Cl abgeschieden werden.

78. Kupfer(I)-chlorid, CuCl. In einem Erlenmeyer-Kolben werden in 125 cm³ starker Salzsäure 50 g Kupfersulfat-5-Hydrat und 25 g Natriumchlorid gelöst und nun 20 g Kupferpulver zugegeben. Man erwärmt auf dem Wasserbade bis zum Verschwinden der Blaufärbung. Die farblose Lösung des Komplexes vom 1-wertigen Kupfer wird vom Rückstand abgegossen und in 1 l luftfreies (ausgekochtes!) Wasser gegeben, das mit etwas schwefliger Säure versetzt ist. Der nun sich ausscheidende weiße Niederschlag von Cu(I)Cl wird abdekantiert und mehrere Male mit ausgekochtem, Schwefeldioxyd enthaltenden Wasser gewaschen, abgenutscht und mit Alkohol und Äther gewaschen und möglichst schnell unter Vermeidung einer längeren Berührung mit dem Luftsauerstoff in einem Präparategläschen eingeschmolzen.

In Gegenwart von Feuchtigkeit ist das Kupfer(I)-chlorid lichtempfindlich. Es löst sich in Abwesenheit von Sauerstoff in starkem Ammoniak zu einem farblosen Amminkomplex, in konz. Salzsäure zu einem Chlorokomplex. Diese Lösungen absorbieren Kohlenoxyd unter Bildung einer Verbindung $[CuCl \cdot CO] \cdot 2\,H_2O$.

b) Darstellung durch Chlorieren niederer Oxyde.

Sofern Metalloxyde niederer Wertigkeitsstufen zur Verfügung stehen, können diese mit nicht stark oxydierend wirkenden Chlorierungsmitteln in die entsprechenden niederen Chloride überführt werden; z. B. kann man mit Tetrachlorkohlenstoff aus Molybdän(IV)-oxyd Molybdän(IV)-chlorid, aus Wolfram(IV)-oxyd Wolfram(IV)-chlorid und aus Uran(IV)-oxyd Uran(IV)-chlorid bei Reaktionstemperaturen von 250° erhalten[1].

Bei Verwendung von Thionylchlorid wird jedoch meistens das entsprechende Metall zu einer beständigen höheren Wertigkeitsstufe unter Bildung von Dischwefeldichlorid oxydiert, z. B.:

$$3\,WO_2 + 7\,SOCl_2 \rightarrow 3\,WOCl_4 + S_2Cl_2 + 5\,SO_2.$$

[1] Michael, A., u. A. Murphy: J. Amer. chem. Soc. **44** (1910) 365, 384.

Beim Uran(IV)-chlorid kann jedoch auch mit Thionylchlorid nach

$$UO_2 + 2\,SOCl_2 \rightarrow UCl_4 + 2\,SO_2$$

das Uran(IV)-chlorid erhalten werden[1].

79. Uran(IV)-chlorid, UCl_4. 2···3 g Uran(IV)-oxyd werden mit überschüssigem Thionylchlorid im Bombenrohr eingeschmolzen und 48 Stdn. auf 200° erhitzt. Uran(IV)-chlorid scheidet sich in gut ausgebildeten, grünen Kristallen ab, die bei Rotglut unter Bildung rotbrauner Dämpfe sublimieren. (Smp. 567°, Sdp. 618°.) Sehr feuchtigkeitsempfindlich! Vor dem Öffnen auf ungefähr —40° abkühlen, da Schwefeldioxydüberdruck! (s. Nr. 70).

Mit Vanadin(III)-oxyd, V_2O_3, reagiert Thionylchlorid in der gleichen Weise, nur daß teilweise eine Oxydation zu höheren Vanadinchloriden eintritt; diese sind jedoch alle flüchtiger als Vanadin(III)-chlorid, so daß eine Trennung leicht durchzuführen ist, wodurch jedoch die Ausbeute etwas verringert wird.

80. Vanadin(III)-chlorid, VCl_3. 2···3 g Vanadin(III)-oxyd[2] (s. a. Nr. 33) werden im Bombenrohr mit überschüssigem Thionylchlorid 24 Stunden auf 200° erhitzt. Das Vanadin ist dann vollständig chloriert, Vanadin(III)-chlorid hat sich in pfirsichblütenfarbenen, dem Chrom(III)-chlorid ähnlichen Krystallblättchen abgeschieden. Nach Öffnung des Bombenrohres unter den üblichen Vorsichtsmaßregeln wird das überschüssige Thionylchlorid abdestilliert und höhere Vanadinchloride durch schwaches Erwärmen im Stickstoffstrom entfernt.

7. Säurechloride.

Allgemeines. Die Konstitutionsformeln der Sauerstoffsäuren weisen als wesentliches Strukturelement immer die —OH-Gruppe auf, in der der Sauerstoff an das säurebildende Metalloid gebunden ist, z. B.:

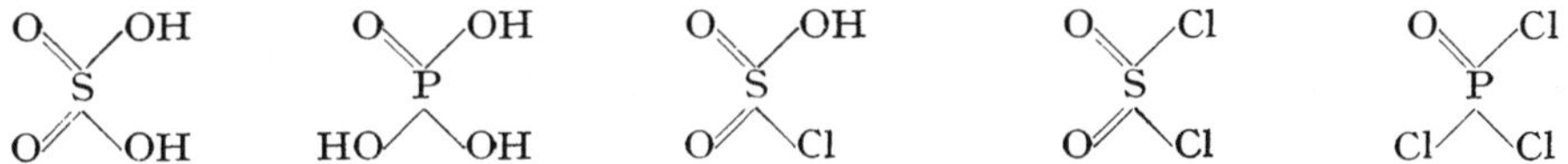

Schwefelsäure Phosphorsäure Chlorsulfonsäure Sulfurylchlorid Thionylchlorid

Werden diese OH-Strukturgruppen partiell oder total durch Halogene ersetzt, so erhält man die sog. Säurehalogenide, Stoffe, die den homöopolaren Halogeniden sehr ähnlich sind und nicht nur formal mit ihnen im Zusammenhang stehen. Z. B. kann BCl_3 als Säurechlorid der $B(OH)_3$ oder H_3BO_3 aufgefaßt werden. Es sind zum Teil sehr flüchtige Substanzen, deren Darstellung nach verschiedenen Prinzipien vorgenommen werden kann. Die äußerst leichte Hydrolysierbarkeit erfordert jedoch bei allen Verfahren vollkommenen Ausschluß von Feuchtigkeit.

Häufig ist eine Synthese aus dem Halogen und der betreffenden Molekülgruppe möglich, z. B. beim Carbonylchlorid, $COCl_2$, Nitrosylchlorid, NOCl, und Sulfurylchlorid, SO_2Cl_2, die meistens erst durch katalytischen Einfluß von Kontaktsubstanzen (Aktivkohle, Campher) erfolgreich durchgeführt werden kann. Andererseits bilden gewisse solvolytische Umsetzungen Darstellungsmöglichkeiten für Säurechloride:

$$SO_2 + PCl_5 \rightleftharpoons POCl_3 + SOCl_2$$

$$SO_3 + CCl_4 \rightleftharpoons SO_2Cl_2 + COCl_2,$$

[1] Hecht, H., G. Jander u. H. Schlapmann: Z. anorg. Chem. **254** (1947) 263.
[2] Dargestellt nach O. Ruff: Z. angew. Ch. **25** (1912) 50.

wobei die beiden entstehenden säurehalogenidartigen Substanzen noch durch unterschiedliche Flüchtigkeit die Möglichkeit einer Abtrennung bieten müssen. Säurehalogenide, in denen die OH-Gruppen nur teilweise durch Halogen ersetzt sind, erhält man u. a. auch durch partielle Hydrolyse von vollständig halogenierten Derivaten, z. B.:

$$SO_2Cl_2 + HOH \rightarrow \underset{O}{\overset{O}{}} \!\!\!S\!\!\!\underset{Cl}{\overset{OH}{}} + HCl.$$

Die Hydroxylgruppen solcher Säurehalogenide können untereinander unter Wasseraustritt kondensiert werden, so daß im Falle der Chlorsulfonsäure unter Verwendung von Phosphorpentoxyd als dehydratisierendes Agens das Pyrosulfurylchlorid entsteht:

$$\begin{matrix} ClSO_2OH \\ ClSO_2OH \end{matrix} - H_2O = \begin{matrix} ClSO_2 \\ ClSO_2 \end{matrix}\!\!>\!O.$$

81. Carbonylchlorid, $COCl_2$. I. *Aus Tetrachlorkohlenstoff und rauchender Schwefelsäure*[1]. In einem Rundkolben von 300 cm³ werden 100 cm³ Tetrachlorkohlenstoff auf dem Wasserbad zum Sieden erhitzt. Auf dem Rundkolben ist ein Rückflußkühler durch Schliff aufgesetzt, durch dessen obere Öffnung durch einen Tropftrichter die rauchende Schwefelsäure (80% an freiem SO_3) gegeben werden kann. Auf diese Weise gelangt jeder Tropfen der Schwefeltrioxydauflösung mit den aufsteigenden Dämpfen des Tetrachlorkohlenstoffs in innige Berührung. Das nach der Gleichung:

$$CCl_4 + 2\,SO_3 = COCl_2 + S_2O_5Cl_2$$

entwickelte Carbonylchlorid wird durch ein Ansatzrohr am oberen Ende des Rückflußkühlers durch eine mit konz. Schwefelsäure beschickte Gaswaschflasche von den mitgerissenen Dämpfen von Schwefelsäureanhydrid und Pyrosulfurylchlorid befreit und danach in einer Kondensationsvorlage, die durch eine Eis-Kochsalz-Mischung möglichst stark gekühlt ist, verflüssigt. Falls die Waschflasche sich durch die Absorptionswärme des Schwefelsäureanhydrids zu sehr erwärmt, muß sie durch Einstellen in kaltes Wasser gekühlt werden. Nachdem man 120 cm³ an rauchender Schwefelsäure zugegeben hat und die Gasentwicklung allmählich nachläßt, wird der Rundkolben noch 5 Minuten auf freier Flamme zum Sieden erhitzt, um das gelöste Phosgen auszutreiben. Zur Reinigung des so erhaltenen rohen Carbonylchlorids wird das verdichtete Gas durch Erwärmung auf Zimmertemperatur nochmals durch konz. Schwefelsäure geleitet und in einer Kältemischung erneut kondensiert.

Carbonylchlorid ist ein farbloses, giftiges Gas, so daß seine Darstellung nur unter größter Vorsicht und in einem sehr gut ziehenden Abzug durchgeführt werden sollte. Sdp. +8,2°, Smp. —118°.

II. *Aus Kohlenoxyd und Chlor mit Aktivkohle als Kontaktsubstanz.* Carbonylchlorid kann ebenfalls durch Reaktion eines Gemisches von einem Vol. Kohlenoxyd und einem Vol. Chlor an reiner, trockener Aktivkohle als Katalysator dargestellt werden. Zu diesem Zweck wird das Kohlenoxyd durch Eintragen von Ameisensäure in konz. Schwefelsäure entwickelt. Hierzu wird die konz. Schwefelsäure in einem Gasentwicklungskolben im Sandbad auf ungefähr 120···150° angewärmt, darauf unterbricht man das Erhitzen und gibt nun durch einen Tropftrichter die Ameisensäure hinzu; das entwickelte Kohlenoxyd wird durch ein Ableitungsrohr in eine Reinigungsanlage (Waschflaschen mit KOH 1:2 und conc. H_2SO_4) geleitet und so vom Wasserdampf, beigemengtem Kohlendioxyd und sauren Dämpfen befreit;

[1] Erdmann, H.: Ber. dtsch. chem. Ges. **26** (1803) 1993.

nunmehr wird mit dem gleichen Volumen trockenen, reinen Chlors vermischt und über den Kohlekontakt geleitet. Die Aktivkohle muß zu diesem Zweck im Stickstoff- oder trockenen Luftstrom erhitzt und von den erheblichen, adsorbierten Wassermengen befreit werden. Die hierzu notwendige Apparatur ist dieselbe wie beim Nitrosylchlorid Nr. 82 beschriebene (s. Abb. 46). Die das Kohlekontaktrohr verlassenden Dämpfe werden ebenfalls wieder durch eine gut gekühlte Vorlage kondensiert.

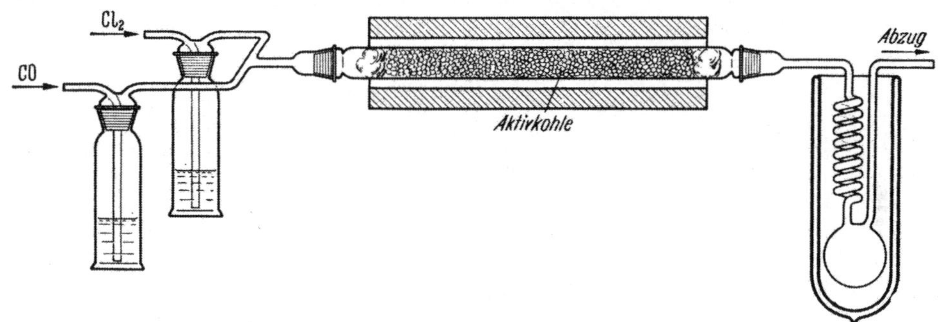

Abb. 46. Apparatur zur katalytischen Synthese von $COCl_2$ bzw. NOCl.

82. Nitrosylchlorid, NOCl. I. *Aus Stickoxyd und Chlor.* Zur Synthese des Nitrosylchlorids werden zwei Volumen Stickoxyd NO und ein Volumen Chlor in vollkommen trockenem reinen Zustand in einem T-förmigen Rohr gemischt und hierauf in ein längeres mit gekörnter Aktivkohle gefülltes Glasrohr geleitet. Die Kohle wird vorher im Stickstoffstrom durch Erhitzen vom adsorbierten Wasser vollkommen befreit und im Vakuum erkalten gelassen. Das Glasrohr wird entweder durch einen Wassermantel oder durch einen entsprechend regulierbaren Ofen auf eine Temperatur von 40···50° gebracht, höhere oder tiefere Temperaturen verschlechtern weitgehend die Ausbeute. Die Überleitung der beiden Gase erfolgt in langsamem Strome, das gebildete Nitrosylchlorid wird in einem durch Eis-Kochsalz-Mischung gekühlten U-Rohr oder ähnlichem Kondensationsgefäß verflüssigt. Nitrosylchlorid siedet bei —6,5° und liegt unterhalb dieser Temperatur in Form einer gelbroten Flüssigkeit vor. Bei der Verflüssigung mit Eis-Kochsalz werden die Verunreinigungen, wie Luft, Kohlendioxyd oder die evtl. nicht in Reaktion getretenen Ausgangsgase nicht mitkondensiert.

II. Aus Kaliumchlorid und Stickstoffdioxyd[1]. Ein an beiden Seiten mit Schliffen versehenes Glasrohr von 60 cm Länge und 2 cm Weite wird mit krystallisiertem KCl, welches 2,5% Feuchtigkeit enthält, möglichst gleichmäßig gefüllt. Es wird nun ein Strom gasförmigen Stickstoffdioxyds (s. Nr. 39, S. 48) in das Rohr eingeleitet, in dem das braune N_2O_4 mit dem Kaliumchlorid nach:

$$KCl + N_2O_4 = KNO_3 + NOCl$$

reagiert. Die in diesem Sinne fortschreitende Reaktion wird am Vorrücken des Farbwechsels von braun zu grünlich-gelb durch das ganze Rohr erkannt. Die aus dem Rohr austretenden NOCl-Dämpfe werden in einer Trockenvorrichtung mit fein gekörntem Calciumchlorid getrocknet und in einer Kühlfalle bei —40° aufgefangen. Die Kühlfalle ist auf der anderen Seite ebenfalls durch ein Calciumchloridrohr vor Feuchtigkeitszutritt geschützt. Die Reaktion findet auf der Krystalloberfläche des KCl statt, die lange vor einem vollständigen Umsatz nach der angegebenen

[1] Whittaker, Lundstrom u. Merz: Ind. Engng. Chem. **23** (1931) 1410.

Gleichung erschöpft ist. Erst nach einigen Tagen kann durch erneutes Überleiten von N_2O_4 ein Umsatz, wenn auch in geringerem Ausmaße als bei frischem KCl, erzielt werden.

III. Aus Chlorwasserstoff und Distickstofftrioxyd. Nach Nr. 38, S. 48 wird verflüssigtes N_2O_3 hergestellt und in einem Kondensationsgefäß (s. Abb. 56, S. 183), auf ungefähr —40° gekühlt. Es wird nun Phosphorpentoxyd langsam eingetragen, das die Aufgabe hat, noch vorhandene und auch später entstehende Feuchtigkeit zu binden. Durch Einleiten von Chlorwasserstoff (entwickelt im Apparat nach Seidel, s. Abb. 26, S. 21) bei —20° tritt Reaktion nach:

$$2\,HCl + N_2O_3 = 2\,NOCl + H_2O$$

ein. Durch die Gegenwart des wasserbindenden P_2O_5 verläuft der Umsatz quantitativ unter Bildung des gewünschten Nitrosylchlorids. Aus dem Kondensationsgefäß wird das Nitrosylchlorid in ein längeres Präparatenglas destilliert, welches möglichst tief gekühlt sein soll; zur Aufbewahrung wird dieses unter Vermeidung von Feuchtigkeitszutritt durch Flammengase abgeschmolzen.

Über komplexe Nitrosylverbindungen s. Nr. 203, S. 152.

Thionylchlorid. Das Chlorid der schwefligen Säure wird im Laboratoriumsmaßstabe hauptsächlich nach den oben erwähnten Verfahren aus Schwefeldioxyd und Phosphorpentachlorid hergestellt. Technisch kann es jedoch in sehr rentabler Weise aus Dischwefeldichlorid und Schwefeltrioxyd hergestellt werden:

$$SO_3 + S_2Cl_2 = SOCl_2 + SO_2 + S.$$

Durch kontinuierliche Zufuhr von Chlor wird der Schwefel dauernd wieder in S_2Cl_2 überführt, während das SO_2 wieder zu SO_3 oxydiert werden kann[1, 2]. Auf diese Weise wird eine quantitative Ausbeute erzielt.

Außerdem besteht noch die Möglichkeit, Thionylchlorid durch Überleiten eines Gemisches von Carbonylchlorid und Schwefeldioxyd über Aktivkohle als Katalysator zu erhalten:

$$COCl_2 + SO_2 = SOCl_2 + CO_2.$$

83. Thionylchlorid, $SOCl_2$ und Phosphoroxychlorid, $POCl_3$. Bei der Einwirkung von Schwefeldioxyd auf Phosphorpentachlorid entstehen nebeneinander Thionylchlorid und Phosphoroxychlorid:

$$PCl_5 + SO_2 = POCl_3 + SOCl_2.$$

Zu ihrer Darstellung werden unter dem Abzug 10 g Phosphorpentachlorid in einen völlig trockenen Rundkolben gebracht, der mit einem doppelt durchbohrten Korken versehen ist. Durch die eine Bohrung führt ein Gaseinleitungsrohr bis fast zum Boden des Kolbens, durch die andere ein aufrechtstehender Kühler, auf den ein Chlorcalciumrohr aufgesetzt ist. Letzteres führt mittels eines Glasrohres direkt in den Abzugskamin. Das Gaseinleitungsrohr ist über zwei mit konz. Schwefelsäure gefüllte Waschflaschen mit einer Schwefeldioxydbombe oder einem Gefäß, in dem man Schwefeldioxyd aus konz. Natriumbisulfitlösung und konz. Schwefelsäure erzeugen kann, verbunden. Man sorge dafür, daß alle Apparateteile vollkommen trocken sind.

Nachdem die Kühlung im Rückflußkühler angestellt ist, leitet man nicht zu schnell Schwefeldioxyd ein. Es bildet sich eine schwach gelblich gefärbte Flüssigkeit. Die Reaktion ist beendet, wenn alles Phosphorpentachlorid gelöst ist.

---

1 DRP. 139455

2 Silberrad, C. A.: Chem. Ind. Rev. **45** (1926) 36.

Das Gemisch von Thionylchlorid und Phosphoroxychlorid muß durch fraktionierte Destillation getrennt werden, wozu die in Abb. 47 wiedergegebene, sehr gut getrocknete Apparatur dient. Sie besteht aus einem Destillationskolben, dem Fraktionieraufsatz (Widmerspirale), dem Thermometer, dem Kühler und der auswechselbaren Vorlage, deren Ansatz zu dem Abzugskamin führt. Statt des Vorlagekolbens kann man auch eine Spinne mit mehreren Vorlagen anwenden. Man destilliert langsam und fängt folgende Fraktionen auf: 1. bis 82°; 2. bis 92°; 3. bis 105°; 4. bis 115°.

Die Fraktionen 1 und 4 bestehen schon aus fast reinem Thionylchlorid, bzw. Phosphoroxychlorid, 2 und 3 sind Gemische. Letztere werden in gleicher Weise wieder in vier Fraktionen zerlegt, wobei stets gleich siedende Bestandteile zusammengegeben werden. Das wird so oft wiederholt, bis die Fraktionen 2 und 3 sehr klein geworden sind. Schließlich wird die Fraktion 1 und 4 für sich aus dem jedesmal gereinigten Kolben destilliert, wobei die bei 78···79°, bzw. 106···108° siedenden Anteile für sich aufgefangen werden, da Thionylchlorid bei 78,8° und Phosphoroxychlorid bei 107° (760 mm) sieden.

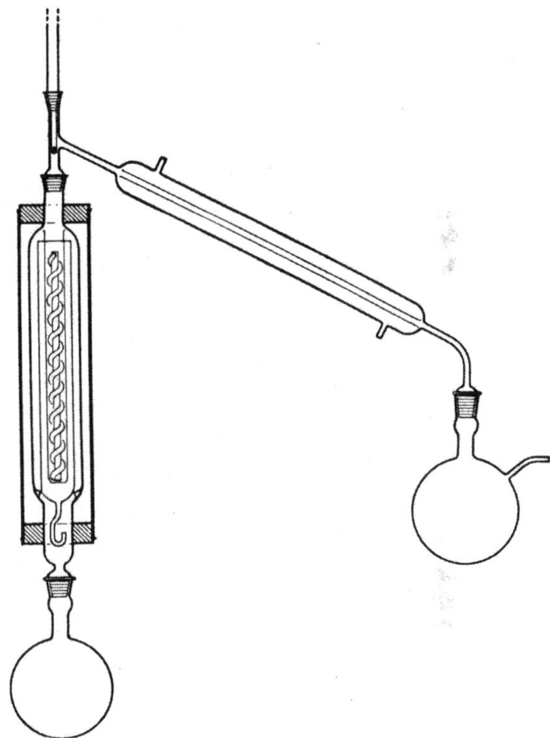

Abb. 47. Apparatur zur fraktionierten Destillation.

Zur Prüfung auf Reinheit wird ein Tropfen Thionylchlorid mit Wasser versetzt und nach Hydrolyse auf PO_4^{---}-Ionen mit Ammoniummolybdat geprüft. Ebenso versetzt man Phosphoroxychlorid mit Wasser und einem Oxydationsmittel und prüft mit Bariumchlorid auf Schwefelsäure. Es dürfen jedesmal nur geringe Mengen nachweisbar sein, andernfalls muß nochmals destilliert werden.

Thionylchlorid und Phosphoroxychlorid sind stechend riechende, farblose Flüssigkeiten.

Sulfurylchlorid. Die Reaktion von Schwefeldioxyd mit Chlor kann statt mit Campher auch mit Aktivkohle katalysiert werden.

Ebenfalls ist eine Dismutation von Chlorsulfonsäure zu Sulfurylchlorid und Schwefelsäure unter katalytischer Einwirkung von Quecksilber oder Quecksilbersulfat als präparatives Verfahren auswertbar.

84. Sulfurylchlorid, SO_2Cl_2. I. *Aus Schwefeldioxyd und Chlor.* Schwefeldioxyd und Chlor werden, gemischt im äquimolekularen Verhältnis, über Aktivkohle als Katalysator geleitet. Die Vereinigung zum Sulfurylchlorid tritt unter diesen Verhältnissen leicht ein. Die Apparatur besteht aus einer Saugflasche mit aufgesetztem Rückflußkühler. Die beiden gasförmigen Ausgangsprodukte werden in den Waschflaschen mit konz. Schwefelsäure getrocknet und im T-Stück oberhalb des Rückflußkühlers gemischt. Die kugelförmigen Erweiterungen des Rückflußkühlers werden durch trockene(!) Aktivkohle locker angefüllt, die durch Glaswollepfropfen am Hinunterfallen gehindert wird. Nachdem das Kühlwasser des

Rückflußkühlers angestellt ist, werden die gasförmigen Ausgangsprodukte in lebhaftem Strom durch den Rückflußkühler geleitet. Es tritt hier sofort Bildung von Sulfurylchlorid unter lebhafter Reaktion ein, und nachdem sich die Aktivkohle mit dem Reaktionsprodukt gesättigt hat, beginnt das Sulfurylchlorid in die als Vorlage dienende Saugflasche unter dem Rückflußkühler zu tropfen. Nachdem sich eine genügende Menge Sulfurylchlorid in der Saugflasche abgeschieden hat, werden die Gasströme unterbrochen und das durch freies Chlor gelb gefärbte Rohprodukt durch Schütteln mit metallischem Quecksilber von ersterem befreit. Vom gebildeten Quecksilber(II)-chlorid wird in einen trockenen Destillierkolben mit Fraktionieraufsatz abgegossen und bei der Destillation die Fraktion zwischen 68° und 70° gesondert aufgefangen. Siedepunkt vom SO_2Cl_2: 69,1°.

Werden einige Tropfen Sulfurylchlorid mit wenig Wasser übergossen, so tritt zunächst keine Durchmischung der beiden Flüssigkeiten ein, sondern langsam Hydrolyse zu Schwefelsäure und Salzsäure. Größere Mengen reagieren nach einiger Zeit unter starker Temperaturerhöhung plötzlich und sehr lebhaft. Wird SO_2Cl_2 mit einigen Eisstückchen und Eiswasser geschüttelt, so bildet sich ein bei 0° beständiges Hydrat in Form eines weißen Krystallbreis.

II. *Aus Chlorsulfonsäure.* 300 g Chlorsulfonsäure werden mit 2 g Quecksilber oder 3 g Quecksilbersulfat in einem Schliffkolben mit Rückflußkühler $1^1/_2 \cdots 3$ Stunden gekocht, wobei die Temperatur des Rückflußkühlers auf 70° gehalten wird. Die entweichenden Dämpfe von Sulfurylchlorid werden in einem absteigenden Kühler verdichtet. Ausbeute fast quantitativ.

Chlorsulfonsäure. Chlorsulfonsäure kann durch Vereinigung von Schwefeltrioxyd und Salzsäure erhalten werden:

$$SO_3 + HCl \rightarrow \begin{matrix} O & & OH \\ & S & \\ O & & Cl \end{matrix}$$

oder durch Chlorierung von Schwefelsäure mit Phosphorpentachlorid:

$$H_2SO_4 + PCl_5 = SO_2ClOH + POCl_3 + HCl.$$

85. Chlorsulfonsäure, $HOClSO_2$. I. *Aus Schwefelsäure und Phosphor(V)-chlorid.* Die als Ausgangsmaterial dienende Schwefelsäure (Monohydrat) wird durch Zugabe von rauchender Schwefelsäure zu gewöhnlicher konz. Schwefelsäure 98proz. erhalten. Die Dichte der Mischung muß bei 15° 1,84 betragen.

200 g dieser Schwefelsäure werden in einem 1-l-Kolben anteilweise mit 150 g Phosphorpentachlorid versetzt. Unter Erwärmung entweicht Chlorwasserstoff, so daß unter dem Abzug gearbeitet werden muß. Nach beendeter Zugabe des Phosphorpentachlorids wird der Kolben zur Entfernung des noch gelösten Chlorwasserstoffs erhitzt und das Reaktionsprodukt aus einem Fraktionierkolben (mit Schliff) destilliert, bis die Temperatur auf 165° gestiegen ist. Als Kühlrohr wird ein 40 cm langes und 1 cm weites Rohr verwandt, Wasserkühlung ist wegen der hohen Siedetemperatur der Substanz unbedingt zu vermeiden. Bei nochmaliger Destillation unter gleichen Bedingungen wird die beim Sdp. 153° übergehende reine Fraktion an Monochlorschwefelsäure gesondert aufgefangen. Ausbeute $120 \cdots 150$ g.

II. *Aus rauchender Schwefelsäure und Chlorwasserstoff.* 80proz. rauchende Schwefelsäure wird durch leichtes Erwärmen geschmolzen und hiervon 200 g in eine größere Gaswaschflasche gegeben, in die bei Zimmertemperatur ein lebhafter Strom getrockneten Chlorwasserstoffgases eingeleitet wird. Eine Erwärmung der Flüssigkeit muß durch Eiskühlung von außen unterbunden werden. Sobald der

Chlorwasserstoff unabsorbiert die Waschflasche wieder verläßt, wird die Flüssigkeit wie beim unter I angegebenen Verfahren aus einem Fraktionierkolben mit Schliffthermometer destilliert. Die zunächst bei 150···165° übergehende Fraktion wird durch nochmalige Fraktionierung gereinigt, wobei man ungefähr 170 g Monochlorschwefelsäure vom Sdp. 153° erhält.

86. Pyrosulfurylchlorid, $S_2O_5Cl_2$. 30 g Monochlorschwefelsäure werden in einem Fraktionierkolben mit Schliff mit 20 g Phosphorpentoxyd versetzt und langsam ohne Wasserkühlung destilliert. Das in einem Kölbchen aufgefangene Destillat wird nochmals fraktioniert und das bei 146° übergehende Pyrosulfurylchlorid aufgefangen, Ausbeute 20···25 g.

Zur Aufbewahrung wird das Präparat wie alle anderen Säurechloride in passenden Glasgefäßen eingeschmolzen.

Selenoxychlorid. Das Chlorid der selenigen Säure kann wegen der Beständigkeit des Selen(IV)-chlorids und der Existenz des Selendioxyds in fester Form nach Methoden dargestellt werden, die von den Darstellungsweisen für Thionylchlorid wesentlich abweichen; z. B. ist es möglich, Selen(IV)-chlorid in Tetrachlorkohlenstoff suspendiert auf Selendioxyd einwirken zu lassen nach der Gleichung:

$$SeCl_4 + SeO_2 = 2\,SeOCl_2.$$

Außerdem kann das Selen(IV)-chlorid partiell hydrolysiert werden:

$$SeCl_4 + H_2O = SeOCl_2 + 2\,HCl$$

oder eine Anlagerungsverbindung $SeO_2 \cdot 2\,HCl$ oder $SeOCl_2 \cdot H_2O$ kann mit einem Dehydratationsmittel wie Phosphorpentoxyd, Calciumchlorid oder ähnl. entwässert werden[1].

87. Selenoxychlorid, $SeOCl_2$[1, 2]. Elementares Selen wird in Tetrachlorkohlenstoff aufgeschlämmt und Chlor eingeleitet. Chlor löst sich zunächst im Tetrachlorkohlenstoff, führt dann aber Selen in Se_2Cl_2 über, das seinerseits wieder Selen gut löst, was zur Erhöhung der Reaktionsgeschwindigkeit wesentlich beiträgt. Bei weiterer Chlorierung bildet sich Selen(IV)-chlorid, das wenig löslich ist und sich darum als fester weißer Körper abscheidet. In diese Suspension von Selen(IV)-chlorid in Tetrachlorkohlenstoff wird die berechnete Menge Selendioxyd gegeben. Das sich hierbei bildende Selenoxychlorid löst sich im Tetrachlorkohlenstoff, von dem es durch Destillation leicht getrennt werden kann (CCl_4 Sdp. 76°; $SeOCl_2$ Sdp. 176,4°). Es ist unbedingt zur Erzielung eines reinen Selenoxychloridproduktes notwendig, dieses im Vakuum zu destillieren.

Selenoxychlorid ist eine leicht gelbliche Flüssigkeit, die nach Vakuumdestillation fast farblos erhalten wird. Smp. 8,5°.

Chromylchlorid. Das Chlorid der Chromsäure kann durch Wasserentzug einer Mischung von Chrom(VI)-oxyd und Salzsäure mit konz. Schwefelsäure erhalten werden. Um zu leichter zugänglichen Ausgangsmaterialien zu kommen, ist die Verwendung der Bildungsmöglichkeit nach:

$$K_2Cr_2O_7 + 4NaCl + 3H_2SO_4 = K_2SO_4 + 2Na_2SO_4 + 2CrO_2Cl_2 + 3H_2O$$

vorzuziehen.

---

[1] Lenher, V.: J. Amer. chem. Soc. **42** (1920) 2498.

[2] Hönigschmid, O., u. L. Görnhardt: Z. Naturforschg. **1** (1946) 661.

88. Chromylchlorid, CrO_2Cl_2. 200 g Kaliumchromat werden mit 122 g Natriumchlorid in einem hessischen Tiegel bei nicht zu hoher Temperatur geschmolzen. Die Schmelze wird auf ein Eisenblech ausgegossen, in grobe Stücke zerschlagen und in einem Fraktionierkolben vorsichtig anteilweise mit 200 cm^3 konz. Schwefelsäure übergossen. Wenn die anfänglich heftige Reaktion sich gemäßigt hat, wird das entstandene Chromylchlorid abdestilliert, bis keine braunen Tropfen mehr übergehen. Das erhaltene Destillat wird durch nochmaliges Fraktionieren gereinigt.

Chromylchlorid ist eine blutrote, an der Luft rauchende Flüssigkeit vom Sdp. 118°, die unter starker Abkühlung bei —96,5° zu hellroten Nadeln erstarrt. Zur Aufbewahrung wird es in trockenen Präparatengläsern eingeschmolzen und vor Lichteinwirkung geschützt.

Phosphornitrilchloride. Der Chemie der in Wasser als dissoziierendem Lösungsmittel gelösten Stoffe, dem Aquosystem, konnte um die Jahrhundertwende der amerikanische Forscher E. C. Franklin[1] ein Ammonosystem in Parallele setzen, welches in zahllosen weitgehenden Analogien das flüssige Ammoniak als ein dem Wasser vergleichbares Lösungsmittel gegenüberstellt. Die grundlegendsten Analogien beziehen sich auf die wichtigsten Stoffklassen der anorganischen Chemie, die Säuren, Basen und Salze. Es konnte so z. B. gezeigt werden, daß, analog den Aquosäuren mit positivem H_3O^+, das NH_4^+ das charakteristische Ion der Ammonosäuren darstellt, d. h. also, daß alle Ammoniumsalze in flüssigem Ammoniak als Säuren fungieren. Entsprechend haben die Amide der Metalle durch ihre NH_2-Gruppe die Fähigkeit, analog den OH-Verbindungen des Aquosystems, als Basen zu fungieren. Diese Tatsachen sind der Ausdruck für die folgenden Dissoziationsgleichgewichte, die in den reinen Lösungsmitteln zufolge ihrer geringen Eigenleitfähigkeit angenommen werden müssen:

$$2H_2O \rightleftharpoons H_3O^+ + OH^-$$
$$2HN_3 \rightleftharpoons H_4N^+ + NH_2^-.$$

Durch diese neue Betrachtungsweise ist es möglich gewesen, eine große Zahl stickstoffhaltiger Substanzen in das Ammonosystem einzuklassifizieren, d. h. sie zu einer Substanz des Aquosystems in Analogie zu setzen. So kann z. B. auch zunächst formal dem $POCl_3$ eine Verbindung $PNCl_2$ zur Seite gestellt werden; ebenso wie bei der Hydrolyse von PCl_5 das $POCl_3$ entsteht, erhält man als Ammonolyseprodukt einen Stoff der Zusammensetzung $PNCl_2$:

$$PCl_5 + H_2O \rightarrow POCl_3 + 2HCl$$
$$PCl_5 + NH_3 \rightarrow PNCl_2 + 3HCl.$$

Es handelt sich also in beiden Fällen um eine partielle Solvolyse. Praktisch wird dieser Stoff nun nicht in flüssigem Ammoniak hergestellt, sondern durch Einwirkung von Ammoniumchlorid auf Phosphorpentachlorid nach der Gleichung:

$$PCl_5 + NH_4Cl \rightarrow PNCl_2 + 4HCl.$$

Das Charakteristische dieses sog. Phosphornitrilchlorids besteht nun darin, daß es keine einheitliche, definierte, monomolekulare Substanz wie das Phosphoroxychlorid darstellt, sondern immer in einem Gemisch mehrerer Polymerer anfällt, von denen das Tri- und Tetramere als Hauptprodukte auftreten sollen, während man auch ein Penta-, Hexa- und Heptameres isoliert hat, und die höher polymeren dann von gummiartiger Konsistenz („Anorganischer Kautschuk") keiner genaueren Charakterisierung mehr zugänglich sind; es liegen lange, fadenförmige Kettenmole-

[1] Franklin, E. C.: The Nitrogen System of Compounds. New York 1935.

küle vor, während bei den niederen Polymeren Ringe der folgenden Struktur vorliegen:

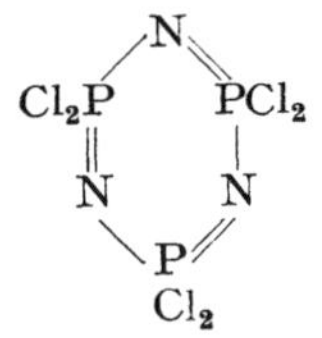

$$\begin{array}{ccc} & N & \\ Cl_2P & & PCl_2 \\ \| & & | \\ N & & N \\ & P & \\ & Cl_2 & \end{array} \qquad \begin{array}{ccc} & N & \\ (OH)_2P & & P(OH)_2 \\ \| & & | \\ N & & N \\ & P & \\ & (OH)_2 & \end{array}$$

Triphosphornitrilchlorid

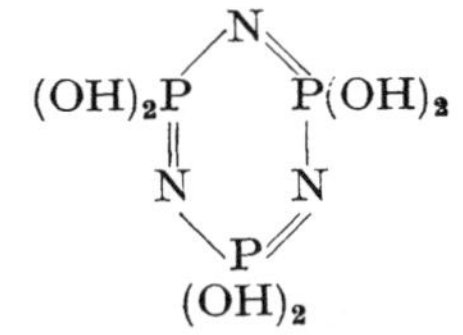

Triphosphornitrilsäure (Trimetaphosphimsäure)

Die Phosphornitrilchloride stellen die Säurechloride von den sog. Phosphornitrilsäuren (Metaphosphimsäuren) dar, in die diese durch Hydrolyse überzugehen vermögen.

Alle brauchbaren Darstellungsverfahren beruhen auf der Reaktion von Phosphorpentachlorid mit Ammoniumchlorid, die unter modifizierten Bedingungen durchgeführt werden. Stokes[1] läßt die Reaktion im Bombenrohr bei 150···250° vor sich gehen, wobei der entstehende Chlorwasserstoff des öfteren zur Vermeidung zu hoher Drucke abgelassen werden muß. Schenk und Römer[2] arbeiten einfacher in säurefesten Autoklaven oder in einer Überdruck vermeidenden Arbeitsweise in einem indifferenten organischen Lösungsmittel, dessen Sdp. in der Nähe der optimalen Reaktionstemperatur liegt; Tetrachloräthan (Sdp. 130,5°) erwies sich als zweckmäßig, wenn es von den Reaktionsprodukten möglichst schnell wieder getrennt wird. Die im folgenden wiedergegebene Arbeitsvorschrift amerikanischer Autoren[3] vermeidet sowohl Anwendung von Überdruck als auch das Lösungsmittel und erzielt brauchbare Ausbeuten an niederen Polymeren. Die Isolierung der verschiedenen Isomeren wird durch Extraktion des Polymerengemisches mit organischen Lösungsmitteln erzielt.

89. Phosphornitrilchlorid, $(PNCl_2)_3$ und $(PNCl_2)_4$. 52 g Phosphor(V)-chlorid werden unter Vermeidung des Zutritts von Luftfeuchtigkeit mit 50···100 g Ammoniumchlorid innig gemischt und auf den Boden eines 50 cm langen Glasrohres von 5 cm Durchmesser gebracht. Das Gemisch wird mit einer 7 cm hohen Schicht von reinem Ammoniumchlorid bedeckt. Das Rohr wird soweit in ein Ölbad eingetaucht, daß die Ammoniumchloridschicht sich noch reichlich oberhalb der Flüssigkeitsoberfläche des Bades befindet. Das obere Ende ist mit einer Schwefelsäurewaschflasche verbunden, an der man den Fortgang der Reaktion durch den entweichenden Chlorwasserstoff kontrollieren kann. Das Ölbad wird 4···6 Stunden auf 145···160° erhitzt, wonach das allmähliche Ausbleiben der Chlorwasserstoffentwicklung die Beendigung der Reaktion anzeigt. Das trimere Phosphornitrilchlorid kann schon teilweise in den kühleren Teil des Rohres hineinsublimieren. Aus dem Reaktionsprodukt wird das Trimere und Tetramere mit Petroläther vom Sdp. 50···70° extrahiert, die im Gegensatz zu den höheren Homologen hierin löslich sind. Nach Verdampfen des Lösungsmittels (Vorsicht! Entzündung der Petrolätherdämpfe vermeiden!) bleibt ein Gemisch von $(PNCl_2)_3$ und $(PNCl_2)_4$ zurück, Ausbeute 11···12 g. Höhere Polymere können aus dem verbliebenen Rückstand mit Benzol, Tetrachlorkohlenstoff oder Chloroform extrahiert werden. Die beiden niederen Polymeren können durch Vakuumdestillation im Säbelkolben getrennt werden (Badtemperatur 140°),

[1] Stokes, H. N.: Amer. chem. J. **17** (1895) 275.
[2] Schenk, R., u. G. Römer: Ber. dtsch. chem. Ges. **57** (1924) 1343.
[3] Audrieth, L. F., R. Steinmann u. A. D. F. Toy: Chem. Rev. **1942**, 109.

wie aus den Siedepunktsdaten geschlossen werden kann.

	Smp.	Sdp. 13mm	Sdp. 760mm
$(PNCl_2)_3$	114°	127°	256°
$(PNCl_2)_4$	123,5°	188°	328,5°.

Eine weitere Reinigung kann durch fraktionierte Sublimation bei 100° und 1 mm Hg bewirkt werden.

Eine Trennung kann auch durch Wasserdampfdestillation erzielt werden, wobei das Trimere mit Wasserdampf flüchtig ist und bei kurzer Einwirkungszeit nicht hydrolysiert wird, während das Tetramere zur entsprechenden Phosphornitrilsäure (Metaphosphimsäure) hydrolysiert wird. Beide Chloride bilden bei Zimmertemperatur eine weiße Krystallmasse.

8. Bromide.

Allgemeines. Die zur Darstellung von Chloriden angegebenen Verfahren können zum großen Teil prinzipiell bei den entsprechenden Bromiden übernommen werden, wenn auch durch die individuellen Eigenschaften des Broms (Sdp. 58°) bei direkten Bromierungen die Arbeitsmethodik etwas modifiziert werden muß.

Heteropolare, salzartige, also nicht hydrolysierende Bromide erhält man am zweckmäßigsten wohl immer aus den entsprechenden Metallen, Metalloxyden oder Karbonaten mit Bromwasserstoffsäure, gegebenfalls fallen jedoch nur die Hydrate bei dieser Arbeitsweise an. Wasserfreie Bromide mit Molekelgittern sind meistens durch Elementarsynthese zugänglich; sofern man in Ermangelung des betreffenden Metalls jedoch ein Oxyd als Ausgangsmaterial wählen muß, ist die Örstedtsche Methode ebenso anwendbar (z. B. Ta_2O_5 oder $Cr_2O_3 + C$ mit Br_2 bei Rotglut). Auch eine Bromierung mit anderen Bromverbindungen ist möglich, besonders aussichtsreich ist in dieser Beziehung der Tetrabromkohlenstoff.

Ammoniumbromid. Ammoniumbromid ist durch Neutralisation von wässerigem Ammoniak mit Bromwasserstoffsäure ohne Schwierigkeiten zugänglich; man kann jedoch die Darstellung der Bromwasserstoffsäure vermeiden, wenn man freies Brom mit wässerigem Ammoniak reagieren läßt. Das intermediär wahrscheinlich auftretende NH_4OBr zersetzt sich wieder, ohne unerwünschte oder störende Nebenprodukte zu verursachen.

90. Ammoniumbromid, NH_4Br. 75 cm³ Brom werden in einem Tropftrichter mit ausgezogener Spitze unter Rühren langsam in einen Kolben gegeben, der 220 cm³ 30proz. Ammoniaklösung enthält und mit Eiswasser gekühlt wird. Die Lösung soll auch nach Beendigung der Zugabe noch stark ammoniakalisch reagieren, da ein Überschuß an Brom Bildung des gefährlichen, explosiven Bromstickstoffs veranlassen könnte. Es wird bis zum Verschwinden des freien Ammoniaks gekocht und auf dem Wasserbad zur Krystallisation eingedampft.

Aluminiumbromid. Die Elementarsynthese verläuft bei diesem Bromid so heftig, daß es besonderer Maßnahmen bedarf, um die Reaktion wegen der enormen Wärmeentwicklung nicht zu intensiv werden zu lassen.

Wenn man ohne Lösungsmittel arbeiten will, muß man kompakte Aluminiumstücke verwenden, die wegen ihrer kleinen Oberfläche nicht zu heftig reagieren. Die Verwendung von feineren Aluminiumspänen oder -gries erfordert eine Wärmeableitung durch ein Lösungsmittel.

Das Aluminium(III)-bromid verbrennt im Sauerstoffstrom zu Aluminiumoxyd Al_2O_3 und drei Molen Brom, da die Bildungswärme des Aluminiumoxyds die des Bromids noch stark überwiegt. Beim Aluminium(III)-jodid tritt mit Luft bereits eine Verbrennung beim Erwärmen auf.

91. Aluminiumbromid, $AlBr_3$. In einen Rundkolben, der von außen mit Eis gut gekühlt wird, wird flüssiges Brom gegeben; in dieses wird portionsweise Aluminiumgries eingetragen, wobei eine Überhitzung besonders der Kolbenwand durch Umschütteln vermieden werden soll. Da Aluminiumbromid eine stark exotherme Verbindung ist, muß die Zugabe an Aluminiumgries relativ langsam erfolgen. Es muß nach jeder Zugabe abgewartet werden, bis das Aluminium restlos in Reaktion getreten ist, was unter Umständen eine Zeit bis 5 Min. in Anspruch nehmen kann. Gegen Ende der Reaktion verläuft die Reaktion langsamer, so daß das Reaktionsgemisch durch Wärmezufuhr flüssig gehalten werden muß. Das Aluminiumbromid liegt in geschmolzenem Zustand vor und wird aus einem passenden Fraktionierkolben, evtl. Kolben mit Fraktionieraufsatz, destilliert. Es ist zu beachten, daß bei 95,7° Aluminiumbromid bereits erstarrt (Sdp. 265°) und daher das Destillierrohr leicht verstopft. Dieses ist daher möglichst weit zu wählen und soll vor dem Durchfluß der ersten Aluminiumbromidmengen angewärmt werden. Das übergehende Aluminiumbromid wird in geeigneten Präparatengläsern aufgefangen, die sofort, ohne Zutritt von Feuchtigkeit der Flammengase, abgeschmolzen werden können. Die erstarrte weiße Krystallmasse gibt beim schwachen Erwärmen mit der Hand ein charakteristisches knisterndes Geräusch, offenbar durch Dekrepitieren der Krystalle durch eingeschlossene Gase. Ausbeute auf Br berechnet 50—60%.

92. Quecksilber(II)-bromid, $HgBr_2$[1, 2]. 70 g reines Quecksilber werden in einem Becherglas von 1000 cm³ mit 400 cm³ Wasser übergossen. Unter gutem mechanischen Umrühren läßt man aus einem Tropftrichter langsam reines chlor- und jodfreies Brom hinzutropfen (das Hähnchen des Tropftrichters wird durch Draht vor dem Herausdrücken gesichert. Evtl. Bromverätzungen sind mit verdünntem Ammoniak zu behandeln!), zunächst nur 2 cm³, da die Reaktion sehr heftig verlaufen und ein Verspritzen des Broms eintreten kann. Durch Kühlung mit kaltem Wasser kann die Reaktion gemäßigt werden. Es bildet sich zunächst Hg_2Br_2, welches sich bei weiterer Bromierung zum $HgBr_2$ umsetzt. Die günstigste Reaktionstemperatur beträgt 20···25°, bei tieferen Temperaturen ist die Reaktionsgeschwindigkeit zu langsam, bei höheren ist die Löslichkeit des Broms im Wasser zu gering, bzw. die Reaktion zu heftig. Man gibt Brom erst erneut zu, nachdem das hinzugegebene verbraucht ist, insgesamt ungefähr 28 cm³. Entfärbt sich die Lösung nicht mehr, wird also kein Brom mehr aufgenommen, so wird das überschüssige Brom verkocht und die heiße Lösung vom ungelösten Hg_2Br_2 abfiltriert. Das Quecksilber(I)-bromid kann mehrmals mit heißem Wasser extrahiert werden. Beim Erkalten fällt das $HgBr_2$ in nadelförmigen Krystallen aus. Sie werden mit kaltem Wasser gewaschen und auf der Nutsche durch Luftdurchsaugen so weit wie möglich getrocknet. Darauf wird die Substanz zweimal aus dem Sandbad sublimiert. Hierzu wird sie in eine Porzellanschale gegeben, die im Sandbad eingebettet ist und von einer Petrischale bedeckt ist. Beim Erhitzen des Sandbades setzen sich die $HgBr_2$-Krystalle an der Petrischale, deren Rand möglichst weit über die Porzellanschale übergreift und in den Sand eintauchen soll, ab, wobei bei der ersten Sublimation Feuchtigkeitströpfchen sorgfältig entfernt werden müssen. Bei langsamer Abkühlung setzt sich das $HgBr_2$ in besonders schönen, zentimeterlangen weißen Krystallen an der Petrischale ab. Die Sublimation ist in einem gut ziehenden Abzuge vorzunehmen, da Quecksilberbromiddämpfe sehr giftig sind. Reines Quecksilberbromid ist vollkommen weiß und muß einen Schmelzpunkt von 238° haben. In Aceton löslich.

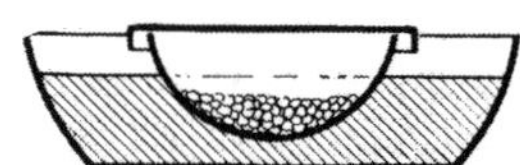

Abb. 48. Vorrichtung zur Sublimation von $HgBr_2$.

[1] Reinders, W.: Z. physik. Chem. **32** (1900) 495.
[2] Jander, G., u. K. Brodersen: Z. anorg. Chem. **261** (1950) 264.

Kohlenstofftetrabromid. Kohlenstofftetrabromid ist bei Zimmertemperatur ein fester weißer Körper (Smp. 93,7°). Ähnlich wie die chlorierende Wirkung des Tetrachlorkohlenstoffs weist das Bromid die Fähigkeit auf, auf verschiedene Oxyde bromierend wirken zu können.

Die bequemste und ergiebigste Darstellungsmethode dürfte die Umhalogenierung von Tetrachlorkohlenstoff mit Aluminiumbromid sein[1], jedoch ist auch eine Methode, die auf Umsetzung von Aceton mit Brom beruht[2], angegeben. Wahrscheinlich oxydiert das im alkalischen Gebiet vorliegende Hypobromit das Aceton nach folgender Gleichung:

$$CH_3COCH_3 + 4\,HOBr = CBr_4 + CH_3COOH + 3\,H_2O.$$

Durch Nebenreaktionen wird die Ausbeute jedoch etwas schwankend und nicht quantitativ.

93. Kohlenstofftetrabromid, CBr_4. I. *Durch Umhalogenierung.* Wasserfreies Aluminiumbromid wird mit der äquivalenten Menge Tetrachlorkohlenstoff im Bombenrohr eingeschlossen und mehrere Stunden auf 100° erhitzt. Es ist notwendig, vollständig wasserfreies $AlBr_3$ zu verwenden, da hydratisiertes auch in kleinen Mengen heftige Reaktionen verursachen kann. Zweckmäßigerweise wird $AlBr_3$ im Bombenrohr vor Zugabe des CCl_4 geschmolzen, wobei eine Entwässerung unter HBr-Entwicklung vor sich geht. Das Reaktionsgemisch wird in Wasser geworfen, wobei das gebildete $AlCl_3$ in Lösung geht und CBr_4 als unlösliche krystalline Masse abfiltriert und mit Wasser gut ausgewaschen wird. Es wird nun über P_2O_5 im Exsiccator getrocknet. Die trockene Masse kann im Vakuumsublimationsapparat (s. Abb. 17, S. 10) gereinigt werden. Das Sublimat soll aus vollkommen weißen Krystallen bestehen. (Smp. 93,7°; Sdp. 189,5°). In Wasser wenig löslich, hydrolysiert bei 200° zu Kohlendioxyd und Bromwasserstoff.

II. *Durch Oxydation von Azeton.* 500 g Natriumhydroxyd werden in 10 l Wasser gelöst, 8 cm³ Aceton hinzugegeben und gut durchgemischt. Hierauf läßt man, am besten aus einer Bürette, 40 cm³ Brom zufließen. Man schüttelt solange, bis alles Brom gelöst ist. Die eigelbe Lösung trübt sich plötzlich und scheidet Kohlenstofftetrabromid ab. Nach dem Absetzen hebert man die Hauptmenge der Flüssigkeit ab. Der Niederschlag wird abgesaugt, wiederholt mit Wasser gewaschen und aus Alkohol umkrystallisiert. Die abgeheberte Lauge ist für weitere Versuche zu benutzen. Ausbeute 70%.

94. Siliciumtetrabromid, $SiBr_4$. Elementares Silicium wird im Quarzrohr einem Kohlendioxydstrom ausgesetzt, der an Bromdämpfen aus einer Waschflasche mit elementarem Brom gesättigt ist. Das Silicium, das sich in einem Porzellanschiffchen befindet, wird auf Rotglut erhitzt, die optimale Reaktionstemperatur beträgt 650° bei Verwendung von sog. amorphen Si; die entstehenden Siliciumtetrabromiddämpfe werden in einer durch Schliff angeschlossenen Vorlage durch Kühlen mit einer Eis-Kochsalz-Mischung kondensiert. Die Bromzufuhr wird so geregelt, daß das sich in der Vorlage kondensierende $SiBr_4$ nicht durch freies Br_2 verunreinigt wird. Sofern doch noch überschüssiges Br_2 vorhanden ist, wird es durch Destillieren entfernt, die letzten Spuren durch Kupferpulver. Es wird unter Feuchtigkeitsausschluß fraktioniert und die Fraktion vom Siedepunkt 153° gesondert aufgefangen und im Präparatenglas eingeschmolzen. $SiBr_4$ ist eine klare, farblose Flüssigkeit.

---

[1] Gustavson, J.: Ber. dtsch. Chem. Ges. **14** (1881) 1709.

[2] Bartal, B. v.: Chem.-Ztg. **29** (1905) 377. — Rosenmund, K. W., u. H. Döring: Arch. d. Pharmaz. **266** (1928) 279.

95. Zinntetrabromid, $SnBr_4$. Ein Destillierkolben wird mit 2···3 cm langen Stücken Zinn beschickt und durch einen Stopfen mit Tropftrichter mit Kapillaransatz verschlossen. Das Destillationsrohr des Kolbens ist ziemlich tief angesetzt, um bei Verwendung von Kork- oder Gummistopfen eine Berührung derselben mit den Reaktionsprodukten zu vermeiden. Bei tropfenweiser Zugabe des Broms auf das metallische Zinn tritt zunächst eine heftige Reaktion, manchmal sogar unter Feuererscheinung ein. Die Reaktionstemperatur muß unterhalb der Siedetemperatur des Broms (59°) bleiben, was durch die Zutropfgeschwindigkeit einreguliert wird. Während der Reaktion darf noch kein Zinntetrabromid oder Brom in das Destillationsrohr gelangen. Ist nur noch wenig Zinn im Kolben vorhanden, wird die Bromzufuhr unterbrochen und der Inhalt des Kolbens zum Sieden erhitzt, wobei durch Senkrechtstellung des Destillationsrohres nur die Entfernung des überschüssigen Broms bewirkt wird, ohne daß das Zinntetrabromid schon abdestilliert. Bei gewöhnlicher Neigung wird dann das Zinntetrabromid als bei 203° siedende Substanz überdestilliert, die zu einer schneeweißen Krystallmasse (Smp. 33°) erstarrt. Beim Liegen an der Luft zerfließt die Substanz unter Wasseraufnahme, mit wenig Wasser bildet sich ein Hydrat $SnBr_4 \cdot 4H_2O$.

Wismuttribromid. Metallisches Wismut und Brom reagieren in der Kälte langsam, beim Erhitzen unerwünscht heftig. Es hat sich daher als zweckmäßig erwiesen, die Erhitzung in mit Kohlendioxyd verdünntem Bromdampf vorzunehmen.

96. Wismuttribromid, $BiBr_3$. 10···15 g gekörntes Wismutmetall werden in einem Schiffchen in einem weiten, trockenen Glasrohr in einer Bromatmosphäre erhitzt. Hierzu wird durch eine Waschflasche mit Brom ein Strom trockenen Kohlendioxyds geleitet; die Konzentration an Brom läßt sich durch Dampfdrucksteigerung, durch Einstellen der Waschflasche in warmes Wasser, erhöhen. Der dunkelrote Dampf des Wismuttribromids kondensiert sich zu gelben Flocken. Das überschüssige Brom kann vom Wismuttribromid durch Vakuumbehandlung entfernt werden oder durch Destillation aus einer kleinen Retorte (Sdp. 466°, Smp. 203°). Nach dem Schmelzen orangegelbe, strahlig krystalline Masse. Durch Luftfeuchtigkeit tritt sehr leicht hydrolytische Zersetzung ein, was sich durch Braunfärbung von abgeschiedenem $Bi_2O_3 \cdot xH_2O$ zu erkennen gibt.

Chrom(III)-bromid. Das wasserfreie Chrom(III)-bromid wird in ähnlicher Weise erhalten wie das Chrom(III)-chlorid, also aus metallischem Chrom und Brom (nach der Örstedtschen Methode ebenfalls erhältlich!). Abgesehen von dem abweichenden Farbton ist es hinsichtlich seines blättrigen Habitus (Schichtgitterstruktur) dem Chlorid sehr ähnlich. Die Örstedtsche Methode ist ebenfalls bei Bromiden in zahlreichen Fällen anwendbar. So kann man z. B. wasserfreies Chrom(III)-bromid auf Grund folgender Gleichung herstellen:

$$Cr_2O_3 + 3C + 3Br_2 = 2CrBr_3 + 3CO.$$

97. Chrom(III)-bromid, $CrBr_3$.[1] I. *Elementarsynthese.* Bromdämpfe werden durch einen Stickstoffstrom über zur Rotglut erhitztes metallisches Chrom geleitet. Dunkelolivgrün gefärbte Krystallschuppen.

II. *Nach Oerstedt.* Chrom(III)-oxyd wird mit feiner Aktivkohle gemischt, mit einem Stärkebrei angerührt und zu Kugeln geformt. Diese werden im Trockenschrank möglichst weitgehend getrocknet und durch vorsichtiges Erhitzen in einem Porzellantiegel über der Bunsenflamme vollkommen entwässert. Hierauf werden sie in einem Porzellanschiffchen, das sich in einem Quarzrohr befindet, auf helle Rotglut erhitzt und zwar in einem Kohlendioxydstrom, der mit Brom-

[1] Moissan, H.: Ann. Chim. Physique [5] **25** (1882) 408.

dampf gesättigt ist; dieser wird durch Einleiten eines sauerstofffreien Kohlendioxydstromes in eine mit trockenem Brom beschickte Waschflasche erhalten. An der Austrittsstelle des Quarzrohres aus dem als Heizquelle benutzten elektrischen Röhrenofen setzt sich das Chrom(III)-bromid in dunkelbraunroten, grün durchscheinenden hexagonalen, Blättchen ab.

Wasserfreies Chrom(III)-bromid wird von Wasser ebenso wie das Chlorid nicht benetzt und nicht gelöst. Durch die stark reduzierende Wirkung des nascierenden Wasserstoffs (Zink und Salzsäure) kann eine Lösung jedoch erzielt werden.

Wolfram(VI)-bromid. Das Bromid des sechswertigen Wolframs kann in sehr bequemer Weise durch Bromieren des Oxydes mit Kohlenstofftetrabromid erhalten werden, z. B. nach

$$2WO_3 + 6CBr_4 = 2WBr_6 + 6COBr_2$$
$$2WO_3 + 3CBr_4 = 2WBr_6 + 3CO_2.$$

Ältere Darstellungsmethoden beruhen auf einer Umhalogenierung von Wolfram(VI)-chlorid mit flüssigem Bromwasserstoff.

98. Wolfram(VI)-bromid, WBr_6. Trockenes Wolfram(VI)-oxyd wird mit drei Äquivalenten Kohlenstofftetrabromid im Bombenrohr eingeschmolzen und drei bis vier Stunden auf 200° erhitzt. Bei diesen Reaktionsverhältnissen sollte nur Bromphosgen entstehen, es kommt jedoch auch zur Bildung von Kohlendioxyd, worauf beim Öffnen des Bombenrohres Rücksicht zu nehmen ist (am besten Kühlung mit flüssiger Luft!). Die gebildete schwarze krystalline Masse von Wolfram(VI)-bromid wird im Vakuum vom anhaftenden Bromphosgen und Brom befreit. Von überschüssigem CBr_4 kann durch Waschen mit CCl_4 befreit werden.

Vor jeder Einwirkung von Luftfeuchtigkeit ist das Wolfram(VI)-bromid peinlichst fernzuhalten, da sofort oberflächliche Hydrolyse eintritt. Wegen leichter thermischer Zersetzung ist eine Sublimation bzw. Destillation zur Reinigung hier nicht angebracht.

99. Nitrosylbromid, NOBr[1, 2]**.** In 80 g trockenes Brom wird bei —10° Stickoxyd eingeleitet, bis durch eine Gewichtszunahme von 28 g völlige Sättigung eingetreten ist. Wird die erhaltene schwarzbraune Flüssigkeit langsam erwärmt, so beginnt bei —2° Nitrosylbromid zu destillieren. Siedepunkt nach neueren Angaben +19°. Die Dämpfe von Nitrosylbromid zerfallen sehr leicht in Stickoxyd und Brom. Daher muß eine Destillation zum Zwecke der Reinigung vermieden werden und ein möglicherweise vorhandener Überschuß an Stickoxyd durch Abpumpen bei möglichst tiefen Temperaturen entfernt werden.

Thionylbromid. Das $SOBr_2$ läßt sich analog dem $SOCl_2$ aus SO_2 und PBr_5 am besten darstellen (Solvolysereaktion im Sulfitosystem der Verbindungen)[3]

$$PBr_5 + SO_2 = SOBr_2 + POBr_3.$$

100. Thionylbromid, $SOBr_2$. 50 g Phosphorpentabromid werden in einem Volhard-Rohr (dickwandiges, weites Bombenrohr mit verdünnter Abschmelzstelle) unter Kühlung auf mindestens —20° mit ungefähr 100 cm³ flüssigem Schwefeldioxyd übergossen. Das Rohr wird sorgfältig zugeschmolzen, wobei die Abschmelzstelle möglichst dickwandig bleiben soll. Bei längerem Stehen des Rohres bei Zimmertemperatur kann die fortschreitende Solvolyse des Phosphorpentabromids am allmählichen Verschwinden der gelben Krystalle beobachtet werden, wobei sich die

[1] Froelich, O.: Liebigs Ann. Chem. **224** (1884) 273.
[2] Ketelaar, J. A. A.: R. **62** (1943) 290. — Moles, E.: J. chim. phys. **16** (1918) 3.
[3] W. Behne: Dissertation Greifswald 1945. — Jander, G.: Die Chemie in wasserähnlichen Lösungsmitteln. 1949.

überstehende Lösung rotbraun färbt. Zur Beschleunigung der Solvolyse kann das Rohr splittersicher an einem temperierten Ort (30°···40°) 2···3 Tage aufbewahrt werden. Es soll aber ausdrücklich darauf hingewiesen werden, daß vor Beobachtung des Rohres unbedingt wieder auf Zimmertemperatur abgekühlt werden muß (Schutzbrille!). Nachdem keine ungelösten PBr_5-Krystalle mehr vorhanden sind, wird das Rohr wieder auf —20° gekühlt und die Abschmelzstelle in einer heißen Gebläseflamme geöffnet. Das überschüssige Schwefeldioxyd läßt man bei Zimmertemperatur abdunsten, wobei der Rohrinhalt durch Aufsetzen eines Trockenrohres vor Feuchtigkeit zu schützen ist. Die zurückbleibende rote Flüssigkeit wird nun wegen der thermischen Zersetzlichkeit des $SOBr_2$ im Vakuum destilliert. Sdp. 20 mm Hg 48° C.

Die reine Substanz ist lichtempfindlich und zersetzt sich allmählich bei längerem Aufbewahren.

Nach Abdestillation des $SOBr_2$ kann aus dem Rückstand das Phosphoroxybromid bei Atmosphärendruck im Säbelkolben (s. Abb. 49, S. 99) herausdestilliert werden. Sdp. 195°, Smp. 56°. In reinem Zustande farblose Substanz.

9. Jodide.

Allgemeines. Die Tatsache, daß Jod bei Zimmertemperatur ein fester Stoff ist, erleichtert in gewisser Hinsicht einerseits die Elementarsynthese vieler Jodide. Andererseits verursacht die geringe Bildungswärme die Instabilität bei Gegenwart von Sauerstoff bei höheren Temperaturen, die in z. T. heftigen Verbrennungserscheinungen zu beobachten ist, eine Tendenz, die bei den Bromiden auch schon andeutungsweise vorhanden ist (z. B. $AlBr_3$). Die Bildungswärme der Oxyde übersteigt nämlich um ein Mehrfaches die der betreffenden Halogenide.

Tabelle 7. *Bildungswärmen der Halogenide und Oxyde des Siliciums und Aluminiums*

$Si_{krist.}$	$+ 2\,Cl_{2gasf.}$	$= SiCl_{4fl.}$	128,1 kcal
$Si_{krist.}$	$+ 2\,Br_{2fl.}$	$= SiBr_{4fl.}$	+ 71,0 kcal
$Si_{krist.}$	$+ 2\,J_{2fest}$	$= SiJ_{4fest}$	+ 33,9 kcal
Si	$+ O_2$	$= SiO_2$	+ 203 kcal
Al_{fest}	$+ 3/2\,Cl_{2gasf.}$	$= AlCl_{3fest}$	+ 160,9 kcal
Al_{fest}	$+ 3/2\,Br_{2gasf.}$	$= AlBr_{3fest}$	+ 132,9 kcal
Al_{fest}	$+ 3/2\,J_{2gasf.}$	$= AlJ_{3fest}$	+ 90,7 kcal
2 Al	$+ 3/2\,O_2$	$= Al_2O_{3fest}$	+ 380 kcal

Hierdurch wird eine Arbeitsweise in indifferenter Atmosphäre notwendig gemacht. Gelegentlich wird noch ein indifferentes Lösungsmittel, das leicht vom entstandenen Jodid entfernt werden kann, als Reaktionsmedium benutzt. Eine Neutralisation mit wässerigem Jodwasserstoff führt auch zu den betreffenden Jodiden, sofern sie nicht hydrolysierbar sind; die reduzierende Wirkung des Jodwasserstoffs kann in dieser Beziehung namentlich bei der Herstellung von Jodiden niederer Wertigkeitsstufen ausgenutzt werden, z. B. SnJ_2.

Kaliumjodid. Der hohe Wert des Jods und der Jodverbindungen macht es erforderlich, daß alle jodhaltigen Rückstände und Nebenprodukte im Laboratorium sorgfältig gesammelt und wieder auf freies Jod bzw. Kaliumjodid aufgearbeitet werden. Es wird angenommen, daß das Jod in den Rückständen als Jodid vorliegt. Ist jedoch noch freies Jod vorhanden, so wird durch Übergang ins alkalische Milieu (Sodalösung) Bildung von Hypojodit und Jod bewirkt:

$$J_2 + 2OH^- \rightleftharpoons J^- + JO^- + H_2O\,.$$

Hypojodit disproportioniert schon in der Kälte weiter nach:

$$3\,JO^- \rightleftharpoons JO_3^- + 2\,J^-.$$

Das Jodat (Alkalijodat) kann nun durch Erhitzen des Eindampfrückstandes durch Sauerstoffabspaltung ebenfalls in Alkalijodid überführt werden, so daß das Jod restlos als Jodid vorliegt.

Das Jodid wird nun in saurem Medium mit Hilfe von salpetriger Säure zum Jod oxydiert,

$$2HJ + 2HNO_2 = J_2 + 2NO + 2H_2O,$$

wobei das gebildete NO durch Sauerstoff zum NO_2 oxydiert wird und mit weiterem NO und Wasser wieder salpetrige Säure bildet, die somit nur die Rolle eines Katalysators spielt; die eigentliche Oxydation wird durch Luftsauerstoff bewirkt. Nach Abscheidung des Jods wird dieses durch Einwirkung von metallischem Eisen in ein Jodid des zwei- und dreiwertigen Eisens überführt, aus dessen Lösung das Eisen als Hydroxyd mit Kaliumcarbonat unter Zurücklassung einer reinen Kaliumjodidlösung fällbar ist:

$$3Fe + 4J_2 = Fe_3J_8$$

$$Fe_3J_8 + 4K_2CO_3 = 8KJ + Fe_3O_4 + 4CO_2.$$

101. Elementares Jod, aus Jodrückständen. Die gelösten Jodrückstände werden mit einem Überschuß an Soda eingedampft und in der Porzellanschale oder einem Tiegel geglüht, bis die evtl. eingetretene Schwärzung wieder verschwunden ist. Der Rückstand wird nun in verdünnter Schwefelsäure gelöst. Zur Oxydation verwendet man eine mit einem einmal durchbohrten Gummistopfen verschließbare Flasche, durch den ein Gaseinleitungsrohr bis fast auf den Boden führt. Das Gaseinleitungsrohr verbindet man mittels eines langen, ein Umschütteln der Flasche erlaubenden Gummischlauches unter Zwischenschaltung einer leeren Gaswaschflasche mit einem Gasometer, der mit Sauerstoff (aus einer Stahlflasche) gefüllt ist. Die Gaswaschflasche ist so zu schalten, daß, wenn infolge vorübergehender Drucksteigerung in der Flasche etwas Flüssigkeit in die Gaswaschflasche zurücksteigt, diese durch den wieder einsetzenden Sauerstoffstrom in die Flasche zurückgetrieben wird. Die die Jodrückstände enthaltende Lösung wird in die Flasche gebracht, jedoch darf dieselbe nicht mehr als bis zur Hälfte gefüllt sein und mit roher konz. Schwefelsäure angesäuert. Nun wird der Gasraum der Flasche bei locker aufliegendem Stopfen mit Sauerstoff gefüllt, dann Nitritlösung in die Flasche gegossen, bis der Gasraum intensiv rot gefärbt ist, hierauf der Stopfen fest eingedrückt und der Gasometerhahn voll geöffnet. Nach leichtem Umschwenken tritt der Sauerstoff lebhaft in die geschlossene Flasche ein. Man schüttelt erst vorsichtig, dann kräftig und dauernd und überzeugt sich von Zeit zu Zeit, ob der Gasraum noch rot gefärbt ist. Ist dies durch Ansammlung indifferenter Gase (N_2 und N_2O, die als Nebenprodukte bei der Reduktion der salpetrigen Säuren entstehen) nicht mehr der Fall, so lüftet man den Stopfen einen Augenblick, fügt neue Nitritlösung hinzu und verfährt wie vorher. Die Beendigung der Oxydation erkennt man daran, daß die Flüssigkeit die Wände der Flasche nicht mehr gelb färbt, sowie am Aufhören der Sauerstoffaufnahme.

Das Jod scheidet sich bald aus, wobei nur 0,8 g pro Liter in Lösung bleibt. Es wird auf einer Glasfilternutsche abgesaugt. Zum Trocknen bringt man es in einen mit $CaCl_2$ gefüllten Vakuumexsiccator, den man nach Evakuierung durch Eintauchen in warmes Wasser vorsichtig erwärmt.

Das Rohjod muß zur Reinigung noch sublimiert werden. Dazu bringt man es trocken in ein ebenfalls trockenes Becherglas, auf das man einen mit kaltem Wasser gefüllten Rundkolben stellt. Das Ganze erhitzt man auf einem Sandbad so hoch, daß langsame Sublimation stattfindet. Das Jod setzt sich in schönen, metallisch glänzenden, schwarzvioletten Krystallen am Rundkolben ab. Es wird ab und zu entfernt.

Will man Jod von letzten Spuren von evtl. vorhandenem Chlor oder Brom befreien, so muß das Rohjod vor der Sublimation mit feinst gepulvertem Kaliumjodid überstreut werden.

102. Kaliumjodid aus Jod. In einen 50 cm³ fassenden Kolben gibt man 3 g Eisen (nicht Blumen- oder Klavierdraht, sondern in Form von Eisenpulver) und 25 cm³ destilliertes Wasser und fügt in kleinen Anteilen 12 g Jod zu. Nach jedem Zusatz schüttelt man die Lösung so lange, bis alles Jod gelöst ist. Hierbei erwärmt sich das Reaktionsgemisch, man kühlt daher den Kolben von Zeit zu Zeit unter der Wasserleitung ab. Nach dem Eintragen des Jods soll die Lösung hellgrün sein; zeigt sie intensive Braunfärbung, so gibt man wenig Eisen hinzu, was einen Farbenumschlag in Grün hervorruft. Der Rückstand (unverbrauchtes Eisen und Kohle) wird abfiltriert und mit wenig Wasser gewaschen. Waschwasser und Lösung werden vereinigt und hierzu nochmals 3 g Jod hinzugegeben.

Dann löst man in einer 100 cm³ fassenden Porzellanschale 8 g Kaliumcarbonat in 25 cm³ Wasser, erhitzt die Lösung zum Sieden und fügt zu der heißen Lösung die ebenfalls erhitzte Lösung von Eisenjodid hinzu. Unter CO_2-Entwicklung bildet sich ein schwarzer Niederschlag von Eisen(II)-(III)-oxyd Fe_3O_4. Der Niederschlag wird abfiltriert und mit heißem Wasser gewaschen. Waschwasser und Filtrat werden vereinigt und solange eingedampft, bis sich an der Oberfläche der Lösung ein dünnes Krystallhäutchen abzuscheiden beginnt. Kaliumjodid krystallisiert in farblosen Würfeln. Es wird aus wenig heißem Wasser umkrystallisiert, durch Abtrocknen mit Filtrierpapier von anhaftender Feuchtigkeit befreit, im Vakuumexsiccator getrocknet und gewogen.

103. Aluminiumjodid, AlJ_3[1]. In eine Lösung von 20 g gut getrocknetem Jod (mehrere Tage im Exsiccator über Schwefelsäure aufbewahrt) in 80 cm³ trockenem Schwefelkohlenstoff werden in einem Schliffkolben 3,5 g Aluminiumgries gegeben. Unter Aufsatz eines Rückflußkühlers wird auf dem Wasserbad ganz schwach erwärmt, bis eine Reaktion eintritt, die am Aufsieden des Schwefelkohlenstoffs erkennbar ist. Nachdem das Jod vollkommen in Reaktion getreten ist, läßt man über Nacht stehen; der Schwefelkohlenstoff wird auf dem Wasserbad abdestilliert, wobei sorgfältig darauf zu achten ist, daß Schwefelkohlenstoffdämpfe sich nicht an einer Flamme entzünden können (elektrisches Wasserbad!). Das Aluminiumjodid bleibt dann mehr oder weniger verunreinigt durch überschüssige Reagenzien zurück, so daß eine Destillation zur Reinigung nötig ist. Wegen der höheren Affinität des Aluminiums zum Sauerstoff als zum Jod kann die Destillation nur bei Abwesenheit von Luft, also im Kohlendioxydstrom oder Vakuum durchgeführt werden. Da der Siedepunkt sehr hoch liegt und die Aluminiumjodiddämpfe also sofort wieder erstarren, wenn sie aus dem entsprechend erhitzten Bereich des Destillationskolbens heraustreten, erweist sich die Benutzung eines Säbelkolbens als zweckmäßig (Abb. 49), dessen Größe der vorhandenen Menge an Rohprodukt angepaßt sein muß. Nachdem das Letztere in den Säbelkolben überführt ist, leitet man getrocknetes und sauerstofffreies Kohlendioxyd durch den Kolben und erhitzt dann vorsichtig, indem flüchtige Zer-

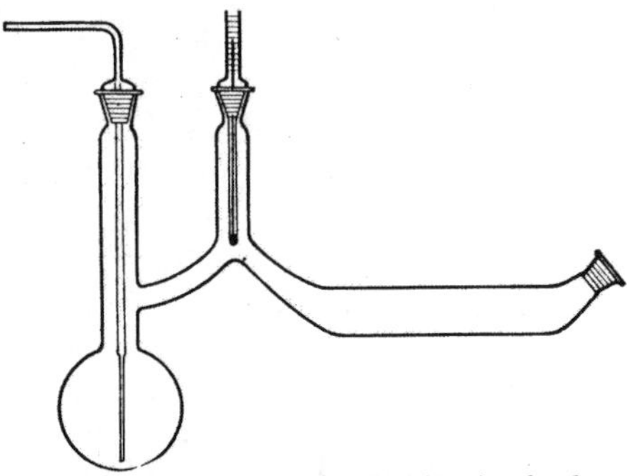

Abb. 49. Säbelkolben zur Destillation hochsiedender und leicht erstarrender Substanzen.

[1] Nespital, W.: Z. physik. Chem. B **16** (1932) 164.

setzungsprodukte, wie Jod, vor dem Übergehen von Aluminiumjodid möglichst aus dem Säbel entfernt werden. Aluminiumjodid schmilzt bei 191° und siedet bei 382°. Steht ein Kolben mit Schliffansätzen zur Verfügung, so kann auch im Vakuum gearbeitet werden. Das im Säbel befindliche Aluminiumjodid wird, wenn nötig, mehrmals destilliert bzw. geschmolzen und in einem Präparatenglas eingeschmolzen. Luftfeuchtigkeit ist dauernd fernzuhalten.

Ein Rohprodukt kann auch durch direkte Synthese im Bombenrohr erhalten werden[1]. Hierzu werden 2 g Aluminiumspäne mit 20 g Jod in einem Bombenrohr von 50 cm Länge innerhalb von 3 Stunden langsam auf 220° erhitzt und eine Stunde bei dieser Temperatur belassen. Die entstehende grauschwarze Masse wird durch Destillation gereinigt.

Quecksilber(II)-jodid. Der Modifikationswechsel des Quecksilber(II)-jodids, welches durch Elementarsynthese (Zusammenreiben von Quecksilber und Jod in Alkohol) oder wegen der Schwerlöslichkeit des Quecksilber(II)-jodids auch durch Fällung aus wässerigen Lösungen erhalten werden kann, läßt die Gültigkeit der Ostwaldschen Stufenregel besonders gut erkennen. Die rote Modifikation geht bei 126° in die gelbe über, diese gelbe energiereichere Modifikation entsteht intermediär bei Bildung von Quecksilber(II)-jodid immer, sowohl bei der Fällung aus wässeriger Lösung als auch durch Zusatz von Wasser zu einer alkoholischen Lösung von HgJ_2. In letzterem Fall ist die gelbe Modifikation etwas länger beständig. Quecksilber(II)-jodid ist praktisch undissoziiert.

104. Quecksilber(II)-jodid, HgJ_2. 10 g Quecksilber(II)-chlorid werden in 30 cm^3 heißem Wasser gelöst und mit einer kalten Lösung von 12,3 g Kaliumjodid in 15 cm^3 Wasser gefällt. Der zunächst gelbe Niederschlag wird in der Fällungsflüssigkeit gekocht, filtriert, mit heißem Wasser gewaschen und bei 100° getrocknet. Durch Umkrystallisieren aus heißer konz. Salzsäure oder durch Sublimation kann eine Reinigung herbeigeführt werden. In Wasser schwer lösliche, rote, tetragonale Krystalle. Werden einige Krystalle auf dem Objektträger bis zur Umwandlung in die gelbe Modifikation erhitzt, so kann beim Abkühlen unter dem Mikroskop die fortschreitende Umwandlung in die rote, stabile Modifikation verfolgt werden.

In überschüssiger Kaliumjodidlösung löst sich Quecksilber(II)-jodid unter Komplexbildung wieder auf, $K_2[HgJ_4]$. Die farblosen, löslichen Alkalisalze dieses Komplextyps können durch Zugabe von Schwermetallsalzen in die entsprechenden schwerlöslichen Salze überführt werden, die eine mit deutlicher Farbänderung verbundene Modifikationsumwandlung schon bei Temperaturen unter 100°, also in wässeriger Lösung aufweisen und als „Thermoskope" (optische Thermometer) bereits praktische Anwendung gefunden haben.

105. Kupfer(I)-quecksilber(II)-jodid, $Cu_2[HgJ_4]$. Quecksilber(II)-jodid wird durch Kaliumjodidlösung aufgelöst und mit Kupfersulfatlösung gefällt. Unter Reduktion des Kupfer(II) zu Kupfer(I) fällt ein roter Niederschlag des Doppeljodids, der aus konz. Salzsäure in kristallinen Blättchen erhalten wird. Oberhalb 70° tritt eine schokoladenbraune Färbung auf.

106. Silberquecksilber(II)-jodid, $Ag_2[HgJ_4]$. Eine Lösung von Kaliumquecksilberjodid wird mit Silbernitratlösung gefällt. Der gelbe Niederschlag des Doppeljodids wird bei 35° orange und bei noch höherer Temperatur rot. Die Farbänderungen sind vollkommen reversibel (Enantiotropie!), vorausgesetzt, daß nicht extrem hohe Temperaturen eine Zersetzung bewirkt haben.

[1] Biltz, W.: Z. anorg. allg. Chem. **121** (1922) 259.

Wismutjodid. Das Wismutjodid läßt sich sowohl auf trockenem Wege durch Elementarsynthese als auch aus wässerigen Lösungen durch Fällung einer Wismutsalzlösung mit Jodidlösung in saurem Medium erhalten. Die Hydrolyse des zu den typischen Metallchloriden tendierenden Wismutjodids läßt sich in siedendem Wasser erreichen, wobei Wismutoxyjodid in Form eines ziegelroten Pulvers entsteht. Die Schwerlöslichkeit des Wismutjodids in Wasser setzt die Hydrolysierbarkeit (z. B. im Vergleich zum Wismutchlorid) ebenfalls herab.

107. Wismutjodid, BiJ_3[1]. 8 g Wismutpulver werden mit 13 g Jodpulver gemischt und in einem langhalsigen, senkrecht stehenden Kolben (Jenaer Glas) von 50 cm³ erhitzt. Eine schwache Reaktion setzt beim Erwärmen ein, bei stärkerem Erhitzen sublimiert zuerst freies Jod, das mit einer zweiten Flamme durch den Kolbenhals ausgetrieben wird; nunmehr sublimiert Wismuttrijodid, welches sich durch Neigen des Kolbens zur waagerechten Lage beim Kondensieren in Form eines Regens kleiner Krystallflitter im langen Kolbenhals absetzt.

Sublimiertes Wismutjodid fällt in glänzenden, schwarzbraunen Krystallen an, während durch Fällung erhaltenes wegen feinerer Verteilung ein dunkelbraunes Pulver darstellt.

Kohlenstofftetrajodid. Neben verschiedenen Möglichkeiten der Darstellung durch Umhalogenierung von CCl_4 durch andere Jodide besteht auch diejenige, die Jodierung durch Alkyljodide und $AlCl_3$ als Katalysator nach

$$CCl_4 + 4C_2H_5J = CJ_4 + 4C_2H_5Cl$$

durchzuführen.

108. Kohlenstofftetrajodid, CJ_4. In einen 500-cm³-Rundkolben werden 12 g Tetrachlorkohlenstoff und 48 g Äthyljodid (beide in vollkommen trockenem Zustand und frisch destilliert) gegeben. Dann wird noch 1 g vollkommen wasserfreies Aluminiumchlorid als Katalysator eingetragen und der Kolben durch einen Stopfen, der ein Trockenrohr mit $CaCl_2$ zur Verhinderung des Zutritts von Luftfeuchtigkeit trägt, sofort verschlossen. Es tritt bald eine Rotfärbung auf, wobei sich das Reaktionsgemisch erwärmt und das entstehende Äthylchlorid (Sdp. 13,1°) durch das Trockenrohr entweicht. Nach $^1/_2$ Stunde werden die abgeschiedenen roten Krystalle von CJ_4 von einer noch zurückbleibenden Flüssigkeit abdekantiert. Das noch vorhandene Aluminiumchlorid wird mit 50 cm³ Eiswasser hydratisiert, und die durch freies Jod dunkel gefärbten Krystalle werden auf einer Glasfritte abgenutscht und mit Eiswasser, dann mit 96proz. und zuletzt mit absolutem Alkohol nachgewaschen, wobei die Krystalle mit prächtig leuchtender, roter Farbe zurückbleiben. Gegebenenfalls entstehende erneute geringe Jodabscheidung auf der Oberfläche des Krystallbreis kann durch Behandlung im Vakuumexsiccator unter Trocknung über Silikagel und Phosphorpentoxyd entfernt werden.

Mit Methyljodid verläuft die Reaktion langsamer und es entstehen infolgedessen größere Krystalle von CJ_4.

Der Tetrajodkohlenstoff ist eine hitze- und lichtempfindliche Substanz, die in Wasser und Alkohol unlöslich ist, sich aber bei längerer Berührung damit zersetzt.

Jodide des Zinns. Das Jodid des zweiwertigen Zinns ist aus wässeriger Lösung in wasserfreier Form zu erhalten und zwar durch Fällung einer Kaliumjodidlösung mit dem löslicheren Zinn(II)-chlorid oder durch Auflösen von metallischem Zinn in konz. Jodwasserstoffsäure, also reduzierendem Milieu. Läßt man jedoch freies Jod auf metallisches Zinn einwirken, so wird Zinn(IV)-jodid erhalten, sowohl in direkter Elementarsynthese als auch in Gegenwart eines indifferenten Lösungsmittels zur Mäßigung der Reaktion.

---

[1] Schneider, R.: J. prakt. Chem. [2] **50** (1894) 463.

109. Zinn(IV)-jodid, SnJ_4. 1 Gewichtsteil Zinn wird in 6 Teilen Schwefelkohlenstoff mit 4 Teilen Jod versetzt, wobei bei größeren Ansätzen gekühlt werden muß. Der Umsatz wird in einem Schliffkolben vorgenommen. Die gelbgefärbte Lösung wird vom überschüssigen Zinn dekantiert und das Lösungsmittel unter Feuchtigkeitsausschluß abgedunstest. Zinn(IV)-jodid bleibt in Form einer roten Krystallmasse zurück. Smp. 143,5°, Sdp. 340°.

10. Fluoride.

Allgemeines. Die Tatsache, daß das Fluor sowohl allgemein unter den nichtmetallischen Elementen als auch in der Gruppe der Halogene eine extreme Sonderstellung einnimmt, wirkt sich in einer Weise auch auf die präparative Methodik zur Darstellung von anorganischen Fluorverbindungen aus, die dieses Gebiet materialmäßig-apparativ zu einem am schwierigsten zu bewältigenden hat werden lassen. Die außerordentlich starke Affinität des elementaren Fluors gegenüber fast allen Elementen bedingt auch die relativ schwierige Darstellung des Elementes, die, da ein genügend starkes chemisches Oxydationsmittel zur Oxydation des Fluoridions zum freien Fluor nicht zur Verfügung steht, nur auf elektrochemischem Wege durch anodische Oxydation möglich ist und zwar auch nur in wasserfreiem Medium, da bei Gegenwart von Wasser die bei weitem größere Affinität des Fluors zum Wasserstoff wie die des Sauerstoffs zum Wasserstoff sofort zu folgendem Umsatz führen würde:

$$F_2 + H_2O \rightarrow 2\,HF + {}^1/_2 O_2.$$

Die folgenden beiden thermochemischen Gleichungen lassen diese Reaktionsmöglichkeit ebenfalls voraussehen, wobei zu berücksichtigen ist, daß die erste Gleichung zum Vergleich verdoppelt werden muß:

$$H_2 + F_2 \rightarrow 2\,HF + 128{,}4\text{ kcal}$$
$$2\,H_2 + O_2 \rightarrow 2\,H_2O + 136{,}6\text{ kcal.}$$

Man elektrolysiert also flüssigen Fluorwasserstoff, dem durch Zusatz von Kaliumfluorid eine genügende elektrische Leitfähigkeit erteilt wird. Materialmäßig macht die starke Reaktionsfähigkeit des elementaren Fluors die Verwendung spezieller Apparaturen notwendig, wie z. B. solche aus metallischem Kupfer, das mit Fluor eine schwerlösliche Deckschicht von Kupferfluorid bildet, als Gefäßmaterial und mit Graphit, das bei niederer Temperatur relativ langsam reagiert, als Anodenmaterial, sowie Flußspat als Dichtungsmaterial usw.

Die Reaktionsfähigkeit des Fluors zeigt sich auch in der Tatsache, daß viele Metalle, die mit den höheren Halogenen erst bei erhöhter Temperatur reagieren, mit diesem schon bei Zimmertemperatur „verbrennen". Selbst das sonst den stärksten chemischen Beanspruchungen gewachsene Platinmetall reagiert schon bei 450° mit Fluor unter Bildung von PtF_4. Auch Quarzrohre reagieren bei 500° unter Bildung von SiF_4 und Sauerstoff, so daß man bei Anwendung höherer Temperaturen auf das sehr kostspielige geschmolzene Flußspatmaterial angewiesen ist. Auch die Verwendung von Fluorwasserstoff zur Darstellung von Fluoriden hat die vollkommene Ausscheidung von Glasapparaturen unter Ersatz durch Platin zur Voraussetzung, was erstens sehr teuer ist und zweitens auch häufig die Beobachtung des Reaktionsvorganges wegen der Undurchsichtigkeit des Metalls ausschaltet.

Prinzipiell stehen mehrere Darstellungsmöglichkeiten für Fluoride zur Verfügung: Die Elementarsynthese hat allerdings die Herstellung elementaren Fluors zur Voraussetzung; sofern dasselbe aber vorliegt, kann auch mit Verbindungen wie Halogeniden, Sulfaten, Sulfiden, Phosphiden usw. wegen der großen

Bildungswärme der Fluoride in den meisten Fällen ein Umsatz zu den Fluoriden erzielt werden.

Aus demselben Grund kann mit reinem, wasserfreiem Fluorwasserstoff (Fluorwasserstoff ist eine bei —92° erstarrende und bei +19,4° siedende Flüssigkeit) eine Umhalogenierung der anderen Halogenide der Elemente der verschiedenen Gruppen des periodischen Systems herbeigeführt werden:

$$n\,HF + MeCl_n \leftrightharpoons MeF_n + n\,HCl.$$

Die Herstellung von Fluoriden aus wässeriger Flußsäure und entsprechenden Metallen, Metalloxyden oder Carbonaten hat wegen der Möglichkeit der Hydrolyse der erwarteten Fluoride keine allgemeine Bedeutung; wasserfrei werden so z. B. Natriumfluorid, Magnesiumfluorid, Calciumfluorid und Bleifluorid erhalten; hydratische Fluoride spalten beim Erhitzen leicht Fluorwasserstoff unter partieller Hydrolyse und Bildung von Oxysalzen ab.

Auch mit anderen Fluoriden hoher Wertigkeitsstufen, die also eine Tendenz zur Abgabe von Fluor aufweisen, kann eine Umhalogenierung erzielt werden, z. B. mit CoF_3, AgF_2, HgF_2 oder vornehmlich mit SbF_5, die vor der Fluorierung mit elementarem Fluor den Vorzug hat, daß keine Gemische verschiedener Fluorierungsstufen entstehen, deren Trennung Schwierigkeiten verursachen könnte.

Die im folgenden beschriebenen Beispiele für die Darstellung von Fluoriden sind so ausgewählt, daß erheblicher Material- und Chemikalienaufwand (komplizierte Platinapparaturen oder Fluorgenerierung) vermieden wird; sie geben also, darauf soll hier ausdrücklich hingewiesen werden, kein charakteristisches Bild von den großen experimentellen Schwierigkeiten der Fluorchemie, von denen man einen den Tatsachen entsprechenden Eindruck beim Studium der Arbeiten von Moissan und besonders von Ruff und Fredenhagen (Fluorwasserstoffchemie) gewinnen kann.

Bortrifluorid. Das Bortrifluorid ist ein Gas (Smp. —126°; Sdp. —101°), das nicht mit Luftfeuchtigkeit wie die anderen Halogenide des Bors äußerst leicht hydrolysiert, sondern mit Wasser sich nur zu Hydraten, entweder $BF_3 \cdot 1\,H_2O$ oder $BF_3 \cdot 2\,H_2O$ verbindet, von denen das Dihydrat sich sogar im Vakuum (1,2 mm Hg) bei 59···60° destillieren läßt. Die Tatsache, daß durch Hydrolyse bei Verwendung von BF_3 kein Fluorwasserstoff entsteht, hat diese Verbindung zu einem wertvollen Katalysator bei vielen organischen Reaktionen werden lassen[1]. Auch die Darstellung des Bortrifluorids selber kann daher in Glasapparaten durchgeführt werden.

110. Bortrifluorid, BF_3[2]. Ein Gemisch von 45 g Kaliumborfluorid (Nr. 199), 7,5 g Bortrioxyd (geschmolzen und pulverisiert s. Nr. 7 S. 27) und 100 cm³ konz. Schwefelsäure werden in einem Rundkolben gelinde erhitzt. Der Rundkolben ist mit einem seitlich eingeschmolzenen, bis auf den Boden reichenden Sicherheitsrohr versehen, auf den Hals wird ein Rückflußkühler durch Schliff aufgesetzt (Gummi ist unbedingt zu vermeiden). Das Ableitungsrohr ist mit einem Sicherheitshahn versehen, der im Falle einer Verstopfung die Verbindung mit der Außenluft herzustellen gestattet. Je nach Temperaturerhöhung entwickelt sich das Bortrifluorid bei 150···240° mehr oder weniger stark nach der Gleichung

$$6\,KBF_4 + B_2O_3 + 6\,H_2SO_4 = 8\,BF_3 + 6\,KHSO_4 + 3\,H_2O.$$

Um die Entstehung von Fluorwasserstoff, die bei Beginn der Reaktion eintreten kann, zu unterdrücken, wird zweckmäßigerweise das feingepulverte Bortrioxyd zu-

---

[1] Kästner, D.: Angew. Ch. **54** (1941) 273.

[2] Krause, E., u. R. Nitsche: Ber. dtsch. chem. Ges. **54** (1921) 2786. — Schiff, H.: Liebigs Ann. Chem. Suppl. **5** (1867) 172. — Pannwitz, W.: Diss. Marburg 1934.

erst in der konz. Schwefelsäure aufgelöst und das Kaliumborfluorid nach Erkalten der Mischung unter Umschütteln hinzugegeben. Soll das gasförmige Bortrifluorid kondensiert werden, so muß dies in mit flüssiger Luft gekühlten Fallen geschehen, nachdem vorher Feuchtigkeitsbeimengungen durch Kühlfallen geringerer Temperatur ausgefroren sind. Durch Einleiten von Bortrifluorid in Anisol, in dem es sich weitgehend löst, läßt sich ein Borfluoridreservoir herstellen, aus dem bei Bedarf durch Erhitzen das Gas wieder ausgetrieben werden kann.

111. Arsentrifluorid, AsF_3. 25 g ausgeglühter Flußspat, der frei von Calciumcarbonat sein muß, werden mit der gleichen Menge Arsentrioxyd vermengt und in einem 200-cm^3-Fraktionierkolben (Jenaer Glas) in 50 g konz. Schwefelsäure gegeben (D 1,84). Das Ableitungsrohr wird mit einer Bleischlange verbunden, die durch Eis-Kochsalz-Mischung gut gekühlt wird. Beim Erhitzen des Reaktionsgemisches entweichen Dämpfe von Arsentrifluorid, die nach Kondensation in der Bleischlange am besten in einem Bleigefäß aufgefangen werden. Es treten durch mitgerissene Feuchtigkeit im Kondensat zwei Schichten auf, von denen die obere wässerige Schicht im Scheidetrichter abgetrennt und die untere nochmals sorgfältig aus einem kleinen Kolben destilliert wird.

Arsentrifluorid ist eine rauchende, farblose Flüssigkeit, deren Dämpfe äußerst giftig sind; daher ist die Darstellung nur in einem gut ziehenden Abzug vorzunehmen! Die Aufbewahrung sollte nur in Platin- oder Bleigefäßen erfolgen, da bei längerer Einwirkungszeit Glas doch angegriffen wird. Sdp. 63°.

Die Färbung der Fluoride läßt allgemein eine gegenüber den Chlor-, Brom- und Jodverbindungen abnehmende Farbtiefe erkennen, die in vielen Fällen zur vollkommenen Farblosigkeit führt, z. B. WCl_6 metallisch-blau $\rightarrow$ WF_6 farblos oder NiJ_2 schwarz $\rightarrow$ $NiBr_2$ dunkelbraun $\rightarrow$ $NiCl_2$ gelbbraun $\rightarrow$ NiF_2 gelblich. Diese Erscheinung wird dadurch bedingt, daß die Polarisierbarkeit der negativ geladenen Halogenidionen, also die mehr oder weniger weit gehende Möglichkeit, durch elektrische Kraftfelder von außen verzerrt zu werden, vom F^--Ion zum J^--Ion zunimmt. Bei den Fluoriden kann wegen des geringen Volumens des F^--Ions auch von Ionen hoher positiver Ladung keine oder nur eine relativ geringe Polarisationswirkung auf dasselbe ausgeübt werden. Allgemein tritt aber eine Farbvertiefung mit zunehmender Polarisierbarkeit des Anions bei anorganischen Verbindungen auf.

Hydrate von Fluoriden vorwiegend heteropolaren Charakters werden ohne erhebliche Schwierigkeiten aus den Hydroxyden und wässeriger Flußsäure gewonnen.

112. Eisen(III)-fluoridhydrat, $FeF_3 \cdot 4{,}5\,H_2O$. Aus einer Eisen(III)-chloridlösung wird mit Ammoniak das Hydroxydgel gefällt und bis zur Chloridfreiheit gewaschen. In einer Platinschale wird es mit überschüssiger 40proz. Flußsäure behandelt, die Lösung wird auf dem Wasserbad konzentriert. Beim Erkalten krystallisiert ein rosafarbenes Salz aus, das durch Pressen auf Filtrierpapier von der Mutterlauge befreit, mit kaltem Wasser gewaschen und im Exsiccator getrocknet wird.

11. Hydrate von Halogeniden.

Allgemeines. Während die Halogenide von überwiegend säurechloridartiger Natur im allgemeinen wegen ihrer leichten Hydrolysierbarkeit keine Hydrate zu bilden vermögen, können doch unter vorsichtigen Versuchsbedingungen solche von Verbindungungen wie Zinn(IV)-chlorid, $SnCl_4$, oder Antimon(V)-chlorid, $SbCl_5$ und Sulfurylchlorid SO_2Cl_2 erhalten werden. Bei typisch salzartigen Halogeniden werden Hydrate aus wässerigen Lösungen für gewöhnlich ohne größere Schwierigkeiten erhalten, so daß deren Darstellung keine erheblichen präparativen Probleme mit sich bringt, höchstens für den Fall, daß eine bestimmte Hydratstufe in definierter Form angestrebt wird. Zurückdrängung der Hydrolyse durch mehr oder weniger starkes Ansäuren ist doch in den meisten Fällen erforderlich. Einige Metalle vermögen jedoch als Halogenide wie auch in Form anderer Salze in mehreren Isomeren aufzutreten, was durch die nähere Untersuchung der Eigenschaften der verschiedenen Isomeren sich dahingehend aufgeklärt hat, daß das Hydratwasser, welches analytisch bei allen Isomeren ja in gleicher Menge vorhanden ist, verschieden gebunden sein kann. Die Hydrate können ebenso wie die Ammoniakate und andere Verbindungen höherer Ordnung als Komplexe aufgefaßt werden, und man hat Grund anzunehmen, daß das Aluminiumchlorid-Hexahydrat als ein Aquokomplex folgender Konstitution formuliert werden kann: $[Al(H_2O)_6]Cl_3$. Die Stabilität solcher Hydratkomplexe geht auch daraus hervor, daß thermisch das Hydratwasser ohne hydrolytische Zersetzung nicht ausgetrieben werden kann, d. h. beim Erhitzen entweicht Chlorwasserstoff unter Zurücklassung von Aluminiumoxydhydrat bzw. Aluminiumoxyd, so daß es hier wie auch in vielen anderen Fällen nicht möglich ist, zum wasserfreien Aluminiumchlorid bzw. entsprechenden Halogenid zu gelangen und daher die oben genannten, unter Ausschluß von Wasser arbeitenden Verfahren angewendet werden müssen. Isomere solcher hydratischen Komplexe hat man bisher vor allem beim Chrom(III), einem Element von bekanntlich außerordentlich stark ausgebildeter Komplexbildungstendenz gefunden, von denen u. a. das violette und ein grünes Hexahydrat des Chlorides besonders leicht zugänglich sind, denen man folgende Konstitution zuschreiben kann:

$[Cr(H_2O)_6]Cl_3$ violett $[Cr(H_2O)_4Cl_2]Cl \cdot 2H_2O$ grün

Durch diese Formulierung wird angedeutet, daß im violetten Salz das gesamte Chlorid in wässeriger Lösung dissoziierbar ist und z. B. mit Silbernitrat momentan gefällt werden kann, während die Fällung beim grünen Chlorid nur für ein Drittel des Gesamt-Chlorids, nämlich dem außerhalb des Komplexes stehenden, möglich ist. Um die festgelegte Koordinationszahl 6 zu wahren, werden zwei Mol Hydratwasser, die durch zwei Chloridionen ersetzt werden, außerhalb des Kationenkomplexes angeordnet und sind darum auch relativ leicht entfernbar. Diese Erklärung wird auch durch Leitfähigkeitsmessungen[1] gestützt, wodurch erwiesen werden konnte, ob ein in 4 Ionen (wie beim $[Cr(H_2O)_6]^{+++} + 3Cl^-$) oder ein in 2 Ionen (wie beim $[Cr(H_2O)_4Cl_2]^+ + Cl^-$) dissoziierendes Salz vorliegt. In wässeriger Lösung sind die verschiedenen Komplexe ineinander überführbar, die dunkelgrüne Lösung des Dichloro-Komplexes wandelt sich beim Stehen in der Kälte allmählich in eine violette Lösung des Hexaquo-Komplexes um, während beim Erwärmen der violetten Lösung umgekehrt eine Umwandlung in den grünen Dichloro-Komplex eintritt. Als drittes isomeres Hydrat ist außerdem noch ein grünes Salz der Konstitution $[Cr(H_2O)_5Cl]Cl_2 \cdot H_2O$ gefunden worden[2].

Diese Erscheinung der Hydratisomerie ist auch bei Hydraten des Chrom(II) gefunden worden[3], wo man ein blaues und ein dunkelgrünes $CrCl_2 \cdot 4H_2O$ gefunden hat. Beim dreiwertigen Titan erhält man neben dem violetten $(Ti(H_2O)_6]Cl_3$ in ähnlicher Weise wie beim Chrom ein grünes isomeres Hexahydrat von einer dem grünen Chromsalz analogen Konstitution.

113. Grünes Chrom(III)-chlorid-Hexahydrat, $[Cr(H_2O)_4Cl_2]Cl \cdot 2H_2O$. 100 g Chrom(VI)-oxyd, CrO_3, werden in 400 g Salzsäure in einem Kolben vorsichtig erhitzt, bis keine roten Dämpfe mehr entweichen und bis zum Aufhören der Chlorentwicklung gekocht, wobei die Lösung eine rein grüne Farbe annimmt (3 Stunden). Ge-

[1] Werner, A., u. A. Gubser: Ber. dtsch. chem. Ges. **34** (1901) 1591.

[2] Gutierrez de Celis, W.: An. Soc. espan. **34** (1936) 553.

[3] Knight, W. A., u. E. M. Rich: J. chem. Soc. London **99** (1911) 87.

gebenenfalls ist etwas Salzsäure nachzufüllen. Die Lösung wird in einer Porzellanschale bis zur Sirupdicke eingedampft, erkalten gelassen und die dicke Krystallmasse auf Ton über CaO im Exsiccator getrocknet.

50 g von diesem Rohchlorid werden in 40 cm^3 Wasser gelöst, filtriert, mit Eis-Kochsalz-Mischung gekühlt und unter dauernder Kühlung mit Chlorwasserstoff gesättigt. Nachdem man einige Stunden hat auskrystallisieren lassen, saugt man den Krystallbrei auf einer Glasfritte ab, trocknet ohne zu waschen 2 Tage im Exsiccator und wäscht nunmehr mit Aceton, bis das Filtrat farblos abfließt. Ausbeute 10···20 g.

114. Grauviolettes Chrom(III)-chlorid-Hexahydrat, $[Cr(H_2O)_6]Cl_3$. Bei Abwesenheit von freier Säure ist das violette Hydrat das beständigere. Man löst 50 g rohes Chrom(III)-chlorid s. Nr. 113 S. 105 in 40 cm^3 Wasser, kocht und gibt zur Neutralisation noch vorhandener freier Säure solange frisch gefälltes Chrom(III)-oxydhydrat hinzu, bis die Dämpfe der kochenden Lösung Lackmus nicht mehr röten. (Das Oxydhydrat wird durch Fällen einer kochenden, verdünnten Lösung von Rohchlorid mit Ammoniak hergestellt; der Niederschlag wird abfiltriert und mit heißem Wasser gewaschen.) Nach Neutralisation wird die Lösung innerhalb einer halben Stunde auf 50 cm^3 eingedampft, mit Eis-Kochsalz-Mischung gut gekühlt und kalt mit Chlorwasserstoff gesättigt, wobei man eine Temperaturerhöhung über 0° zur Vermeidung der Rückbildung des grünen Chlorids ausschließen muß. Nachdem sich die grauvioletten Kryställchen nach einigen Stunden abgesetzt haben, werden diese auf der Glasfritte abgesaugt und mit wenig gekühlter konz. Salzsäure, dann mit Aceton bei guter Durchmischung gewaschen.

Das Rohprodukt wird in höchstens 20 cm^3 Wasser gelöst, die Lösung filtriert und wiederum unter starker Kühlung mit Chlorwasserstoff gesättigt, wobei sich das violette Hydrat in großen Krystallen fast quantitativ abscheidet. Nach Absaugen auf der Glasfritte wird mit Aceton gewaschen und im Vakuum über Schwefelsäure getrocknet. Ausbeute 5···14 g. Die Ausbeute ist bedeutend höher, wenn man vom violetten Nitrat $[Cr(H_2O)_6](NO_3)_3 \cdot 3H_2O$ ausgeht, von dem 40 g in 40 cm^3 konz. Salzsäure gelöst werden und in diese Lösung Chlorwasserstoff bis zur Sättigung eingeleitet wird[1].

115. Berylliumchlorid-Tetrahydrat, $BeCl_2 \cdot 4H_2O$[2]. Berylliumoxyd wird in konz. Salzsäure gelöst, die Lösung eingedampft und der Rückstand mehrere Male mit konz. Salzsäure aufgenommen, bis eine vollkommen klare Lösung entstanden ist. Die Lösung wird möglichst weitgehend eingedunstet, was immer nur mit Salzsäureverlust durchführbar ist. Darauf wird in die konz. Lösung in einem mit Zu- und Ableitungsrohr versehenen Kolben ein lebhafter Strom von trockenem Chlorwasserstoff bis zur Sättigung nach dem Erkalten eingeleitet. Die abgeschiedenen, leicht gelblich gefärbten Krystalle werden auf der Glasfritte von der Mutterlauge unter Vermeidung eines Zutritts von Luftfeuchtigkeit so weit wie möglich befreit, zur Reinigung in der gerade ausreichenden Menge konz. Salzsäure durch mäßiges Erhitzen gelöst und die Lösung im Exsiccator über konz. Schwefelsäure eingedunstet. Nach einigen Tagen scheidet sich das Tetrahydrat in großen Krystallen ab.

Das Tetrahydrat zerfließt an feuchter Luft sehr schnell, wobei bei Zimmertemperatur bereits Chlorwasserstoff entweicht, ein Zeichen für die starke Tendenz der Berylliumsalze zur Hydrolyse. Vom Bromid ist in ähnlicher Weise ein Tetrahydrat erhältlich, jedoch nicht vom Jodid.

116. Uran(IV)-chlorid-Dekahydrat, $UCl_4 \cdot 10H_2O$[3]. Eine wässerige Lösung von Uran(IV)-chlorid (s. Nr. 79 S. 83) wird auf dem Wasserbad bis zu einer syrupösen

---

[1] Bjerrum, N.: Z. physik. Chem. **59** (1907) 340.

[2] Čupr, V., u. N. Šalanský: Z. anorg. allg. Chem. **176** (1928) 241.

[3] Rosenheim, A., u. M. Kelmy: Z. anorg. allg. Chem. **206** (1932) 31.

Lösung eingedampft, mit wenig absolutem Alkohol aufgenommen und die erhaltene Lösung bei möglichst niederer Temperatur mit gasförmigem Chlorwasserstoff gesättigt. Der grüne, aus Nadeln bestehende Krystallbrei wird auf der Glasfritte abgesaugt und schnell getrocknet. Sehr hygroskopisch.

117. Vanadin(III)chlorid-Hexahydrat, $VCl_3 \cdot 6H_2O$[1]. Durch Auflösen von 25 g Vanadin(V)-oxyd in konz. Salzsäure auf dem Wasserbad wird eine Auflösung von $V^{IV}OCl_2$ bereitet. Im Falle, daß etwas geglühtes und daher reaktionsträges Vanadinoxyd vorliegt, kann zur Löslichkeitsbeschleunigung etwas Oxalsäure zugegeben werden.

In einer der in Abb. 51 wiedergegebenen Elektrolysierzelle nachgebildeten Apparatur wird diese Lösung im inneren Tonzylinder an einer Platinkathode (evtl. Platintiegel!) zum dreiwertigen Vanadin weiter reduziert. Als Anode werden in diesem Falle 3 Kohleelektroden benutzt, die in Salzsäure als Anolyten eintauchen. Nach Anlegen einer Spannung von 12···14 Volt wird die Stromstärke auf 4 Ampère eingestellt. Die Reduktion zur dreiwertigen Stufe ist beendet, wenn die stark salzsaure Kathodenlösung eine rein grüne Farbe angenommen hat. Bei zu langer Reduktionszeit verläuft die Reduktion bis zur zweiwertigen Stufe, erkennbar an der Blaufärbung bzw. Violettfärbung der Lösung. Durch Luftsauerstoff wird das zweiwertige Vanadin aber leicht zum dreiwertigen wieder oxydiert.

Die so an der Kathode erhaltene grüne Lösung wird (gegebenenfalls nach Eindampfen) in einer Kältemischung gekühlt und mit HCl gesättigt. Das Hydrat fällt in grünen Krystallen aus und wird auf einer Glasfrittennutsche scharf abgesaugt. Ein Auswaschen mit H_2O ist wegen der leichten Hydrolysierbarkeit zu vermeiden. Pistaziengrüne Krystallnadeln. Ausbeute 70%.

12. Interhalogenverbindungen und Pseudohalogene.

Allgemeines. Halogene vermögen sich in mannigfaltiger Weise untereinander zu verbinden. So existieren alle Kombinationen der vier Elemente der 7. Hauptgruppe vom Formeltyp XY außer JF.

Tabelle 8. *Schmelz- und Siedepunkte der Interhalogenverbindungen vom Typ AB.*

		Smp.	Sdp.
ClF	farbloses Gas	− 155,6°	− 100,1°
BrF	hellrotes Gas	− 33°	+ 20°
BrCl	Gleichgewicht mit Br_2 und Cl_2	− 54°	− 20° (20 mm)
JCl	rubinrote Nadeln	+ 27,2°	+ 97,4°
JBr	rotbraune Kristalle	+ 36°	+ 116°

Eine größere Entfernung der beiden Halogene im periodischen System bedeutet eine größere Unbeständigkeit und Reaktionsfähigkeit; so ist z. B. JCl bedeutend reaktionsfähiger als JBr.

In anderen Verhältnissen vermögen die Halogene auch zusammen zu treten und zwar mit um so mehr Atomen des leichteren Halogens, je weiter die beiden Partner im periodischen System entfernt angeordnet sind, s. Tab. 9.

Tabelle 9. *Schmelz- und Siedepunkte der Interhalogenverbindungen vom Typ AB_x.*

		Smp.	Sdp.
ClF_3	farbl. Gas	− 82,6°	+ 12,1°
BrF_3	,, Flüsssigkeit	+ 8,8°	+ 127,0°
BrF_5	,, ,,	− 61,3°	+ 40,5°
JF_5	,, ,,	+ 8,5°	+ 97,0°
JF_7	,, Gas	+ 5,5°	Sublp. + 4,5°

Die Halogene vermögen auch mit anderen Pseudohalogenen (N_3^-, CN^-, CNO^-) Verbindungen einzugehen, bei denen sich jedoch schon z. T. ein heteropolares Verhalten stärker andeutet; so ist z. B. beim JCN

[1] Piccini, A., u. N. Brizzi: Z. anorg. allg. Chem. **19** (1899) 394.

das Jod der einwertig positive Bestandteil, was aus dem elektrochemischen Verhalten und dem Hydrolysemechanismus geschlossen werden kann.

Die Ionisationsfähigkeit von Halogenfluoriden geht aus der Leitfähigkeit hervor. Für das BrF_3 konnte an zahlreichen Reaktionen gezeigt werden[1], daß eine Eigendissoziation nach

$$2BrF_3 \rightleftharpoons BrF_2^+ + BrF_4^-$$

vorliegen muß und daß es als ionisierendes, nichtwässeriges Lösungsmittel aufzufassen ist. So kann z. B. die Reaktion zwischen $AgBrF_4$ (einem Basenanalogen) mit BrF_2SbF_6 (einem Säureanalogen) als Neutralisationsreaktion in fl. BrF_3 aufgefaßt werden:

$$AgBrF_4 + BrF_2SbF_6 = AgSbF_6 + 2BrF_3.$$

Das entstehende Lösungsmittel kann vom gebildeten Salz durch Destillation abgetrennt werden. Eine große Zahl komplexer Fluoride kann auf diese Weise dargestellt werden.

Die freien Pseudohalogene — als solche werden nach Birkenbach Radikale bezeichnet, deren physikalische und chemische Eigenschaften denen der Halogene sehr ähnlich sind — werden z. T. in der Weise dargestellt, daß man ein Pseudohalogenid eines Metalls in seiner höheren Wertigkeitsstufe darzustellen beabsichtigt, wobei aber Abspaltung von freien Pseudohalogenen eintritt. Ebenso wie durch Einwirkung von Chlorwasserstoff auf Braunstein freies Chlor entsteht nach:

$$4HCl + MnO_2 = 2H_2O + MnCl_2 + Cl_2$$

wird nach:

$$4HSCN + MnO_2 = 2H_2O + Mn(SCN)_2 + (SCN)_2$$

freies Rhodan, wenn auch nur in geringer Ausbeute, erhalten. Die Unbeständigkeit des Cyanids vom zweiwertigen Kupfer läßt sich jedoch direkt präparativ ausnutzen, da es quantitativ nach:

$$Cu(CN)_2 = CuCN + {}^1/_2(CN)_2$$

zerfällt.

118. Jodmonochlorid, JCl. Wird Chlor in einem kleinen Fraktionierkolben über festes Jod geleitet, bis gelbe Krystalle von JCl_3 auftreten, so hat sich JCl in Form einer dunkelbraunroten Flüssigkeit gebildet, die zwischen 101 und 102° siedet. Nach Destillation wird die stechend riechende und die Schleimhäute reizende Substanz im Einschmelzröhrchen eingeschmolzen.

119. Jodtrichlorid, JCl_3[2]. Elementares Jod wird in einem länglichen Schliffkolben durch ein Trockeneis-Alkoholgemisch (—79°) gekühlt und Chlor darauf verflüssigt, bis etwas Chlor in gelben Tropfen zu erkennen ist. Zur vollständigen Reaktion läßt man das Gefäß noch einige Stunden in der Kältemischung und dunstet den Überschuß von Chlor bei Zimmertemperatur ab, wobei JCl_3 als gelbe Krystallmasse zurückbleibt. Beim Erwärmen tritt Dissoziation in JCl und Cl_2 ein.

120. Jodmonobromid, JBr[3]. In einem Schliffkolben läßt man auf festes Jod die äquivalente Menge Brom auftropfen, die Masse erwärmt sich (gegebenenfalls wird die Temperatur auf 25···50° gebracht), zerfließt, erstarrt jedoch beim Abkühlen wieder teilweise. Wird bei 50° ein CO_2-Strom durchgeleitet, so verdampft das überschüssige Brom, und beim Abkühlen erstarrt die braunrote Flüssigkeit zu reinem, festem Jodmonobromid als sehr harte Masse von der Farbe des Jods. Smp. 36°.

---

[1] Gutmann, V.: Angew. Ch. **62** (1950) 312.
[2] Birk, E.: Z. angew. Ch. **41** (1928) 751.
[3] Bornemann, W.: Liebigs Ann. Chem. **189** (1877) 202.

Der Dampf ist rotbraun und weitgehend in die Elemente dissoziiert. Besonders charakteristisch ist die Neigung, sich aus dem Dampfzustand an den Gefäßwänden in rotbraunen, farnkrautähnlichen Krystallen abzuscheiden.

121. Jodcyan, JCN[1]. In einen Kolben gibt man 12,6 g Jod und 20 g Wasser und läßt hierzu langsam unter Rühren eine Lösung von 2,5 g Natriumcyanid in 50 cm^3 Wasser hinzutropfen. Am Anfang der Reaktion entfärbt sich das Jodwasser bei jeder Zugabe, bis das Jod sich im gebildeten Natriumjodid zu einer dunkel gefärbten Lösung gelöst hat, die sich erst nach Beendigung der Reaktion entfärbt. Sofern das verwendete Natriumcyanid nicht vollkommen rein ist, muß ein kleiner Überschuß hiervon angewendet werden. Nunmehr wird ein Chlorstrom eingeleitet, wodurch das Jodid wieder in elementares Jod überführt wird. Nun wird dieselbe Menge der Natriumcyanidlösung nochmals unter Rühren hinzugegeben, so daß etwas freies Jod vorhanden ist. Am Ende der Reaktion wird eine kleine Menge überschüssigen Natriumcyanids hinzugegeben.

Beim Ausäthern der Flüssigkeit bleibt eine kleine Menge brauner Flocken von Paracyan $(CN)_x$ zurück. Nach Abdunsten des Äthers erhält man 13,5 g Jodcyan in Form einer weißen, nadeligen Krystallmasse, die leicht sublimiert werden kann, und mit der wegen der lakrimogenen Eigenschaften vorsichtig umzugehen ist.

122. Dicyan, $(CN)_2$. 1. *Durch Zersetzung von Kupfercyanid, $Cu(CN)_2$.* Eine konzentrierte Lösung von reinem Kaliumcyanid läßt man durch einen Tropftrichter in eine Lösung von 200 g Kupfer(II)-sulfat-5-hydrat in 400 cm^3 luftfreiem Wasser tropfen, die sich in einem starkwandigen 1-l-Erlenmeyer mit Gasableitungsrohr und Hahntrichter mit langem Eintropfrohr befindet. Vor Beginn der Entwicklung wird die Apparatur mit der Wasserstrahlpumpe luftfrei gesaugt. Beim Zutropfen der Kaliumcyanidlösung erhält man einen regelmäßigen Gasstrom von Dicyan, den man vor völligem Verbrauch des Kupfersulfats durch Einstellen des Kolbens in warmes Wasser noch einmal verstärken kann. Wegen der starken Giftigkeit des Dicyans muß selbstverständlich unter einem gutziehenden Abzug gearbeitet werden.

Die Verunreinigungen an Cyanwasserstoffsäure, Kohlendioxyd und Feuchtigkeit werden folgendermaßen eliminiert: Cyanwasserstoff wird durch ein 40 cm langes Glasrohr, das mit in Silbersulfat getränkter Baumwolle beschickt ist, entfernt und das Gas nun in zwei U-Röhren mit Calciumchlorid getrocknet. Die Entfernung des Kohlendioxyds wird zweckmäßigerweise durch Verflüssigung des Dicyans bewerkstelligt. Hierzu leitet man das Gas, falls man es längere Zeit aufbewahren will, in ein starkwandiges Glasrohr (Bombenrohr), das mit fester Kohlensäure gekühlt ist. Dicyan siedet bei —20,7° und wird bei —34,4° fest. Um eine Verstopfung des Einleitungsrohres durch Dicyan zu vermeiden, wird es in einer Weite von mindestens 12 mm gewählt. Bei der Kondensation wird Kohlendioxyd nicht mit verflüssigt. Im Falle einer sofortigen Weiterverarbeitung des Dicyans kann eine wirksame Kühlfalle (s. Abb. 46, S. 85) verwendet werden.

Das Kupfer(I)-cyanid, das als Niederschlag bei der Reaktion zurückbleibt, kann durch Oxydation mit Eisen(III)-chlorid ebenfalls noch auf Dicyan aufgearbeitet werden:

$$CuCN + Fe^{+++} + Cl^- = CuCl + Fe^{++} + \tfrac{1}{2}(CN)_2.$$

Man gießt daher die über dem Niederschlag stehende Flüssigkeit ab und gibt zu dem noch feuchten Kupfer(I)-cyanid durch den Tropftrichter 450 cm^3 Eisen(III)-chloridlösung der Dichte 1,26, worauf die Dicyan-Entwicklung von neuem beginnt.

2. *Durch Zersetzung von Quecksilber(II)-cyanid, $Hg(CN)_2$.* Das hierzu benötigte Quecksilber(II)-cyanid wird durch Zugabe von gelbem Quecksilberoxyd zu wässe-

[1] Grignard, V., u. P. Crouzier: Bl.(4) **29** (1921) 215.

riger Cyanwasserstoffsäure bis zur schwach alkalischen Reaktion (gesättigte Quecksilber(II)-cyanidlösung nimmt weiteres HgO auf, unter Bildung eines schwerlöslichen und basisch reagierenden Oxycyanids $Hg(CN)_2 \cdot HgO$) hergestellt. Nach Filtration wird wieder mit Cyanwasserstoffsäure bis zur sauren Reaktion versetzt. Beim Eindampfen erhält man dann das Quecksilber(II)-cyanid in farblosen Krystallen.

Wird trockenes Quecksilber(II)-cyanid in einem einseitig zugeschmolzenen Rohr aus schwer schmelzbarem Glas nach Entfernung des Luftsauerstoffs erhitzt, so tritt thermische Zersetzung unter Bildung von Quecksilber und Dicyan ein. Hierbei tritt leicht durch lokale Überhitzungen Bildung von braunschwarzem Paracyan ein, was dadurch vermieden werden kann, daß das Cyanid mit Quecksilber(II)-chlorid gemischt wird, welches als wärmeableitendes Verdünnungsmittel fungiert.

Als weitere Darstellungsmöglichkeit sei auf die Dehydratisierung von Ammoniumoxalat mit Phosphorpentoxyd hingewiesen.

Rubeanwasserstoff. Mit Schwefelwasserstoff reagiert Dicyan nach der Gleichung:

$$(CN)_2 + 2H_2S \rightarrow \begin{matrix} S = C - NH_2 \\ | \\ S = C - NH_2 \end{matrix} \rightleftharpoons \begin{matrix} H - S - C = NH \\ | \\ H - S - C = NH \end{matrix}$$

unter Bildung von Rubeanwasserstoff, einer Substanz von saurer Natur, die mit einer Reihe von Schwermetallen gefärbte und schwerlösliche Salze bildet und daher als mikrochemisches Reagens eine Rolle spielt.

123. Rubeanwasserstoff, $C_2H_4N_2S_2$[1]. Eine konz. Kupfersulfatlösung wird mit Ammoniak versetzt, bis eine Wiederauflösung des Kupferhydroxyds gerade eingetreten ist. Nun wird in der Kälte unter Umrühren konz. Kaliumcyanidlösung hinzugegeben, bis die Blaufärbung verschwunden ist. Ein Überschuß an Kaliumcyanid ist zu vermeiden. Nach Filtration von einem möglicherweise entstandenen Niederschlag wird ein starker H_2S-Strom eingeleitet, wobei zunächst eine Gelbfärbung entsteht und sich bald orangegelbe Krystalle von Rubeanwasserstoff abscheiden. Während der Fällung ist das Reaktionsgefäß gut zu kühlen. Der Krystallniederschlag wird schnell abgenutscht, mit Wasser gewaschen und aus Alkohol oder Eisessig umkrystallisiert.

13. Gemischte Halogenide und Pseudohalogenide.

Allgemeines. Halogenverbindungen höherwertiger Elemente können prinzipiell verschiedene Halogene im Molekül enthalten, also nur bei Elementen, deren Halogenverbindungen tatsächlich als diskrete Moleküle aufzutreten vermögen, ist dies Problem von Bedeutung, und zwar sind die markantesten Typen dieser Verbindung in der vierten Gruppe zu finden, wobei die Auswahl der Halogene noch durch die Pseudohalogene gesteigert werden kann.

Kohlenstoff- und Siliciumhalogenide sind relativ reaktionsträge, so daß ihre gemischten Halogenide sich durch Austauschreaktionen nicht mit der Leichtigkeit umsetzen, wie es z. B. beim Titan, Germanium und Zinn der Fall ist.

Von den gemischten Kohlenstoffhalogeniden haben die fluorhaltigen perhalogenierten Methan- und Äthanderivate wegen hoher Verdampfungswärme und günstiger Siedepunkte weitgehende praktische Bedeutung in der Kälteindustrie, z. B. CCl_2F_2 (Freon 12) usw. Eine der ältesten Herstellungsmethoden bringt partiell halogenierte Methanderivate mit dem zweiten einzuführenden Halogen zur Reaktion

---

[1] Formánek, G.: Ber. dtsch. chem. Ges. **22** (1889) 2655.

(im Einschlußrohr unter Druck bei gesteigerter Temperatur), wobei sich das gemischte Halogenid und Halogenwasserstoff bilden, allerdings immer unter mehr oder weniger weitgehender Vermischung mit anderen möglichen Halogenierungsprodukten, z. B. nach der Gleichung:

$$CH_2Cl_2 + 2Br_2 = CCl_2Br_2 + 2HBr.$$

fest, Smp. 38°
Sdp. 150,2°.

Eine Umhalogenierung kann ebenfalls zu gemischten Halogeniden führen, z. B. wenn man Tetrachlorkohlenstoff auf Aluminiumjodid in einer Lösung von Kohlenstoffdisulfid bei 0° längere Zeit einwirken läßt, entstehen nach:

$$CCl_4 + AlJ_3 = CCl_3J + AlJ_2Cl$$

zwei gemischte Halogenide. Werden der Schwefelkohlenstoff und der überschüssige Tetrachlorkohlenstoff abdestilliert und steigt die Temperatur schnell auf 142°, so muß das nun siedende Trichlorjodmethan im Vakuum weiter destilliert werden, da es sich bei dieser Temperatur bereits zersetzt (lichtempfindlich). Das gemischte Aluminiumhalogenid bleibt im Rückstand.

Außerdem stehen für die Kohlenstoffhalogenide noch die verschiedensten speziellen Darstellungsmethoden aus entsprechenden organischen Verbindungen zur Verfügung.

Zur Darstellung gemischter Halogenide des Siliciums kann man z. B. Jodwasserstoffdämpfe mit Siliciumtetrachloriddämpfen mischen und durch ein erhitztes Rohr leiten, es tritt dann eine Umhalogenierung ein, wobei — je nach dem vorherrschenden Mischungsverhältnis — das Verhältnis der beiden Halogene zueinander im Halogenid wechselt, z. B. nach:

$$SiCl_4 + HJ = SiCl_3J + HCl$$
$$SiCl_4 + 2HJ = SiCl_2J_2 + 2HCl$$
$$SiCl_4 + 3HJ = SiClJ_3 + 3HCl.$$

Auch Interhalogenverbindungen sind zur Synthese gemischter Verbindungen herangezogen worden. Wenn man jedoch Jodchlorid mit Silicium zur Reaktion bringen will, so wird bei der erforderlichen Reaktionstemperatur Jodchlorid bereits thermisch dissoziert und das erwartete SiJ_2Cl_2 mit $SiJCl_3$ und $SiClJ_3$ vermischt sein.

Ebenfalls mit Hilfe der elektrischen Entladung ist es gelungen, derartige Gemische zu erzielen, wenn man z. B. eine mit Siliciumtetrachlorid und Brom beladene Wasserstoffatmosphäre elektrisch entlädt.

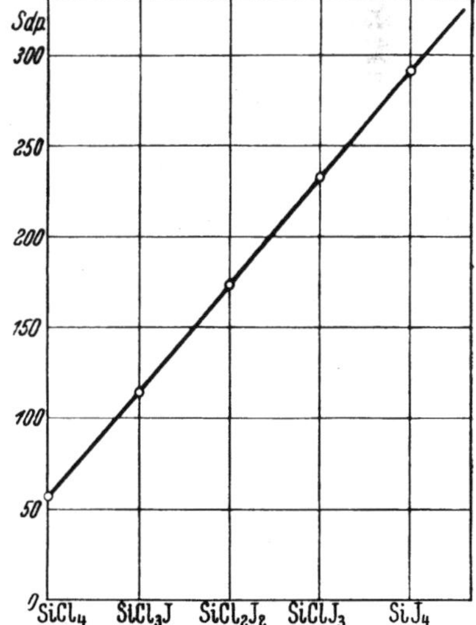

Abb. 50. Abhängigkeit des Siedepunktes (in °C) vom Verhältnis Cl/J bei Siliciumchlorojodiden.

Charakteristisch für die jeweiligen Übergangsreihen von einem reinen Halogenid über die gemischten Halogenide zum anderen Halogenid ist die stetige Zunahme vieler physikalischer Konstanten, wie am Beispiel der Siedepunkte von $SiCl_4/SiJ_4$ gezeigt werden soll; die Siedepunkte liegen auf einer Geraden (s. Abb. 50).

Ein Gemisch verschiedener gemischter Zinnhalogenide läßt sich nun z. B. kaum noch durch Destillation trennen. Selbst wenn durch Bromierung von Zinn(II)-

chlorid, $SnCl_2$, ein scheinbar definiertes $SnCl_2Br_2$ entstanden ist, wird dieses beim Destillieren eine Umsetzung z. B. nach:

$$2\,SnCl_2Br_2 = SnClBr_3 + SnCl_3Br$$

eingehen und damit eine Trennbarkeit vereiteln.

Dieser Übergang der verschiedenen Mischhalogenide in Verbindungen mit anderem Halogenverhältnis kann bei den Siliciumhalogeniden wegen höherer Beständigkeit noch genauer verfolgt werden, wie bei dem System $SiCl_4/Si(NCO)_4$ gezeigt werden soll[1] (s. u.).

124. Silicium-iso-cyanat, $Si(NCO)_4$ und Siliciumcyanat, $Si(OCN)_4$. 16 g Siliciumtetrachlorid werden unter heftigem Rühren langsam zu einer Aufschlämmung von 58 g feingepulvertem Silber-iso-cyanat in 50 cm³ Benzol gegeben und eine halbe Stunde auf dem Wasserbad erhitzt. Darauf wird das Silberchlorid abfiltriert und mehrere Male mit Benzol gewaschen. Das Benzol wird nun bei Atmosphärendruck abdestilliert. Das hinterbleibende flüssige Cyanat wird bei vermindertem Druck destilliert. Neben der Hauptmenge an der iso-Cyanatverbindung vom Sdp. 185,6° (760 mm) wird eine geringe Menge an normalem Cyanat (Sdp. 247°, 760 mm) erhalten.

(Silbercyanat wird durch Fällung einer Lösung von reinem Kaliumcyanat mit Silbernitratlösung als schwerlöslicher, weißer Niederschlag erhalten, der mehrere Male mit Wasser ausgewaschen und bei Zimmertemperatur im Exsiccator unter Lichtausschluß getrocknet wird).

Wird dieses Silicium-iso-cyanat mit der gleichen Menge Siliciumtetrachlorid vermischt und dieses Dampfgemisch auf 600° erhitzt, so findet ein gegenseitiger Austausch der Halogenreste statt unter Ausbildung des folgenden Zusammensetzungsverhältnisses: 8% $SiCl_4$, 25% $SiCl_3(NCO)$, 34% $SiCl_2(NCO)_2$, 25% $SiCl(NCO)_3$, 8% $Si(NCO)_4$. Die einzelnen Komponenten können auf Grund der verschiedenen Siedepunkte auseinanderfraktioniert werden. Bei längerem Aufbewahren (mehrere Monate) auf diese Weise rein dargestellter gemischter Halogenide tritt jedoch auch bei Zimmertemperatur bereits eine merkliche Dismutation in dieser Richtung ein.

VIII. Sulfide und Salze der Thiosäuren.

Allgemeines. Die Gruppe der Sulfide schließt ähnlich wie die der Oxyde die verschiedensten Verbindungstypen ein: z. B. auf der einen Seite die leichtflüchtigen Metalloidsulfide, von denen CS_2 und N_4S_4 endotherm sind, während B_2S_3, P_2S_5, SO_3, S_2Cl_2 exotherme Verbindungen darstellen, auf der anderen Seite die heteropolaren Metallsulfide, von denen man die in Wasser leicht löslichen Alkali- und Erdalkalisulfide wieder den in Wasser schwer löslichen Schwermetallsulfiden gegenüberstellen kann, die ja auch wegen ihrer Unlöslichkeit die meisten Schwermetalle in dieser Form in der Natur angereichert haben. Diese Unterteilung läßt natürlich Übergänge und Ausnahmen zu, die dem Chemiker z. T. schon vom analytischen Arbeiten her bekannt sind, z. T. aber auch präparativ Sondermaßnahmen erforderlich machen oder zulassen. Erinnert sei nur an die leichte Hydrolysierbarkeit des Al_2S_3 und Cr_2S_3, die analytisch wichtig ist und die sonst übliche präparative Darstellungsweise der Schwefelwasserstoff-Fällung aus wässeriger Lösung ausschließt (Elementarsynthese!). Auch stellen z. B. die Sulfide von As, Sb und Sn durch ihre Eigenschaft der Sublimierbarkeit einen gewissen Übergang

[1] Anderson, H. H.: J. Amer. chem. Soc. **66** (1944) 934.

zu den Metalloidsulfiden, z. B. P_2S_5, her. Auch die Sulfide der 2. Nebengruppe ZnS, CdS und HgS sind im Gegensatz zu den anderen Schwermetallsulfiden unter geeigneten Bedingungen relativ flüchtig.

1. Lösliche Sulfide und Polysulfide.

Die Hydrolyse der Alkalisulfide ist nur eine partielle und führt zu den Hydrosulfiden und zwar in einer Gleichgewichtsreaktion:

$$Na_2S + H_2O \rightleftharpoons NaSH + NaOH, \tag{1}$$

die in verdünnter, wässeriger Lösung praktisch vollständig nach rechts verläuft und darum die stark alkalische Reaktion dieser Lösungen erklärt. Die weitere Dissoziation von saurem Sulfid nach

$$NaSH + H_2O \rightleftharpoons NaOH + H_2S \tag{2}$$

erfolgt nur in geringem Maße (größenordnungsmäßig zu 0,1%).

Die Sulfide der Alkalien und Erdalkalien zeichnen sich durch Leichtlöslichkeit in Wasser aus. Sie werden daher vorzugsweise in Form ihrer Hydrate erhalten. Außerdem ist ihre große Tendenz zur Bildung saurer Sulfide präparativ wichtig, denn man erhält beim Einleiten von Schwefelwasserstoff, den man ja wegen umständlicher Dosierungsmöglichkeiten im Überschuß anwendet, zunächst saures, primäres Natriumsulfid nach Gleichung (2) von rechts nach links. Durch Zugabe der gleichen ursprünglich angewendeten Menge NaOH erhält man dann das neutrale Natriumsulfid in Wasser gelöst, bzw. als Hydrat krystallisiert [Gleichung (1)]. Die Hydrolyse wird beim Konzentrieren zugunsten des neutralen Sulfids zurückgedrängt, so daß man beim Eindunsten einer derartigen Lösung ein Hydrat, unter gewöhnlichen Bedingungen $Na_2S \cdot 9H_2O$, erhält.

Zu wasserfreiem Na_2S kann man nun durch Entwässerung der Hydrate gelangen, die zur Erzielung reiner Produkte möglichst vorsichtig und schonend erfolgen muß. Man geht vorteilhafterweise hier gleich von $Na_2S \cdot 5H_2O$ aus, welches aus alkoholischen Lösungen erhältlich ist. Das Salz wird zunächst vorsichtig in der Vakuumtrockenpistole über P_2O_5 bei 55° in kleinen Portionen getrocknet und zur Entfernung der noch verbliebenen Reste von Wasser in einem gut getrockneten Strom von sauerstofffreiem Stickstoff bei 600···650° erhitzt[1].

125. Natriumhydrogensulfid, $NaHS \cdot 2\,H_2O$. 50 g festes NaOH werden in 250 cm^3 Wasser gelöst und in die Lösung Schwefelwasserstoff bis zur vollständigen Sättigung eingeleitet. Wird diese Lösung eingedampft und abgekühlt, so erhält man das primäre Natriumsulfid NaHS in Form eines Dihydrats.

126. Natriumsulfidhydrat, $Na_2S \cdot 9\,H_2O$. Strebt man jedoch die Darstellung des neutralen Natriumsulfids an, so neutralisiert man mit der gleichen vorerst angewandten Menge NaOH (50 g) die Lösung des sauren Sulfids, nachdem man vorher den in der Lösung vorhandenen überschüssigen Schwefelwasserstoff durch kurzes Erwärmen entfernt hat. Nun dampft man die Lösung ein, bis sich gerade ein Krystallhäutchen abzuscheiden beginnt und läßt 24 Stunden zur Krystallisation stehen. Je nachdem wie weit eingedampft wurde, bilden sich $Na_2S \cdot 9H_2O$ oder niedere Hydrate, die dann einen festen Krystallkuchen bilden. Der Krystallbrei wird zwischen Fließpapier getrocknet oder auf der Glasfritte von Mutterlauge befreit.

Polysulfide. Die Sulfide der Alkalien bzw. des Ammoniums nehmen beim Schmelzen bzw. Digerieren mit elementarem Schwefel denselben unter Bildung von

[1] Tiede, E., u. H. Reinicke: Ber. dtsch. chem. Ges. **56** (1913) 666.

Polysulfiden auf, deren es von einzelnen Alkalien und Erdalkalien eine ganze Reihe gibt, z. B. von Natrium (Na_2S), [Na_4S_3], Na_2S_2, [Na_4S_5], Na_2S_3, [Na_4S_7], Na_2S_4, [Na_4S_9], Na_2S_5, die alle definierte Verbindungen darstellen. Man kann das Di-, Tri-, Tetra- und Pentasulfid durch Elementarsynthese auf trockenem Wege darstellen; das Schmelzdiagramm läßt außerdem noch die Bildung der eingeklammerten Zwischenverbindungen erkennen. Aus Lösungen erhält man nur Hydrate von Natriumdi-, tri-, tetra- und pentasulfid, wobei Na_2S (zur Löslichkeitsverminderung in mehr oder weniger alkoholischem Medium) mit der entsprechenden Menge Schwefel versetzt wird, und durch Abkühlen die Polysulfide zur Krystallisation gebracht werden.

Aus den Polysulfiden lassen sich durch Einfließenlassen ihrer Lösungen in überschüssige, kalte konz. Salzsäure die Polyschwefelwasserstoffe in Form gelblicher Öle abscheiden, die nach besonderen Methoden getrennt werden können. Man kennt H_2S_2, H_2S_3 und H_2S_5 (s. Nr. 55 S. 60). Mit zunehmendem Schwefelgehalt nimmt die Säurestärke der Polyschwefelwasserstoffe zu, so daß deren Salze abnehmend Neigung zur Hydrolyse zeigen, wie am Beispiel der Natriumsalze gezeigt wird.

n/10 Lsgn.	Na_2S	Na_2S_2	Na_2S_3	Na_2S_4	Na_2S_5	NaHS
Hydrolysegrad in %	86,4	64,6	37,6	11,8	5,7	0,15

Vom Ammonium wird sogar ein Hepta- bzw. Nonasulfid beschrieben, jedoch kann von den Ammoniumpolysulfiden nur $(NH_4)_2S_5$ in gut definierter Form dargestellt werden. Die Möglichkeit der Elementarsynthese entfällt hier natürlich.

127. Ammoniumpentasulfid[1]. 40 g Schwefel werden in 100 cm³ Ammoniaklösung von der Dichte 0,88 in einem Erlenmeyerkolben suspendiert. Unter Luftabschluß wird Schwefelwasserstoff eingeleitet. Die Lösung färbt sich tief rot. Das Ammoniumpentasulfid scheidet sich, oft etwas verspätet, bei 1···2tägigem Stehen im Eisschrank in gelben Krystallnadeln ab. Diese sind in der Kälte einige Tage haltbar, zersetzen sich aber dann allmählich unter Schwefelabscheidung.

2. Schwermetallsulfide.

Die Darstellung von Schwermetallsulfiden weist keine prinzipiellen Schwierigkeiten auf. Außerdem sind die Sulfide vom qualitativ analytischen Trennungsgang zur Genüge bekannt. Man wird sie im Bedarfsfalle wohl immer durch Fällung von Metallsalzlösungen mit Schwefelwasserstoff herstellen.

Bei dieser Arbeitsweise fällt das betreffende Sulfid natürlich in sehr feinteiliger, teilweise sogar kolloider Form, meistens aber unkrystallisiert aus. Jedenfalls ist wohl in keinem Fall eine krystalline Struktur ohne weiteres zu beobachten. Jedoch ist eine Krystallisation der Sulfide aus genügend hoch temperierten Schmelzen meistens ohne Schwierigkeiten zu erreichen.

Nach einem von Schüler[2] angegebenen Verfahren läßt sich gefälltes Cadmiumsulfid aus Kaliumcarbonatschmelze bei Gegenwart von überschüssigem Schwefel sozusagen umkrystallisieren. Diese Möglichkeit besteht beim Cadmiumsulfid aber als Ausnahmefall, da andere Sulfide die Neigung besitzen, aus Alkalicarbonatschmelzen mit Alkalisulfiden sich in Form von gut krystallisierenden Thiosalzen bzw. Doppelsulfiden abzuscheiden[3] (s. Nr. 147).

---

[1] Mills, H., u. P. L. Robinson: J. chem. Soc. London **1928**, 2327.
[2] Schüler: Ann. Chem. Pharm. **87** (1853) 34.
[3] Schneider, R.: J. prakt. Chem. [2] **8** (1873) 38.

In Anlehnung an Schneider[1] wurde die Synthese des Sulfids aus Metall und Schwefel und dessen Umkrystallisation in einem Arbeitsgang vereinigt.

128. Krystallisiertes Cadmiumsulfid, CdS. 3 g met. Cadmium, fein gepulvert oder in elektrolytisch abgeschiedenen Krystallflittern, werden mit 15 g Kaliumcarbonat und 3 g Natriumcarbonat und 18 g Schwefel in einem passenden Porzellantiegel zum Schmelzen gebracht. Nach ungefähr 2 Stunden läßt man die Schmelze erkalten und laugt sie mit Wasser aus.

Aus der Schmelze erhält man das Sulfid in kleinen, unter dem Mikroskop aber scharf begrenzten, goldgelb glänzenden, hexagonalen Säulen oder Platten.

3. Modifikationswechsel bei Sulfiden.

Schon bei den natürlich-mineralischen Vorkommen können bei vielen Sulfiden mehrere Modifikationen beobachtet werden, z. B. ZnS: Zinkblende—Wurtzit oder FeS_2: Pyrit—Markasit. Am auffallendsten ist diese Erscheinung beim HgS.

HgS, das schwerstlösliche Sulfid, kommt in zwei Modifikationen vor, dem stabilen in der Natur vorkommenden Zinnober von roter Farbe und der instabilen schwarzen Modifikation, die bei der Fällung von $Hg^{\cdot\cdot}$ mit Schwefelwasserstoff abgeschieden wird. Letztere bildet sich nach der Ostwaldschen Stufenregel bei der Ausfällung zuerst und bleibt auf dieser instabilen Stufe stehen, von der nur durch besondere Verfahren eine beschleunigte Umwandlung in den stabilen Zinnober bewerkstelligt werden kann, da dieselbe freiwillig nur sehr langsam erfolgt,

u. a. z. B. 1. durch Sublimation bei Atmosphärendruck,
2. durch Digestion in Alkalisulfidlösung.

Auf das 2. Verfahren soll näher eingegangen werden, da man diesen Vorgang aus den vom analytischen Trennungsgang her bekannten Tatsachen nicht verstehen kann. Hier ist nämlich das Quecksilber als ein nicht thiosalzbildendes Metall bekannt. Es bilden sich jedoch nur keine Ammonium thiokomplexe, während mit konz. Alkalisulfidlösungen HgS unter Bildung von Thiokomplexen glatt in Lösung geht. Dies hat folgenden Grund: Eine Ammoniumsulfidlösung enthält praktisch keine S^{--}-Ionen, sondern nur HS^--Ionen, da $(NH_4)_2S$ — im festen Zustand bei gewöhnlicher Temperatur überhaupt nicht existenzfähig — auch in Lösung sofort in NH_4HS und NH_3 zerfällt. Nun tritt in diesem Falle mit Na_2S z. B. Thiokomplexbildung nach folgender Gleichung ein:

$$HgS + S^{--} \leftrightharpoons [HgS_2]^{--}.$$

Da wir diese Reaktion als Gleichgewicht betrachten müssen, so wird die Überführung in den Thiokomplex nur von der Sulfidionenkonzentration der Lösung — denn HgS ist ja unlöslicher Bodenkörper — abhängen. Diese zur Komplexbildung ausreichende Sulfidionenkonzentration wird in Ammoniumsulfidlösung nicht erreicht, sondern nur in konz. Alkalisulfidlösung; ist diese zu verdünnt, so muß durch Zugabe von NaOH das Gleichgewicht (1) (S. 113) zurückgedrängt werden.

Die Umwandlung des schwarzen in das rote Quecksilbersulfid ist wegen der größeren Stabilität des letzteren ein durchaus möglicher Vorgang. Das natürliche Vorkommen des Zinnober ist ja ein deutlicher Beweis dafür. Die Umwandlungsgeschwindigkeit ist jedoch so gering, daß sie für experimentelles Arbeiten nicht in Frage kommt, sondern unter Ausnutzung der Thiosalzbildung in Alkalisulfidlösung auf tragbare Versuchszeiten erhöht werden muß. Dadurch, daß man das schwarze Quecksilbersulfid mit wenig Kaliumsulfidlösung (oder praktisch auch Ammoniumsulfidlösung und überschüssiger Kalilauge) behandelt, wird etwas Quecksilbersulfid als Thiokomplex gelöst. Dieser steht jedoch mit ungelöstem Bodenkörper im Gleich-

[1] Schneider, R.: Pogg. Ann. **136** (1869) 466.

gewicht, d. h. es scheidet sich eine geringe Menge aus dem Thiokomplex wieder in fester Form aus und zwar unter diesen Bedingungen als rotes Quecksilbersulfid, da dieses das schwerlöslichere ist.

129. Quecksilber(II)-sulfid, Zinnober, HgS. 10 g Quecksilber werden mit 4 g Schwefelblume und etwas Ammoniumsulfidlösung in einer geräumigen Reibschale innig verrieben. Der schwarze Brei von Quecksilber(II)-sulfid, Schwefel und Quecksilbertröpfchen wird mit 12 g einer 20proz. Kalilauge gemischt und an einen etwa 50° warmen Platz gestellt. Das verdunstete Wasser wird täglich mehrfach ersetzt und die Menge jedesmal mit einem Pistill durchgerührt. Von Tag zu Tag wird die Farbe rotstichiger. Wenn in höchstens einer Woche eine reine Rotfärbung entstanden ist, wäscht man durch Dekantieren mit Wasser aus, wobei die Hauptmenge des Schwefelüberschusses entfernt wird, dekantiert dann den Zinnober selbst mit Wasser in eine Abdampfschale von etwa noch vorhandenen schwarzen Brocken ab, kocht zur Entfernung des noch beigemengten Schwefels mit Natriumsulfitlösung und wäscht durch Dekantieren mit kochendem Wasser nach. Man trocknet das Präparat bei etwa 100···110°. Ausbeute 80···90% der berechneten.

Beim *Mangan(II)-sulfid* kann das Vorkommen mehrerer Modifikationen ebenfalls beobachtet werden. Neben dem fleischfarbenen Niederschlag, der gewöhnlich bei der Fällung von Mn(II)-salzen mit Ammoniumsulfid in ammoniakalischem Medium auftritt, kann unter bestimmten Bedingungen auch eine grüne Modifikation erhalten werden.

130. Grünes Mangan(II)-sulfid, MnS. Zu einer siedenden, in einem 1-Liter-Becherglas befindlichen Lösung von 20 g krystallisiertem Mangansulfat in 600 cm^3 Wasser fügt man, während ein lebhafter Strom von Wasserdampf die Lösung passiert, a u f e i n m a l ca. 150 cm^3 gelbes Ammoniumsulfid hinzu; das im ersten Moment rötlich erscheinende Mangansulfid wird sofort gelblich und bald dunkelolivgrün. Man wäscht den Niederschlag, der sich leicht absetzt, durch Dekantieren mit siedendem Wasser, dem etwas Schwefelwasserstoffwasser zugefügt ist, aus und sorgt durch Einleiten von Wasserdampf jedesmal für gute Durchmischung; es gelingt so, innerhalb einiger Stunden die Ammoniumsalze völlig zu entfernen. Geringe Mengen des Sulfids werden dabei zu braunen Manganoxyden oxydiert, die oben auf der Waschflüssigkeit schwimmen und beim Dekantieren abgegossen werden. Das Präparat wird bei 100···150° im Schwefelwasserstoffstrom getrocknet und ebenfalls im Schwefelwasserstoffstrom erkalten gelassen.

4. Besondere Verteilungszustände bei Sulfiden.

In manchen Fällen kann eine Modifikationsverschiedenheit bei Elementen und Verbindungen nur vorgetäuscht werden. Unterschiede in physikalischen Eigenschaften werden oft durch verschiedene Teilchengröße verursacht. Es ist eine allgemein anzutreffende Erscheinung, daß gefärbte Krystalle beim Zerkleinern eine hellere Farbe annehmen, z. B. Kupfersulfat-5-hydrat oder Kaliumdichromat. Diese Erscheinung erstreckt sich auch auf amorphe Substanzen. Vom *Antimon(III)-sulfid* kennt man die graue, krystalline Modifikation, die durch ihr natürliches Vorkommen als Grauspießglanz bekannt ist, und das orangerote Sulfid, welches durch Schwefelwasserstoff-Fällung von Antimon(III)-salzen erhältlich ist. Unter bestimmten, reaktionskinetisch nicht völlig geklärten Bedingungen kann jedoch auch ein karminrotes Antimon(III)-sulfid, sogenannter Antimonzinnober, erhalten werden, welches Sb_2O_3 in je nach der Darstellungsart wechselnden Mengen enthalten kann. Elektronenmikroskopische Untersuchungen haben ergeben, daß das karminrote Sulfid aus wesentlich größeren Teilchen als das orangerote besteht. Außerdem kann man durch intensives Zermahlen des roten Sulfids die Teilchengröße herabsetzen, und kommt damit ebenfalls zu einem orangeroten Antimon(III)-sulfid, so daß von einer besonderen Modifikation nicht die Rede sein kann.

131. Antimonzinnober[1]**, Sb_2S_3.** 80 g Natriumthiosulfat p. a. werden in 100 cm^3 Wasser gelöst. Hierzu gibt man unter Rühren 15 g Antimontrichlorid p. a., welches in sehr wenig Wasser vorher unter Vermeidung von Hydrolyse gelöst wird. Beim Zusammengeben hydrolysierendes Antimonsalz wird sofort abfiltriert. Die klare Lösung trübt sich bald unter Schwefeldioxyd-Entwicklung. Bei Zimmertemperatur nimmt die Trübung allmählich eine orange Färbung an, die sich bald nach rot vertieft und einen Niederschlag von Antimonzinnober gibt. Arbeitet man im Wasserbad bei 75°, so wird ein karminroter Antimonzinnober erhalten, der heiß filtriert und mit heißem Wasser chloridfrei gewaschen wird. Das Präparat wird im Vakuum über Phosphorpentoxyd getrocknet, eventuell bei 70° in der Trockenpistole.

5. Weitere Darstellungsverfahren für Sulfide.

Chrom (III)-sulfid. Wie oben schon erwähnt, läßt sich das Chrom(III)-sulfid nicht aus wässeriger Lösung darstellen. Auf trockenem Wege erhält man ein in Wasser und selbst in Säuren unlösliches Produkt. Durch die hohe Temperatur bei der Bildung und außerdem noch dazukommenden individuellen Verhältnissen des Chrom(III)-sulfids wird dessen Hydrolysierbarkeit, die aus dem analytischen Verhalten des dreiwertigen Chroms gefolgert werden muß, zum Verschwinden gebracht, ähnlich wie z. B. stark geglühte Oxyde säureunlöslich werden.

132. Chrom(III)-sulfid, Cr_2S_3. Wasserfreies Chrom(III)-chlorid wird in einem Porzellanschiffchen im schwer schmelzbaren Glasrohr oder besser Quarzrohr auf Rotglut erhitzt, während man einen Schwefelwasserstoffstrom, den man in einem Trockenturm mit Calciumchlorid getrocknet hat, hinüberleitet. (Nicht mit Schwefelsäure trocknen!) Man läßt nach zwei Stunden im Schwefelwasserstoffstrom erkalten und erhält das Cr_2S_3 in schwarzen, graphitähnlichen, glänzenden Krystallen, die wahrscheinlich Pseudomorphosen von Cr_2S_3 nach $CrCl_3$ darstellen.

Eine dem Örstedtschen Verfahren zur Herstellung von Metallchloriden analoge Sulfiddarstellungsmethode geht davon aus, daß das betreffende Metalloxyd in einem Strom von Schwefelwasserstoff, der mit Schwefelkohlenstoff gesättigt ist, erhitzt wird. Der Schwefelkohlenstoff übernimmt hier die Rolle des Reduktionsmittels, wonach gleich die Sulfurierung zum Metallsulfid eintritt (z. B. $TiO_2 \rightarrow TiS_2$).

133. Titansulfid, TiS_2. Ein Schwefelwasserstoffstrom wird in einem U-Rohr mit Calciumchlorid getrocknet und durch eine Waschflasche mit Schwefelkohlenstoff geschickt. Dieses Dampfgemisch wird über 4···5 g Titandioxydpulver, welches sich in einem Supremaxrohr befindet, bei Rotglut geleitet. Um den Gasstrom an Schwefelkohlenstoff anzureichern, wird die Waschflasche mit mäßig warmem Wasser erwärmt. Das Erhitzen des Titandioxyds wird erst nach dem restlosen Vertreiben von Luftsauerstoff vorgenommen. Um eine stete Erneuerung der Oberfläche zu haben, wird das Verbrennungsrohr von Zeit zu Zeit gedreht. Nach drei Stunden wird im Schwefelwasserstoffstrom erkalten gelassen.

Das braune Pulver, das beim Zerdrücken gelben, metallischen Glanz annehmen soll, enthält noch etwas Titandioxyd.

---

[1] Dönges, E., u. R. Fricke: Z. anorg. Chem. **253** (1945) 7.

6. Nichtmetallsulfide.

Von *Phosphor-Schwefel-Verbindungen* sind verschiedene Gewichtsverhältnisse bekannt, die valenzmäßig nicht — außer beim Phosphorpentasulfid — mit den Oxyden übereinstimmen. Schwefel löst sich in weißem Phosphor in einem Maße, daß der Schmelzpunkt des Phosphors von 44,1° auf Zimmertemperatur erniedrigt wird, also eine flüssige Lösung vorliegt. An eigentlichen definierten Verbindungen sind aber nur P_4S_3, P_4S_7 und P_2S_5 näher bekannt. Die Darstellung wird meistens durch Elementarsynthese bewirkt, wobei die Elemente in entsprechenden Gewichtsverhältnissen unter Fernhaltung von Luftsauerstoff bei höherer Temperatur zur Reaktion gebracht werden. Eine Reinigung kann durch Umkrystallisieren aus Schwefelkohlenstoff oder durch Destillation (wegen der hohen Temperaturen im Vakuum) erfolgen.

134. Phosphorpentasulfid, P_2S_5. 60 g Schwefelblumen werden mit 62 g trockenem, rotem Phosphor gemischt; sollte der Phosphor feucht sein, so wäscht man ihn mit heißem Wasser, saugt ab, spült mehrfach mit Wasser, zuletzt mit Alkohol nach und trocknet im Trockenschrank bei 110°.

Ein $^3/_4$-Liter-Rundkolben wird unter dem Abzug in ein Stativ eingeklammert, so daß unter ihm ein Bunsenbrenner Platz hat; ein Löffel des Schwefelphosphorgemisches wird eingefüllt, die Luft annähernd durch Kohlendioxyd verdrängt und dann der Kolben erhitzt, bis Umsetzung erfolgt. Man entfernt sofort den Brenner und löffelt weiter von dem Gemisch nach, so daß jede zugesetzte Portion sofort in Reaktion tritt; evtl. erwärmt man zeitweise mit dem Brenner. Man achte darauf, daß beim Eintragen nicht der Löffelinhalt oder der Vorrat an Schwefelphosphorgemisch Feuer fängt; ferner halte man Sand bereit und eine Schale, um bequem löschen zu können, falls der Kolben springt und sein Inhalt brennend herausfließt. Meist geht die Darstellung ganz harmlos vor sich. Nach dem Erkalten zerschlägt man den Kolben und sammelt das graue, etwas hygroskopische Rohprodukt.

Zur Reinigung destilliert man das Präparat aus einer kleinen weithalsigen Retorte ohne Tubus, wobei man die zuerst übergehenden Anteile verwirft; die Hauptmenge fängt man in einem trockenen Kolben auf. Zum Zusammenhalten der Hitze setzt man eine an der Spitze offene Tüte aus Asbestpapier umgekehrt über die Kugel und den Halsansatz der Retorte. Das hellgelbe, amorph erstarrte Destillat wird nach dem Zerschlagen des Kolbens von den Scherben befreit und in einer gut verschließbaren Flasche aufbewahrt. Ausbeute etwa 180 g.

Noch reiner als nach dem beschriebenen Verfahren erhält man das Präparat durch Erwärmen von gelbem Phosphor, Schwefel, Schwefelkohlenstoff und etwas Jod auf 120···130° im geschlossenen Rohr; es schmilzt dann bei 275···276° und löst sich in 197 Teilen siedendem Schwefelkohlenstoff.

Über eine weitere Reinigungsmethode für P_2S_5 s. Nr. 196, S. 148.

Siliciumdisulfid. Dem Siliciumdioxyd kommt in jeglicher Beziehung (Vorkommen in der Natur, billiges Rohmaterial in der Silicattechnik, vielseitige Verwendung in Laboratorien) eine außerordentliche Bedeutung zu. Es ist ein so häufig vorkommender Stoff, daß — von gewissen Ausnahmefällen, in denen es in einer bestimmten Form verlangt wird, abgesehen — das Bedürfnis einer Darstellung niemals auftreten wird. Um so reizvoller dürfte die Beschäftigung mit dem analogen Siliciumdisulfid sein, das im Vergleich zum Oxyd wenig untersucht ist. Die bewährteste Darstellungsmethode geht von Aluminiumsulfid aus, welches mit Siliciumdioxyd umgesetzt wird. Die Flüchtigkeit des Siliciumdisulfids ist höher als die des Aluminiumsulfids und erlaubt darum auch eine Trennung von den Reaktionsprodukten sowie überschüssigem Siliciumdioxyd.

135. Siliciumdisulfid, SiS_2. Das Aluminiumsulfid wird zuerst folgendermaßen hergestellt[1]: 200···300 g Aluminiumgrieß werden mit der äquivalenten Menge Schwefel im Hessischen Tiegel zusammengeschmolzen. Nach dem Erkalten der Schmelze wird etwas von dem Reaktionsgemisch locker auf diese aufgetragen und mit einem Magnesiumband zur Entzündung gebracht. Die Reaktion verläuft sehr heftig und wird am besten im Freien vorgenommen. Es entsteht nur ein verunreinigtes Rohsulfid von grauer oder brauner Färbung.

Dieses Rohprodukt wird fein gepulvert, mit Quarzsand im Überschuß gemengt und in einem Schiffchen aus unglasiertem Porzellan oder Quarz in einem Porzellan- oder Quarzrohr in einem gereinigten Stickstoffstrom oder einem Strom gereinigten Argons[2] erhitzt. Die Reaktion beginnt bei 1100° und geht mit ausreichender Geschwindigkeit bei 1200···1300° vor sich. Als Heizquelle wird ein Silitofen benutzt. Gleich hinter dem Ofen setzt sich das Siliciumdisulfid in Form eines weißen Sublimats verfilzter kleiner Krystallnadeln ab, die bald den ganzen Rohrdurchmesser ausfüllen. Ein noch leichter flüchtiges Siliciummonosulfid, SiS, setzt sich erst in weiterer Entfernung im Rohr ab, so daß es leicht vom Disulfid getrennt werden kann. Bei Verwendung von kieselsäurehaltigem Material nehmen die vom Aluminiumsulfid berührten Stellen an der Reaktion teil. Siliciumdisulfid zersetzt sich schon durch Luftfeuchtigkeit, so daß es unter Feuchtigkeitsabschluß aufbewahrt werden muß. Die Fasern des Siliciumdisulfids haben sechsseitigen Querschnitt, sind sehr biegsam, von erheblicher Reißfestigkeit und können nicht in kürzere Stücke zerbrochen werden, sondern spalten sich in Faserrichtung zu dünneren Fäden auf.

7. Salze der Thiosäuren und Thiooxysäuren.

In gleicher Weise, in der saure Oxyde wie z. B. CO_2, P_2O_5, As_2O_3, WO_3 usw. befähigt sind, mit Basen zu Salzen zusammenzutreten, die sich von den entsprechenden Sauerstoffsäuren ableiten, vermögen die entsprechenden Sulfide säurebildender Elemente mit Sulfiden basenbildender Elemente zu Salzen der sogenannten Thiosäuren[3] zusammenzutreten. Diese formale Ableitung läßt sich in vielen Fällen auch experimentell verifizieren. Häufig kann zwar zwischen einem typischen Thiosalz und einer Doppelsulfidverbindung (z. B. $AsPS_4$) nicht streng unterschieden werden. Die Hydrolysierbarkeit bestimmt auch hier wieder weitgehend das Darstellungsverfahren. So können z. B. Thioarsenite, Thioantimonate, Thiostannate usw., die durch ihre Löslichkeit in Wasser aus dem qualitativen Analysengang bekannt sind, aus wässeriger Lösung ohne weiteres dargestellt werden. Thiophosphate lassen sich jedoch nicht aus verdünnt wässeriger Lösung darstellen, da das Phosphorpentasulfid unter Schwefelwasserstoffentwicklung und Bildung von H_3PO_4 hydrolysiert wird, so daß bei den Alkalisalzen der Thiophosphorsäure eine Synthese nur aus sehr konzentrierten Lösungen möglich ist, während man eine Synthese bei den entsprechenden Schwermetallsalzen durch Zusammenschmelzen der Komponenten auf trockenem Wege erzielt. Ebenso verfährt man auch bei Thiochromiten und Thioferriten. Die freien Thiosäuren sind unbeständig und zerfallen momentan in Sulfid und Schwefelwasserstoff.

---

[1] Thiede, E., u. M. Thimann: Ber. dtsch. chem. Ges. **59** (1926) 1703.

[2] Zintl, E., u. K. Loosen: Z. physik. Chem. **174** (1935) 302.

[3] Als Thiosäuren werden nach den neuen internationalen Richtsätzen für die Nomenklatur die Säuren bezeichnet, die sich durch Ersatz von Sauerstoff durch Schwefel ableiten. Die früher gebräuchliche Bezeichnung Sulfosäuren wird nur für Derivate der Schwefelsäure vom Typus $R \cdot SO_3H$ verwendet. Man spricht in diesen Zusammenhang auch von „sauren“ Sulfiden und meint z. B. As_2S_3, welches mit Na_2S, einem „basischen“ Sulfid, das Salz einer Thiosäure zu bilden vermag.

Die Substitution des Sauerstoffs durch Schwefel kann auch partiell erfolgen, ebenso wie auch Selen in gleicher Funktion eingebaut werden kann, wie die folgenden Reihen bekannter Verbindungen zeigen:

Na_3AsS_4, Na_3AsS_3O, $Na_3AsS_2O_2$, Na_3AsSO_3, $NaAsO_4$
Na_3AsSe_3O, $Na_3AsSSeO_2$, Na_3AsSeO_3,
Na_3AsS_3Se, $NaAsS_2Se_2$, Na_3AsSSe_3.

Thiooxysalze werden durch Zugabe der je nach dem Sauerstoff-Schwefel-Verhältnis berechneten Menge Natriumhydroxyd zum betreffenden Sulfid erhalten.

Thiocarbonate. Den Carbonaten analoge Schwefelverbindungen sind in Form der freien Thiokohlensäure, H_2CS_3, und auch zahlreichen Salzen dieser Säure bekannt.

Die Thiocarbonate sind analog den Salzen anderer Thiosäuren aus Schwefelkohlenstoff und Sulfiden erhältlich. Die Alkalisalze sind gut wasserlöslich. Das Ammoniumthiocarbonat kann so aus Schwefelkohlenstoff und Ammoniumpentasulfid dargestellt werden, dessen gelbe Krystalle bei Feuchtigkeitszutritt oder in wässeriger Lösung eine Rotfärbung auftreten lassen.

136. Ammoniumthiocarbonat, $(NH_4)_2CS_3$[1]. Ammoniumpentasulfid, $(NH_4)_2S_5$ (s. Nr. 127, S. 114) wird mit überschüssigem Schwefelkohlenstoff in einem Schliffkolben mit möglichst weitem Schliff und einem Rückflußkühler, der aus einem wassergekühlten, möglichst weiten Rohr besteht, bis zum Sieden des Schwefelkohlenstoffs erwärmt. Im Kühler, der am oberen Ende durch ein Calciumchloridröhrchen vor Feuchtigkeitszutritt gesichert ist, setzt zunächst eine weiße Abscheidung von Ammoniumsulfiden ein, die mit den Schwefelkohlenstoffdämpfen dann nach kurzer Zeit in die gelben Krystalle des Ammoniumthiocarbonats übergeht. Die gelbe Krystallkruste muß nach Beendigung der Abscheidung möglichst schnell unter Vermeidung von Feuchtigkeitszutritt mit Schwefelkohlenstoff und Äther gewaschen und in ein Glas gebracht werden, das zugeschmolzen wird.

Wird das Salz in konz. Salzsäure gebracht, so scheiden sich rote, ölige Tropfen der freien Thiokohlensäure ab, die sich nach einiger Zeit zersetzen.

Die Salze der Thiosäuren bzw. der Thiooxysäuren der Orthophosphorsäure erfordern präparativ insofern besondere Maßnahmen, als man die Hydrolysierbarkeit auch der Alkalisalze mit steigendem Ersatz des Sauerstoffs durch Schwefel in Rechnung ziehen muß. Die Systeme dieser Verbindungen schließen gerade noch die Möglichkeit der Darstellung in wässerigem Medium ein, so daß man beim Natriumtetrathioorthophosphat noch in konzentrierten, wässerigen Lösungen arbeiten kann.

137. Natriumtetrathioorthophosphat-8-hydrat, $Na_3PS_4 \cdot 8H_2O$[2]. Natriumsulfid-9-hydrat und Phosphorpentasulfid werden möglichst weitgehend zerkleinert. 80 g $Na_2S \cdot 9H_2O$ werden mit 8 g P_2S_5 gut vermischt und in einer Porzellanschale auf dem Drahtnetz erhitzt. Unter anfänglicher Schwefelwasserstoffentwicklung schmilzt der Inhalt der Schale, wobei hauptsächlich folgende Reaktion vor sich geht:

$$3Na_2S \cdot 9H_2O + P_2S_5 = 2Na_3PS_4 \cdot 8H_2O + 11H_2O.$$

Es wird gut gerührt, bis in der anfangs dunkelbraungrau gefärbten Flüssigkeit kein Phosphorpentasulfid mehr vorhanden ist (nach ungefähr 10 ··· 20 Minuten) und 80 cm³ Wasser zugegeben. Nach kurzer Erwärmung wird die Flüssigkeit in einen sie möglichst auf einmal fassenden Filtriertrichter oder Heißwassertrichter gegeben, um ein Auskrystallisieren auf dem Filter zu vermeiden. Nach 24stündigem Stehen hat sich aus

---

[1] Mills, H., u. P. L. Robinson: J. chem. Soc. London **131** (1928) 2330.

[2] Glatzel, E.: Z. anorg. allg. Chem. **44** (1905) 69. — Klement, R.: Z. anorg. Chem. **253** (1947) 246.

dem goldgelben Filtrat Natriumthioorthophosphat in Krystallen abgeschieden, die auf der Glasfritte abgenutscht werden. Eine Umkrystallisation ist aus reinem Wasser nicht möglich, dagegen jedoch aus Natriumhydroxyd-haltiger Natriumsulfidlösung, da diese Zusätze das Hydrolysegleichgewicht des Thiophosphats auf die Seite seiner Bildung hinüberdrücken. Man löst also in der 5fachen Menge 2proz. Natriumsulfidlösung, die mit einigen cm^3 Natronlauge versetzt ist, bei einer Temperatur unter $+10°$. Das Salz wird durch Zusatz gleicher Raumteile Alkohol bei Eiskühlung wieder zur Ausfällung gebracht. Durch diese Bedingungen und schnelles Arbeiten wird eine Hydrolyse weitgehend vermieden. Das Salz wird mit 50proz. Alkohol, reinem Alkohol und Äther gewaschen und an der Luft getrocknet. Farblose Krystalle.

Von den freien Säuren ist die Monothioorthophosphorsäure relativ gut beständig, die Dithio- schon weniger, während die Tri- und Tetrathioorthophosphorsäure in wässerigem Medium unbeständig sind und in die Monosäure übergehen. In wässeriger Lösung wird letztere z. B. aus Bariumtetrathioorthophosphat durch Umsatz mit Schwefelsäure erhalten, da ein Bariumsalz der Monothioorthophosphorsäure nicht erhalten werden kann:

$$Ba_3(PS_4)_2 + 3H_2SO_4 = 3BaSO_4 + 2H_3PS_4,$$

darauf mit Wasser Hydrolyse nach:

$$H_3PS_4 + 3H_2O = H_3PSO_3 + 3H_2S.$$

Die Lösung von H_3PSO_3 wird nur langsam hydrolysiert. In fester Form wurde die Säure noch nicht erhalten. Das $Ba_3(PS_4)_2$ stellt man aus dem Natriumsalz der Tetrathiophosphorsäure dar.

Die an sich in wässerigem Medium beständigen Thiooxysalze der Phosphorsäure lassen sich durch Reaktion entsprechender Mengen Natriumhydroxyd und Phosphorpentasulfid darstellen, außerdem wird die abgestufte Hydrolysierbarkeit der verschieden thiofizierten Phosphate präparativ ausgenutzt.

Für die Darstellung des *Natriummonothioorthophosphats* stehen mehrere, prinzipiell verschiedene Wege zur Verfügung, die hier kurz angedeutet sein sollen. Wurtz[1] hat es durch Hydrolyse von Phosphorthiochlorid in mäßig konzentrierter Natronlauge nach folgender Gleichung erhalten:

$$6NaOH + PSCl_3 = 3NaCl + Na_3PO_3S + 3H_2O.$$

Eine Methode, die sogar wasserfreies Salz darzustellen gestattet, geben Zintl und Bertram[2] an, die von wasserfreiem Natriummetaphosphat und wasserfreiem Natriumsulfid ausgeht:

$$NaPO_3 + Na_2S = Na_3PO_3S.$$

Der gangbarste Weg dürfte der der Einwirkung von Phosphorpentasulfid auf entsprechende Mengen Natriumhydroxyd sein[3]. Nach der Gleichung:

$$6NaOH + P_2S_5 = 2Na_3PO_2S_2 + H_2S + 2H_2O$$

entsteht in der Hauptsache zunächst Dithiophosphat, welches man unter bestimmten Bedingungen zum Monothiophosphat hydrolysieren kann:

$$Na_3PO_2S_2 + H_2O = Na_3PO_3S + H_2S.$$

[1] Wurtz, A.: Ann. Chim. Physique [3] **20** (1847) 473.

[2] Zintl, E., u. A. Bertram: Z. anorg. allg. Chem. **245** (1940) 16.

[3] Kubierschky, C.: J. prakt. Chem. [2] **31** (1885) 93. — Klement, R.: Z. anorg. Chem. **253** (1947) 238.

138. Natriummonothioorthophosphat, $Na_3PO_3S \cdot 12H_2O$. In mäßig konzentrierte Natronlauge wird langsam Phosphorpentasulfid im Verhältnis $6NaOH : P_2S_5$ eingetragen. Um die Reaktionswärme besonders gegen Ende der Reaktion zu mildern, wird das Reaktionsgefäß mit kaltem Wasser gekühlt. Der sich entwickelnde Schwefelwasserstoff kann seinerseits mit überschüssigem Natriumhydroxyd Natriumsulfid bilden, welches wiederum mit Phosphorpentasulfid unter Bildung schwefelreicherer Verbindungen reagiert. Ein Schwefelüberschuß beim Phosphorpentasulfid kann auch Bildung von Natriumpolysulfiden verursachen, Nebenreaktionen, die eine Abtrennung des zuerst gebildeten Dithiophosphats notwendig machen. Mit Alkohol wird letzteres als Krystallfällung aus der Lösung ausgefällt, während Polysulfide in Lösung bleiben. Das Natriumthiophosphatgemisch wird sofort mit Alkohol gewaschen, wieder in Wasser gelöst zu einer annähernd 30proz. Lösung und etwa 10···15 Minuten erwärmt, wobei alle höheren Thiophosphate zum Monothiophosphat hydrolysiert werden. Die Lösung wird filtriert und mit $^1/_5$ ihres Volumens an Alkohol versetzt und sofort in Eis gekühlt, um eine weitere Hydrolyse zu vermeiden. Das Salz wird in gleicher Weise bei 50° nochmals umkrystallisiert.

Schwermetallsalze der Monothiophosphorsäure sind wenig beständig, da es zur Abscheidung von Sulfiden der betreffenden Metalle kommt. Je weitgehender die Substitution durch Schwefel erfolgt ist, desto beständiger werden die Schwermetallsalze, z. B. sind die Silber- und Bleisalze der Tetrathioorthophosphorsäure noch unlöslicher als die entsprechenden Sulfide.

Von der Tetrathioorthophosphorsäure lassen sich viele Schwermetallsalze aus Phosphorpentasulfid und dem betreffenden Metallsulfid oder Metallchlorid herstellen. Diese Schwermetallsalze weisen recht charakteristische Eigenschaften auf und sind sehr beständig. Wird das Chlorid als Ausgangsmaterial benutzt, so wird als Nebenprodukt noch Phosphorthiochlorid erhalten[1]:

$$SbCl_3 + P_2S_5 = SbPS_4 + PSCl_3.$$

Auf einem anderen Wege kann man zu Schwermetallsalzen durch Fällung der jeweiligen Salze mit Natriumtetrathiophosphat gelangen[2]. Bemerkenswert ist die Tatsache, daß das Zinn nur als Zinn(II)-sulfid befähigt ist, ein Zinn(II)-thioorthophosphat zu bilden. Zinn(IV)-sulfid vermag seinerseits ja selber eine Thiosäure zu bilden, während Zinn(II)-sulfid dazu nicht befähigt ist. Einige Salze seien im folgenden aufgezählt:

$Mn(II)_3P_2S_8$: grüne Krystallschuppen (aus MnS u. P_2S_5)
$Fe(II)_3P_2S_8$: schwarze, graphitähnliche Blättchen (aus $FeS + P_2S_5$)
$Pb(II)_3P_2S_8$: radialfaserige, metallglänzende Massen (aus $PbCl_2$ u. P_2S_5)
$Sb(III)PS_4$: radialfaserige, schwefelgelbe Masse mit Seidenglanz.

139. Arsen(V)-tetrathioorthophosphat, $AsPS_4$. Wegen der hohen Flüchtigkeit von Arsentrichlorid läßt man zweckmäßigerweise Arsentrisulfid mit Phosphorpentasulfid reagieren. Eine restlose Umsetzung nach:

$$As_2S_3 + P_2S_5 = 2\,AsPS_4$$

wird nur bei überschüssigem Phosphorpentasulfid erzielt. Man mischt 26,2 g trockenes Arsentrisulfid mit 47,4 g Phosphorpentasulfid und erhitzt das Gemisch in einem schwer schmelzbaren Glas oder Retorte, wobei das Gemisch zu einer braunen Flüssigkeit zusammenschmilzt und überschüssiges Phosphorpentasulfid abdestilliert. Nach restloser Entfernung des letzteren, die eine geringe Mitdestillation des Arsen-

---

[1] Glatzel, E.: Z. anorg. allg. Chem. **4** (1893) 186.
[2] Klement, R.: Z. anorg. Chem. **253** (1947) 247.

thiophosphats verursacht, wird das Reaktionsgefäß erkalten gelassen, wobei das Arsenthiophosphat zu einer gelbgrünen Masse erstarrt. Um die Verbindung in gut krystallisierter Form zu erhalten, wird sie in einem Porzellantiegel geschmolzen und im Sandbad sehr langsam abgekühlt. Man erhält so radialfaserige, an der Oberfläche wollige Krystallaggregate von gelbgrüner Farbe. Man kann die Verbindung auch im Vakuum (in einem Säbelkolben) destillieren oder auch sublimieren, muß aber das die Substanz enthaltende Gefäß wegen der verhältnismäßig hohen Siedetemperatur aus Quarz wählen.

140. Quecksilber(II)-tetrathioorthophosphat, $Hg_3P_2S_8$. Dieses Salz läßt sich in guter Ausbeute nur durch Erhitzen eines Gemisches von Quecksilbersulfid und Phosphorpentasulfid darstellen. Quecksilbersulfid wird durch Fällung mit Schwefelwasserstoff aus heißer Quecksilber(II)-chloridlösung und Trocknung des abfiltrierten Sulfids durch Erhitzen unter Luftabschluß erhalten. 38 g Quecksilbersulfid werden mit der doppelten zum Umsatz notwendigen Menge Phosphorpentasulfid, also 24 g, innig vermischt. In einer Retorte erhitzt, schmilzt das Gemisch. Sobald sich das überschüssige Phosphorpentasulfid verflüchtigt hat, wird die zurückbleibende Masse fest. Nach dem Erkalten wird ein körnig krystalliner Rückstand erhalten, der sich in einem schwer schmelzbaren Glasrohr bzw. Quarzrohr sublimieren läßt. Es werden rote Krystallkrusten erhalten, die sehr lichtempfindlich sind und darum bei Belichtung braun bzw. schwarz werden.

Die *Thiosalze des Arsens und Antimons* neigen nur wenig zur Hydrolyse, so daß man sie ohne Störungen aus wässeriger Lösung darstellen kann, sofern man große Verdünnungen vermeidet.

141. Natriumthioarsenat, $Na_3AsS_4 \cdot 8H_2O$. Man löst 20 g As_2O_3 in heißer Natronlauge auf, macht mit Salzsäure stark sauer und leitet Schwefelwasserstoff ein. Nachdem alles Arsentrisulfid ausgefallen ist, wird abfiltriert und mit verdünnter Salzsäure gut ausgewaschen. Zur Herstellung einer dem angewandten Arsen äquivalenten Menge Na_2S gemäß der Gleichung:

$$3Na_2S + 2S + As_2S_3 = 2Na_3AsS_4$$

löst man 24 g Natriumhydroxyd in 100 cm³ Wasser, leitet in die eine Hälfte der Lösung bis zur Sättigung Schwefelwasserstoff ein (Bildung von NaHS) und vereinigt sie mit der anderen Hälfte. Dann werden in ihr das Arsentrisulfid und 6,4 g Schwefel in der Wärme aufgelöst. Man dunstet auf dem Wasserbad vorsichtig bis zum Entstehen einer Krystallhaut ein und läßt in der Kälte auskrystallisieren.

142. Natriummonothiooxyarsenat, $Na_3AsSO_3 \cdot 12H_2O$. 20 g Arsenik werden in der genau berechneten Menge Natriumhydroxyd (24 g NaOH in 100 cm³ Wasser) gelöst und mit 6,5 g Schwefel eine halbe Stunde gekocht. Dann filtriert man heiß vom ungelösten Schwefel, dunstet bis zur beginnenden Krystallisation ein und arbeitet wie üblich weiter. Das Natriummonothiooxyarsenat bildet farblose, rhombische Säulen.

Natriumthioantimonat, Schlippesches Salz hat in der pharmazeutischen Praxis schon lange Bedeutung als Ausgangsmaterial für Sb_2S_5 oder Goldschwefel (Stibium sulfuratum aurantiacum), den man durch Säurezersetzung des Thioantimonats erhalten kann. Im folgenden sollen zwei Darstellungsvorschriften gegeben werden, denen man den historischen Charakter anmerkt. Das erste Verfahren, welches zwar das später beschriebene ist, geht auf Eilhard Mitscherlich[1] zurück und arbeitet in wässeriger Lösung nach der im Prinzip beim Thioarsenat gegebenen Vorschrift.

[1] Mitscherlich, E.: Pogg. Ann. **49** (1840) 413.

Die ursprünglich auf C. F. v. Schlippe[1] zurückgehende Methode arbeitet im Schmelzfluß, in dem das Na_2S durch Reduktion vom leicht zugänglichen Natriumsulfat gleichzeitig erzeugt wird.

143. Natriumthioantimonat, $Na_3SbS_4 \cdot 9H_2O$. 1. Nach Mitscherlich. 26 g Kalk werden mit heißem Wasser gelöscht, mit 80 cm^3 Wasser zu einem Brei verrieben und mit einer Lösung von 70 g krystallisiertem Natriumcarbonat in 250 cm^3 Wasser gemischt. Die Mischung wird einige Minuten in einer Porzellanschale gekocht, mit 36 g Grauspießglanzpulver und 7 g Schwefelpulver versetzt und unter zeitweiligem Ersatz des verdampften Wassers weitergekocht, bis die graue Farbe des Antimonsulfids verschwunden ist. Man filtriert und kocht den Rückstand mit 100···150 cm^3 Wasser aus. Die vereinigten, klaren Filtrate werden auf dem Wasserbad zur Krystallisation eingedampft, wobei man zur Zurückdrängung der Hydrolyse etwas Natronlauge zusetzt. Die Krystalle werden auf einer Glasfritte abgenutscht und mit wenig Alkohol gewaschen. Die Mutterlauge wird ebenfalls durch weiteres Eindunsten aufgearbeitet und die vereinigten Krystallmengen nochmals aus schwach natronalkalischem Wasser umkrystallisiert. Das Präparat wird im Vakuumexsiccator über Kalk, der mit einigen Tropfen Ammoniumsulfidlösung übergossen wurde, getrocknet. Hellgelbe, an der Luft leicht verwitternde Tetraeder. Ausbeute 60 g.

2. Nach Schlippe. Man füllt ein inniges Gemisch von 36 g Grauspießglanzpulver (34 g = $^1/_{10}$ Mol), 43 g wasserfreiem Natriumsulfat und 16 g gesiebtem Holzkohlepulver in einen Tontiegel, der durch das Gemisch zur Hälfte angefüllt ist, überschichtet mit etwas Kohlepulver und erhitzt zum ruhigen Schmelzen. Nachdem man 10 Minuten hat durchschmelzen lassen, wird die Schmelze auf ein Eisenblech gegossen, nach dem Erkälten gepulvert und eine halbe Stunde mit 7 g Schwefelblumen und 300 cm^3 Wasser gekocht. Das Filtrat wird in einer Porzellanschale unter Zusatz von wenig Natronlauge zur Krystallisation eingedampft. Umkrystallisation wie beim ersten Verfahren.

Molybdän, sowie Wolfram und Vanadin bilden ebenfalls definierte Salze von Thiosäuren, die sich durch mehr oder weniger starke rote Farbtöne vor anderen meist gelben oder farblosen Thiosalzen auszeichnen.

144. Ammoniumthiomolybdat, $(NH_4)_2MoS_4$. 5 g Ammoniummolybdat (Paramolybdat des Handels) ($(NH_4)_5HMo_6O_{21} \cdot 3H_2O$) werden in 15 cm^3 Wasser gelöst und 50 cm^3 Ammoniak (D = 0,94) zugegeben. Nun wird Schwefelwasserstoff eingeleitet, wodurch die Lösung anfangs gelb, später tiefrot gefärbt wird. Nach ungefähr einer halben Stunde fällt plötzlich eine reichliche Menge von z. T. gut ausgebildeten Krystallen aus, die im Vakuum getrocknet werden. Tief dunkelrote Krystalle mit grünem Reflex.

145. Molybdäntrisulfid, MoS_3. Die löslichen Thiomolybdate bilden bei ihrer Zersetzung mit Säuren Molybdäntrisulfid, welches auf diese Weise am besten dargestellt werden kann. In der Natur kommt Molybdän nur als Molybdänglanz, MoS_2, vor. MoS_3 ist ein schwarzbraunes Pulver, das beim Erhitzen unter Luftabschluß Schwefel verliert und in das metallglänzende, graphitähnliche MoS_2 übergeht.

8. Polythiosalze.

Einige Thiosalze leiten sich von den Polysulfiden ab, von denen das Kupfersalz $(NH_4)[CuS_4]$ das bekannteste ist, und bei dessen Darstellung man von Ammoniumpolysulfiden und entsprechenden Metallsalzen ausgeht. Vom Gold und

[1] von Schlippe, C. F.: Schweiggers J. Chemie u. Physik **33** (1821) 320.

Platin sind ähnliche Verbindungen bekannt[1], z. B. NH_4AuS_3 (gelbes Salz) und $(NH_4)_2PtS_{15} \cdot 2H_2O$ (rotes Salz).

146. Ammoniumkupfertetrasulfid, $(NH_4)CuS_4$. Man leitet zunächst in eine Mischung von 200 cm³ konzentrierter Ammoniaklösung und 500 cm³ Wasser im geschlossenen Kolben unter Kühlung mit Wasser Schwefelwasserstoff bis zur Sättigung. Die Hälfte der Lösung wird dann mit feingepulvertem Schwefel (etwa 60 g) bei 40° gesättigt, filtriert und mit der anderen Hälfte vereinigt. Man fügt zu dieser Lösung unter Umschwenken eine Lösung von 20 g Kupfervitriol in 200 cm³ Wasser, bis eben ein bleibender Niederschlag von Kupfersulfid entsteht, filtriert diesen sofort durch ein großes, bereitgehaltenes Faltenfilter ab und bringt das Filtrat in einen Erlenmeyerkolben, der davon fast ganz gefüllt werde. Beim Stehen — zweckmäßig im Eisschrank — scheiden sich schöne, glänzend rote Prismen ab, die man am nächsten Tage absaugt, mit Wasser und dann mit Alkohol wäscht und im Vakuumexsiccator über Kalk scharf trocknet. Die Mutterlauge ohne die Waschflüssigkeit gibt auf Zusatz von Kupfervitriollösung noch eine zweite Fällung. Gesamtausbeute etwa 25 g. In 2n Natronlauge löst sich das Salz zunächst klar auf und scheidet erst nach längerem Stehen Kupfersulfid ab. Mit konz. Kalilauge kann aus der Lösung das schwerer lösliche rote Kaliumkupfertetrasulfid gefällt werden.

9. Aus dem Schmelzfluß erhältliche Thiosalze.

Zu den thiosalzbildenden Sulfiden gehört auch das Chrom(III)-sulfid, von dem sich Natrium- und Kaliumsalze der Thiochromsäure ableiten. Man erhält sie jedoch nur aus Carbonatschmelzen in krystallisierter Form[2,3].

147. Natriumthiochromit, $Na_2[Cr_2S_4]$. 1 g Kaliumchromat (oder die entsprechende Menge Kaliumbichromat) wird mit 20···30 g wasserfreiem Natriumcarbonat und ebensoviel Schwefel geschmolzen und 20··25 Minuten im Schmelzfluß gehalten. Durch überschüssigen Schwefel wird das Chromat reduziert. Die langsam erkaltete Schmelze wird mit Wasser behandelt, wobei sehr dünne, stark glänzende Krystallblättchen zurückbleiben, die man zum Teil schon ohne Vergrößerung als regelmäßig ausgebildete hexagonale Tafeln erkennen kann, die sich bei schwacher Vergrößerung als gelbrot oder granatrot durchscheinend erweisen.

Besonders gute Krystallausbildung wird erzielt, wenn die Hälfte des Natriumcarbonats durch Kaliumcarbonat ersetzt wird, wodurch die Schmelztemperatur herabgesetzt wird. Trotzdem krystallisiert nur eine reine Natriumverbindung aus, da diese offenbar unlöslicher ist als das entsprechende Kaliumthiochromit.

148. Kaliumeisen(III)-sulfid, $K[FeS_2]$. Ein inniges Gemisch von 30 g Eisenpulver, 180 g Schwefelblumen, 150 g Kaliumcarbonat und 30 g wasserfreiem Natriumcarbonat werden in einem Tontiegel bis zum Schmelzfluß erhitzt, was etwa eine Stunde in Anspruch nimmt. Man läßt die Schmelze langsam erkalten, zerschlägt den Tiegel und digeriert die Stücke der Schmelze mit warmen Wasser, bis sie völlig zerfallen sind. Man ersetzt die entstehende grüne Lösung von Zeit zu Zeit durch frisches Wasser, bis sich nichts mehr löst und reine, dunkle, glänzende Nadeln zurückbleiben. Man wäscht mit Wasser und Alkohol und trocknet im Trockenschrank. Ausbeute etwa 70 g. Bei langem Aufbewahren der Krystalle tritt Zersetzung ein.

Ein Kaliumwismutdoppelsulfid (oder Kaliumthiobismutit(III)) kann ebenfalls aus einer Carbonatschmelze erhalten werden. Die Substanz fällt durch ihre, be-

---

[1] Hofmann, K. A., u. F. Höchtlen: Ber. dtsch. chem. Ges. **36** (1903) 3090.

[2] Schneider, R.: J. prakt. Chem. [2] **56** (1897) 415; Pogg. Ann. **136** (1869) 460. — Gröger, M.: Mh. Chem. **2** (1882) 268.

[3] Rüdorff, W., u. K. Stegemann: Z. anorg. allg. Chem. **251** (1943) 376.

sonders bei mikroskopischer Betrachtung außerordentlich schöne Krystallisationsfähigkeit auf, die an natürlich vorkommende Krystallaggregate sulfidischer Schwermetallmineralien erinnert.

149. Kaliumwismutsulfid, $K_2Bi_2S_4$. 3 g feingepulvertes Wismut werden mit 15 g trockenem Kaliumcarbonat und 3 g trockenem Natriumcarbonat und 18 g Schwefel innig gemischt und auf dem Gebläse oder im elektrischen Ofen bis zum ruhigen Fließen zusammengeschmolzen (1···2 Stunden). Dann läßt man so langsam wie möglich abkühlen. Die Schmelze wird dann mit Wasser ausgelaugt. Es hinterbleibt das Kaliumwismutsulfid in stahlgrauen, lebhaft metallisch glitzernden Krystallen; unter dem Mikroskop erkennt man scharfkantige Oktaeder in kammartigen Verwachsungen. Bei Zimmertemperatur vollkommen beständig; in Salzsäure unter Schwefelwasserstoffentwicklung löslich.

Bei gleichzeitiger Anwesenheit von Kupfer und Eisen wird ein kaliumsulfidhaltiges Eisen-Kupfersulfid erhalten, das bezüglich seines Glanzes und seiner Krystallisationsfähigkeit besonders auffällt.

150. Kalium-Kupfer-Eisensulfid. 1,5 g Kupfer und 1,5 g Eisen werden mit den gleichen Mengen an Carbonat und Schwefel ebenso behandelt wie in Nr. 149 angegegeben.

Das Doppelsulfid krystallisiert besonders an der Grundfläche des Tiegels in großen, dunkelblau metallisch glänzenden Blättchen mit oft fein ausgebildeten Oberflächenstrukturen (Beobachtung im Mikroskop).

Mit Thalliumsulfid bildet Kaliumsulfid auf analoge Weise ebenfalls ein Doppelsulfid, wobei man von Thallium(I)-sulfat oder -chlorid ausgehen kann, das dann durch den Schwefel in Thalliumsulfid überführt wird.

151. Kaliumthalliumsulfid, $K_2Tl_2S_4$[1]. 3 g Thallium(I)-sulfat oder -chlorid werden mit 8 g trockenem Kaliumcarbonat und 18 g Schwefel bei Rotglut geschmolzen. Die Schmelze wird nach dem Erkalten mit Wasser behandelt. Das Thalliumdoppelsulfid hinterbleibt in Form kleiner, scharf quadratisch begrenzter dunkel-cochenilleroter, gelbrot durchscheinender Krystalle, die mit kaltem Wasser gewaschen werden.

IX. Salze der Sauerstoffsäuren des Schwefels.

1. Alaune.

Allgemeines. Zwischen den Azidokomplexen ohne Sekundärdissoziation und den Doppelsalzen, bei denen restlose Dissoziation in die Einzelionen eintritt, sind alle möglichen graduellen Zwischenstufen denkbar. In den meisten Fällen wird sogar ein Komplex mit einer gewissen Sekundärdissoziation vorliegen oder ein Doppelsalz, das, zumal in konzentrierter Lösung, in mehr oder weniger starkem Maße in komplexer Form auftritt, während die beiden Extremfälle weniger häufig vorkommen. Zahlenmäßig wird diese Sekundärdissoziation durch die Beständigkeitskonstante angegeben, die sich aus dem Molverhältnis des undissoziierten Komplexes zum Produkt der dissoziierten Teile ergibt, also z. B. beim Alaun

$$\frac{[\{Al(SO_4)_2\}^-]}{[Al^{+++}]\cdot[SO_4^{--}]^2} = K.$$

[1] Schneider, R.: J. prakt. Chem. [2] 2 (1870) 168.

In diesem Falle wäre die Konstante sehr klein, da praktisch vollständige Sekundärdissoziation eintritt und ein typisches Doppelsalz vorliegt[1].

Prototyp der Alaune ist also das Kalium-Aluminiumsulfat mit charakteristischem Wassergehalt, $K_2SO_4 \cdot Al_2(SO_4)_3 \cdot 24\,H_2O$ oder $KAl(SO_4)_2 \cdot 12\,H_2O$. Das dreiwertige Metall kann durch Fe^{+++}, Cr^{+++}, Mn^{+++}, Tl^{+++}, V^{+++} usw. ersetzt werden, das Kalium durch Rb^+, Cs^+, NH_4^+, Tl^+, aber nicht durch Na^+. Die entsprechenden Doppelselenate bilden ebenfalls Alaune, die sich allgemein durch gute Krystallisationsfähigkeit auszeichnen und in Form prächtig ausgebildeter regulärer Oktaeder anfallen. Unter den verschiedenen Alaunen besteht weitgehende Isomorphie, aus entsprechenden Lösungsgemischen krystallisieren Mischkrystalle, und ein Krystall eines Alauns wächst in der Lösung eines anderen in gleicher Weise weiter.

Prinzipiell kann durch Zusammengeben der Komponenten ein Alaun dargestellt werden, die dreiwertige Stufe der einen wesentlichen Komponente kann erreicht werden, indem eine andere leicht zugängliche Verbindung des betreffenden Elementes in die dreiwertige Form überführt wird.

152. Kalium-Aluminiumalaun, $KAl(SO_4)_2 \cdot 12\,H_2O$. 15 g $Al_2(SO_4)_3 \cdot 18\,H_2O$ werden in 100 cm³ Wasser gelöst und mit der äquivalenten Menge einer heiß gesättigten Kaliumsulfatlösung versetzt. Die Lösung läßt man in einer geräumigen Porzellanschale abkühlen, wobei der Alaun in sehr gut ausgebildeten Krystallen auskrystallisiert. Je langsamer man die Abkühlung vor sich gehen läßt, um so besser ist die Ausbildung der oktaedrischen Krystallform. Durch Einlegen von bereits vorher in möglichst gut ausgebildeter Krystallform erhaltener Alaunkrystalle in eine gesättigte Lösung lassen sich Krystallindividuen von beträchtlicher Größe züchten.

153. Ammonium-Eisen(III)-alaun, $NH_4Fe(SO_4)_2 \cdot 12\,H_2O$. In einen Erlenmeyer-Kolben von 250 cm³ gibt man 75 cm³ verdünnte Schwefelsäure und löst hierin unter Erwärmen und nötigenfalls unter Hinzufügen von Wasser 25 g Eisen(II)-ammoniumsulfat (Mohrsches Salz) und die erforderliche Menge $FeSO_4 \cdot 7\,H_2O$. Die heiße Lösung wird, falls notwendig, durch ein Faltenfilter filtriert, in einen Kolben gegossen und 5 cm³ konz. Salpetersäure zur Oxydation des Fe(II) hinzugefügt. Die Lösung wird solange gekocht, bis keine roten Stickoxyde mehr entweichen. Dann wird eine Probe der Lösung im Reagenzrohr mit Kaliumeisen(III)-cyanid auf Fe^{++} geprüft. Entsteht eine Blaufärbung, so ist noch Fe^{++} vorhanden, man muß daher die Oxydation unter Hinzufügen einiger cm³ konz. Salpetersäure wiederholen. Nach beendeter Oxydation wird die Lösung bis fast auf die Hälfte eingedampft. Wird ein kleiner Krystall irgendeines anderen Alauns mit einem Tropfen dieser Lösung verrieben, so muß es zur Krystallabscheidung kommen. Wenn dies nicht eintritt, so muß noch etwas weiter eingedampft werden. Die Lösung wird nun in eine Krystallisierschale gegossen und langsam erkalten gelassen. Falls notwendig, wird die Krystallisation ebenfalls durch einen Impfkrystall eingeleitet.

Der Eisenalaun scheidet sich in Form großer, schwach rosaviolettfarbener, oktaedrischer Krystalle ab.

Chromalaun. Die Darstellung ist hier wie bei den anderen Alaunen durch Zusammengeben der beiden Sulfatkomponenten möglich, wobei jedoch eine Temperaturerhöhung (über 70°) vermieden werden muß, um die Umwandlung von violettem Chromsulfathydrat in grünes zu vermeiden. Da die Verbindungen des sechswertigen Chroms besonders leicht zugänglich sind, ist eine Umwandlung von Chromaten in Chrom(III)-alaune in saurer Lösung in vielen Fällen dem ersten Verfahren vorzuziehen, zumal wenn ein Reduktionsmittel, das im Überschuß leicht flüchtig ist

[1] Jander, G., u. H. Spandau: Kurzes Lehrbuch d. anorganischen Chemie, 4. Aufl. Berlin/Göttingen/Heidelberg 1949, S. 338.

und auch flüchtige Reaktionsprodukte bildet, zur Anwendung kommt, z. B. Alkohol, der nach folgender Gleichung reagiert:

$$(NH_4)_2Cr_2O_7 + 3C_2H_5OH + 4H_2SO_4 + 5H_2O \rightarrow 2NH_4Cr(SO_4)_2 \cdot 12H_2O + 3CH_3CHO.$$

154. Ammoniumchromalaun, $(NH_4)_2SO_4 \cdot Cr_2(SO_4)_3 \cdot 24H_2O$. 12 g Ammoniumbichromat werden in Wasser gelöst und mit 7 g Alkohol und 100 cm³ 2n Schwefelsäure (~ 20 g konz. Schwefelsäure) versetzt. Die Reduktion muß bei Zimmertemperatur vor sich gehen, um die Bildung von grünem Chrom(III)-salz zu vermeiden. Nach mehreren Stunden ist die Reduktion unter Bildung einer blauvioletten Lösung beendet, worauf sich der Ammoniumchromalaun in rotvioletten Oktaedern abscheidet.

Die Isomorphiebeziehungen zwischen den verschiedenen Alaunen kann folgendermaßen gut sichtbar gemacht werden. In eine gesättigte Lösung von Chromalaun wird ein gut ausgebildeter Krystall von $KAl(SO_4)_2 \cdot 12H_2O$ gelegt. Bei vorsichtigem Einengen der Lösung kann ein Weiterwachsen des Krystalls festgestellt werden, der dann aus einem farblosen Kern und einer rotviolett gefärbten Schale besteht.

155. Violettes Chrom(III)-sulfat, $[Cr(H_2O)_6]_2(SO_4)_3 \cdot 6H_2O$. 10 g Chrom(VI)-oxyd werden in 50 cm³ Wasser gelöst, 100 cm³ 2n Schwefelsäure hinzugegeben und vorsichtig mit 7 g Alkohol versetzt. Während der Reduktion darf keine Temperaturerhöhung über 60° eintreten. Nach mehreren Stunden wird die violettblaue Lösung mit dem gleichen oder mehrfachen Volumen an Alkohol versetzt, wobei das violette Chrom(III)-sulfat sich anfänglich ölig, nach einigem Stehen krystallin abscheidet.

Ammoniumvanadin(III)-alaun. Für manche Schwermetalle bildet der dreiwertige Zustand eine niedere Wertigkeitsstufe, die nur durch starke Reduktionsbedingungen erzielt werden kann. Chemische Reduktionsmittel haben bei präparativen Operationen meistens den Nachteil, daß unerwünschte Reaktionsprodukte entstehen; dies wird in idealer Weise bei elektrolytischen Reduktionen (entsprechend auch bei Oxydationen) vermieden. Die angelegte Spannung erlaubt zudem noch, die Reduktionswirkung zu regulieren. Das Vanadin, das unter normalen Umständen fünfwertig in seinen Verbindungen auftritt, kann kathodisch (nach vorheriger Reduktion zur vierwertigen Stufe mit Schwefeldioxyd, SO_4^{--} als Reaktionsprodukt ist in diesem Fall nicht störend) zum Sulfat des dreiwertigen Vanadins reduziert werden. Alaunbildung mit Ammoniumsulfat wirkt gleichzeitig stabilisierend auf die niedere Wertigkeitsstufe.

156. Ammoniumvanadin(III)-alaun, $(NH_4)V(SO_4)_2 \cdot 12H_2O$[1]. In einem Filtrierstutzen F von ungefähr 9 cm Höhe und 7 cm Durchmesser wird durch einen großen Gummistopfen ein poröser Tonzylinder T (4,5 cm ⌀, 12 cm Höhe) zentral eingesetzt. Die Tonzelle nimmt als Anode einen Bleiblechzylinder A von ungefähr 50 cm² Oberfläche auf, dessen Zuleitung durch einen passenden Korken mit Durchbohrung gehalten wird. Als Kathode K wird ebenfalls ein Bleiblechzylinder benutzt. Eine Zu- und Abführung zum Einleiten von Kohlendioxyd wird ebenfalls im Kathodenraum angebracht.

Die Lösung des vierwertigen Vanadins wird wie folgt erhalten: 2 g Ammoniummetavanadat, NH_4VO_3, werden mit 32 g konz. Schwefelsäure versetzt und auf 100 cm³ aufgefüllt. In einem Erlenmeyerkolben wird nun durch einen mit Zu- und Ableitungsrohr versehenen Stopfen in der Siedehitze Schwefeldioxyd eingeleitet, bis eine rein blaue Lösung von $VOSO_4$ entstanden ist. Der Überschuß an Schwefeldioxyd wird durch Durchleiten von Kohlendioxyd entfernt. Diese Lösung wird nun in den Kathodenraum K der Apparatur gegeben. In den Anodenraum wird bis zur

[1] Nach F. Müller: Elektrochemisches Praktikum, Dresden/Leipzig 1947, S. 231.

gleichen Höhe Schwefelsäure gefüllt, die aus 1 Teil konzentrierter Säure und 2 Teilen Wasser erhalten wird.

Nachdem die Elektrolysierzelle an eine Gleichstromquelle von 12···14 Volt angeschlossen ist, reguliert man den Strom auf 4 Amp. unter dauerndem Durchleiten von Kohlendioxyd durch den Katholyten. Die Farbe ändert sich von blau nach grün unter geringer Wasserstoffentwicklung. Auf Vollständigkeit der Reduktion zur dreiwertigen Stufe kann nur durch Titration einer entnommenen Probe mit Permanganat geprüft werden. Eine Weiterreduktion zur zweiwertigen Stufe gibt sich durch eine dunkelviolette und darauf wieder eintretende blaue Färbung zu erkennen. Enthält der Katholyt praktisch nur dreiwertiges Vanadin, so wird er in ein von außen mit Eiswasser gekühltes Becherglas gegossen und evtl. mit einem kleinen Kryställchen von isomorphem Eisenalaun geimpft. Der blauviolette Vanadinalaun scheidet sich aus, wird abgesaugt und schnell zwischen Filtrierpapier getrocknet.

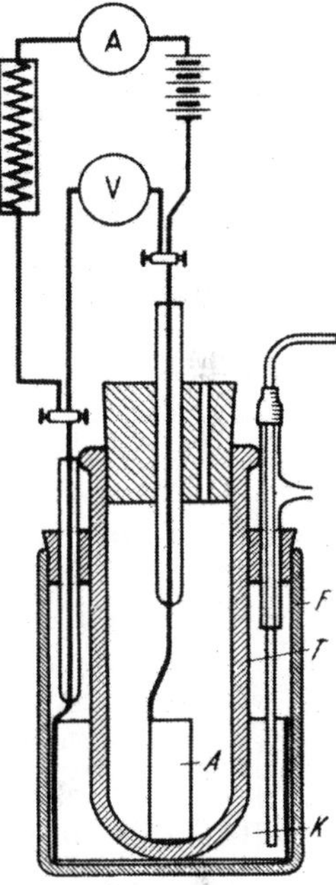

Abb. 51. Apparatur zur elektrolytischen Reduktion von Vanadin(IV)-salzen.

2. Weitere Sulfate.

In dreiwertigem Zustand wird das Kobalt fast ausschließlich nur in Komplexverbindungen angetroffen. Einfache Salze des 3-wertigen Kobalts können nur durch Einwirkung sehr starker Oxydationsmittel auf Kobalt(II)-salze erhalten werden, so z. B. das $Co_2(SO_4)_3$ durch elementares Fluor oder anodische Oxydation.

157. Kobalt(III)-sulfat, $Co_2(SO_4)_3 \cdot 18H_2O$. Die Schaltung und die Apparatur gleichen im Prinzip derjenigen von Abb. 51. In die poröse Tonzelle wird eine zylindrische Platinblechelektrode von ungefähr 50 cm² Oberfläche (außen) angebracht. In Ermangelung einer solchen kann auch ein möglichst hoher Platintiegel (Fingertiegel) benutzt werden, der durch eine in ihn hineingedrückte Kupferscheibe mit der Zuführung aus Kupferdraht verbunden ist. Als Anodenflüssigkeit wird eine warme Lösung von 24 g $CoSO_4 \cdot 7H_2O$ in 75 cm³ 8n Schwefelsäure eingegeben. Um die Tonzelle wird ein Kupferblechzylinder von 8 cm Höhe als Kathode angebracht, die in 8n Schwefelsäure im als Außengefäß dienenden Filtrierstutzen eintaucht. Der Filtrierstutzen wird mit Eis und Wasser gekühlt. Nach Abkühlung des Anolyten auf 30° wird unter Anlegung einer Spannung von 12···14 Volt und Einregulierung der Stromstärke auf 1 Amp. mit Hilfe des Regulierwiderstandes die Elektrolyse begonnen. Unter 30° würde der Anolyt schon Kobalt(II)-sulfat ausscheiden. Dadurch, daß bei 30° die Oxydation zum $Co_2(SO_4)_3$ schon eingesetzt hat, soll diese Auskrystallisation vermieden werden.

Nach ungefähr 12 Stunden hat sich in der Tonzelle ein dicker Brei von blaugrünen Kobalt(III)-sulfathydratkrystallen abgeschieden. Dieser wird auf der Glasfritte schnell und scharf abgesaugt und auf Ton getrocknet. Zersetzt sich nach einigen Wochen unter Sauerstoffabspaltung.

Als Cäsiumalaun $CsCo(SO_4)_2 \cdot 12H_2O$ kann das $Co_2(SO_4)_3 \cdot 18H_2O$ weitgehend stabil erhalten werden.

158. Cer(IV)-sulfat, $Ce(SO_4)_2$[1]. Aus Cer(IV)-ammoniumnitrat (s. Nr. 272) kann durch starkes Glühen das Cer(IV)-oxyd erhalten werden. Dieses wird fein gepulvert

[1] Meyer, R. J., u. A. Aufrecht: Ber. dtsch. chem. Ges. **37** (1904) 140.

in konz. Schwefelsäure eingetragen. Beim Erhitzen geht es nun, ohne sich zu lösen, in dunkelgelbes, feinkrystallines Cer(IV)-sulfat über. Nach einigen Stunden läßt man abkühlen und dekantiert die überschüssige Säure möglichst weitgehend ab. Der Niederschlag wird mit Eisessig einige Male gewaschen und auf einer Glasfritte scharf abgenutscht und mit Eisessig bis zur Schwefelsäurefreiheit gewaschen. Im Vakuumexsiccator wird über Kaliumhydroxyd getrocknet.

Tiefgelbes, krystallinisches Pulver. In Wasser fast vollständig löslich.

Cer(IV)-sulfatlösung spielt in der Cerimetrie als maßanalytische Oxydationslösung wegen des hohen Oxydationspotentials des Ce^{4+} eine wichtige Rolle.

159. Vanadin(IV)-sulfat, $VOSO_4 \cdot 2H_2O$[1]. Vanadin(V)-oxyd wird mit Schwefelsäure, die mit der gleichen Menge Wasser verdünnt ist, in der Wärme behandelt und mit Oxalsäure versetzt, bis die CO_2-Entwicklung ausbleibt und das Vanadin vollständig zur vierwertigen Stufe reduziert ist, was auch durch Einleiten von Schwefeldioxyd oder Schwefelwasserstoff bewerkstelligt werden kann. Die Lösung hat eine tiefblaue Farbe angenommen. Nach Filtration wird weitgehend eingedampft und in der Kälte stehengelassen. Es scheiden sich blaue Krystalle ab, die abgenutscht und mit abs. Alkohol gewaschen werden. Sie werden im Vakuum über Silicagel getrocknet und wegen starker Hygroskopizität unter Feuchtigkeitsabschluß aufbewahrt.

Antimonsulfat. Das neutrale Sulfat des Antimons ist eines der wenigen Sulfate, die wasserfrei krvstallisieren. Es hydrolysiert sehr leicht und wird daher nur aus konzentrierter Schwefelsäure erhalten. Von anhaftender konz. Schwefelsäure kann es durch Waschen mit Eisessig befreit werden.

160. Antimonsulfat, $Sb_2(SO_4)_3$. 10 g feingepulvertes Antimon oder die entsprechende Menge Antimonoxyd werden vorsichtig langsam in 100 cm^3 konzentrierte heiße Schwefelsäure eingetragen; die Mischung wird in einem Becherglase so lange fast zum Kochen erhitzt, bis das Antimon in Lösung gegangen ist. Beim Abkühlen krystallisiert das Antimonsulfat in schönen, farblosen, glänzenden Nadeln aus. Nach dem Erkalten wird mit 80 cm^3 wasserfreier Essigsäure verdünnt, wieder ganz erkalten gelassen und die Masse auf einer Glasfritte abgesaugt. Die Krystalle werden schnell mit wasserfreier Essigsäure gewaschen, darauf mit Äther, abgesaugt und ein bis zwei Tage im Vakuumexsiccator über konz. Schwefelsäure stehen gelassen.

Mit Wasser tritt sofort Hydrolyse und Abscheidung weißer Niederschläge von basischen Salzen ein.

3. Thiosulfate.

Die freie Thioschwefelsäure ist nicht beständig, die Salze können durch Addition von Schwefel an Sulfite erhalten werden. Formal sind sie aufzufassen als Sulfate, in denen ein O^{--} durch ein S^{--} ersetzt ist. Diese an das zentrale Schwefelatom gebundene SH^--Gruppe läßt sich leicht wieder unter Rückbildung von Sulfit entfernen.

161. Natriumthiosulfat, $Na_2S_2O_3 \cdot 5H_2O$. I. *Aus Hydrogensulfid und Bisulfit.* 30 g Natriumhydroxyd werden in möglichst wenig Wasser gelöst und bis zur Sättigung Schwefelwasserstoff eingeleitet, wobei NaHS gebildet wird. Außerdem wird eine $NaHSO_3$-Lösung durch Sättigen einer Auflösung von 60 g Natriumhydroxyd in 300 cm^3 Wasser mit Schwefeldioxyd hergestellt. Die Natriumhydrogensulfidlösung wird in diese Lösung unter Kühlung und ständigem Rühren aus einem Tropftrichter

[1] Koppel, G., u. E. C. Behrendt: Z. anorg. allg. Chem. **35** (1903) 164.

zugegeben. Das Natriumthiosulfat kommt nach einigen Stunden in großen Krystallen zur Abscheidung und wird dann abgenutscht. Die Mutterlauge wird weitgehend eingedampft und falls notwendig durch Impfen mit einem Thiosulfatkrystall die abermalige Abscheidung des Natriumthiosulfats bewirkt. Die beiden Krystallfraktionen werden durch zweimalige Umkrystallisation nochmals gereinigt.

II. *Aus Sulfit und Schwefel.* Eine Lösung von 63 g Natriumsulfit ($Na_2SO_3 \cdot 7H_2O$) in 125 cm³ Wasser wird in einem Kolben mit 8 g feingepulvertem Stangenschwefel gekocht. Nach ungefähr zwei Stunden soll sich der Schwefel gelöst haben. Die Lösung wird abfiltriert, weitgehend eingedampft und zur Krystallisation stehen gelassen. Die Mutterlaugen werden ebenfalls durch weiteres Eindampfen zur Krystallisation gebracht. Weitere Verarbeitung wie bei I.

Die Bildungsreaktion der Methode II kann auch in umgekehrter Richtung verlaufen, wie an folgendem Versuch gezeigt werden kann: 2 g Thiosulfat werden in fester Form mit ungefähr 5 g Kupferpulver im Reagenzglas erhitzt. Das Salz schmilzt in seinem Krystallwasser, das zum Teil entweicht; das Kupfer reagiert unter Bildung von schwarzem Kupfersulfid und außerdem läßt sich im wässerigen Auszug des Reaktionsproduktes SO_3^{--} nachweisen.

4. Dithionate.

Die Sulfit-Stufe läßt sich durch vorsichtige Oxydation in die Dithionsäure überführen, die wohl formal eine Polythionsäure sein könnte, ihrem chemischen Verhalten nach jedoch nicht zu diesen zu rechnen ist. Als brauchbare Oxydationsmittel haben sich die feinteiligen Oxydhydrate des Mn^{IV} und Fe^{III} erwiesen. Ebenfalls kann eine Sulfitlösung anodisch zum Dithionat oxydiert werden:

$$2\,SO_3^{--} \rightarrow S_2O_6^{-} + 2e^{-}.$$

Das gelöste MnS_2O_6 z. B. kann durch Umsatz mit Bariumhydroxyd in das gut krystallisierende Bariumsalz überführt werden:

$$MnS_2O_6 + Ba(OH)_2 = Mn(OH)_2 + BaS_2O_6.$$

Durch Zugabe von wässeriger Schwefelsäure kann dieses zur freien Dithionsäure umgesetzt werden, die nur in wässeriger Lösung beständig ist.

162. Bariumdithionat, $BaS_2O_6 \cdot 2H_2O$. Eine Suspension von 50 g feingepulvertem und gesiebtem Braunstein in 250 cm³ Wasser wird unter Abkühlen mit Eiswasser mit Schwefeldioxyd gesättigt, bis fast alles schwarze Manganoxyd nach ungefähr zwei Stunden verbraucht ist. Aus dem auf $1^1/_2$ Liter verdünnten Reaktionsprodukt wird das Mangan in der Siedehitze mit einer Lösung von etwa 200 g krystallisiertem Bariumhydroxyd niedergeschlagen und das manganfreie (Probe mit $(NH_4)_2S$ prüfen!) Filtrat kochend mit Kohlendioxyd gefällt, filtriert und in einer Porzellanschale bis zum Auftreten einer Krystallhaut eingedampft. Nach dem Erkalten werden die farblosen Krystalle abgenutscht und zwischen Filtrierpapier getrocknet.

5. Polythionate.

Die Polythionsäuren haben die allgemeine Formel $H_2S_{3+n}O_6$, wobei n 0, 1, 2 und 3 sein kann. Die Konstitution ist wahrscheinlich $(OH)O_2S—(S)_n—SO_2(OH)$. Die Bildung dieser Säuren geht in reaktionskinetisch sehr komplizierter Weise beim Einleiten von Schwefelwasserstoff in eine wässerige Lösung von Schwefeldioxyd vor sich („Wackenrodersche Flüssigkeit"). Durch Oxydation von Thiosulfaten können Salze der Trithionsäuren ohne Beimengungen der anderen Polythionsäuren erhalten werden.

163. Natriumtrithionat, $Na_2S_3O_6 \cdot 3H_2O$. 62 g Natriumthiosulfat werden in ungefähr 50 cm³ Wasser gelöst. Unter dauerndem Umrühren (Rührmotor) wird 30proz. Wasserstoffperoxyd (Perhydrol Merck) zugegeben, wobei durch sorgfältige Kühlung die Temperatur stets zwischen 0 und 10° gehalten werden muß. Nachdem man 52 cm³ 30proz. Wasserstoffperoxyd zugesetzt hat, zeigt die Lösung nach kurzer Zeit neutrale Reaktion und trübt sich nicht beim Ansäuren. Bei starkem Abkühlen scheidet sich fast das ganze gebildete Natriumsulfat ab und wird durch scharfes Absaugen von der Mutterlauge getrennt. Diese wird sofort nach Filtration im Vakuum zur Sirupdicke eingedunstet, worauf man durch Reiben mit einem Glasstabe die Krystallisation des Trithionats auslösen kann. Bei sehr weitgehendem Eindampfen ist das Trithionat durch Natriumsulfat verunreinigt.

Das Trithionat fällt in farblosen Prismen oder Tafeln, die in Wasser leicht löslich sind, an.

164. Natriumtetrathionat, $Na_2S_4O_6 \cdot 2H_2O$. 13 g Jod und 15 g Natriumthiosulfat werden mit $2^1/_2$ cm³ Wasser in einem Mörser zu einem homogenen hellbräunlichgelben Brei gut verrieben. Der Brei wird nach kurzem Stehen mit 50 cm³ Alkohol in einen Erlenmeyerkolben gegeben, in dem nach etwa drei Stunden sich das Tetrathionat krystallin abgeschieden hat. Es wird mit Alkohol gewaschen, bis dieser jodidfrei bleibt.

Dieses Rohprodukt wird in 20···25 cm³ Wasser von 40° gelöst und durch mehrmalige Zugabe von Alkohol, im Ganzen 50 g, das Tetrathionat wieder zur Abscheidung gebracht. Die Lösung läßt man über Nacht in einem Vakuumexsiccator unter Luftausschluß stehen und saugt die Krystalle dann unter Waschen mit Alkohol ab. Das farblose Salz wird im Exsiccator über Schwefelsäure getrocknet.

X. Sauerstoffsäuren der Halogene und deren Salze.

Allgemeines. Die sauerstoffreichen Halogensäuren werden vorzugsweise durch anodische Oxydation der entsprechenden Halogenide erhalten. Auf chemischem Wege kann man durch Disproportionierungsreaktionen jedoch auch selbst bis zu den Perchloraten gelangen: Chlor wird in warme Lauge geleitet, das zunächst gebildete Hypochlorit disproportioniert wiederum in Chlorat und Chlorid:

$$\begin{aligned} 3\overset{0}{Cl_2} + 6OH^- &= 3\overset{-1}{Cl^-} + 3\overset{+1}{ClO^-} + 3H_2O \\ 3\overset{+1}{ClO^-} &= 2\overset{-1}{Cl^-} + \overset{+5}{ClO_3^-} \\ \hline 3Cl_2 + 6OH^- &= 5Cl^- + ClO_3^- + 3H_2O. \end{aligned}$$

Das entstandene Alkalichlorat disproportioniert beim Erhitzen weiter zum Perchlorat und Chlorid:

$$4\overset{+5}{ClO_3^-} = \overset{-1}{Cl^-} + 3\overset{+7}{ClO_4^-};$$

sofern in einem reinen Gefäß bei Abwesenheit von Verunreinigungen gearbeitet wird, verläuft die Zersetzung in der angegebenen Weise. Bei Gegenwart oxydischer Katalysatoren tritt jedoch eine Zersetzung nach:

$$KClO_3 = KCl + 3O$$

ein, die ja auch die Grundlage für das klassische Sauerstoffdarstellungsverfahren (s. S. 19) bildet, wo Mangandioxyd diese Zersetzungsreaktion ausschließlich katalysiert.

Bei der anodischen Oxydation des Chlorats wird Perchlorat nach der Gleichung:

$$ClO_3^- - 2e + H_2O \rightarrow ClO_4^- + 2H^+$$

gebildet, sofern bei möglichst niederer Temperatur gearbeitet wird. Bei höheren Temperaturen überwiegt Sauerstoff an der Anode, da entladene Chlorat-Ionen mit Wasser Chlorat zurückbilden:

$$4ClO_3 + 2H_2O = 4ClO_3^- + 4H^+ + O_2.$$

Bei 50° verläuft der Vorgang ausschließlich in dieser Weise.

165. Kaliumperchlorat, $KClO_4$. I. *Durch thermische Zersetzung.* In einem vollkommen sauberen und unbeschädigten Porzellantiegel von 100 cm³ Fassungsvermögen werden 50 g Kaliumchlorat soweit erhitzt, daß das Salz zu schmelzen beginnt (~ 400°). Durch mäßige Wärmezufuhr läßt man bei dieser Temperatur stehen, bei fortschreitender Sauerstoffabspaltung wird der Schmelzfluß zähflüssiger. Nach einer 1/4 Stunde ist dieser gleichmäßig halbfest geworden, worauf man erkalten läßt und dann mit 50 cm³ Wasser übergießt. Nachdem die Schmelze sich gelöst hat, wird das ungelöste Kaliumperchlorat abgesaugt und aus 200 cm³ heißem Wasser umkrystallisiert.

II. *Anodische Oxydation.* Als Elektrolytlösung werden 12 g Kaliumchlorat in 200 cm³ Wasser gelöst (gesättigte Lösung) und mit einigen Tropfen Schwefelsäure angesäuert. Um die Sättigung aufrecht zu halten, wird ein kleiner Beutel mit Kaliumchlorat gefüllt und in den Elektrolyten gehängt. Als Elektroden werden eine Platinanode (blankes Platinblech von 10 cm² Oberfläche) und eine Kupferkathode von gleichen Ausmaßen in drei Zentimeter Abstand benutzt. Die Stromdichte an der Anode soll 0,1 Amp. für 1 cm² der beiderseitigen Oberfläche (also ungefähr 2 Amp. bei der angegebenen Anode) betragen. Die Elektrolyse wird in einem Becherglas vorgenommen, das von außen mit Eis gekühlt wird. Nach anfänglicher Sauerstoffentwicklung fallen bald die Perchloratkryställchen von der Anode herab. Nach 3 Stunden wird die Elektrolyse abgebrochen und der Krystallbrei bei möglichst tiefer Temperatur abgenutscht und aus heißem Wasser wie oben umkrystallisiert.

Die Schwerlöslichkeit des Kaliumperchlorats und der hohe Temperaturkoeffizient der Löslichkeit bedingen seine weitgehende analytische Verwendungsmöglichkeit. Die rhombischen Krystalle bilden außerdem mit Kaliumpermanganat Mischkrystalle; dadurch werden die Perchloratkrystalle durch die violette Permanganatfarbe als solche gekennzeichnet. Diese Isomorphiebeziehung kommt dadurch zustande, daß die Ionenradien von Cl^{7+} und Mn^{7+} im Perchlorat- und Permanganat-Ion sehr ähnlich sind und daher Chlor und Mangan sich gegenseitig vertreten können.

166. Mischkrystalle von Kaliumperchlorat und Kaliumpermanganat[1]. Kaliumperchlorat wird in warmem Wasser gelöst und wenig Kaliumpermanganatlösung hinzugegeben. Zu lange und starke Erwärmung soll vermieden werden, weil sonst Mangandioxydabscheidung eintreten kann, die die Qualität der nach der Abkühlung ausfallenden Krystalle beeinflußt. Je nach dem Verhältnis von Kaliumperchlorat zu Kaliumpermanganat krystallisieren rosa bis dunkelviolette Mischkrystalle in der bekannten Krystallform des Kaliumperchlorats (rhombisch), die bei mikroskopischer Beobachtung von gegebenenfalls gleichzeitig anwesenden Kaliumchloratkrystallen, die keine Mischkrystallbildung mit Kaliumpermanganat zeigen und daher ungefärbt sind, unterschieden werden können. Durch die intensive Färbung des Permanganats werden Krystalle mit 0,3% Kaliumpermanganatgehalt schon dunkelrubinrot angefärbt.

[1] Grimm, H. G., Cl. Peters u. H. Wolff: Z. anorg. allg. Chem. **236** (1938).

Kaliumbromat. Bromate werden analog wie die Chlorate durch Einwirkung von Brom auf Lauge erhalten, wobei auf die sorgfältige Abtrennung der gleichzeitig gebildeten Bromide besonderer Wert zu legen ist. Bromathaltiges Bromid wird durch Erhitzen mit Kohlenstoff gereinigt: $2BrO_3^- + 3C = 2Br^- + 3CO_2$.

167. Kaliumbromat, $KBrO_3$ und Kaliumbromid, KBr. 62 g Kaliumhydroxyd werden in der gleichen Menge Wasser gelöst und unter dem Abzug vorsichtig 80 g Brom hinzugetropft. Nachdem eine bleibende Gelbfärbung entsteht, krystallisiert Kaliumbromat in feinen Krystallen aus, die nach dem Erkalten der heiß gewordenen Lösung abfiltriert und aus 130 cm^3 kochendem Wasser umkrystallisiert werden. Die Mutterlauge wird mit dem ersten Filtrat vereinigt und auf Kaliumbromid verarbeitet. Es wird fast bis zur Trockene eingedampft, mit 5 g feinem Holzkohlenpulver gut gemischt und vollständig getrocknet. Der Rückstand wird nun in einem passenden Porzellantiegel 1 Stunde lang auf Rotglut erhitzt, nach Möglichkeit im elektrischen Ofen. Der Schmelzrückstand, der nur noch Kaliumbromid enthalten soll, wird in 120 cm^3 heißem Wasser gelöst, filtriert und mit 20 cm^3 Wasser nachgewaschen. Das Filtrat wird eingedampft und das nach dem Erkalten ausgeschiedene Kaliumbromid abfiltriert.

Sowohl das erhaltene Kaliumbromid als auch das Kaliumbromat dürfen bei Zusatz von Säure keine Gelbfärbung durch Bromabscheidung zeigen, da in diesem Falle noch eine gegenseitige Verunreinigung vorliegt. Die Bromabscheidung erfolgt nach:

$$BrO_3^- + 5Br^- + 6H^+ \rightleftharpoons 3H_2O + 3Br_2.$$

Jodsäure. Diese kann durch direkte Oxydation von Jod mit Salpetersäure erhalten werden, wobei die auf Jodsäure reduzierend wirkenden niederen Stickoxyde dauernd entfernt werden müssen. Die freie Jodsäure dehydratisiert sich leicht zum J_2O_5.

168. Jodsäure, HJO_3. In einem Rundkolben, auf den durch Schliff ein Steigrohr von $^1/_2 \cdots 1$ m Länge aufgesetzt werden kann, werden 32 g Jod mit reiner konz. Salpetersäure vorsichtig erhitzt. Die niederen Stickoxyde werden durch Einblasen von Kohlendioxyd oder Luft dauernd entfernt. Nach beendeter Reaktion wird erkalten gelassen und die abgeschiedenen Krystalle auf der Glasfritte abgenutscht. Die Krystalle werden nochmals in wenig heißem Wasser gelöst und nach Filtration über konz. Schwefelsäure im Exsiccator eingeengt. Die Jodsäure scheidet sich in farblosen Krystallen aus.

Die durch Eindampfen der Mutterlauge erhaltene Jodsäure kann durch Erhitzen bis 200° (Aluminiumblock!) entwässert und so das ebenfalls farblose Jodpentoxyd erhalten werden. Bei höherem Erhitzen zersetzt sich das Jodpentoxyd in Jod und Sauerstoff.

XI. Salze der Mangansäuren.

Allgemeines. Die höheren Oxyde des Mangans haben ausschließlich sauren Charakter und entsprechende Salze werden durch Oxydation von Manganverbindungen niederer Wertigkeit oder — sofern es sich um die fünf- und sechswertige Stufe handelt — durch Reduktion der höchsten Wertigkeitsstufe erhalten. Neben der elektrolytischen Oxydation niederer Manganverbindungen haben Verfahren, die im Schmelzfluß arbeiten und zwar im oxydierend-alkalischen Medium und zum Manganat(VI) führen, besondere Bedeutung. In wässeriger Lösung, evtl. mit angesäuertem Wasser, wird die Schmelze unter Disproportionierung zersetzt:

$$3\,K_2MnO_4 + 2\,H_2O = MnO_2 + 4\,KOH + 2\,KMnO_4,$$

so daß man auch auf diesem Wege zum Kaliumpermanganat kommt.

169. Kaliumpermanganat, $KMnO_4$. 10 g feingepulverter Braunstein werden mit der gleichen Menge von festem Kaliumhydroxyd und 5 g Kaliumchlorat in einem Eisentiegel unter Umrühren zusammengeschmolzen. Sowie die Masse eine so zähe Konsistenz angenommen hat, daß sie sich nicht mehr rühren läßt, wird sie aus dem Tiegel herausgekratzt und im Trockenschrank getrocknet. Nunmehr wird sie fein gepulvert und im Eisentiegel über drei Stunden auf 500° (unterhalb Rotglut) erhitzt. Um die Reduktionswirkung der Flammengase fernzuhalten, wird der Tiegel in einem durchlochten Asbestteller eingesetzt, sofern kein elektrischer Tiegelofen zur Verfügung steht. Danach wird die erkaltete Masse zerkleinert und in wenig Wasser gelöst. Die Lösung von Kaliummanganat wird durch eine Glasfilternutsche filtriert und der noch nicht umgesetzte Braunstein durch die gleiche Behandlung wie oben ebenfalls möglichst weitgehend in Manganat überführt.

Durch die mit Wasser verdünnte Lösung leitet man einen intensiven Kohlendioxydstrom. Die restlose Überführung in Permanganat wird daran erkannt, daß beim Aufbringen eines Tropfens der Braunsteinsuspension auf weißes Filtrierpapier ein nur rot gesäumter Braunsteinfleck entsteht und keine Grünfärbung durch Manganat. Nach Sedimentation des Braunsteins wird die Lösung soweit wie möglich abdekantiert und durch eine Glasfritte filtriert. Der Braunsteinrückstand wird ebenfalls nochmals mit Wasser ausgewaschen und das Filtrat zur Hauptlösung hinzugegeben. Die Permanganatlösung wird nun bis zur beginnenden Krystallisation eingedampft. Nach Abkühlen werden die Krystalle auf einer Glasfritte abgenutscht und mit wenig kaltem Wasser gewaschen. Eine zweite Krystallfraktion kann evtl. Kaliumchlorid enthalten und muß dann durch Umkrystallisation gereinigt werden.

170. Kaliummanganat(VI), K_2MnO_4. 10 g Kaliumpermanganat werden mit einer konz. Lösung von 30 g Kaliumhydroxyd in einer Porzellanschale gekocht. Unter Sauerstoffentwicklung entsteht dunkelgrünes, fast schwarzes Manganat ohne Krystallwasser, das von der Mutterlauge durch Aufstreichen auf Tonplatten befreit wird.

Verbindungen des fünfwertigen Mangans waren bis vor kurzem nicht bekannt, obgleich sie ohne Schwierigkeiten erhältlich sind[1]. Die blauen Salze der Manganate(V) sind allerdings nur bei hohen Laugenkonzentrationen beständig. Sie bilden sich durch Reduktion von grünem Manganat(VI) mit Mangan(IV)-oxyd nach:

$$Na_2MnO_4 + MnO_2 + 4\,NaOH = 2\,Na_3MnO_4 + 2\,H_2O$$

und zersetzen sich wieder unter Disproportionierung beim Verdünnen bzw. Erwärmen. Für präparative Zwecke hat sich die Reduktion von Permanganat mit Sulfit als geeignet erwiesen.

171. Natriummanganat(V), $Na_3MnO_4 \cdot xH_2O$. Eine Lösung von 2 g feinst zerriebenem Kaliumpermanganat in 50 cm^3 Natronlauge (1 Teil NaOH + 2,5 Teile Wasser) wird frisch bereitet mit 3,5 g ebenfalls fein zerriebenem $Na_2SO_3 \cdot 7\,H_2O$ bei 0° 10 Minuten lang verrührt. Es tritt dann die hellblaue Farbe des Manganat(V) auf. Der krystalline Niederschlag wird scharf abgesaugt und mit Natriumhydroxyd der obigen Konzentration gewaschen. Unter dem Mikroskop können Krystallnadeln von blauer Farbe gut beobachtet werden. Beim Aufbewahren tritt nach kurzer Zeit Zersetzung ein.

---

[1] Lux, H.: Z. Naturforschg. **1** (1946) 281.

XII. Freie Sauerstoffsäuren.

Allgemeines. Freie Säuren werden im allgemeinen durch Hydratation von sauren Oxyden dargestellt. Säurehalogenide hydrolysieren ebenfalls zu Halogenwasserstoffsäuren und den entsprechenden Sauerstoffsäuren. Durch Oxydation des betreffenden säurebildenden Elementes durch eine andere oxydierende und flüchtige Säure sind auch Sauerstoffsäuren erhältlich. Außerdem bestehen noch zahlreiche Möglichkeiten, die freien Säuren aus den entsprechenden Salzen herzustellen. Dies ist möglich, wenn man durch eine zweite weniger flüchtige Säure (z. B. Schwefelsäure) aus den Salzen der gewünschten Säure (z. B. Nitrat) dieselbe in Freiheit setzen kann. Auch Fällungsreaktionen bilden ein wichtiges Prinzip zur Darstellung freier Säuren. So kann die Schwerlöslichkeit der Silberhalogenide dazu ausgenutzt werden, aus dem Silbersalz der gewünschten Säuren mit Halogenwasserstoffsäure das Silberhalogenid als schwerlöslichen Niederschlag und die freie Säure in gelöster Form zu erhalten. Analog kann z. B. $BaSeO_4$ mit Schwefelsäure zu Bariumsulfat und Selensäure umgesetzt werden oder $Pb_2P_2O_7$ mit $2\,H_2S$ zu $2\,PbS$ und gelöster Pyrophosphorsäure. Nach einem modernen Verfahren lassen sich direkt die leicht zugänglichen Alkalisalze in die freien Säuren überführen, nämlich mit Wofatiten, d. s. organische Kationenaustauscher, die Wasserstoffionen enthalten und diese gegen Natrium oder Kalium austauschen, so daß eine wässerige Lösung der freien Säure resultiert[1].

172. Orthophosphorsäure, H_3PO_4. Um reine Phosphorsäure herzustellen, kann man von elementarem Phosphor ausgehen, der zur Erzielung einer reinen Säure ebenfalls möglichst rein sein soll. In einen Rundkolben werden vorsichtig portionsweise 20 g roter Phosphor in 250 g Salpetersäure von der $D = 1{,}2$ gebracht und bis zur vollständigen Oxydation erwärmt. Danach wird die Lösung in einer Porzellanschale zur Vertreibung der überschüssigen Salpetersäure eingedampft und zur Zersetzung entstandener phosphoriger Säure weiter erhitzt. Phosphorige Säure zersetzt sich unter Disproportionierung nach:

$$4\,H_3PO_3 = PH_3 + 3\,H_3PO_4.$$

Vorhandenes Arsen wird durch Einleiten von Schwefelwasserstoff in die verdünnte Lösung ausgefällt. Durch Eindampfen kann die verdünnte Orthophosphorsäurelösung auf die gewünschte Konzentration gebracht werden.

Da konzentrierte Phosphorsäure Porzellan bei erhöhter Temperatur angreift, wird das Einengen bei höheren Konzentrationen in einer Platinschale vorgenommen. Beim Erhitzen auf 150° wird eine sirupartige Flüssigkeit erhalten, die beim Erkalten erstarrt, gegebenenfalls durch Animpfen mit krystallisierter Säure. Die Krystalle bestehen aus harten, zerfließlichen rhombischen Säulen vom Smp. 42°.

173. Phosphorige Säure, H_3PO_3. Eine Waschflasche wird mit Phosphortrichlorid beschickt und in einem hohen Becherglas mit Wasser auf 60° erwärmt. Ein durchgesaugter Luftstrom führt die Phosphortrichloriddämpfe in zwei Waschflaschen, die zur Hälfte mit Wasser von 0° gefüllt sind (Eiskühlung). Nach einigen Stunden erstarrt der Inhalt der ersten Waschflasche zu einem Krystallbrei von phosphoriger Säure, der auf einer Glasfritte abgesaugt und mit wenig Eiswasser gewaschen wird. Im Vakuumexsiccator wird über Silicagel getrocknet.

Farblose, zerfließliche Krystallnadeln vom Smp. 71°.

Phosphorige Säure vermag nur primäre $M^IH_2PO_3$ und sekundäre Phosphite $M^I_2HPO_3$ zu bilden.

---

[1] Klement, R.: Z. anorg. Chem. **260** (1949) 267.

174. Unterphosphorige Säure, H_3PO_2 aus $Ba(H_2PO_2)_2 \cdot H_2O$. Es muß zunächst das Bariumsalz der unterphosphorigen Säure dargestellt werden; da hierbei giftiger Phosphorwasserstoff entsteht, ist das Arbeiten unter einem gut ziehenden Abzug notwendig.

In einem Kolben werden 15 g Bariumhydroxyd in 200 cm^3 Wasser aufgelöst, in der Kälte 5 g gelber Phosphor hinzugegeben, der unter Wasser in kleine Stückchen zerschnitten worden ist. Der Kolben wird mit einem Kork verschlossen, durch den ein Einleitungs- und Ableitungsrohr führt. Das letztere ist mit einem Glasrohr verbunden, das in Wasser taucht. Nach Verdrängen der Luft durch einen Stickstoffstrom wird die Lösung zum Sieden erhitzt. Den Beginn der Reaktion erkennt man daran, daß sich bei kleingestelltem Stickstoffstrom die durch die Wasservorlage perlenden Gasblasen an der Luft entzünden. Wenn sich der Phosphor gelöst hat, wird statt Stickstoff Kohlendioxyd hindurchgeleitet, um das überschüssige Bariumhydroxyd auszufällen. Durch Eindampfen der filtrierten Lösung bis zur Bildung einer Krystallhaut und Abkühlen werden schöne, perlmutterglänzende Nadeln von $Ba(H_2PO_2)_2 \cdot H_2O$ erhalten, die zur Reinigung aus Wasser umkrystallisiert werden können.

Die freie Säure wird erhalten, wenn man das Bariumsalz mit Schwefelsäure zur Umsetzung bringt. 1 Mol des Bariumsalzes wird in Wasser gelöst und 1 Mol Schwefelsäure in 30proz. Lösung zugegeben. Nachdem das Bariumsulfat sedimentiert ist, wird die überstehende Lösung abdekantiert und weitgehend eingedampft, zuletzt nach Möglichkeit im Vakuum. Die zurückbleibende, ölige unterphosphorige Säure kann durch Impfen mit einem Krystall derselben oder durch Abkühlen unter 0° zur Krystallisation gebracht werden.

Weiße, blättrige Krystalle vom Smp. 26,5°.

175. Borsäure, H_3BO_3. 100 g Borax, $Na_2B_4O_7 \cdot 10\,H_2O$, werden in 250 cm^3 siedendem Wasser gelöst. Darauf werden 150 cm^3 25proz. Salzsäure hinzugesetzt, worauf sich die Borsäure in schuppigen Krystallen beim Erkalten abscheidet. Nach einem Tag wird sie auf der Glasfritte abgesaugt, mit wenig Wasser gewaschen und aus der dreifachen Gewichtsmenge Wasser umkrystallisiert.

Seidenglänzende Krystallblättchen.

Darstellung weiterer freier Säuren s. Nr. 194, HN_3; Nr. 208, $H_3[Co(CN)_6] \cdot 5H_2O$ usw.

Selensäure. In bezug auf die Wertigkeitsstufen weist das Selen sehr weitgehende Analogien zum homologen Schwefel auf. Die schwach ausgeprägten Oxydationseigenschaften der Schwefelsäure sind bei der Selensäure wesentlich gesteigert, so daß sie z. B. schon durch mäßig starke Salzsäure zur verhältnismäßig beständigen Selenigen Säure reduziert werden kann. Man bedarf also starker Oxydationsmittel, um aus der leicht zugänglichen Selenigen Säure die Selensäure zu erhalten, z. B. Wasserstoffperoxyd (30proz.) oder der anodischen Oxydation, wenn man sie nicht durch Umsatz von Schwermetallselenaten mit H_2S in verdünnter Lösung herstellen will.

176. Selensäure, H_2SeO_4[1]. 25 g Selendioxyd werden in 100 cm^3 Wasser gelöst. Die anodische Oxydation wird in einer elektrolytischen Zelle durchgeführt, wie sie im Prinzip in Abb. 51 wiedergegeben ist. Als Elektroden werden zweckmäßigerweise Platinbleche verwendet, und zwar wird als Kathode ein Platintiegel benutzt, der in diesem Falle innerhalb des Diaphragma-Gefäßes in 5 n Salpetersäure als Katholyt angebracht ist, während in der Lösung des Selendioxyds im Außen-

[1] Manchot, W., u. A. Wirzmüller: Z. anorg. allg. Chem. **140** (1924) 47; s. a. Meyer u. K. Heider: Ber. dtsch. chem. Ges. **48** (1915) 1156.

raum an 1 oder 2 anodisch geschalteten Platinblechelektroden die Oxydation zur Selensäure vor sich geht.

Nach dem Anlaufen der Elektrolyse wird mit Eis gekühlt. Als Stromquelle wird eine 30-V-Leitung benutzt. Der Strom wird so einreguliert, daß eine Stromdichte von 0,15 Amp./cm² Kathodenfläche eingehalten wird. Die Vollständigkeit der anodischen Oxydation kann durch den Nachweis der Abwesenheit von SeO_3^{--} in der Anodenflüssigkeit geprüft werden. Das Diaphragma wird eine geringe Diffusion nicht verhindern können, so daß einerseits eine geringe Menge Selen auch kathodisch in elementarer Form abgeschieden wird, während die Selensäurelösung andererseits auch Salpetersäure enthält.

Die so erhaltene Anodenlösung wird im Vakuum der Wasserstrahlpumpe bis zur Siedetemperatur von 135° eingeengt. Auf diese Weise wird die verunreinigende Salpetersäure entfernt, auf deren Abwesenheit noch zu prüfen ist. Die Selensäure bleibt als klare, ölige Flüssigkeit in konzentrierter Form zurück. Bei genügender Konzentration und niederer Temperatur läßt sie sich auch in Form krystallisierter Hydrate $H_2SeO_4 \cdot H_2O$ und $H_2SeO_4 \cdot 4H_2O$ erhalten. Ausbeute 80···85%.

Die Ähnlichkeit mit der Schwefelsäure ist auch bei den Selenaten wahrzunehmen, die weitgehend mit den entsprechenden Sulfaten isomorph sind.

XIII. Basen.

Allgemeines. Die freien Hydroxyde der meisten metallischen Elemente zeichnen sich durch weitgehende Schwerlöslichkeit aus, sofern man sie überhaupt als Basen bezeichnen kann und sie nicht zu den Oxydhydraten rechnen muß. Es gibt jedoch auch außer den Alkali- und Erdalkalihydroxyden starke anorganische Basen, die sich von Schwermetallen oder Schwermetallkomplexen ableiten und die aus den entsprechenden Salzen durch Fällungsreaktionen in Lösung gewonnen werden können; z. B. kann aus $[Co(NH_3)_6]Cl_3$ mit einer wässerigen Aufschlämmung von Ag_2O, die als Ag(OH) wirkt, durch Ausfällung von Silberchlorid eine Lösung der starken Base $[Co(NH_3)_6](OH)_3$ erhalten werden. Eine zweite Möglichkeit besteht im Umsatz entsprechender Sulfate mit Bariumhydroxyd, wobei nach Filtration vom Bariumsulfat die Lösung der freien Base erhalten wird. Auf die Abwesenheit von Kohlendioxyd und auch auf die Verwendung von carbonatfreiem Natriumhydroxyd zur Bereitung des Silberoxyds ist besonders zu achten. Auf die Möglichkeit einer Herstellung dieser Basen mit Hilfe eines Anionenaustausches auf Wofatitbasis (s. S. 136) soll hingewiesen werden.

Es ist eine allgemeine Gesetzmäßigkeit, daß bei verschiedenen Wertigkeitsstufen eines Elementes die niedere Wertigkeit eine stärkere Base zu bilden vermag als der höhere Wertigkeitszustand. Die Tatsache wird typisch durch das Verhalten des Thalliums in dieser Beziehung belegt: Thallium(I)-hydroxyd ist eine starke Base, in Wasser gut löslich und stark dissoziiert, während Thallium(III)-hydroxyd schwer löslich ist und keine merklichen basischen Reaktionen seiner wässerigen Suspensionen erkennen läßt und nur als Oxydhydrat charakterisierbar ist.

177. Thallium(I)-hydroxyd, TlOH. 12,5 g Thalliumsulfat werden in 50 cm³ siedendem Wasser gelöst und eine Lösung von ungefähr 8 g Bariumhydroxydhydrat zugegeben, wobei ein geringer Überschuß an Bariumhydroxyd vorhanden sein soll. Es wird unter Ausschluß von Kohlendioxyd filtriert (s. Apparat Abb. 11) und durch vorsichtigen Zusatz von sehr verdünnter Schwefelsäure der Bariumüberschuß wieder entfernt, so daß die resultierende Lösung weder mit Bariumsalzen noch mit Schwefelsäure einen Niederschlag gibt. Die Lösung wird nun unter Ausschluß von Kohlendioxyd, gegebenenfalls im Vakuum auf 25 cm^3 eingeengt und im Exsiccator über Calciumoxyd zum Krystallisieren gebracht. Thalliumhydroxyd scheidet sich in hellgelben Krystallnadeln ab, die sich in Wasser sehr leicht zu einer stark alkalischen Lösung auflösen. Bei 100° spalten die Krystalle unter Bildung von schwarzem Thallium(I)-oxyd Wasser ab.

Der Rest der Mutterlauge wird mit Salpetersäure neutralisiert und mit Brom oxydiert. Wenn nun mit Ammoniak versetzt wird, so fällt dreiwertiges Thallium als braunes Thallium(III)-oxydhydrat aus.

Über eine weitere Darstellungsmöglichkeit s. Nr. 279, S. 201.

XIV. Quecksilbersalze.

Allgemeines. Die Quecksilbersalze weisen derart charakteristische Eigenschaften auf, daß sie sich in vielen Beziehungen scharf von analogen Verbindungen der Nachbarelemente abheben. Diese Besonderheiten wirken sich nun ebenso z. B. auf das analytische Verhalten wie auch auf präparative Methoden aus. Von den wichtigsten Merkmalen sollen die folgenden hervorgehoben werden: 1. Quecksilbersalze neigen stark zur Bildung von typischen Molekelgittern, sie sind also leicht flüchtige Substanzen; solche Salze lassen sich durch Sublimation gut reinigen, ebenso wie das elementare Metall durch Destillation in sehr hoher Reinheit erhalten werden kann; 2. als Stoffe von vorwiegend homöopolarem Charakter wird häufig nur eine sehr geringe oder praktisch gar keine Dissoziation in wässeriger Lösung zu verzeichnen sein, in präparativer Absicht durchgeführte Fällungsreaktionen werden dadurch weitgehend eingeschränkt; 3. Quecksilbersalze zeigen eine bezeichnende Tendenz zur Bildung definierter basischer Salze, und zwar nicht nur aquobasischer (also in bezug auf das Aquosystem anorganischer Stoffe), sondern auch ammonobasischer Salze, die also in analoger Weise die NH_2-Gruppe, bzw. NH-Gruppe, die im Verbindungssystem des flüssigen Ammoniaks der OH-Gruppe bzw. der O-Gruppe entspricht, enthalten. Das besonders Typische dieser Quecksilberamidoverbindungen ist die Tatsache, auch aus wässeriger Lösung erhältlich zu sein, während im allgemeinen Amidoverbindungen in wässeriger Lösung sofort unter Ammoniakentwicklung zersetzt werden (z. B. $NaNH_2$!). Von diesen Salztypen haben viele schon seit Jahrhunderten therapeutische Bedeutung und sind unter entsprechend historischen Namen in der Pharmazie bekannt (z. B. die Präzipitate oder Turpethum minerale usw.). Quecksilber bildet Salze der ein- und zweiwertigen Stufe. Die einwertigen Quecksilbersalze zeichnen sich im allgemeinen dadurch aus, daß sie nur bimolekular auftreten und somit dimere Hg_2^{++}-Ionen zu bilden vermögen und außerdem dadurch, daß sie häufig Disproportionierungsreaktionen unter Abscheidung metallischen Quecksilbers und Bildung zweiwertiger Quecksilberverbindungen einzugehen vermögen.

178. Quecksilberamidochlorid, NH_2HgCl. Eine kalte Lösung von 14 g Quecksilber-(II)-chlorid (Sublimat) in 300 cm^3 Wasser wird zu einer 10proz. Ammoniaklösung gegeben. Der amorphe, weiße Niederschlag wird mit kaltem Wasser gewaschen. Krystallisiert kann er erhalten werden, wenn er in konz. Ammoniak gelöst und die Lösung über Schwefelsäure eingedunstet wird[1].

179. Diamminquecksilber(II)-chlorid, $HgCl_2 \cdot 2NH_3$. Bei Gegenwart von höheren Ammoniumchloridkonzentrationen wird kein ammonobasisches Salz, sondern ein Am-

[1] Saha, H., u. K. N. Choudhuri: Z. anorg. allg. Chem. **67** (1910) 357.

moniakat des Sublimats erhalten. In eine kochende wässerige Lösung von Ammoniumchlorid und Ammoniak wird solange eine Sublimatlösung eingetropft, als der entstehende Niederschlag sich wieder löst. Beim Erkalten krystallisiert das „schmelzbare Präzipitat" (es schmilzt im Gegensatz zum NH_2HgCl vor der Zersetzung) in kleinen Rhombendodekaedern aus. Diese werden abgenutscht und zur Entfernung von Ammoniumchlorid mit Alkohol gewaschen und über Kaliumhydroxyd getrocknet.

180. Quecksilber(II)-sulfat, $HgSO_4$[1]. 10 g Quecksilber werden mit 15 g konz Schwefelsäure erhitzt und nach Lösung die überschüssige Säure durch Eindampfen zur Trockne entfernt. Die zurückbleibende, weiße Krystallmasse kann durch Lösen in starker Schwefelsäure und Zufügen von viel konz. Schwefelsäure in Form feiner viereckiger Plättchen (rhombisches System!) umkrystallisiert erhalten werden.

Das Hydrat $HgSO_4 \cdot H_2O$ kann erhalten werden, wenn schwefelsaure Lösungen von Quecksilbersulfat ganz bestimmter Konzentration bei Zimmertemperatur unterhalb 25° über Schwefelsäure im Exsiccator eingedunstet werden. Für die Lösungen müssen folgende Konzentrationsgrenzen eingehalten werden: auf 2 Mol HgO 6,7 Mol SO_3 in 91,2 Mol H_2O bis zu 1 Mol HgO auf 7,67 Mol SO_3 in 91,2 Mol H_2O. Man erhält das Hydrat in farblosen, rhombischen Säulen, jedoch nur in den Grenzen der angegebenen Konzentrationsbedingungen.

181. Basisches Quecksilbersulfat, $HgSO_4 \cdot 2HgO \cdot {}^1/_2H_2O$[1]. Durch Zugabe von genügend Wasser zu einer Lösung von Quecksilbersulfat wird das gelbe, basische Salz in kleinen, tetragonalen Kryställchen gefällt, das sog. Turpethum minerale.

Millonsche Base. Das Oxo-quecksilber(II)-ammoniumjodid $(OHg_2NH_2]J$ ist der bräunliche Niederschlag, der beim Ammoniaknachweis mit Neßlers Reagenz auftritt, das zugehörige Hydroxyd ist die Millonsche Base, die in ihrer hydratisierten Form nach K. A. Hofmann folgende Konstitution besitzt:

$$\left[\begin{matrix} HO-Hg & & H \\ & N & \\ HO-Hg & & H \end{matrix}\right] OH .$$

182. Millonsche Base, $[(HO)_2Hg_2NH_2]OH$. Frisch gefälltes, von Alkalisalzen absolut freies Quecksilberoxyd wird mit kohlendioxydfreiem Ammoniak übergossen und unter Lichtabschluß bei 40···60° stehen gelassen. Dann wird durch Dekantieren von der größten Menge des Ammoniaks befreit, mit Alkohol und Äther gewaschen und an der Luft im Dunkeln getrocknet. Die Millonsche Base stellt ein hellgelbes Pulver dar.

Basische Quecksilbersalze zeichnen sich durch relativ intensive Farbe aus. Von den bekannten Oxychloriden $HgO \cdot 2HgCl_2$, $2HgO \cdot HgCl_2$ und $3HgO \cdot HgCl_2$ können verschiedene Modifikationen erhalten werden, deren Entstehung an bestimmte Herstellungsbedingungen gebunden ist.

183. Quecksilberoxychlorid, $2HgO \cdot HgCl_2$, (rote Modifikation). I. 1 Volumteil einer kalt gesättigten Lösung von Kaliumbicarbonat wird mit 8 Volumenteilen einer bei 15° gesättigten Lösung von Quecksilber(II)-chlorid vermischt. Die sogleich entstehende, milchige Trübung setzt sich bald ab, wobei sich der feine Niederschlag unter Farbänderung innerhalb 15 Min. über gelb und gelbbraun zu einem roten Produkt der angegebenen Zusammensetzung umsetzt. Nach 30 Min. wird der Niederschlag abfiltriert und bei 100° getrocknet.

Sehr fein krystallines, rotes Pulver.

---

[1] Hoitsema, C.: Phys. Chem. **17** (1895) 655.

II. 58 g Quecksilber(II)-chlorid werden in siedendem Wasser gelöst und unter Sieden in eine Lösung von 20 g $Na_2CO_3 \cdot 10 H_2O$ zugegossen. Es fällt sofort ein rotbrauner Niederschlag aus, der sich nach 30 Min. als weinroter Niederschlag absetzt und nach dem Abfiltrieren bei 100° getrocknet wird. Ebenfalls sehr feine Krystalle.

184. Quecksilberoxychlorid, $2 HgO \cdot HgCl_2$, (schwarze Modifikation). 10 g feingepulvertes Quecksilber(II)-oxyd wird mit 10 g Quecksilber(II)-chlorid (in Wasser gelöst) gekocht, bis sich nach einer halben Stunde das schwarze, basische $2 HgO \cdot HgCl_2$ gebildet hat.

Schwarze, rautenförmige Blättchen, in dünnen Schichten rotbraun durchscheinend.

XV. Stickstoffverbindungen.

1. Schwefelstickstoffsäuren.

Allgemeines. Die Sulfosäuregruppe $-SO_3H$ kann an Stickstoff in dessen verschiedensten Verbindungen geknüpft werden, es sind z. B. Salze folgender Säuren bekannt:

$N(SO_3H)_3$	Nitrilosulfonsäure
$NH(SO_3H)_2$	Imidosulfonsäure
$NH_2(SO_3H)$	Amidosulfonsäure
$N(OH)(SO_3H)_2$	Hydroxylamindisulfonsäure
$NH(OSO_3H)(SO_3H)$	Hydroxylamin-iso-disulfonsäure
$N(OH)H(SO_3H)$	Hydroxylamin-monosulfonsäure
$NH_2(OSO_3H)$	Hydroxylamin-iso-monosulfonsäure
$H_2N—NH(SO_3H)$	Hydrazin-monosulfonsäure
$(SO_3H)HN—NH(SO_3H)$	Hydrazindisulfonsäure
$(SO_3H)_2N—N(SO_3H)_2$	Azodisulfonsäure

Die erste der angegebenen Gruppen ist präparativ dadurch zugänglich, daß man auf Natriumnitrit konzentrierte Lösungen von Natriumhydrogensulfit einwirken läßt:

$$N\begin{cases} OH + H\,SO_3Na \\ OH + H\,SO_3Na \\ OH + H\,SO_3Na \end{cases} \rightarrow N\begin{cases} SO_3Na + H_2O \\ SO_3Na + H_2O \\ SO_3Na + HO_2 \end{cases}$$

(Orthoform d. salpetr. S.) (Nitrilosulfonsäure, Na-Salz)

Die Kaliumsalze dieser Säure sind schwerlöslich und stellen daher eine geeignete Abscheidungsform dar. Die nitrilosulfonsauren Salze gehen leicht unter Hydrolyse in imidosulfonsaure Salze über, während bei höherer Temperatur bis zur Amidosulfonsäure hydrolysiert wird.

185. Nitrilosulfonsaures Kalium, $N(SO_3K)_3 \cdot 2 H_2O$. 50 g Kaliumhydroxyd werden in 100···120 cm³ H_2O gelöst und die Lösung mit Schwefeldioxyd gesättigt. Dann wird eine Lösung von 12,5 g Kaliumnitrit in 50 cm³ Wasser hinzugegeben, wobei nach kurzer Zeit ein Krystallbrei des Salzes zur Abscheidung kommt. Zur Umkrystallisation wird das Salz nach einer Stunde in der Mutterlauge durch Erwärmen auf dem Wasserbade wieder gelöst und langsam abgekühlt, um möglichst große Krystalle zu erhalten.

Die glänzenden Krystallnadeln zersetzen sich im Laufe eines Monats in Bisulfat und imidosulfonsaures Kalium. In kaltem Wasser schwerlöslich, in siedendem Verseifung zu $NH_2(SO_3H)$.

186. Kaliumimidosulfonat, $NH(SO_3K)_2$. I. *Hydrolytisches Verfahren.* Wird das nitrilosulfonsaure Kalium (s. Nr. 185 S. 141) mit wenig verdünnter Schwefelsäure einen Tag lang stehen gelassen und der mit kaltem Wasser säurefrei gewaschene Krystallbrei aus schwach ammoniakalischer Lösung umkrystallisiert, so erhält man das Imidosulfonat, allerdings nicht in reiner Form, da es unter diesen Bedingungen schwierig ist, das Nitrilosalz vollständig zur Imidostufe zu hydrolysieren, ohne schon zur Amidosulfonatstufe zu kommen.

II. *Aus Harnstoff*[1]. 3 g Harnstoff werden in einem geräumigen Kolben in 6,15 g 100proz. Schwefelsäure gelöst. Unter Rühren wird auf 40° erhitzt. Nach der heftigen Kohlendioxydentwicklung wird die erstarrte Reaktionsmasse in einer Lösung von 4,2 g Kaliumhydroxyd in 10 cm^3 Wasser zerdrückt und auf dem Wasserbade kurz erhitzt. Beim Abkühlen fällt das durch Sulfationen verunreinigte Salz aus, das aus schwach ammoniakalischem Wasser umkrystallisiert wird. Ausbeute 4,5 g.

Kleine weiße Krystallblättchen oder körnige Aggregate und Nadeln. Bei Zimmertemperatur beständig.

Kaliumamidosulfonat bzw. Amidosulfonsäure. Das Kaliumsalz ist, wie oben erwähnt, durch Hydrolyse von Nitrilo- bzw. Imidosalz in kochendem Wasser zugänglich, die freie Säure in bequemer Weise aber auch durch Einwirkung von rauchender Schwefelsäure auf Harnstoff.

187. Amidosulfonsäure, $NH_2(SO_3H)$. I. Harnstoff, das Diamid der Kohlensäure, reagiert leicht mit rauchender Schwefelsäure unter Bildung der Amidosulfonsäure:

$$CO(NH_2)_2 + H_2S_2O_7 \rightarrow 2NH_2SO_3H + CO_2.$$

30 g Harnstoff werden in 56 cm^3 konzentrierter Schwefelsäure vorsichtig unter Kühlen und Rühren eingetragen. Die klare Lösung wird weiterhin unter Eiskühlung und Rühren langsam mit 90 cm^3 65···70proz. Oleum versetzt, wobei Temperatursteigerungen über 45° vermieden werden müssen. In kleinen Anteilen wird dieses Gemisch in einem 400-cm^3-Becherglas auf dem Wasserbad bis zum Eintreten heftiger Kohlendioxydentwicklung erwärmt. Nachdem das gesamte Reaktionsgemisch in der oben angegebenen Weise sich umgesetzt hat, wird abgekühlt und die ausgeschiedene Krystallmasse auf einer Glasfilternutsche abgesaugt, mit konz. Schwefelsäure nachgewaschen, einige Zeit Luft hindurchgesaugt, auf Ton abgepreßt und an der Luft stehen gelassen. Die rohe Amidosulfonsäure (90···100 g) wird in 200···250 cm^3 siedendem Wasser gelöst, die Lösung sofort filtriert und in Eis abgekühlt. Die reine Amidosulfonsäure krystallisiert in farblosen Krystallen aus, die auf der Glasfritte mit wenig kaltem Wasser gewaschen werden.

Die Reinheit der Amidosulfonsäure kann durch eine Schmelzpunktsbestimmung gut kontrolliert werden. Smp. 205°.

II. Hydroxylaminsulfat wird in möglichst wenig Wasser gelöst und in die eiskalte Lösung Schwefeldioxyd bis zur Sättigung eingeleitet. Die Lösung wird in einem verschlossenen Erlenmeyerkolben einen Tag lang stehen gelassen, dann das überschüssige Schwefeldioxyd durch einen Luftstrom vertrieben und in einen Schwefelsäureexsiccator zur Krystallisation gestellt. Die sich abscheidenden farblosen Krystalle werden wie im ersten Verfahren beschrieben isoliert und gereinigt.

---

[1] Baumgarten, P.: Ber. dtsch. chem. Ges. **69** (1936) 1937.

Durch Neutralisation des stark sauren Wasserstoffatoms der Sulfonsäuregruppe mit Kaliumhydroxyd wird das entsprechende Kaliumsalz erhalten.

Sulfamid. Sind beide OH-Gruppen der Schwefelsäure durch NH_2 ersetzt, so erhält man das Sulfamid, das sauren Charakter zeigt, was aus seiner Salzbildungsfähigkeit hervorgeht. Es wird erhalten, wenn man eine Sulfurylverbindung wie SO_2Cl_2 oder SO_2F_2 ammonolysiert, d. h. das Halogen wird durch die der OH-Gruppe im Ammonosystem entsprechende NH_2-Gruppe ersetzt.

188. Sulfamid, $SO_2(NH_2)_2$[1]. Es wird zunächst Ammoniak kondensiert. Das Ammoniak entnimmt man zweckmäßigerweise einer Stahlflasche, trocknet es im Trockenturm mit Natriumhydroxyd und Natriumdraht und kondensiert in einem möglichst weithalsigen Schliffgefäß (Weithals-Erlenmeyer), der mit Äther-Kohlensäure auf $-50°$ bis $-60°$ gekühlt ist und dessen Ableitung gegen Luftfeuchtigkeit geschützt ist. Nachdem man 100 cm³ Ammoniak verflüssigt hat, tropft man eine Lösung von 35 g Sulfurylchlorid in ungefähr 100 cm³ Petroläther (Sdp. 85 ··· 90°), die ebenfalls auf $-40°$ abgekühlt ist, hinzu. Die Reaktion verläuft äußerst heftig, die Zugabe muß also entsprechend langsam und tropfenweise erfolgen, um keine Temperatursteigerung entstehen zu lassen. Nachdem die Reaktionskomponenten zusammengegeben sind, läßt man das überschüssige Ammoniak abdunsten. Der Petroläther wird im Vakuum abgedampft und der Rückstand im Soxhlet zwei Stunden mit Essigsäuremethylester extrahiert. Nach Abkühlen des Esters krystallisiert das Sulfamid aus, das nach zweimaliger Umkrystallisation den erforderlichen Schmelzpunkt von 95° zeigt. Weiße, in Wasser leicht lösliche Krystalle.

Nitrosylschwefelsäure. Nitrosylverbindungen können aufgefaßt werden als gemischte Anhydride der salpetrigen Säure und einer weiteren Säure. Die bekannteste Nitrosylverbindung ist die Nitrosylschwefelsäure, die als Anhydrid der salpetrigen Säure und der Schwefelsäure aufzufassen ist:

$$O_2S\left\langle\begin{matrix} O\boxed{H + HO}NO \\ OH \end{matrix}\right. \xrightarrow{-H_2O} O_2S\left\langle\begin{matrix} ONO \\ OH \end{matrix}\right. .$$

Demgemäß läßt sie sich auch aus dem Salpetrigsäureanhydrid und konzentrierter Schwefelsäure nach der Gleichung:

$$2\,H_2SO_4 + N_2O_3 = 2\,O_2S\left\langle\begin{matrix} OH \\ ONO \end{matrix}\right. + H_2O$$

herstellen. Das Auftreten der Nitrosylschwefelsäure im Bleikammerprozeß („Bleikammerkrystalle“) ist darauf zurückzuführen, daß auch das Stickstoffdioxyd (als gemischtes Anhydrid der salpetrigen und Salpetersäure) bei Gegenwart von geringeren Mengen Wasser mit dem SO_3 bzw. SO_2 nach folgenden Gleichungen reagiert:

$$2NO_2 + H_2O + SO_3 \rightarrow HSO_4 \cdot NO + HNO_3$$
$$2NO_2 + H_2O + SO_2 \rightarrow HSO_4 \cdot NO + HNO_2.$$

Bei Zuführung größerer Mengen Wasser tritt sofort Hydrolyse in salpetrige Säure und Schwefelsäure ein, so daß bei der präparativen Herstellung auf weitgehenden Feuchtigkeitsausschluß zu achten ist[2].

---

[1] A. P. 2404481: Chem. Zbl. **1947**, 632; s. a. F. Ephraim u. M. Gurewitsch: Ber. dtsch. chem. Ges. **43** (1910) 138. — Mann, F. G.: J. chem. Soc. London **1933**, 412.

[2] Eine Übersicht über die Bildungs- und Darstellungsmöglichkeiten geben G. A. Elliot, L. L. Kleist, F. J. Wilkins u. H. W. Webb: J. chem. Soc. London **1926**, 1219, u. C. W. Jones, W. J. Price u. H. W. Webb: J. chem. Soc. London **1929**, 312.

189. Nitrosylschwefelsäure, $SO_2 \cdot ONO \cdot OH$. Das zur Darstellung benötigte N_2O_3 wird durch Reduktion von Salpetersäure mit arseniger Säure entwickelt und als Gemisch, $NO + NO_2$, in die konz. Schwefelsäure eingeleitet.

Ein 300 cm³ fassender Kolben wird mit einem doppelt durchbohrten Stopfen verschlossen. Durch die eine Bohrung wird ein Tropftrichter, durch die andere ein Gasableitungsrohr geführt, das bis 1 cm unterhalb des Korks reicht und zweimal rechtwinklig gebogen ist. Sein freies Ende reicht bis 1 cm unterhalb der Flüssigkeitsoberfläche in einen Erlenmeyerkolben, in welchem sich 35 cm³ konz. Schwefelsäure befinden. Da die Reaktion unter Wärmeentwicklung verläuft, wird der Erlenmeyerkolben zur Kühlung in eine mit Eiswasser gefüllte Schale gestellt.

In den Kolben gibt man 50 g grob gekörntes As_2O_3 und 10 cm³ 55proz. Salpetersäure (spez. Gew. 1,35), in den Tropftrichter 50 cm³ der gleichen Salpetersäure. Durch gelindes Erwärmen erhält man einen regelmäßigen Strom eines Gemisches von $NO + NO_2$, das sich wie N_2O_3 verhält. Dieses wird in der Vorlage absorbiert. Wenn die Gasentwicklung nachläßt, läßt man aus dem Tropftrichter allmählich Salpetersäure in den Gasentwicklungskolben einfließen, so lange, bis der Inhalt des vorgelegten Erlenmeyerkolbens zu einem Brei erstarrt ist. Die Nitrosylschwefelsäure bildet eine weiße, krystallinische Masse. Sie wird auf Tonscherben in einem mit Phosphorpentoxyd beschickten Exsiccator von der anhaftenden Lösung befreit. Smp. nach[1] 73,5°.

2. Weitere Stickstoffverbindungen.

Hydrazin. Es stellt ein Oxydationsprodukt von NH_3 dar; durch NaOCl wird NH_3 zum NH_2Cl oxydiert, das mit weiterem Ammoniak in alkalischer Lösung $H_2N—NH_2$ bildet:

$$NH_3 + NaOCl = NaOH + NH_2Cl$$
$$NH_2Cl + NH_3 + NaOH = H_2N—NH_2 + NaCl + H_2O.$$

Da das NH_2Cl sich sehr leicht bei Anwesenheit nur sehr geringer Spuren von Schwermetallionen nach:

$$2NH_2Cl + NaOCl = NaCl + 2HCl + H_2O + N_2$$

umsetzt, wird als Antikatalysator Tischlerleim hinzugesetzt. Hydrazin besitzt wie Ammoniak basische Eigenschaften und wird daher zunächst in Form seiner Salze hergestellt, von denen das Sulfat wegen seines hohen Temperaturkoeffizienten der Löslichkeit zur Abscheidung besonders geeignet ist.

190. Hydrazin, $H_2N—NH_2$. In einen 750 cm³ fassenden Erlenmeyerkolben wird zu 165 cm³ konz. Ammoniak und 35 cm³ Wasser Tischlerleimlösung hinzugefügt, die durch Aufweichen von 2 g Leim in wenig Wasser und Lösen in 25 cm³ heißem Wasser bereitet wird. Außerdem wird Natriumhypochlorit dargestellt, indem in 100 cm³ 2 n Natronlauge solange Chlor unter Eiskühlung eingeleitet wird, bis das Gewicht um 6 g zugenommen hat. Diese Zunahme ist etwas weniger, als zur Bildung des Natriumhypochlorits nach der Reaktionsgleichung gefordert wird. Das ist auch unbedingt erforderlich, da auf keinen Fall freies Chlor vorhanden sein darf.

Die Hypochloritlösung wird nun in das Ammoniak gegossen, sofort zum Sieden erhitzt und dann auf etwa die Hälfte eingedampft. Dann wird zuerst mit Wasser, darauf mit Eis gekühlt und unter Kühlung solange konz. Schwefelsäure hinzugesetzt, bis kein Niederschlag mehr entsteht. Nach Filtration werden die weißen Krystalle des Hydrazinsulfats aus möglichst wenig Wasser umkrystallisiert.

Aus dem Hydrazinsulfat kann durch Behandeln mit konz. Kalilauge das freie Hydrazinhydrat $N_2H_4 \cdot H_2O$ in Freiheit gesetzt werden; dieses destilliert bei 120° in Form einer öligen Flüssigkeit von schwach ammoniakalischem, fischartigem Geruch.

[1] Zit. [2] S. 143.

Das Hydrat seinerseits läßt sich vom Wasser noch durch Bariumoxyd oder Natriumhydroxyd befreien. Man mischt es z. B. mit den gleichen Gewichtsteilen Natriumhydroxyd und erhitzt im Ölbad so langsam, daß die Temperatur in zwei Stunden auf 113° steigt. Dann wird das bei 113,5° siedende, freie Hydrazin bei 150° Ölbadtemperatur abdestilliert, ein bei 1,8° erstarrendes Öl, dessen Dämpfe giftig und gegenüber organischen Stoffen sehr reaktionsfähig sind.

Hydroxylamin. Bei der Reduktion von N-Verbindungen höherer Oxydationsstufen erreicht man unter gewissen Bedingungen das Hydroxylamin; so kann z. B. salpetrige Säure mit Schwefeldioxyd bei bestimmtem p_H über das Disulfonat in Hydroxylamin überführt werden. In ganz schwach saurem Medium reagiert die salpetrige Säure mit Bisulfit nach:

$$H-O-N=O+\begin{matrix}H\,SO_3K\\H\,SO_3K\end{matrix}\rightarrow HO-N\begin{matrix}SO_3K\\SO_3K\end{matrix}+H_2O\,.$$

Bei zu saurer Reaktion tritt Zersetzung der salpetrigen Säure ein, in alkalischem Medium verläuft die Reaktion zu langsam. Durch Temperaturerniedrigung wird eine weitere Sulfonierung nach:

$$(KSO_3)_2N—OH + HSO_3K = N(SO_3K)_3 + H_2O$$

unterbunden. Das hydroxylamindisulfonsaure Kalium wird durch Hydrolyse in das Hydroxylamin überführt:

$$HO—N(SO_3K)_2 + 2H_2O = HO—NH_2 + 2KHSO_4.$$

191. Hydroxylammoniumchlorid, $(NH_3OH)Cl$. 40 g Kaliumnitrit und 50 g Kaliumnitrat werden in 100 cm³ Eiswasser gelöst und 750 g fein zerkleinertes, sauberes Eis hinzugefügt. Dann wird Schwefeldioxyd bis zur Sättigung eingeleitet. Das hydroxylamindisulfonsaure Kalium beginnt sich abzuscheiden und wird abgesaugt und mit Eiswasser gewaschen. Es wird in 500 cm³ 0,5n Salzsäure gelöst und zwei Stunden gekocht. Unter weiterem Sieden wird die Schwefelsäure mit Bariumchlorid gefällt, solange sich noch ein Niederschlag bildet. Nach Filtration wird die Lösung zur Trockne eingedampft. Aus dem Trockenrückstand von Kaliumchlorid und Hydroxylammoniumchlorid wird mit absolutem Alkohol das Hydroxylammoniumchlorid extrahiert. Der alkoholische Extrakt hinterläßt beim Eindampfen das salzsaure Hydroxylamin in weißen Krystallen, die aus wenig Wasser nochmals umkrystallisiert werden können.

192. Hydroxylamindisulfonsaures Kalium, $HO—N(SO_3K)_2 \cdot 2H_2O$[1]. Es wird das entsprechende leichtlösliche Natriumsalz zunächst hergestellt und mit Kaliumchloridlösung das schwerlösliche Kaliumhydroxylamindisulfonat abgeschieden.

69 g Natriumnitrit werden fein gepulvert und in möglichst wenig Wasser gelöst. In einem Kolben wird zu dieser Lösung eine reichliche Menge Eis hinzugegeben und die zur Umsetzung notwendige Menge Natriumbisulfitlösung langsam unter dauerndem Rühren eingetropft. Bei beendeter Reaktion soll noch Eis vorhanden sein. Es wird nun eine eisgekühlte gesättigte Lösung von 150 g Kaliumchlorid hinzugegeben und die Krystallisation des Kaliumsalzes abgewartet. Nach einem Tag hat sich dieses in harten, kompakten Krystallen abgeschieden, die sich von nebenbei entstandenen feinen Nadeln des Kaliumnitrilosulfonats durch Abschlämmen der letzteren leicht trennen lassen. Das Salz kann durch Umkrystallisieren aus heißem Wasser, das etwas Kalilauge oder Ammoniak enthält, gereinigt werden. Farblose

---

[1] Raschig, F.: Liebigs Ann. Chem. **241** (1887) 183.

glänzende Krystallnadeln, die in Wasser schwer, in Kalilauge etwas besser löslich sind. Sie zerfallen in einigen Tagen in Hydroxylaminmonosulfonsäure und Kaliumsulfat.

Amide. Die Wasserstoffatome des Ammoniaks können durch Metalle ersetzt werden, wobei sowohl die Amide bei Monosubstitution $Me^{I}NH_2$, als auch die Imide $Me^{I}_{2}NH$ und die Nitride $Me^{I}_{3}N$ bei weiterer Substitution entstehen. Prinzipiell lassen sich die den Hydroxyden analogen Amide des Ammonosystems durch NH_3-Entzug in die Imide bzw. Nitride überführen, so daß die beiden Vorgänge:

$$Me^{II}(OH)_2 \xrightarrow{\text{Erhitzen}} Me^{II}O + H_2O$$
$$3Me^{II}(NH_2)_2 \longrightarrow 3Me^{II}NH + 3NH_3 \longrightarrow Me^{II}_{3}N_2 + NH_3$$

im System des Wassers und des flüssigen Ammoniaks vergleichbar sind. Das Natriumamid, $NaNH_2$, das als Ausgangsmaterial für die Stickstoffwasserstoffsäure dient, kann durch Reaktion von metallischem Natrium mit Ammoniak gewonnen werden:

$$2Na + 2NH_3 = 2NaNH_2 + H_2.$$

Die Schwermetallamide sind im Gegensatz zu den beständigen Alkali- und Erdalkaliamiden ziemlich labile und explosive Stoffe.

193. Natriumamid, $NaNH_2$[1]. In einem großen Eisentiegel mit dichtschließendem Deckel ist ein kleinerer mittels eines Tondreiecks 1···2 cm über dem Boden aufgehängt. Der Deckel, der mit einer Asbestplatte wärmeisoliert ist, ist mit drei Bohrungen versehen. Durch die mittlere führt verschiebbar das unten abgeschrägte eiserne Einleitungsrohr von 10 mm Weite bis zum Boden des kleinen Tiegels. Oberhalb des Deckels ist es durch ein genau passendes Glasrohr verlängert. Die eine seitliche Bohrung trägt das Ableitungsrohr von mindestens 10 mm Weite, das bis nahe zum Boden des Außentiegels reicht. Es führt direkt bis zum Abzug. Durch die dritte Bohrung reicht tief in den äußeren Tiegel ein unten mit Asbest verschlossenes Messingrohr zur Aufnahme und zum Schutz des Thermometers. Der Raum zwischen Rohr und Thermometer wird mit Asbest abgedichtet.

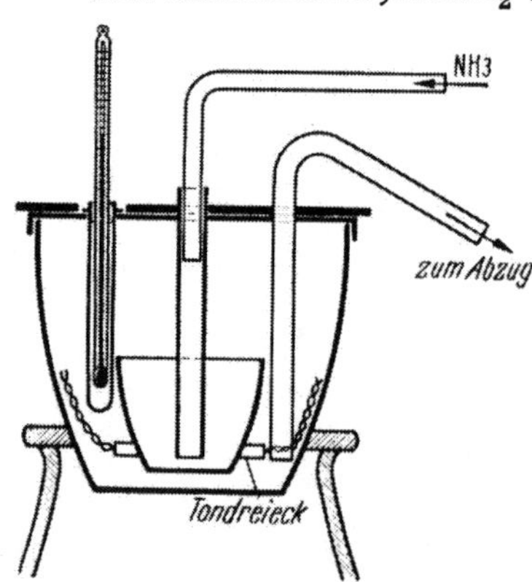

Abb. 52. Apparatur zur Darstellung von Natriumamid.

Nach dem Füllen des Tiegels mit Natriumstücken wird der Deckel aufgesetzt und eine Viertelstunde lang ein kräftiger Ammoniakstrom aus einer Stahlflasche eingeleitet (Waschflasche mit Glycerin als Blasenzähler und Trockenturm mit Natriumhydroxyd), bis die Luft aus dem Reaktionsraum vollständig verdrängt ist. Der Ammoniakstrom wird nun gemäßigt und das Reaktionsgefäß erhitzt. Das Schmelzen des metallischen Natriums wird am Absinken des mittleren Einleitungsrohres erkannt. Nunmehr wird mit zwei starken Bunsenbrennern die Temperatur auf 350° gebracht. Bei einer Beschickung des Eisentiegels mit 30 g Natrium ist ein 2···2½ stündiges Einleiten von Ammoniak (4···5 Blasen pro Sekunde) notwendig. Danach wird das Einleitungsrohr aus der Natriumamidschmelze herausgezogen und im Ammoniakstrom erkalten gelassen. Das erstarrte Amid kann durch Beklopfen des Eisentiegels mit einem Hammer in einem Stück entfernt werden und muß möglichst schnell entsprechend zerkleinert und in eine dicht schließende Pulverflasche gebracht werden, da das Amid schon mit der Luftfeuchtigkeit sehr schnell zu Natronlauge und Ammoniak umgesetzt wird.

[1] Gmelin: System Nr. 21. Natrium. Berlin 1928, S. 253.

Sofern eine Verunreinigung durch den Rost des Eisentiegels vermieden worden ist, wird das Natriumamid in Form einer weißen Krystallmasse erhalten.

Stickstoffwasserstoffsäure. In der Stickstoffwasserstoffsäure sind drei Stickstoffatome miteinander verknüpft. Es ist eine labile Verbindung, die in reinem Zustand durch Schlag oder Erhitzen zur Explosion gebracht werden kann, ebenso wie viele Schwermetallsalze dieser Säure, die Alkali- und Erdalkalisalze jedoch nur bei stärkerer Temperaturerhöhung. Natriumamid reagiert mit Stickstoffmonoxyd nach:

$$NaNH_2 + N_2O = NaN_3 + H_2O.$$

Zur Beseitigung des entstandenen Wassers wird ein zweites Molekül Natriumamid verbraucht:

$$NaNH_2 + H_2O = NaOH + NH_3,$$

so daß ein Gemisch von Natriumamid und Natriumhydroxyd erhalten wird. Dadurch, daß die Stickstoffwasserstoffsäure durch Schwefelsäure verflüchtigt werden kann, ist eine Abtrennung möglich. Die überdestillierte Säure kann durch Neutralisation mit Basen in die entsprechenden Salze überführt werden. Das Ammoniumsalz ist jedoch auch durch Umsatz von Salzen der Stickstoffwasserstoffsäure mit Ammoniumnitrat erhältlich. Wegen der Explosivität und Giftigkeit verarbeitet man nur kleine Ansätze.

194. Stickstoffwasserstoffsäure, HN_3. 1···2 g metallisches Natrium, das vom anhaftenden Petroleum und von der Oxydschicht weitgehend befreit ist, werden in

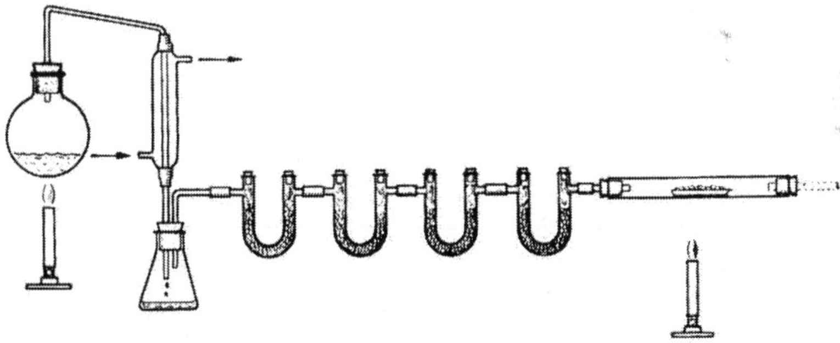

Abb. 53. Apparatur zur Darstellung von Natriumazid.

ein Eisenschiffchen gebracht. Das Schiffchen wird in ein schwer schmelzbares Rohr geschoben, durch das man einen gut getrockneten Ammoniakstrom leitet. Bei ungefähr 350° tritt die Reaktion zum Natriumamid ein, den vollständigen Verlauf derselben erkennt man daran, daß eine Probe des ausströmenden Gases frei von Wasserstoff ist und daher vollständig von Wasser absorbiert wird.

Über das so gebildete weiße Natriumamid wird in dem gleichen Glasrohr zur Umwandlung in das Azid Distickstoffoxyd geleitet. Dieses wird durch thermische Zersetzung von Ammoniumnitrat folgendermaßen gewonnen: Ein Rundkolben wird mit ungefähr 20 g Ammoniumnitrat beschickt; durch ein doppelt gebogenes Glasrohr (s. Abb. 53), an dessen senkrecht absteigendem Teil ein kleiner Liebigkühler angebracht ist, wird die Hauptmenge des entstandenen Wassers wieder kondensiert. Das sich kondensierende Wasser wird in einem zwischengeschalteten Kolben aufgefangen, und das Distickstoffoxyd durch zwei mit Natronkalk gefüllte U-Rohre und darauf durch zwei mit festem Natriumhydroxyd gefüllte U-Rohre getrocknet. Nunmehr wird es in das Verbrennungsrohr geleitet, das auf 180° erhitzt wird. Sobald aus dem Verbrennungsrohr kein Ammoniak mehr entweicht (Prüfung mit

Lackmuspapier), ist die Reaktion beendet. Um aus diesem Gemisch von Natriumazid und Natriumhydroxyd die freie Stickstoffwasserstoffsäure bzw. reine Azide zu erhalten, wird es in Wasser gelöst, die Lösung in einen Destillationskolben gebracht und durch einen Tropftrichter, der mit Hilfe eines durchbohrten Korkens auf den Kolben aufgesetzt ist, halbkonzentrierte Schwefelsäure in die siedende Lösung zugegeben. In eine Vorlage, die mit 100 cm^3 Wasser beschickt ist, destilliert man die in Freiheit gesetzte Stickstoffwasserstoffsäure hinein. Die erhaltene, verdünnte Lösung dieser Säure zeigt so noch keine explosiven Eigenschaften, es muß aber wegen der Giftigkeit ihrer Dämpfe vorsichtig damit umgegangen werden.

195. Ammoniumazid, NH_4N_3[1]**.** Äquimolekulare Mengen von trockenem Natriumazid und Ammoniumnitrat werden in einem einfachen Sublimationsapparat, der von einem kontinuierlichen Strom von trockener Luft durchspült wird, 40 Minuten auf 190° erhitzt. Das Ammoniumazid sublimiert auf diese Weise in Form weißer Krystalle. Um einen explosionsartigen Zerfall zu vermeiden, wird eine Menge von nicht über 2 g als Ausgangsmaterial verwendet.

Nitride. Die Reaktionsträgheit des molekularen Stickstoffs wirkt sich bei der Darstellung von Metall-Nitriden oft dahingehend aus, daß verhältnismäßig hohe Temperaturen notwendig sind, um eine Reaktion vor sich gehen zu lassen. Neben dieser Möglichkeit der Elementarsynthese können Oxyde oder Chloride im Ammoniakstrom zu den Nitriden umgesetzt werden. Eine weitere Möglichkeit, die zumal bei Metall-Nitriden endothermen Charakters eine wichtige Rolle spielt, besteht in der thermischen Ammoniakabspaltung aus den entsprechenden Amiden, die bei bedeutend geringeren Temperaturen vorgenommen werden kann als zu einer Elementarsynthese notwendig wären. Neben der Gruppe der salzartigen, mit Wasser zu Ammoniak und Metallhydroxyd hydrolysierenden Nitride heben sich die flüchtigen Metalloidnitride [$(CN)_2$, (S_4N_4) usw.] und die metallischen Nitride (CrN, TiN usw.) ab. Der Borstickstoff, das Silicium- und Phosphornitrid bilden schwer flüchtige, sowohl in thermischer als auch in chemischer Hinsicht beständige Substanzen, deren Reinheitskontrolle am besten wohl röntgenographisch durchzuführen ist. Die Darstellung der Phosphorstickstoffverbindung soll näher beschrieben werden.

196. Triphosphorpentanitrid, P_3N_5[2]**.** Beim Erhitzen von P_2S_5 im Ammoniakstrom bildet sich der Phosphorstickstoff nach:

$$3P_2S_5 + 10NH_3 = 2P_3N_5 + 15H_2S.$$

Das als Ausgangsmaterial benötigte reine Phosphorpentasulfid wird aus rohem Sulfid (hergestellt nach Nr. 134) folgendermaßen gewonnen: In einer Glasfilterkerze oder in einem passenden Glasfrittentiegel wird das rohe Sulfid im Soxhletschen Extraktionsapparat (s. Abb. 18, S. 11) mit Schwefelkohlenstoff auf dem (elektrischen!) Wasserbad extrahiert. Die Löslichkeit von P_2S_5 in CS_2 ist zwar nur gering (1 Teil P_2S_5 löst sich in 195 Teilen CS_2), aber bei häufiger Extraktion erscheint es dann als hellgelbe, krystalline Masse im Extraktionskolben. Smp. 271°.

Das so erhaltene und von Lösungsmitteln vollkommen befreite Sulfid wird in einem Porzellanschiffchen in ein 4 cm weites Quarzgutrohr gebracht (bei engeren Rohren besteht die Gefahr der Verstopfung!). Es wird nun über das Schiffchen trockenes (s. S. 22) Ammoniak in langsamem Strome mehrere Stunden bei Zimmertemperatur geleitet; dann wird durch einen elektrischen Röhrenofen die Temperatur während 5 Stunden langsam unter gleichbleibendem Ammoniakstrom auf 850° er-

[1] Frierson, W. R., u. A. W. Browne: J. Amer. chem. Soc. **56** (1934) 2384.

[2] Stock, A., u. H. Grüneberg: Ber. dtsch. chem. Ges. **40** (1907) 2573. — Stock, A., u. W. Scharfenberg: Ber. dtsch. chem. Ges. **41** (1908) 558.

hitzt, wobei sich erhebliche Mengen von Ammoniumhydrogensulfid hinter dem Schiffchen ansammeln. Die Temperatur von 850° wird während weiterer 8 Stunden beibehalten. Nachdem im Ammoniakstrom erkalten gelassen worden ist, liegt ein hellbraunes, leichtes Pulver vor, welches keinen Schwefel mehr enthalten darf. Ist dies trotzdem der Fall, so muß weiterhin im NH_3-Strom erhitzt werden. Der Phosphorstickstoff kann weder physikalisch gelöst noch von den üblichen Lösungsmitteln chemisch angegriffen werden. Mit Wasser unter Druck bei 180° tritt Hydrolyse zu H_3PO_4 und NH_3 ein.

XVI. Komplexverbindungen.

1. Acidokomplexe.

Allgemeines. Zwischen Doppelsalzen und Acidokomplexen besteht nur ein gradueller Unterschied in bezug auf das Ausmaß der Sekundärdissoziation eines Komplexes oder der der mehr oder weniger weitgehenden Komplexbildung eines Doppelsalzes. Ein starker Komplex wie z. B. $[Fe(CN)_6]^{4-}$ wird also wenig nach:

$$[Fe(CN)_6]^{4-} \rightleftharpoons Fe^{2+} + 6(CN)^-$$

dissoziieren, während der Komplex $[Co(SCN)_4]^{--}$ in wässeriger Lösung nur bei hohem Überschuß an Rhodanid-Ionen sich bildet:

$$[Co(SCN)_4]^{--} \rightleftharpoons Co^{++} + 4(SCN)^-.$$

Alle Übergangstypen dieser Acidokomplexe zu den Doppelsalzen, bei denen also vollständige Sekundärdissoziation in die Einzelionen eintritt, spielen in unzähligen Fällen in analytischer und auch in präparativer Hinsicht häufig eine wichtige Rolle.

Die Stabilität dieser Acidokomplexe nimmt im allgemeinen in der folgenden Reihenfolge zu: Jodide, Bromide, Chloride, Rhodanide, Fluoride, Cyanide. In bevorzugter Weise treten die Komplexe vom Typ $K_4[Me^{II}(CN)_6]$ oder $K_3[Me^{III}(CN)_6]$, also mit Zentralatomen mit der Koordinationszahl 6 neben Typen von $K_2[Me^{II}(CN)_4]$ mit der Koordinationszahl 4 auf. Die Koordinationszahl 8 ist auf die Cyanide des Wolframs und Molybdäns beschränkt.

Kaliumsilicofluorid. Die weitgehenden Analogien, die zwischen dem Sauerstoff-Ion und dem Fluor-Ion gezogen werden können, treten auch bei sehr vielen Komplextypen deutlich hervor. So existieren sehr viele Fluorkomplexe, die entsprechend den Sauerstoffkomplexen an die Seite gestellt werden können (H_2SiO_3, H_2SiF_6; HBO_2, HBF_4 usw.). Der natürlich vorkommende Kryolith, $Na_3[AlF_6]$, ist ebenfalls ein derartiger Fluorokomplex; sehr viele andere derartige Verbindungstypen wie z. B. FeF_6^{---}, ZrF_6^{--}, NbF_6^{--} usw. sind ebenfalls von analytischer oder präparativer Bedeutung.

Fluorwasserstoff wirkt bekanntlich auf Siliciumdioxyd unter Bildung von Siliciumtetrafluorid ein. Dieses hydrolysiert nicht quantitativ unter Bildung von Kieselsäure, sondern es entsteht teilweise aus dem Fluorwasserstoff und dem noch vorhandenen Siliciumtetrafluorid die Kieselfluorwasserstoffsäure, wie aus den nachfolgenden Gleichungen hervorgeht:

$$4HF + SiO_2 = SiF_4 + 2H_2O$$

$$SiF_4 + 3H_2O = H_2SiO_3 + 4HF$$
$$4HF + 2SiF_4 = 2H_2[SiF_6]$$
$$3SiF_4 + 3H_2O = H_2SiO_3 + 2H_2[SiF_6].$$

197. Kaliumsilicofluorid, $K_2[SiF_6]$. 50 g fein pulverisiertes Calciumfluorid werden mit 20 g ebenfalls fein pulverisiertem Quarz innigst vermischt, getrocknet und in einen trockenen Tonkrug gefüllt. Der Krug wird mit einem einfach durchbohrten Korkstopfen verschlossen, durch den ein zweimal gebogenes Glasrohr führt. An dieses schließt dicht das Rohr eines Trichters an, der nach unten hängend in ein mit 250 cm^3 Wasser gefülltes Becherglas eintaucht. Der Trichter soll eine Verstopfung des Einleitungsrohres durch die entstehende kolloide Kieselsäure verhindern. Nun werden in den Tonkrug 250 cm^3 konz. Schwefelsäure eingefüllt und in einem Sandbad erhitzt. Siliciumtetrafluorid entweicht als Gas und reagiert mit dem in der Vorlage befindlichen Wasser unter teilweiser Hydrolyse, d. h. Abscheidung von gallertartiger Kieselsäure und Bildung der Kieselfluorwasserstoffsäure. Die Erhitzung wird so geregelt, daß die Reaktion nicht zu heftig ist und alles Siliciumtetrafluorid restlos absorbiert wird.

Nach Beendigung der Gasentwicklung wird durch ein Faltenfilter die ausgeschiedene Kieselsäure entfernt und die klare saure Lösung mit 2n Kalilauge genau neutralisiert. Um zu verhindern, daß man zuviel Kalilauge zugießt, überführe man etwa ein Zehntel der Kieselfluorwasserstoffsäure in ein anderes Becherglas und benutze es mit zur genauen Neutralisation. Die Lösung darf auf keinen Fall alkalisch reagieren, weil sonst gallertartige Kieselsäure ausfällt. Bei der Neutralisation bildet sich Kaliumsilicofluorid als blau irisierender Niederschlag, den man absitzen läßt. Es wird dekantiert, auf einem Papierfilter gesammelt und im Trockenschrank getrocknet.

Hexafluophosphate. Außer den teilweise fluorierten Phosphaten R_2PO_3F und RPO_2F_2 (Monofluo- und Difluophosphat) ist auch der Hexafluophosphatkomplex PF_6^- beständig. Diese Verbindungsklasse wurde zuerst von Lange[1] untersucht, der Alkalifluoride auf Phosphorpentachlorid nach

$$PCl_5 + 6\,RF = RPF_6 + 5\,RCl$$

einwirken ließ. Mit großvolumigen Kationen bildet das Hexafluophosphat schwerlösliche Salze, wie $CsPF_6$, $[(CH_3)_4N]PF_6$ und Nitronhexafluophosphat.

198. Ammoniumhexafluophosphat, bzw. Tetramethylammoniumhexafluophosphat, $[(CH_3)_4N]PF_6$. Ammoniumfluorid wird im Mörser zerrieben und im Vakuumexsiccator scharf getrocknet. 12 g von diesem Salz werden mit 10 g Phosphor(V)-chlorid in einem weiten Reagenzglas gemischt, welches zur waagerechten Lage geneigt wird, damit das Pulvergemisch möglichst verteilt werden kann. Die Reaktion kann beim Mischen bereits einsetzen, andernfalls wird mit einer Bunsenflamme am oberen Ende des Reagenzglases leicht erwärmt, wobei die Masse von selbst bis zum Boden des Reagenzglases durchreagiert. Das zusammengebackene Reaktionsprodukt wird in wenig Wasser gelöst und die Lösung filtriert. Auf Zugabe von Tetramethylammoniumchlorid fällt dann das Tetramethylammoniumhexafluophosphat als gallertartiger Niederschlag (ähnlich dem $K_2[SiF_6]$ in Nr. 197!) aus, der abgenutscht, mit Wasser gewaschen und im Vakuumexsiccator getrocknet wird.

Kaliumborfluorid. Dieses Salz läßt sich durch Anlagerung von Kaliumfluorid an Bortrifluorid erhalten, aber auch durch Fällung einer Lösung von Borfluorwasserstoffsäure, die aus Calciumfluorid, Borsäure und konz. Salzsäure hergestellt wird, mit Kaliumchlorid. Wegen der Schwerlöslichkeit des Kaliumborfluorids läßt sich

---

[1] Lange, W., u. Müller: Ber. dtsch. chem. Ges. **63** (1930) 1058. — Lange, W., u. G. v. Krueger: Ber. dtsch. chem. Ges. **65** (1932) 1253. — Seel, F., u. Th. Gössl: Z. anorg. Chem. **263** (1950) 253.

dieses leicht zur Abscheidung bringen. Eine Darstellung durch Neutralisation von Borsäure und Fluorwasserstoffsäure mit Kaliumcarbonat ist ebenfalls möglich[1].

199. Kaliumborfluorid, $K[BF_4]$. Zu einem Gemisch von 25 g 40proz. Flußsäure und 6,2 g kryst. Borsäure werden 6,9 g entwässertes Kaliumcarbonat gegeben. Die Neutralisation wird in einer Platinschale vorgenommen und die erhaltene Lösung eingedampft, bis das Kaliumborfluorid in Form einer weißen Krystallmasse auskrystallisiert. Es kann aus Wasser umkrystallisiert werden und wird dann im Vakuum getrocknet.

Ammoniumblei(IV)-chlorid. In diesem Komplex ist die höhere Wertigkeitsstufe des Bleis weitgehend stabilisiert. Das Salz kann als Ausgangsmaterial zur Darstellung des Blei(IV)-chlorids verwendet werden.

200. Ammonium-Blei(IV)-chlorid, $(NH_4)_2[PbCl_6]$. Man verreibt 10 g Blei(II)-chlorid mit 20 cm^3 konz. Salzsäure in einer Reibschale und gießt die Suspension ab. Mit dem Rückstand wiederhole man die Operation mit jeweils 20 cm^3 Salzsäure, bis alles Blei(II)-chlorid sich in feinster Verteilung in 200 cm^3 Salzsäure befindet. Man leitet nun in die in einem Erlenmeyerkolben oder in einer großen Waschflasche befindliche Aufschlämmung solange Chlor langsam unter öfterem Umschütteln ein, bis eine klare Lösung entstanden und die Suspension verschwunden ist. Die Temperatur soll etwa 10···15° betragen, was man durch Eiskühlung leicht erreicht. Nach 5 Stunden wird sich meist alles zur Blei(IV)-chlorwasserstoffsäure gelöst haben. Ist das nicht der Fall, so filtriert man durch Glaswolle oder Glasfilter ab. Das Filtrat wird mit Eis gekühlt und mit einer ebenfalls mit Eis gekühlten Lösung von 8 g Ammoniumchlorid in 80 cm^3 Wasser versetzt. Nach kurzer Zeit scheiden sich gelbe Krystalle von Ammonium-Blei(IV)-chlorid ab. Nach einigen Stunden wird der Niederschlag durch ein Glasfilter abgesaugt, mit eisgekühltem Alkohol gewaschen und bei 50° getrocknet.

201. Bleitetrachlorid, $PbCl_4$. Das Ammonium-Blei(IV)-chlorid wird in konzentrierte, reine, mit Eis gekühlte Schwefelsäure eingetragen. Eine Salzsäure-Entwicklung setzt ein und Ammoniumsulfat scheidet sich als milchige Suspension aus. Das Blei(IV)-chlorid sammelt sich zunächst in Form öliger Tropfen an der Oberfläche, fällt dann als ölartige Flüssigkeit zu Boden. In einem Scheidetrichter wird diese von der Schwefelsäure abgetrennt und mehrere Male mit konz. Schwefelsäure geschüttelt, bis dieselbe vollkommen klar bleibt. Herstellung größerer Mengen vermeide man, da explosionsartiger Zerfall in Blei(II)-chlorid und Chlor eintreten kann.

Blei(IV)-chlorid ist eine klargelbe, stark lichtbrechende Flüssigkeit, die an der Luft raucht, mit wenig Wasser ein unbeständiges Hydrat bildet und mit mehr Wasser hydrolytisch unter Bildung von Blei(IV)-oxyd zerfällt. Unter konz. Schwefelsäure einige Zeit beständig.

Chlorostannate. Die Alkalisalze der Hexachlorozinn(IV)-säure zeichnen sich durch gutes Krystallisationsvermögen aus. Das Ammoniumsalz wird als „Pinksalz" in der Färberei als Beize verwendet. Erhalten wird der Komplex durch Zusammengeben der Komponenten.

202. Ammonium-Zinn(IV)-chlorid, $(NH_4)_2[SnCl_6]$. Eine konzentrierte, wässerige Lösung von Zinn(IV)-chlorid (zweckmäßigerweise löst man krystallisiertes $SnCl_4 \cdot 5\,H_2O$ in wenig Wasser) wird mit einer konzentrierten Lösung von Ammoniumchlorid versetzt. Der Hexachlorokomplex fällt als kleinkrystalliner weißer Niederschlag aus und wird nach Absaugen auf der Nutsche mit kalter verdünnter Salzsäure gewaschen.

---

[1] Vorländer, D., J. Hollatz u. J. Fischer: Ber. dtsch. chem. Ges. **65** (1932) 535.

Nitrosyl-Titan(IV)-chlorid. Chlorokomplexe vermögen auch von in Wasser leicht hydrolysierenden Verbindungen gebildet zu werden. Eine besondere Tendenz hierzu zeigt sich bei den Nitrosylkomplexen, die durch einfache Addition von Nitrosylchlorid und einem weiteren Chlorid erhältlich sind.

203. Nitrosyltitan(IV)-chlorid, $(NO)_2[TiCl_6]$[1]. Eine Lösung von ungefähr 1 Mol (65g) Nitrosylchlorid in 25 cm³ Tetrachlorkohlenstoff wird auf —15° gekühlt und unter Ausschluß von Feuchtigkeit mit einer Lösung von 1/3 Mol (ungefähr 62 g) Titantetrachlorid in wenig Tetrachlorkohlenstoff tropfenweise versetzt. Es fällt ein intensiv gelber Niederschlag von $(NO)_2[TiCl_6]$ aus. Die Darstellung wird in einem Schliffgefäß vorgenommen, das nun unter Vorschaltung eines U-Rohres mit Calciumchlorid evakuiert wird, so daß das Lösungsmittel und das überschüssige Nitrosylchlorid zum größten Teil entfernt werden. Das Reaktionsprodukt wird nunmehr in einer Trockenpistole im Vakuum über Silicagel vollständig vom anhaftenden Lösungsmittel befreit.

Die gelben Krystalle sind unter Feuchtigkeitsausschluß sehr gut haltbar und sublimieren im geschlossenen Rohr unzersetzt bei ungefähr 150°.

Chloroantimonate(IV). Die vierwertige Stufe des Antimons läßt sich bei einigen Halogenkomplexen stabilisieren, von denen vorzugsweise die Rubidium- und Cäsiumsalze krystallisieren, während Kalium- und Ammoniumsalze nur in Form von Mischkrystallen mit isomorphem $(NH_4)_2[SnCl_6]$ und $K_2[PtCl_6]$ erhältlich sind.

204. Rubidiumhexachloroantimonate(IV), $Rb_2[Sb(IV)Cl_6]$[2]. 1,4 g Antimontrioxyd werden in 20 cm³ konz. Salzsäure gelöst, die eine Hälfte der Lösung wird mit Chlor gesättigt und nach Entfernung des überschüssigen Chlors durch einen Luftstrom mit der anderen Hälfte wieder vereint. Nach Zugabe einer Lösung von 2,3 g Rubidiumcarbonat in 10 cm³ konz. Salzsäure wird auf 50 cm³ aufgefüllt und im Becherglas auf 25 cm³ eingedampft. Zur heißen Lösung werden 8 cm³ konz. Salzsäure gegeben und sofort abgekühlt. Es scheidet sich nunmehr ein schwarzer, krystallinischer Niederschlag von mikroskopisch beobachtbaren Oktaedern ab, von denen dünne Splitter rotviolett durchscheinen.

Jodidkomplexe. Der Jodokomplex des Blei(II) zerfällt sehr leicht, wenn Wasser zur Bildung einer genügend verdünnten Lösung vorhanden ist, und zwar unter Abscheidung von unlöslichem, gelbem Blei(II)-jodid. Das Salz kann somit als Reagens auf kleine Mengen Wasser verwendet werden.

205. Kaliumbleijodid, $K(PbJ_3)$[3]. 4 g Bleinitrat werden in 15 cm³ Wasser warm gelöst, filtriert und mit einer warmen Lösung von 15 g Kaliumjodid in 15 cm³ Wasser vermischt, wobei zunächst Blei(II)-jodid als gelber Niederschlag ausfällt. Beim Erkalten verschwindet er allmählich unter Bildung weißer oder schwach gelber, verfilzter Nadeln des Jodokomplexes, während beim Erhitzen wegen starker Sekundärdissoziation des Jodokomplexes wieder Blei(II)-jodid auftritt. Unter dem Mikroskop kann das Entstehen bzw. Verschwinden der verschiedenen Krystalle gut beobachtet werden. Die Krystalle werden auf einer Glasfritte abfiltriert und im Vakuum über Schwefelsäure getrocknet.

Als Feuchtigkeitsindikator kann mit der Jodokomplexlösung getränktes und getrocknetes Filtrierpapier dienen. Schon die Luftfeuchtigkeit vermag dieses fein

---

[1] Gall u. Mengdehl: Ber. dtsch. chem. Ges. **60** (1927) 86. — Partington, J. R., u. A. L. Whynes: J. chem. Soc. London **1948**, 1952; **1949**, 3135.

[2] Weinland, R. F., u. H. Schmid: Ber. dtsch. chem. Ges. **38** (1905) 1080. — Ephraim, F., u. S. Weinberg: Ebenda **42** (1909) 4447.

[3] Herthy: Amer. chem. J. **14** (1892) 107.

verteilte Kaliumbleijodid unter Abscheidung von Bleijodid, d. h. Gelbfärbung zu zersetzen.

Die alkalische Lösung des Kaliumquecksilber(II)-jodids dient analytisch als Neßlers Reagens zum qualitativen Nachweis und zur quantitativen Bestimmung kleiner Mengen NH_3.

206. Kaliumquecksilber(II)-jodid, $K[HgJ_3] \cdot H_2O$ [1]. Eine wässerige Lösung von 13,5 g Quecksilber(II)-chlorid wird mit einer Auflösung von 16,6 g Kaliumjodid in Wasser gefällt und der abfiltrierte und ausgewaschene Niederschlag von Quecksilber(II)-jodid durch Zugabe einer heißen Lösung von 16 g Kaliumjodid in 10 cm^3 Wasser in Lösung gebracht. Es wird von geringen Mengen nicht gelösten Quecksilberjodids abfiltriert und die Lösung im Vakuumexsiccator über konz. Schwefelsäure zur Krystallisation gebracht, wobei die sich bildende Kruste von langen, gelben Nadeln von Zeit zu Zeit zerstoßen wird. Wenn ein dicker Krystallbrei entstanden ist, wird abgesaugt und ohne nachzuwaschen, im Exsiccator getrocknet. Die Mutterlauge liefert weitere Krystalle, die bei Krystallisation zwischen 0° und 80° die obige Zusammensetzung haben.

Cyanidkomplexe. Die große Tendenz des Cyanidions zur Bildung von Durchdringungskomplexen, also mit praktisch nicht eintretender Sekundärdissoziation, kann durch eine große Zahl von Cyanokomplexsalzen belegt werden. Von vielen lassen sich nicht nur die Salze, sondern auch die freien Säuren herstellen, die mit organischen, sauerstoffhaltigen Substanzen Anlagerungsverbindungen bilden.

207. Kaliumkobalt(III)-cyanid, $K_3[Co(CN)_6]$ [2]. 48 g Kobaltchloridhydrat ($CoCl_2 \cdot 6H_2O$) werden in 500 cm^3 H_2O gelöst, filtriert und in die siedende Lösung 30 g Kaliumcyanid, gelöst in 200 cm^3 H_2O, unter intensivem Rühren zugegeben. Vor Zugabe des letzten Cyanids muß neben der Fällung von Kobalt(II)-cyanid Kobalt(II)-chlorid vorhanden sein, damit durch überschüssiges Cyanid keine Wiederauflösung der Kobalt(II)-cyanidfällung eintreten kann. Das violette $Co(CN)_2$ wird abgenutscht, mit kaltem H_2O gewaschen und feucht in einem Becherglas in ziemlich konz. Kaliumcyanidlösung gelöst. Wird zu wenig KCN zugegeben, so fällt beim Abkühlen grünes $K_2Co[Co(CN)_6]$ aus, so daß ein geringer Überschuß an KCN günstig ist. Die tief rot gefärbte Lösung von $K_4[Co(CN)_6]$ wird 10···15 Min. zum Sieden erhitzt; dabei färbt sie sich unter Wasserstoffentwicklung gelb. Ein meist entstehender geringer, dunkel gefärbter Niederschlag wird abfiltriert; die hellgelben Krystalle des $K_3[Co(CN)_6]$ scheiden sich beim Abkühlen aus. Die Mutterlauge ergibt beim Einengen eine weitere Fraktion. Durch Umkrystallisation aus schwach essigsaurem Wasser unter Zugabe von Aktivkohle wird das Salz in fast weißen Krystallen erhalten.

208. Kobalt(III)-cyanwasserstoffsäure, $H_3[Co(CN)_6] \cdot 5H_2O$. In eine gesättigte wässerige Lösung von Kaliumkobalt(III)-cyanid wird Chlorwasserstoff eingeleitet. Nach anfänglicher Trübung scheidet sich unter Erwärmung, nachdem die Lösung sich weitgehend an Chlorwasserstoff gesättigt hat, die freie Säure neben Kaliumchlorid und geringen Mengen des nicht umgesetzten Kaliumsalzes ab. Der Niederschlag wird abgenutscht und mit abs. Alkohol die freie Säure ausgelaugt. Die alkoholische Lösung wird im Vakuum bei nicht über 50° eingeengt, wobei die Säure in farblosen, glänzenden Nadeln krystallisiert.

209. Eisen(II)-cyanwasserstoffsäure, $H_4[Fe(CN)_6]$. Eine Lösung von 42 g Kaliumeisen(II)-cyanid in 350 cm^3 Wasser wird mit 120 g konzentrierter Salzsäure versetzt und ein etwa anfallender Niederschlag (KCl) wieder mit wenig Wasser gelöst. Die

---

[1] Pernot, M.: Ann. Chim. [10] **15** (1931) 1.

[2] Benedetti-Pichler, A.: Z. anal. Ch. **70** (1927) 271 u. 288.

erkaltete Lösung wird mit etwa 50 cm^3 Äther versetzt, worauf sich in einigen Stunden mikroskopisch kleine, glänzende, farblose Täfelchen abscheiden, die abgesaugt und mit wenig ätherhaltiger, verdünnter Salzsäure gewaschen werden. Zur Entfernung etwa beigemengten Kaliumchlorids löst man in 50 g Alkohol, filtriert, fällt wiederum mit 50 g Äther, saugt ab und wäscht mit Äther nach. Die Äther-Ferrocyanwasserstoffverbindung bringt man in einen mit Zu- und Ableitungsrohr versehenen Erlenmeyerkolben und erhitzt sie in einem Strome von trockenem Wasserstoff in einem Wasserbade auf 80···90°. Etwa nach einer Stunde ist der Äther entfernt. Ausbeute etwa 12 g. Die zunächst fast farblose Ferrocyanwasserstoffsäure färbt sich an der Luft bald hellblau.

Wasserfreies Ammoniumeisen(II)-cyanid spielt als Katalysator bei der Ammoniaksynthese eine Rolle. Das Trihydrat bildet ebenso wie die anderen Alkalisalze der Eisen(II)-cyanwasserstoffsäure gelbe Krystalle. Es kann durch Einwirkung von Ammoniumcarbonat auf Schwermetalleisen(II)-cyanid, wie z. B. $Pb_2[Fe(CN)_6]$ erhalten werden, das unter Abscheidung von Bleicarbonat in Lösung geht.

210. Ammoniumeisen(II)-cyanid, $(NH_4)_4[Fe(CN)_6]$. Die nach Nr. 209 erhaltene Eisen(II)-cyanwasserstoffsäure wird in absolutem Alkohol gelöst und in die Lösung trockenes Ammoniak unter Eiskühlung eingeleitet. Das wasserfreie Ammoniumsalz fällt in weißen Krystallen aus, die abgesaugt und mit eiskaltem Alkohol und Äther gewaschen werden. Die getrocknete Substanz wird unter Lichtabschluß in braunen Flaschen aufbewahrt.

Die niederen Wertigkeitsstufen des Molybdäns bilden ebenfalls Cyanokomplexe, von denen das Kaliummolybdän(IV)-cyanid wegen der hohen Koordinationszahl bemerkenswert ist. Es liegt hier ebenfalls ein Durchdringungskomplex vor, da das Mo^{4+}-Ion mit 38 Elektronen durch 8 Elektronenpaare der Liganden zu einem Ion mit der effektiven Elektronenzahl 54 (Xenon) aufgefüllt wird (s. S. 164). Prinzipiell wird das Oktocyanid durch Einwirkung von KCN auf Molybdänverbindungen niederer Wertigkeitsstufen erhalten. Der Reaktionsmechanismus ist meistens noch nicht völlig geklärt, doch ergibt die folgende Arbeitsweise die besten Ausbeuten.

211. Kaliummolybdän(IV)-cyanid, $K_4[Mo(CN)_8] \cdot 2H_2O$[1]. 77 g Kaliummolybdat (K_2MoO_4) werden in 100 cm^3 Wasser gelöst. Aus einem Tropftrichter läßt man unter dauerndem Rühren langsam in diese Lösung 250 cm^3 konz. Salzsäure zutropfen. Es fällt intermediär weiße Molybdänsäure aus, die sich im Überschuß an HCl wieder auflöst und eine schwach gelbe Lösung von Molybdänylchlorid gibt. Ein entstandener Niederschlag von Kaliumchlorid wird beim Erwärmen der Lösung auf dem Wasserbad wieder in Lösung gebracht. In diese Lösung gibt man nun eine konzentrierte Auflösung von 150 g Kaliumrhodanid, die auch langsam und unter gutem Umrühren zugegeben wird. Nach Zugabe von 250 cm^3 Wasser wird einige Stunden auf dem Wasserbad erwärmt und warm von einem schwarzen Nebenprodukt abfiltriert. In das Filtrat werden aus einem Tropftrichter langsam ~ 70 cm^3 Pyridin gegeben, bis sich ein gelber Niederschlag bildet. Es scheidet sich jetzt ein dunkelrotes Öl ab, welches die Pyridinverbindung $(C_5H_6N)_2 \cdot [MoO_2(SCN)_3]$ enthält (rotbraune Krystalle). Das Öl wird abgetrennt und mit Wasser gewaschen. Es wird nun in eine Lösung von 200 g Kaliumcyanid in Wasser eingetragen, in der es sich unter Bildung einer gelblich-braunen Flüssigkeit löst. Es wird einige Zeit erwärmt und von einem wiederum ausgeschiedenen schwarzen Nebenprodukt abfiltriert. Das Filtrat wird weitgehend eingeengt und die Lösung in Eiswasser gekühlt; die abgeschiedenen Krystalle werden abgenutscht und zur

[1] Rosenheim, A.: Z. anorg. allg. Chem. **54** (1907) 97. — Fieser, H.: J. Amer. chem. Soc. **52** (1930) 5226.

Reinigung aus wenig Wasser unter Beigabe von Aktivkohle umkrystallisiert. Durch Zufügen des gleichen Volumens an Alkohol werden die in Wasser sehr leicht löslichen, bernsteingelben Krystalltafeln zur Abscheidung gebracht, abgenutscht, mit Alkohol und Äther gewaschen und über Silikagel getrocknet.

Wegen der Entwicklung cyanhaltiger, giftiger Gase ist die Durchführung der beschriebenen Operationen unter einem gut ventilierten Abzug notwendig!

Ein typisches Beispiel für die Tatsache, daß Metalle in Komplexverbindungen in Wertigkeitszuständen auftreten, die sonst nur äußerst schwer erreicht und in Form haltbarer Verbindungen stabilisiert werden können, bieten die Cyanokomplexe der niederen Wertigkeitsstufen des Mangans. Darüber hinaus kann hier sogar festgestellt werden, daß die sonst beständigen Wertigkeitszustände in den entsprechenden Komplexverbindungen in unbeständigen und labilen Substanzen auftreten. Das dem Kaliumeisen(II)-cyanid analoge Kaliummangan(II)-cyanid, $K_4[Mn(CN)_6] \cdot 3H_2O$ (dunkelviolette bzw. stahlblaue Krystalle) geht äußerst leicht durch Oxydation in wässeriger Lösung in rotes Kaliummangan(III)-cyanid, $K_3[Mn(CN)_6]$ über, das im Gegensatz zu den einfachen Mangan(III)-verbindungen ein stabiles und haltbares Salz darstellt. Außerdem soll auf die Möglichkeit der Reduktion von $K_4[Mn^{II}(CN)_6]$ unter Luftabschluß zu $K_5[Mn^{I}(CN)_6]$, also einem Komplex mit einwertigem Mangan, hingewiesen werden.

212. Kaliummangan(III)-cyanid, $K_3[Mn(CN)_6]$. Als Ausgangsmaterial wird das Mangan(III)-orthophosphat $MnPO_4 \cdot H_2O$ benutzt, das folgendermaßen hergestellt wird[1]: Sirupöse Phosphorsäure wird auf 100° erhitzt und langsam eine konzentrierte Lösung von Mangan(II)-nitrat hinzugegeben. Die Temperatur soll im Bereich von 100···110° bleiben. Zunächst tritt ein amethystfarbener, gelöster Phosphatkomplex des dreiwertigen Mangans auf. Bald wird die Lösung jedoch trübe, und unter Entwicklung von Stickoxyden scheidet sich oliv-graugrünes Mangan(III)-orthophosphatmonohydrat aus. Phosphorsäure muß im Überschuß bleiben, durch stetiges Rühren ist ein Festsetzen des Niederschlages an der Glaswand zu vermeiden. Nach Beendigung der Stickoxydentwicklung wird mit Wasser verdünnt und der Niederschlag abgenutscht und ausgiebig mit Wasser gewaschen. Bei 100° getrocknet erhält man das Phosphat als graugrünes Pulver. Unter dem Mikroskop können sehr kleine Aggregate von grünen Krystallnadeln beobachtet werden.

15 g von diesem Mangan(III)-phosphat werden in eine auf dem Wasserbad erwärmte Lösung von 40 g Kaliumcyanid in 150 cm³ Wasser portionsweise eingetragen[2].

Unter weiterer Erwärmung bildet sich bei vollständiger Zugabe des Phosphats ein dunkelbrauner Niederschlag, der bei weiterer Zugabe von 20 g Kaliumcyanid wieder in Lösung geht, wobei die Lösung eine braunrote Farbe annimmt. Es wird filtriert und erkalten gelassen, wobei das Kaliummangan(III)-cyanid in Form rotbrauner Nadeln auskrystallisiert. Zur Reinigung kann aus einer höchstens 10proz. Kaliumcyanidlösung umkrystallisiert werden. Das Salz ist vollkommen beständig.

Rhodanokomplexe. Diese treten sowohl als Komplexe mit oft ziemlich weitgehender Sekundärdissoziation auf, während auch Typen von starker Komplexität wie z. B. $K_3[Cr(SCN)_6]$ vorkommen. Typisch für derartige Rhodanokomplexe ist die hohe Löslichkeit in organischen Lösungsmitteln, besonders in Äther oder Amylalkohol, die eine Extraktion dieser Komplexe aus wässerigen Lösungen, oft auch unter spezifischen Trennungsmöglichkeiten, erlaubt, eine Tatsache, die auch in analytischer Hinsicht von großer Bedeutung ist (z. B. Nachweis von Fe^{3+}, Co^{2+}, Mo^{3+}, UO_2^{2+} usw.).

[1] Christensen, O. T.: J. prakt. Chem. [2] **28** (1883) 21.

[2] Straus, P.: Z. anorg. allg. Chem. **9** (1895) 7.

213. Kobalt(II)-quecksilberrhodanid, $Co[Hg(SCN)_4]$. 30 g Quecksilberchlorid und 44,5 g Kaliumrhodanid werden getrennt in Wasser gelöst, filtriert und zusammen auf 500 cm³ mit Wasser aufgefüllt. Es werden nun 20 g Kobaltnitrat in 50 cm³ Wasser zugegeben, worauf das komplexe Rhodanid in Form eines Regens schöner, tiefblauer Kryställchen sich auszuscheiden beginnt. Nach 12 Stunden wird abgenutscht, mit Wasser und Alkohol gewaschen und bei 100° getrocknet. Ausbeute fast theoretisch.

Das für den Co^{2+}-Nachweis wichtige Kaliumkobalt(II)-rhodanid dissoziiert sehr leicht sekundär in die einfachen Ionen, daher ist ein starker Überschuß an Rhodanid-Ionen bei der Ausführung des Kobaltnachweises notwendig.

214. Kaliumkobalt(II)-rhodanid, $K_2[Co(SCN)_4]$. 14 g Kobaltnitrathydrat und 14 g Kaliumrhodanid werden heiß gelöst, so daß eine konzentrierte Lösung entsteht, und erkalten gelassen. Nach einigen Stunden wird das ausgeschiedene Kaliumnitrat abgesaugt, portionsweise mit 40 cm³ Amylalkohol nachgewaschen, bis die Krystalle fast farblos werden und das abgelaufene Flüssigkeitsgemisch im Scheidetrichter tüchtig durchgeschüttelt. Die Schichten werden getrennt, was einige Aufmerksamkeit erfordert, da sie beide tiefblau aussehen, worauf die wässerige Schicht noch ein- bis zweimal mit je 10···15 cm³ Amylalkohol ausgeschüttelt wird. Zur Erzielung eines guten Präparates ist es wichtig, die Amylalkohollösung vor dem Einengen durch mehrfaches Umgießen in trockene Bechergläser mechanisch von mitgerissenen Wassertröpfchen zu befreien. Zur Krystallisation wird ein Zehntel des Alkohols abgedampft und zu der erkalteten Lösung allmählich 50···60 cm³ niedrigsiedendes Ligroin hinzugegeben. Die ausgeschiedenen Krystalle werden abgesaugt, mit niedrigsiedendem Ligroin gewaschen und über Schwefelsäure getrocknet.

Tiefdunkelblaue Nädelchen, die sich in Wasser unter Spaltung der Verbindung mit roter Farbe lösen; auf Zusatz von Kaliumrhodanid geht die Dissoziation zurück und die Lösung wird wieder blau.

215. Ammoniumchrom(III)-rhodanid, $(NH_4)_3[Cr(SCN)_6] \cdot 4H_2O$. Grünes Chrom(III)-chloridhydrat, $Cr[(H_2O)_4Cl_2]Cl \cdot H_2O$, wird mit der äquivalenten Menge Ammoniumrhodanid in Wasser bis zur Sättigung gelöst. Nach Bildung des Komplexes wird zur Trockne eingedampft. Die Trennung des Rhodanidkomplexes von Ammoniumchlorid wird durch Extraktion mit absolutem Alkohol bewirkt, worin der Komplex leicht löslich ist.

Vorteilhafterweise wird die Trennung im Soxlethschen Apparat (Abb. 18 S. 11) vorgenommen; der alkoholische Extrakt wird eingedampft, eventuell unter vorheriger Abscheidung von etwas mitextrahiertem Ammoniumchlorid. Nach Abdestillation des Alkohols scheiden sich weinrote Krystalle des Chromkomplexes aus, dessen Lösung mit verschiedenen Schwermetallionen gefärbte, schwerlösliche Niederschläge gibt (Wismutnachweis!).

Autokomplexe Verbindungen. Überführungs- und Leitfähigkeitsmessungen haben bei verschiedenen Salzen ergeben, daß eine Autokomplexbildung vorliegt, z. B. leitet eine Cadmiumjodid-Lösung sehr schlecht, mit Schwefelwasserstoff tritt auch nur nach einiger Zeit eine unvollständige Fällung von Cadmiumsulfid ein. Der Grund liegt darin, daß das Cadmiumsalz der Cadmiumjodwasserstoffsäure $Cd(CdJ_4)$ vorliegt, das nur in sehr geringem Maße dissoziiert.

216. Cadmiumjodid, $Cd(CdJ_4)$. 26 g krystallisiertes Cadmiumsulfat werden in 100 cm³ Wasser gelöst und in diese Lösung einige Stangen Zink hineingelegt. Innerhalb eines Tages wird sämtliches Cadmium als Metallschwamm ausgefällt; es wird durch oftmaliges Auskochen mit Wasser gereinigt.

Eine Aufschlämmung des fein verteilten Cadmiums in 50 cm^3 Wasser wird mit 24 g Jod in einem Kölbchen mit Rückflußkühler ein bis zwei Stunden gekocht. Überschüssiges Jod wird durch Kochen ohne Rückflußkühler entfernt und die filtrierte Lösung zur Krystallisation gebracht. Das Cadmiumjodid fällt in farblosen, glänzenden Blättchen aus. Ausbeute unter Aufarbeitung der Mutterlaugen 30···35 g.

Oxalatokomplexe. Die Oxalsäure vermag sich mit dreiwertigen Metallkationen zu gut krystallisierten Komplexen zu kombinieren, die sich häufig durch Lichtempfindlichkeit auszeichnen.

217. Kaliumeisen(III) - oxalat, $K_3[Fe(C_2O_4)_3] \cdot 3\,H_2O$. 35 g krystallisiertes Eisen(II)-sulfat werden in 100 cm^3 Wasser gelöst und in der Siedehitze mit Salpetersäure oxydiert. Nach Verdünnen auf 2 Liter wird mit Ammoniak das Eisenoxydhydrat gefällt und einige Tage dekantierend gewaschen. Dann wird filtriert und nochmals mit heißem Wasser gewaschen. Das Oxydhydrat wird nun langsam in eine heiße Lösung von 44 g Kaliumhydrogenoxalat (Weinstein) in 100 cm^3 Wasser eingetragen. Sobald keine Auflösung des Eisenoxydhydrates mehr erfolgt, wird filtriert und auf dem Wasserbad zur Krystallisation eingeengt. Wegen der Lichtempfindlichkeit des Salzes ist direktes Sonnenlicht fernzuhalten. Die anfallenden, prächtig smaragdgrünen Krystalle werden zunächst mit wenig Wasser und darauf mit Alkohol gewaschen und über konz. Schwefelsäure getrocknet. Das Salz geht bei Belichtung in Kaliumeisen(II)-oxalat über, was früher in der photographischen Praxis von Wichtigkeit war (Platinotypie).

Kaliummangan(III)-oxalat. Die Reduktion des Permanganates durch Oxalsäure kann unter bestimmten Bedingungen so verlaufen, daß die dreiwertige Stufe des Mangans in Form eines komplexen Oxalats stabilisiert wird:

$$KMnO_4 + 4H_2C_2O_4 + K_2C_2O_4 = K_3[Mn(C_2O_4)_3] \cdot 3H_2O + H_2O + 4CO_2.$$

Es ist ebenso photoempfindlich wie das Kaliumeisen(III)-oxalat.

218. Kaliummangan(III)-oxalat, $K_3[Mn(C_2O_4)_3] \cdot 3H_2O$[1]. 3,8 g fein gepulvertes Kaliumpermanganat werden mit wenig Eis und Wasser vermischt und unter Kühlung mit Eis-Kochsalz mit 12,6 g Oxalsäure und 5,1 g Kaliumoxalat sorgfältig verrieben. Nach einigen Minuten setzt die Oxydationswirkung des Permanganats ein, was an einer intensiven Kohlendioxydentwicklung erkannt wird. Sofern die Reaktion wegen zu tiefer Temperatur nicht einsetzt, kann sie durch Herausnehmen des Reaktionsgemisches aus der Kältemischung eingeleitet werden. Die violette Permanganatfarbe verschwindet und Braunstein entsteht. Die Temperatur des Reaktionsgemisches darf jedoch keinesfalls über 0° steigen. Nach einiger Zeit tritt eine kirschrote Farbe auf, die sich allmählich vertieft, wobei der Braunstein verschwindet. Sobald dies eingetreten ist, wird in der Kälte filtriert und das gekühlte Filtrat mit gekühltem Alkohol versetzt. Das komplexe Mangan(III)-oxalat fällt in monoklinen Prismen von der Farbe des Permanganats aus. Nach 15 Minuten werden die Krystalle von der Mutterlauge filtriert und in einem lichtgeschützten Exsiccator über Phosphorpentoxyd getrocknet. Beim Erhitzen und längeren Stehen tritt Zersetzung unter Kohlendioxydentwicklung und Bildung des farblosen Mangan(II)-oxalats auf.

219. Kaliumkobalt(III)-oxalat, $K_3[Co(C_2O_4)_3] \cdot 3\,H_2O$[2]. In 250 cm^3 Wasser werden in der Wärme 12,5 g Oxalsäuredihydrat und 37 g neutrales Kaliumoxalatmonohydrat gelöst und 12 g Kobaltcarbonat zugegeben. Bei mäßiger Wärme

---

[1] Oberhauser, F., u. W. Hensinger: Ber. dtsch. chem. Ges. **61** (1928) 530.

[2] Sörensen, S. P. L.: Z. anorg. allg. Chem. **11** (1896) 2.

werden 12 g PbO_2 (s. Nr. 36, S. 47) unter Rühren in kleinen Portionen eingetragen, um das zweiwertige Kobalt zum dreiwertigen zu oxydieren. Es werden 12 cm^3 Eisessig sehr vorsichtig tropfenweise zugegeben, wobei unter heftigem Rühren die rote Farbe allmählich in Grün übergeht. Die Lösung wird vom ungelösten Bleidioxyd abfiltriert und mit dem gleichen Volumen Alkohol versetzt. Das komplexe Oxalat fällt in satt-grünen Krystallen aus, die wie die vorgehend beschriebenen ebenfalls lichtempfindlich sind.

220. Kaliumchrom(III)-oxalat, $K_3[Cr(C_2O_4)_3] \cdot 3\,H_2O$[1]. Bichromat kann durch Oxalsäure bzw. Oxalat reduziert werden, wobei das komplexe Oxalat ohne störende Nebenprodukte anfällt. In 400 cm^3 Wasser werden 27 g Oxalsäuredihydrat und 12 g neutrales Kaliumoxalat-Monohydrat gelöst. 12 g Kaliumbichromat werden in wenig Wasser gelöst und langsam unter Rühren zur ersten Lösung zugetropft. Nach Beendigung der Reaktion wird die Lösung weitgehend eingedampft und zur Krystallisation langsam abgekühlt, wonach das komplexe Oxalat in prächtigen, schwarz-grünen, an den Kanten blau durchscheinenden Krystallen zur Abscheidung kommt.

Acidokomplexe mit verschiedenen Liganden. Die bisher angegebenen Acidokomplexe hatten nur eine Art von Liganden. Es ist jedoch hier wie bei den Amminkomplexen (S. 163) ein partieller Ersatz der Liganden durch andersartige möglich, wenn auch die Substitutionsmöglichkeiten bei weitem nicht so vielseitig sind, wie bei den Kobaltiaken usw. Die wichtigsten bisher bekannten Vertreter sind die Pentacyanokomplexe des Eisens. Eine CN^--Gruppe im $Na_3[Fe(CN)_6]$ kann durch die neutrale NO-Gruppe ersetzt werden, so daß ein Salz der Zusammensetzung $Na_2[Fe(CN)_5NO] \cdot 2\,H_2O$ entsteht, das Nitroprussidnatrium oder Natriumeisen(III)-nitrosopentacyanid. Die analoge Mangan(III)-Verbindung, $Na_2[Mn(CN)_5NO]$ ist ebenfalls bekannt, ebenso wie eine große Zahl weiterer NO komplex gebunden enthaltende Verbindungen. Über die Bindungsart des NO siehe[2].

Praktisch erhält man das Komplexsalz durch Oxydation von Kaliumeisen(II)-cyanid mit Salpetersäure. Das zweiwertige Eisen wird zum dreiwertigen oxydiert, wobei das als Reduktionsprodukt entstehende NO in den Komplex eintritt.

221. Natriumeisen(III)-nitrosopentacyanid, $Na_2[Fe^{III}(CN)_5NO] \cdot 2\,H_2O$. 40 g feingepulvertes Kaliumeisen(II)-cyanid werden in einem Becherglas in 60 cm^3 Wasser gelöst und unter Umrühren 64 cm^3 Salpetersäure ($D = 1{,}24$) zugegeben. Auf dem Wasserbad wird gelinde erhitzt. Die Reaktion ist beendet, wenn auf Zugabe von Eisen(II)-sulfatlösung zu einer entnommenen Probe kein Berliner-Blau, sondern ein dunkelgrüner Niederschlag entsteht. Nach ein bis zwei Tagen wird die Lösung möglichst genau mit Natriumcarbonat neutralisiert, dann zum Sieden erhitzt, filtriert und eingedampft. Zur erkalteten Lösung gibt man ungefähr das gleiche Volumen an Alkohol, wodurch Kaliumnitrat zur Abscheidung gebracht wird. Das Filtrat läßt nach Verdampfen des Alkohols die dunkelroten Krystalle des Nitroprussidnatriums zur Abscheidung kommen, die mit wenig kaltem Wasser gewaschen und zwischen Filtrierpapier getrocknet werden.

222. Natriumeisen(II)-amminpentacyanid, $Na_3[Fe^{II}(CN)_5NH_3] \cdot xH_2O$. 30 g Nitroprussidnatrium werden mit 120 cm^3 Wasser übergossen. Unter Kühlung mit Eis-Kochsalz-Mischung wird Ammoniak in mäßigem Strome eingeleitet, wobei darauf zu achten ist, daß die Temperatur nicht über 20° steigt, da sonst Zersetzung ein-

[1] Graham, Th.: Liebigs Ann. Chem. **29** (1839) 9.
[2] Hein, F.: Chemische Koordinationslehre, Leipzig 1950.

tritt. Sobald bei $+10^\circ$ keine Absorption von Ammoniak mehr erfolgt, läßt man bei 0° ein bis zwei Tage stehen. Aus der tief braungelb gefärbten Lösung scheiden sich unter Gasentwicklung bernsteingelbe Prismen oder Nadeln ab. Ausbeute 25 g. Umkrystallisation ist wegen der Zersetzlichkeit bei höherer Temperatur nicht möglich, die wässerige Lösung scheidet beim Erwärmen Eisen(III)-hydroxyd ab. Durch Lösen in Wasser und vorsichtige Zugabe von Alkohol kann es in Form feiner Nadeln erhalten werden.

Die Nachweisreaktion auf S^{--} oder SH^- mit Nitroprussidnatrium, die auf der violetten Färbung beim Zusammengeben der beiden Komponenten beruht, kommt durch die Bildung des Komplexes $Na_4[Fe^{II}(CN)_5NOS]$ zustande, der auch in festem Zustand erhältlich ist.

223. Kaliumeisen(II)-sulfonitrosopentacyanid, $K_4[Fe^{II}(CN)_5NOS]$ [1]. Nitroprussidnatrium wird bei 105° getrocknet und in kaltem absolutem Methylalkohol gelöst. Die Lösung wird zu einer anderen hinzugegeben, die durch Sättigen einer absolut methylalkoholischen Lösung von Kaliumhydroxyd mit Schwefelwasserstoff hergestellt ist. Es fällt sofort ein mikrokrystalliner, tiefblauer Niederschlag, der mit absolutem Methylalkohol gewaschen wird. Das Salz wird über Calciumchlorid im Vakuum getrocknet. In Wasser mit blauvioletter Farbe löslich.

NO-Komplexe vom Typ des Nitroprussidnatriums sind auch bei entsprechenden Cyanokomplexen anderer Metalle gefunden worden, z. B. vom Mangan(II).

224. Kaliummangan(II)-nitrosopentacyanid, $K_3[Mn(CN)_5NO]$ [2]. 4,9 g Mangan(II)-acetat-tetrahydrat werden mit 3,9 g Kaliumacetat in 10 cm³ Wasser unter gelindem Erwärmen gelöst und nach dem Erkalten mit 30 cm³ Alkohol versetzt. Diese Lösung wird in einem Schliffkolben unter einer NO-Atmosphäre mit einer Lösung von 6,5 g Kaliumcyanid in 15 cm³ Wasser bei 0° versetzt. Es scheidet sich hierbei eine wechselnde Menge an $KMn(CN)_3$ ab, die Lösung färbt sich dunkelviolettrot. Das überschüssige NO wird durch Evakuieren herausgespült und mit Wasserstoff nachgespült. Die Lösung wird filtriert und vorsichtig mit Alkohol bis zur beginnenden Trübung versetzt, wodurch Kaliumcyanid zur Abscheidung gebracht und abfiltriert wird. Nach zweimaliger Wiederholung der Operation läßt man unter weiterem Zusatz von Alkohol 1 Tag stehen, wonach die Mangannitrosoverbindung sich als dunkelvioletter Niederschlag abscheidet. Nach Filtration wird über Phosphorpentoxyd getrocknet. In verschlossenem Gefäß unter Lichtabschluß haltbar.

Roussinsche Salze. Eine äußerst merkwürdige und hinsichtlich ihrer Konstitution noch nicht vollkommen aufgeklärte Klasse von NO-Anlagerungsverbindungen sind die sog. Roussinschen Salze, die an Eisensulfid komplex angelagertes NO enthalten. Dieser Salztyp tritt in zwei Reihen auf, den schwarzen Roussinschen Salzen vom Typ $NH_4[Fe_4(NO)_7S_3]$ und den roten Roussinschen Salzen vom Typ $NH_4[Fe(NO)_2S]$. Die erste Reihe bildet die beständigeren Verbindungen. Unter den vielen verschiedensten Typen ähnlicher NO-Komplexverbindungen soll in diesem Zusammenhang auf eine unbeständige Eisen-Verbindung hingewiesen werden, nämlich $Fe(NO)SO_4$, die als braune Färbung beim NO_3^--Nachweis eine Rolle spielt.

225. Schwarzes Roussinsches Ammoniumsalz, $NH_4[Fe_4(NO)_7S_3] \cdot H_2O$ [3]. Es werden drei Lösungen getrennt hergestellt:

---

[1] Scalgliarini, G., u. P. Pratesi: Atti Accad. Lincei [6] **8** (1928) 81.
[2] v. Bemmelen, J. M., u. E. A. Klobbie: J. prakt. Chem. [2] **46** (1892) 502.
[3] Manchot, W., u. H. Schmid: Ber. dtsch. chem. Ges. **59** (1926) 2360.

1. 40 g (95proz.) Natriumnitrit in 200 cm^3 Wasser.

2. Von 40 g 22proz. Ammoniakwasser wird die Hälfte mit Schwefelwasserstoff gesättigt, mit der anderen Hälfte wieder zusammengegeben und mit 160 cm^3 Wasser verdünnt.

3. 105 g Eisen(II)-sulfat, $FeSO_4 \cdot 7H_2O$ in 800 cm^3 Wasser. Lösung 1 und 2 werden gemischt und zum Sieden erhitzt und die Lösung 3 auf einmal hinzugegossen. Es wird weiter erhitzt, so daß die Lösung unter gelegentlichem Zugeben von Ammoniak eine Viertelstunde lang kocht. Es wird sofort heiß filtriert, wobei beim Abkühlen 30 g Ammoniumsalz auskrystallisieren. Die Krystalle können in Wasser zu einer nicht zu konzentrierten Lösung aufgelöst und nach Filtration durch Ammoniakzugabe bei langsamer Krystallisation in gut ausgebildeter Form wieder zur Abscheidung gebracht werden.

Harte, diamantglänzende, tafelförmige, monokline Krystalle.

2. Hydroxokomplexe.

Allgemeines. Unter Amphoterie versteht man für gewöhnlich das Phänomen, daß ein schwerlöslicher hydroxydischer oder oxydhydratischer Niederschlag sich sowohl in Alkalien als auch in Säuren zu lösen vermag. Die Ursache dieses Verhaltens wurde bei den verschiedenen heute bekannten Fällen sehr verschieden gedeutet. Teilweise hielt man die Wiederauflösung von Hydroxyden in überschüssigem Alkali für eine kolloidchemische Erscheinung, teilweise formulierte man in einigen Fällen erhaltene Salze als Hydrate von Sauerstoffsäuren wie z. B. $Na_2SnO_3 \cdot 3H_2O$ oder es wurde auch eine Konstitution in Form eines Hydroxokomplexes $Na_2[Sn(OH)_6]$ angenommen. Durch die eingehenden Untersuchungen von R. Scholder, der sehr viele derartige Hydroxokomplexe aus stark alkalischer Lösung in fester krystalliner Form isolieren und durch thermische Abbauversuche verschiedene Funktionen von gebundenem Wasser aufklären konnte, dürfte die letzte Formulierung die allgemein zutreffende sein.

Die Hydroxosalze sind sehr schwache Komplexe. In wässeriger Lösung zerfallen sie leicht unter Bildung von unlöslichem Metallhydroxyd und Natrium- oder Kaliumhydroxyd, so daß dieser Zerfall durch hohe Konzentration an Alkalihydroxyd zurückgedrängt, also bei der präparativen Herstellung mit großem Überschuß an Lauge in hohen Konzentrationen oder sogar in geschmolzenem Alkali gearbeitet werden muß.

Das Natriumstannat wird in der Färberei als „Präpariersalz“ verwendet und kann aus alkalischer Schmelze dargestellt werden.

226. Natriumhexahydroxostannat, $Na_2[Sn(OH)_6]$. 30 g trockenes Natriumhydroxyd werden im Silbertiegel zum Schmelzen gebracht und langsam 15 g fein gepulvertes Zinndioxyd oder natürlicher Zinnstein eingetragen, wobei eine ziemlich schnelle Auflösung des Zinndioxyds erfolgt. Sobald die Masse bei weiterem Erhitzen erstarrt, wird die Flamme entfernt. Nach dem Abkühlen wird die Schmelze mit Wasser ausgelaugt, nach Filtration eingedunstet und die Lösung über Schwefelsäure im Exsiccator bis zum Entstehen farbloser, spitzer Rhomboeder stehen gelassen.

Anhaftendes Natriumhydroxyd kann durch Alkohol entfernt werden. Das Salz hat einen negativen Temperaturkoeffizienten der Löslichkeit; durch Erwärmen einer kalt gesättigten Lösung scheiden sich bei 50° Krystalle des Hydroxostannates ab (über 50° beginnt schon die Zersetzung!).

3. Anlagerungs-Ammoniakate.

Allgemeines. Ebenso wie das Wasser mit fast allen Halogenverbindungen zweiwertiger Metalle Hydrate zu bilden vermag, weisen diese Verbindungen eine starke Tendenz zur Bildung von Ammoniakaten auf. Das angelagerte Ammoniak kann thermisch mehr oder weniger leicht und prinzipiell vollkommen reversibel entfernt werden, wodurch diese Verbindungen als normale Komplexe im Gegensatz zu den Durchdringungskomplexen der Ammine des Co^{+++}, Cr^{+++} usw. charakterisiert werden können. Darstellbar sind sie durch Überleiten von Ammoniak über die wasserfreien Salze, wobei sie unter Aufblähen derselben in Form eines feinen Pulvers anfallen. Aus wässeriger Lösung werden gut krystallisierte Produkte erhalten, häufig jedoch mit einem gleichzeitigen Hydratwassergehalt.

227. Kupfertetramminchlorid-hydrat, $[Cu(NH_3)_4]Cl_2 \cdot H_2O$. Wegen der hohen Wasserlöslichkeit dieses Salzes muß in möglichst konzentrierten Lösungen gearbeitet werden. 17 g Kupferchlorid-dihydrat werden in 15 cm³ Wasser in der Wärme gelöst und filtriert und in diese Lösung durch ein weites Einleitungsrohr Ammoniak, das durch Erwärmen konzentrierter wässeriger Ammoniaklösung entwickelt oder einer Stahlflasche entnommen wird, eingeleitet. Die Lösung erwärmt sich hierbei möglicherweise bis zum Sieden, so daß zur Vermeidung von zu großen Verdampfungsverlusten in gerade ausreichendem Maße gekühlt werden muß. Nachdem sich eine klare, tiefblaue Lösung gebildet hat, gibt man 8 cm³ Alkohol hinzu und sättigt nunmehr unter Eiskühlung weiterhin mit Ammoniak. Hierbei scheidet sich das Salz in dunkelblauen Krystallen ab. Es wird auf der Nutsche abgesaugt und mit Alkohol, der mit etwas konz. Ammoniaklösung versetzt ist, gewaschen, daraufhin mit reinem Alkohol und zuletzt mit Äther.

Da beim Liegen an der Luft leicht eine Verwitterung unter Ammoniakabspaltung stattfindet, wird das Präparat in einer verschlossenen Flasche aufbewahrt. Ausbeute 15···18 g.

228. Kupfertetramminsulfat-hydrat, $[Cu(NH_3)_4]SO_4 \cdot H_2O$. 50 g Kupfersulfat-pentahydrat werden in einem Gemisch von 75 cm³ konz. Ammoniaklösung und 50 cm³ Wasser gelöst, die tiefblaue Lösung wird, falls nötig, durch eine Glasfritte filtriert und langsam 75 cm³ Alkohol hinzugegeben. In der Kälte scheiden sich nach einigen Stunden die tiefblauen Krystallnadeln des Ammoniakates aus, die auf einer Nutsche gesammelt werden und mit einem Gemisch gleicher Volumina Alkohol und konz. Ammoniaklösung, darauf mit reinem Alkohol und dann mit Äther ausgewaschen und bei Zimmertemperatur getrocknet werden.

Aufbewahrung vorteilhafterweise in einer gut schließenden Flasche, Ausbeute fast theoretisch.

Kobalthexamminchlorid $[Co(NH_3)_6]Cl_2$ s. Nr. 236, S. 168.

229. Nickelhexamminchlorid, $[Ni(NH_3)_6]Cl_2$. Eine konzentriertere Lösung von Nickelnitrat wird mit soviel konzentrierter Ammoniaklösung versetzt, daß eine vollständige Wiederauflösung des intermediär ausfallenden Nickelhydroxyds erfolgt. Die Lösung wird filtriert und mit einer gesättigten und filtrierten Lösung von Ammoniumchlorid in Ammoniakwasser versetzt. Darauf leitet man eine Stunde lang Luft durch die Lösung (zur Oxydation von möglicherweise vorhandenem Kobalt) und gibt nun nochmals von der ammoniakalischen Ammoniumchloridlösung solange hinzu als ein Niederschlag gebildet wird. Der krystalline Niederschlag wird auf der Nutsche abfiltriert, zwei bis drei Male mit der ammoniakalischen Ammoniumchloridlösung gewaschen, darauf drei- bis viermal mit konz. Ammoniaklösung, mit einem Gemisch von Alkohol und konz. Ammoniaklösung und zuletzt mit reinem Alkohol. Das Salz wird vorsichtig bei 100° getrocknet.

Hellblaues Krystallpulver, das in gut geschlossenen Gefäßen aufbewahrt werden muß, da an trockener Luft Verwitterung unter Ammoniakverlust eintritt. In kaltem Wasser löst es sich unzersetzt, während beim Erhitzen der Lösung unter Ammoniakaustritt Nickelhydroxyd ausfällt.

Nickelhexamminbromid. Wegen der guten Krystallisationsfähigkeit der Nickelhexamminsalze besteht die Möglichkeit, durch Herstellung derselben eine Abtrennung von dem Begleitelement Kobalt durchführen zu können.

230. Nickelhexamminbromid, $[Ni(NH_3)_6]Br_2$. 28,2 g krystallisiertes Nickelsulfat werden in 800 cm^3 Wasser gelöst und durch Zugabe einer Lösung von 8,2 g Natriumhydroxyd in 40 cm^3 Wasser das Nickelhydroxyd gefällt. Der Niederschlag wird dekantierend gewaschen, indem man die über dem voluminösen Hydroxydniederschlag stehende klare Lösung abhebert und mit destilliertem Wasser wieder auffüllt, was mehrere Tage in Anspruch nimmt. Der Niederschlag wird nun abfiltriert und mit einer Lösung von Bromwasserstoffsäure, die ungefähr 16,4 g Bromwasserstoff enthält, zum Nickelbromid gelöst und die Lösung auf dem Wasserbad zur Trockne eingedampft. Der Trockenrückstand wird mit möglichst wenig Wasser aufgenommen, die Lösung auf 0° abgekühlt und nun mit konz. Ammoniaklösung versetzt. Das Hexamminbromid scheidet sich in Form violetter, mikrokrystallinischer Blättchen ab. Der Krystallbrei wird nach kurzer Zeit bei 0° abgenutscht und mit eiskalter Ammoniaklösung sorgfältig gewaschen, um noch etwaiges Kobalt zu entfernen. Darauf wird er im Vakuumexsiccator über mit Ammoniumchlorid vermischtem Kalk getrocknet.

Ausbeute fast quantitativ.

Die Perchlorate der Hexamminkomplexe von zweiwertigen Ionen der Elemente 25···30 zeichnen sich durch bemerkenswerte Schwerlöslichkeit in Wasser aus, so daß $[Ni(NH_3)_6](ClO_4)_2$ sogar als gravimetrische Bestimmungsform verwertbar ist. Als Ausgleich gegen die relativ großen ClO_4^--Ionen bedürfen die kleinen Kationen zur Erzielung einer Schwerlöslichkeit ebenfalls einer Vergrößerung; da ihre Affinität zum Ammoniak größer als zum Wasser ist, werden diese auch thermisch relativ beständigen Ammoniakate gebildet.

231. Nickelhexamminperchlorat, $[Ni(NH_3)_6](ClO_4)_2$. Eine Lösung eines Nickelhexamminsalzes wird mit Perchlorsäure versetzt, worauf das Hexamminperchlorat als schwach violett-blauer, schwerlöslicher Niederschlag zur Abscheidung kommt.

Anlagerungsammoniakate dreiwertiger Metalle bilden sich nicht aus wässeriger Lösung, sondern nur auf trockenem Wege. Ähnlich wie bei den Hydraten das Wasser thermisch nicht restlos ohne Zersetzung wieder entfernbar ist, wird bei der Entfernung des Ammoniaks aus höheren Aluminiumchloridammoniakaten eine Verbindung $AlCl_3 \cdot NH_3$ erhalten, die bei 400° unzersetzt destilliert. Ähnlich liegen die Verhältnisse beim Aluminiumbromid und Aluminiumjodid, deren Monoammine ebenfalls flüchtige Anlagerungsverbindungen mit Molekülgitter bilden. Eine ammonolytische Zersetzung tritt jedoch bei den Ammoniakaten im Gegensatz zu den leicht hydrolysierenden Hydraten nicht ein. Das Borfluorid-Monammin $BF_3 \cdot NH_3$ ist ebenfalls eine feste, unzersetzt sublimierende, weiße Substanz.

232. Aluminiumchlorid-Monammin, $AlCl_3 \cdot NH_3$[1]. Fein zerkleinertes, wasserfreies Aluminiumchlorid wird in einem Kolben mit trockenem, gasförmigem Ammoniak zur Reaktion gebracht. Eine zu starke Temperatursteigerung wird durch langsames

---

[1] Baud: Ann. Chim. Physique [8] **1** (1904) 8. — Klemm, W., u. E. Tanke: Z. anorg. allg. Chem. **200** (1931) 354, 378. — Goubeau, J., u. H. Siebert: Z. anorg. Chem. **254** (1947) 126.

Einleiten und vorsichtige Kühlung vermieden. Sobald sich eine größtenteils geschmolzene Masse gebildet hat, unterbricht man die Ammoniakzufuhr. Da es neben dem Monammin auch zur Bildung von höheren, nicht schmelzbaren Ammoniakaten kommt, kann das Produkt durch Erhitzen im Bombenrohr bei 100···250° homogenisiert werden. Das Monammin läßt sich im Vakuum bei 1···2 mm Hg bei etwas über 200° aus einem Säbelkolben unzersetzt destillieren (bei Atmosphärendruck bei 400°). Es bildet eine farblose, feinkrystalline Masse vom Smp. 125°.

Salze vierwertiger Elemente vermögen sehr viel Ammoniak anzulagern; sofern die Temperatur gering genug ist, kann sogar eine Verflüssigung erfolgen, d. h. es bildet sich eine konz. Lösung von z. B. $ZrCl_4$ oder SnJ_4 in flüssigem Ammoniak. Eine derartige Lösung von einem Salzammoniakat in flüssigem Ammoniak läßt sich auch bei Zimmertemperatur erhalten, wenn man Ammoniak über Ammoniumnitrat leitet (Diverssche Flüssigkeit).

233. Diverssche Flüssigkeit, NH_3 in NH_4NO_3. In einem mit Einleitungsrohr versehenen Kolben wird bei 0° über trockenes Ammoniumnitrat trockenes Ammoniak geleitet. Es tritt bald vollkommene Verflüssigung ein, wobei auf 1 Mol Ammoniumnitrat ungefähr 2 Mol Ammoniak aufgenommen werden. Die Flüssigkeit kann in manchen Fällen als Ersatz für das sonst schon bei —33° siedende Ammoniak dienen oder als Vorratssubstanz für Ammoniak, das durch Erhitzen aus dieser in trockenem Zustand ausgetrieben werden kann.

4. Durchdringungsammoniakate (Übersicht).

Allgemeines. Unter Komplexverbindungen „par exellence" versteht man in erster Linie die Ammoniakverbindungen von Salzen des dreiwertigen Kobalts, Chroms, Rhodiums und Iridiums[1]. Zweifellos weisen diese Ammine soviel charakteristische Merkmale und Eigenschaften auf, daß man schon aus dem äußeren physikalischen und chemischen Verhalten dieser Stoffe auf eine besondere Verbindungsklasse zu schließen berechtigt ist. Die Fähigkeit des Ammoniaks, mit dem Zentralatom wirklich komplex vereinigt zu sein, ist in der Tat bei diesen Ammoniakaten oder wie man sie vorzugsweise in diesem Fall bezeichnet, Amminen so stark ausgeprägt, daß sie sich von Ammoniakaten anderer Metalle stark abheben. Die Stabilität dieser Komplexe geht soweit, daß das Ammoniak nicht ohne Zersetzung des Kobaltsalzes, z. B. aus dem $[Co(NH_3)_6]Cl_3$ abgegeben wird, während man beim $ZnCl_2 \cdot xNH_3$ dieses durch entsprechende thermische Behandlung ohne weiteres stufenweise bis zum $ZnCl_2$ vom Ammoniak befreien kann. Ein geringer Partialdruck an Ammoniak macht sich bei vielen Ammoniakaten des letzten Typs schon am Geruch bemerkbar; die Krystalle verwittern leicht unter Ammoniakabgabe, eine Erscheinung, die bei den Kobaltiaken, Chromiaken, Rhodiaken und Iridiaken, wie diese Gruppen von Amminen auch bezeichnet werden, niemals beobachtet wird. Die chemische Stabilität des Ammoniaks gegenüber Säuren zeichnet diese Ammine des Co^{+++}, Cr^{+++} usw., die aus diesem Grunde auch als „robuste" Komplexe bezeichnet werden, auch gegenüber den Anlagerungskomplexen scharf ab. Während die verschiedenen Ammoniakate des Anlagerungstyps in ihrer Farbe nicht allzusehr von den entsprechenden Hydraten abweichen, ist dies bei den Amminen der genannten dreiwertigen Metalle in auffälliger Weise der Fall: $Co^{+++} \cdot$ aq. violett-rot, $[Co(NH_3)_6]^{+++}$ gelb; $Cr^{+++} \cdot$ aq. violett, $[Cr(NH_3)_6]^{+++}$ gelb; $Rh^{+++} \cdot$ aq. gelb bzw. rot, $[Rh(NH_3)_6]^{+++}$ farblos; $Ir^{+++} \cdot$ aq. grünlichgelb, $[Ir(NH_3)_6]^{+++}$ farblos.

Aus dem großen Material, welches über die Eigenschaften der komplexen Verbindungen schon seit sehr langer Zeit zusammengebracht ist, hat sich so die Annahme

[1] S. a. F. Hein: Chemische Koordinationslehre, Leipzig 1950.

von zwei Grenztypen komplexer Salze herausgeschält, und zwar rechnet man die typischen Ammine des Kobalts, Chroms, Rhodiums und Iridiums zu den **Durchdringungskomplexen**, bei denen die Bindung durch koordinative Valenzen erfolgt, d. h., das Elektronenpaar, welches eine Bindung des Liganden mit dem Zentralatom herbeiführt, wird ausschließlich vom Liganden geliefert (Gl. I) im Gegensatz zu der Atombindung, die durch zwei Einzelelektronen beider Partner zustande kommt (Gl. II).

$$\text{I.}\quad A{:} + B \rightarrow \overset{+}{A}{:}\overset{-}{B} \qquad \text{koordinative Bindung}$$

$$\text{II.}\quad A\cdot + \cdot B \rightarrow \overset{+}{A}{:}\overset{-}{B} \qquad \text{Atombindung.}$$

An Metallkationen lagern sich vorzugsweise Liganden mit einsamen Elektronenpaaren an, z. B. $H{:}\overset{H}{\ddot{N}}{:}H$ $H{:}\ddot{O}{:}H$ $[{:}\ddot{Cl}{:}]^-$ usw.; durch diese einsamen Elektronenpaare wird ja eben die koordinative Bindung zum Zentralatom bewerkstelligt. Was nun die Ligandenzahl betrifft, so stehen diese in einem auffallend gesetzmäßigen Zusammenhang mit der Elektronenstruktur des Zentralatoms. Co^{+++} z. B. lagert in den Luteosalzen sechs Ammoniakmoleküle mit 12 Elektronen an, es hat die Atomnummer und damit Elektronen: 27 — 3 (wegen dreifacher positiver Ionisation) = 24 + 12 = 36, also die Atomnummer des folgenden Edelgases Krypton. Wir sehen also, daß die Liganden mit ihren einsamen Elektronenpaaren das Elektronensystem des Zentralatoms zu einer edelgasähnlichen und darum so beständigen Struktur auffüllen. Diese Verhältnisse trifft man ähnlich auch bei anderen Komplexsalzen, z. B. beim Eisen(II)-cyanidion $[Fe(CN)_6]$: Fe^{++} = 26 Elektronen — 2 = 24 + 12 (6 Elektronenpaare vom CN^-) = 36 = Krypton.

Diesen Durchdringungskomplexen, die sich durch die elektronische Gemeinschaft zwischen Zentralatom und Koordinationspartner auszeichnen, stehen nun die phänomenologisch auch bedeutend lockereren **Anlagerungskomplexe** gegenüber, bei denen das Zentralatom Liganden von Dipolcharakter (z. B. H_2O, NH_3 usw.) oder auch andere Ionen nur durch Wirkung seiner positiven Ladung zu binden vermag, aber mit weit geringeren Kräften als bei den Durchdringungskomplexen.

Die Ammine des Co(III) und des Cr(III) wurden schon in der Mitte des vorigen Jahrhunderts vorwiegend von nordischen Forschern untersucht (wie Blomstrand, Jörgensen, Christensen). Eine systematische Ordnung und Übersicht über die Mannigfaltigkeit dieser Verbindungsklasse konnte erst die Wernersche Koordinationslehre geben. Die älteren Autoren bezeichneten die verschiedenen Komplextypen nach der Färbung, die gemeinsam bei ihnen vorlag, z. B. die Hexamminsalze als Luteosalze wegen der stark ausgeprägten Gelbfärbung; Praseosalze (grün) sind Verbindungen vom Typ $[Co(NH_3)Cl_2]Cl$ (trans-Form) usw. Die Wernersche Theorie führte nun auch eine Nomenklatur ein, die in systematischer Weise die Zusammensetzung des Komplexes aus der Bezeichnung abzulesen gestattet. Aus der Übersichtstabelle gehen die verschiedenen Bezeichnungsweisen hervor:

Bekanntlich gibt die Koordinationszahl eines Zentralatoms die Anzahl der Liganden an, die dieses koordinativ zu binden fähig ist. Beim Kobalt(III) ist diese Zahl 6. Die Wernersche Schreibweise drückt dies dadurch aus, daß die sechs Liganden in eckigen Klammern mit dem Zentralatom vereinigt werden: $[Co(NH_3)_6]Cl_3$. Diese Formulierung sagt gleichzeitig über die Ionisationsfähigkeit etwas aus. Sofern das Salz überhaupt löslich ist, dissoziiert es in 1 $[Co(NH_3)_6]^{+++}$-Ion und 3 Cl^--Ionen. Es gibt jedoch auch Verbindungen von der Zusammensetzung $CoCl_3 \cdot 5NH_3$. Um die Koordinationszahl 6 zu erfüllen, ist man zu folgender Formulierung genötigt: $[Co(NH_3)Cl]Cl_2$. Dies kann nun in diesem speziellen als auch in zahllosen anderen Fällen auf verschiedene Weise bewiesen werden. Beim $[Co(NH_3)_6]Cl_3$ können mit

Tabelle 10. *Übersicht über die Kobaltiake.*

Bezeichnung nach Werner	Alte Bezeichnung	Formel
1. Mit dreiwertigem Kation		
Hexamminkobalt(III)-salze	Luteokobaltsalze	$[Co(NH_3)_6]X_3$
Aquopentamminkobalt(III)-salze	Roseosalze	$[Co(NH_3)_5H_2O]X_3$
Diaquotetramminkobalt(III)-salze	Tetramminroseokobaltsalze	$[Co(NH_3)_4(H_2O)_2]X_3$
2. Mit zweiwertigem Kation		
Chloropentamminkobalt(III)-salze	Chloropurpureokobaltsalze	$[Co(NH_3)_5Cl]X_2$
Nitropentamminkobalt(III)-salze	Xanthosalze	$[Co(NH_3)_5NO_2]X_2$
Chloroáquotetramminkobalt-(III)-salze	Chloropurpureotetrammin-kobaltsalze	$[Co(NH_3)_4H_2O \cdot Cl]X_2$
3. Mit einwertigem Kation		
1,6-Dichlorotetrammin-kobalt(III)-salze	Dichloropraseokobaltsalze	$[Co(NH_3)_4Cl_2]X$ (trans)
1,2-Dichlorotetrammin-kobalt(III)-salze	Violeosalze	$[Co(NH_3)_4Cl_2]X$ (cis)
Dibromotetramminkobalt(III)-salze	Dibromopraseokobaltsalze	$[Co(NH_3)_4Br_2]X$ (trans)
1,6-Dinitrotetramminkobalt-(III)-salze	Croceokobaltsalze	$[Co(NH_3)_4(NO_2)_2]X$
1,2-Dinitrotetramminkobalt-(III)-salze	Flavokobaltsalze	$[Co(NH_3)_4(NO_2)_2]X$
Carbonatotetrammin-kobalt(III)-salze		$[Co(NH_3)_4CO_3]X$
4. Nicht dissoziierende Verbindungen		
Trinitrotriamminkobalt(III)	Triamminkobaltnitrit	$[Co(NH_3)_3(NO_2)_3]$

$AgNO_3$ drei Cl^--Ionen zur Ausfällung gebracht werden, während das Nitrat des Komplexes bei genügender Verdünnung in Lösung bleibt. Beim Purpureosalz $[Co(NH_3)_5Cl]Cl_2$ werden jedoch nur zwei Cl^--Ionen zur Ausfällung gebracht, das dritte Cl^--Ion ist im Komplex unionisierbar eingebaut und bleibt bei Umsetzung mit diesem vollkommen erhalten. In diesem Fall konstatieren wir eine Ionisation in ein $[Co(NH_3)_5Cl]^{++}$- und zwei Cl^--Ionen, also im Gegensatz zum Luteosalz, welches in vier Ionen dissoziiert, nur in drei Ionen. Dies muß sich auch auf die Äquivalentleitfähigkeit mit auswirken, die von der Anzahl Ionen, in die das betreffende Salz dissoziiert, abhängt. In der Tat stimmt die Äquivalentleitfähigkeit in starker Verdünnung beim $[Co(NH_3)_6]Cl_3$ mit $\Lambda_{1024} = 432$ größenordnungsmäßig mit $\Lambda_{1024} = 413$ für $AlCl_3$ überein und $\Lambda_{1024} = 261$ für $[Co(NH_3)_5Cl]Cl_2$ mit $\Lambda_{1024} = 260$ für $BaCl_2$. Ersetzt man Liganden weiter durch negative Ionen, z. B. $[Co(NH_3)_3(NO_2)_3]$, so erhält man in der Tat einen Nichtelektrolyt ohne jegliche Ionisationsmöglichkeit und darum fehlende Leitfähigkeit.

Die Koordinationsstellen können statt durch Ammoniak auch durch Chlorid-, Cyanid-, Rhodanid-, Sulfat-, Oxalat- und Hydroxylionen ersetzt werden, wobei zweifach geladene Liganden (Chelat-Gruppen) auch zwei Koordinationsstellen besetzen. Auch andere neutrale Liganden können zwei Stellen im Komplex besetzen, z. B. Äthylendiamin $NH_2CH_2CH_2NH_2$ (abgekürzt „en"). Da aber aus räumlichen Gründen diese beiden Stellen benachbart sein müssen, ergibt sich durch diese

Variationsmöglichkeiten eine große Zahl stereochemisch sehr wichtiger Beobachtungen. Bei der Behandlung der entsprechenden Komplexsalze wird darauf näher eingegangen werden.

5. Kobaltiake.

a) Hexamminsalze; Luteosalze.

Allgemeines. Hexamminkobalt(III)-salze entstehen durch Oxydation ammoniakalischer Lösungen von Kobalt(II)-salzen mit Luftsauerstoff oder auch Wasserstoffperoxyd, Kaliumpermanganat bzw. Bleidioxyd oder Chlorkalk, z. B. nach $4CoCl_2 + 4NH_4Cl + 20NH_3 + O_2 = 4[Co(NH_3)_6]Cl_3 + 2H_2O$. Diese Bildungsweisen haben aber den Nachteil, leicht zu anderen Co(III)-amminen zu führen, so daß man zweckmäßigerweise nach einer der folgenden Methoden arbeitet:

234. Hexamminkobalt(III)-chlorid, $[Co(NH_3)_6]Cl_3$. I. *Anlagerung von Ammoniak an $[Co(NH_3)_5Cl]Cl_2$ in wässeriger, ammoniak- und ammonchloridhaltiger Lösung unter Druck*[1]: 10 g Chloropentamminkobalt(III)-chlorid, 8 g Ammoniumchlorid und 100 cm³ 20proz. Ammoniaklösung werden in einer Druckflasche eingeschlossen. Diese wird mit einem Tuch fest umwickelt und mit einem Holzstab als Handgriff versehen. Das Ganze wird in kochendem Wasser sechs Stunden lang erhitzt, wobei alle zwei Stunden umgeschüttelt wird (Vorsicht!). Nach Beendigung des Erhitzens muß das Chloropentamminkobalt(III)-chlorid fast ganz verschwunden sein. Man läßt sehr langsam erkalten und den Inhalt in einer offenen Schale zum Verdunsten des Ammoniaks im Freien oder unter dem Abzuge 24 Stunden stehen, verdünnt mit 300···400 cm³ Wasser, versetzt mit 50 cm³ konz. Salzsäure und erhitzt die Mischung eine Stunde auf dem Wasserbad. Nach Hinzufügen von weiteren 250 cm³ konz. Salzsäure wird unter der Wasserleitung unter Umschwenken rasch abgekühlt und der Niederschlag auf einer Glasfritte abgesaugt. Zur Reinigung laugt man das gelbe Rohprodukt mit möglichst wenig kaltem Wasser aus (100 cm³ lösen 5 g Chlorid), filtriert von etwas ungelöst bleibendem Chloropentamminkobalt-(III)-chlorid ab und fällt das gelbe Filtrat unter Abkühlen durch langsamen Zusatz des halben Volumens konz. Salzsäure. Bräunlich-orangerote, monokline Krystalle (s. Abb. 58, S. 208). Ausbeute 8···10 g.

II. *Oxydation von Kobalt(II)-chlorid mit ammoniakalischer Silberlösung*[2]. (Vermeidung von Überdruck und Temperaturerhöhung.) Die Reaktion verläuft nach der Gleichung:

$$CoCl_2 + Ag(NH_3)_2Cl + 4NH_3 \rightarrow [Co(NH_3)_6]Cl_3\downarrow + Ag\downarrow.$$

Eine möglichst konzentrierte Lösung von 100 g $CoCl_2 \cdot 6H_2O$ und 30 g Ammoniumchlorid wird mit einer Lösung von 30 g reinem Silberchlorid (aus 75 g $AgNO_3$ und NH_4Cl) in 20proz. Ammoniak vermischt und das Ganze 24 Stunden bei 40° oder 2 Tage bei Zimmertemperatur sich selbst überlassen. Den entstandenen Niederschlag, der aus met. Ag und aus $[Co(NH_3)_6]Cl_3$ besteht, trennt man zunächst durch Filtrieren oder Dekantieren ab und extrahiert dann aus ihm das Luteochlorid mit Wasser von 25°. Das Filtrat wird auf dem Wasserbad auf 80° erhitzt, sodann mit soviel konzentrierter Salzsäure versetzt, daß gerade eine bleibende Trübung entsteht, und unter der Wasserleitung unter Umschütteln gekühlt. Das hierbei auskrystallisierende Präparat ist bereits fast völlig rein. Aus dem ammoniakalischen Filtrat wird durch vorsichtiges Ansäuren mit Salzsäure der Rest Hexamminchlorid, im Gemisch mit Silberchlorid und Purpureokobaltchlorid, gefällt. Gesamtausbeute an umkrystallisiertem Hexamminchlorid 80 g.

---

[1] S. a. G. T. Morgan u. I. D. M. Smith: J. chem. Soc. London **121** (1922) 1970.
[2] Biltz, W.: Z. anorg. allg. Chem. **83** (1913) 177.

Wie viele andere Kobalt(III)-ammine läßt sich auch das Hexamminkobalt(III)-chlorid durch Bildung von charakteristisch krystallisierenden und gefärbten Doppelsalzen identifizieren. So entstehen mit Quecksilber(II)-chloridlösung gelbe Krystalle von $[Co(NH_3)_6]Cl_3 \cdot 2HgCl_2 \cdot 3H_2O$, die in Wasser schwer löslich sind.

Hexamminsalze sind in saurer Lösung auch beim Kochen sehr beständig. Beim Kochen mit Alkalien wird Ammoniak ausgetrieben und Zerfall des Komplexes tritt ein.

III. *In Gegenwart von Aktivkohle als Katalysator.* Nach einer von Bjerrum[1] angegebenen Methode kann die Bildung von Chloropentamminsalzen durch Anwesenheit von Aktivkohle praktisch vollkommen verhindert werden bzw. die vollständige Ammoniakatisierung durch den katalytischen Einfluß der Aktivkohle erreicht werden. Es wird nach der bei Nr. 237, II. angegebenen Methode gearbeitet, nur daß man der $CoCl_2$-Lösung vor der Oxydation einige Gramm Aktivkohle zusetzt. Das Hexamminchlorid wird in 90proz. Ausbeute erhalten und durch Extraktion mit heißer Salzsäure von der Kohle befreit.

Eine Oxydation des Kobalt(II)-chlorids in ammoniakalischer Lösung kann auch mit Jod erfolgen, das man im Falle des Nitrats gut wieder vom Jodid durch die Oxydationswirkung starker Salpetersäure in elementares Jod überführen kann.

$$2Co(NO_3)_2 + 12NH_3 + J_2 = 2[Co(NH_3)_6](NO_3)_2J.$$

235. Hexamminkobalt(III)-nitrat, $[Co(NH_3)_6](NO_3)_3$. 24 g Kobaltcarbonat werden unter Erwärmen mit der eben ausreichenden Menge Salpetersäure gelöst. Die filtrierte und auf 100 cm³ verdünnte Lösung wird mit 200 cm³ konz. Ammoniak versetzt und im Verlauf einer halben Stunde durch anfänglich langsames Eintragen von 24,5 g Jod oxydiert. Dabei tritt lebhafte Reaktion ein, und ein hellgelbbrauner Niederschlag von Luteosalz scheidet sich aus. Man läßt erkalten, saugt nach etwa zwei Stunden den Niederschlag ab (im Filtrat ist gleichzeitig entstandenes, rotes Nitratopentamminnitrat vorhanden), wäscht ihn mit ammoniakhaltigem Wasser und kocht ihn dann mit 200 cm³ etwa 56proz. Salpetersäure, wobei reichlich Jod entweicht, das in zwei auf den Kolben aufgesetzten, einen Doppelkonus bildenden Trichtern zum Teil aufgefangen werden kann. Wenn alles Jod fortgekocht ist, saugt man den Niederschlag ab, wäscht mit verdünnter Salpetersäure, dann mit salpetersäurehaltigem Wasser, zuletzt mit Alkohol und trocknet bei 100°. Ausbeute etwa 22 g.

Hexamminkobalt(II)-chlorid[2]. Der stark unterschiedliche Charakter der Hexamminsalze des zwei- und dreiwertigen Kobalts läßt besonders kraß den Unterschied zwischen Anlagerungskomplexen und Durchdringungskomplexen hervortreten. Die sonst unter üblichen Bedingungen so stabilen Kobalt(II)-verbindungen weisen als Hexamminverbindungen eine weitgehende Labilität auf, so daß die starke Tendenz zur Oxydation durch Fernhaltung von Sauerstoff vermieden werden muß, während andererseits Kobalt(III)-verbindungen nur in komplexer Form weitgehend stabil sind und auch in einfachen Salzen (Kobalt(III)-fluorid usw.) durch Abspaltung von Halogenid sehr leicht in Kobalt(II)-salze überzugehen bestrebt sind. Aus Kobalt(II)-amminkomplexen kann durch Temperaturerhöhung Ammoniak stufenweise bis zum entsprechenden Kobalt(II)-salz entfernt werden, während bei Kobalt(III)-amminen dies nur unter irreversibler Zersetzung des Komplexes möglich ist:

$$[Co(NH_3)_6]Cl_2 \rightleftharpoons CoCl_2 + 6NH_3$$
$$3[Co(NH_3)_6]Cl_3 \rightarrow 3CoCl_2 + 3NH_4Cl + \tfrac{1}{2}N_2 + 14NH_3.$$

---

[1] Bjerrum, I.: Metal Ammine Formation in Aqueous Solution. Kopenhagen 1941. S. 241.

[2] Biltz, W., u. B. Fetkenheuer: Z. anorg. allg. Chem. **89** (1914) 130.

Aus volumchemischen Betrachtungen und Untersuchungen kann ebenfalls auf die festere Bindung der Liganden in den Hexamminkobalt(III)-komplexen geschlossen werden. Das Molvolumen vom Ammoniak im $[Co(NH_3)_6]Cl_2$ beträgt 20 cm³, während es im $[Co(NH_3)_6]Cl_3$ nur 17 cm³ beträgt. Im Durchdringungskomplex werden also die Liganden in diesem Fall durch die höhere Ladung und kleineren Ionenradius des zentralen Co^{+++} enger zusammengepreßt als im Anlagerungskomplex des zweiwertigen Kobalts, worauf diese Bezeichnungsart in sinnfälliger Weise hindeuten soll.

236. Hexamminkobalt(II)-chlorid, $[Co(NH_3)_6]Cl_2$ bzw. $CoCl_2 \cdot 6NH_3$[1]. Vor Beginn des eigentlichen Versuches bereitet man sich eine alkoholische Ammoniaklösung dadurch, daß man 200 cm³ Alkohol eine halbe Stunde unter Rückfluß auskocht, dann den Rückflußkühler entfernt und während des Erkaltens einen Strom trockenen Ammoniaks durch den Alkohol leitet. Man entnimmt das Ammoniak einer Bombe oder entwickelt es aus heißem, konzentrierten Ammoniak.

Eine Lösung von 15 g $CoCl_2 \cdot 6H_2O$ in 15 cm³ Wasser wird zur Befreiung von gelöster Luft zum Sieden erhitzt und noch heiß in 40 cm³ ebenfalls heiße konz. Ammoniaklösung eingegossen. Man filtriert sogleich die heiße Mischung durch ein glattes, mit konz. Ammoniak angefeuchtetes Filter von 12 cm ∅ in einen Erlenmeyer von 150 cm³, wobei der Trichter unmittelbar auf dem Kolbenhals aufliegt, so daß die filtrierende Flüssigkeit nicht unnötig mit Luft in Berührung kommt. Das über einem Brenner heiß gehaltene Filtrat wird mit soviel von der alkoholischen Ammoniaklösung versetzt, daß eben eine bleibende Trübung entsteht. Der Erlenmeyer wird dann zum größten Teil mit Flüssigkeit gefüllt sein. Man verschließt ihn lose mit einem Korkstopfen und kühlt den Inhalt unter dem Strahl der Wasserleitung ab, wobei sich das $[Co(NH_3)_6]Cl_2$ in kleinen rosa gefärbten, oktaedrischen Kryställchen abscheidet. (Von der Mutterlauge wird der Krystallniederschlag zweckmäßig auf einer Glasfritte abgesaugt, die einen Schliffaufsatz trägt und eine Filtration in indifferenter Atmosphäre, z. B. Stickstoff, erlaubt, s. Abb. 11, S. 7.) Das Präparat wird einmal mit konz. wässeriger Ammoniaklösung, dann dreimal mit der alkoholischen Ammoniaklösung und endlich mit Äther gewaschen, wobei jedesmal die Krystalle von der Waschflüssigkeit bedeckt bleiben müssen. Zum Schluß saugt man einen Augenblick in indifferenter Atmosphäre scharf ab und trocknet das Präparat in einem Vakuumexsiccator über Natronkalk, der mit etwas Ammoniumchlorid bestreut ist. Die Farbe ist ein ganz schwach gelbstichiges Rosa. Ein stärkeres Gelb oder Braun deutet auf eine eingetretene Oxydation.

Ausbeute 7 g. Eine höhere Ausbeute erzielt man, wenn man die ammoniakalische Kobaltlösung völlig mit alkoholischem Ammoniak fällt; das Präparat wird dann aber so fein krystallinisch, daß es sich leicht oxydiert und schwer auswaschen läßt.

Nach einer anderen Methode wird ein gröber krystallines Produkt erhalten[2]:

35 g $CoCl_2 \cdot 6H_2O$ werden mit 50 cm³ konz. wässerigem Ammoniak und 10 cm³ Alkohol in einer Druckflasche auf dem Wasserbad erhitzt, bis sich alles nach einer Stunde gelöst hat. Beim langsamen Abkühlen scheidet sich das Salz in großen Krystallen ab.

Man kann dieses Ammoniakat sowie das analoge $CoBr_2 \cdot 6NH_3$ auch erhalten, wenn man die wasserfreien Salze in flüssiges Ammoniak einträgt und das überschüssige Ammoniak unter Sauerstoffabschluß verdunsten läßt.

---

[1] Clark, G. L., A. I. Quick u. W. D. Harkins: J. Amer. chem. Soc. **42** (1920) 2488.

[2] Biltz, H. u. W.: Übungsbeispiele aus der unorganischen Experimentalchemie. 2. Auflage. 1923.

b) Chloropentamminsalze; Purpureosalze.

Die Chloropentamminkobalt(III)-salze können auf verschiedenste Weise erhalten werden, da eine große Bildungstendenz bei mannigfaltigsten Bedingungen besteht. Wegen der tiefroten Färbung bezeichnet die alte Nomenklatur die Reihe als Purpureosalze. Ein negativ geladener Ligand befindet sich innerhalb des Kationenkomplexes, während die beiden anderen ionogen gebunden sind. In wässeriger Lösung kann Hydratation des Komplexes eintreten unter Bildung von Aquopentamminkobalt(III)-salzen, die wegen ihrer gegenüber den Purpureosalzen heller roten Färbung als Roseosalze bezeichnet werden.

Als theoretisch besonders übersichtliche Methode erscheint die Ammoniakabspaltung vom Hexamminsalz, die auch beim Erhitzen auf 225° im Ammoniakstrom gelingt. Praktisch brauchbare Verfahren verlaufen hauptsächlich über das Carbonatotetramminkobalt(III)-salz, das aber nicht unbedingt als Ausgangsmaterial vorliegen muß.

Beim Behandeln von Carbonatotetramminkobalt(III)-nitrat bzw. -chlorid mit Salzsäure wird durch Reaktion der Säure der 2-bindige Ligand CO_3^{--} aus dem Komplex zunächst durch Wasser bzw. Cl^- ersetzt. In ammoniakalischer Lösung wird in der Wärme wieder ein Ammoniakligand statt Chloridion eingebaut; das entstandene Aquopentamminkobalt(III)-chlorid ist jedoch nach Ansäuren mit Salzsäure in der Wärme nicht beständig, sondern geht in Chloropentamminkobalt(III)-chlorid $[Co(NH_3)_5Cl]Cl_2$ über.

Die Darstellung des Carbonatosalzes kann man umgehen, wenn man eine stark ammoniakalische Lösung von Hexamminkobalt(II)-chlorid, die Ammoniumcarbonat enthält, mit Luft oxydiert. Neben dem Carbonatochlorid bildet sich dann $[Co(NH_3)_5H_2O]Cl_3$ und ein zweikerniger Komplex $[(NH_3)_5Co—O_2—Co(NH_3)_5]Cl_4$, Dekammin-$\mu$-peroxodikobalt(III)-chlorid. Beim Eindampfen mit Ammoniumchlorid geht letzterer ebenfalls in den Aquokomplex über, der in saurem Medium in das Purpureosalz überführt wird.

237. Chloropentamminkobalt(III)-chlorid, $[Co(NH_3)_5Cl]Cl_2$. I. 3 g Carbonatotetramminkobalt(III)-nitrat in 40 cm³ Wasser werden mit etwa 4,5 cm³ konz. Salzsäure angesäuert, bis alles Kohlendioxyd entwichen ist, dann schwach ammoniakalisch gemacht, mit 5 cm³ konz. Ammoniak versetzt und ³/₄ Stunden auf dem Wasserbad erhitzt. Nach dem Abkühlen werden 50 cm³ konz. Salzsäure hinzugefügt und die Mischung eine Stunde auf dem Wasserbad erhitzt. Der violettrote Niederschlag von rhombischen Krystallen wird abgesaugt und mit Alkohol gewaschen. Ausbeute etwa 2 g (s. Abb. 58d, S. 208).

II. 20 g Kobaltcarbonat werden in möglichst wenig Salzsäure gelöst und mit 250 cm³ 10proz. Ammoniaklösung und 50 g Ammoniumcarbonat in 250 cm³ Wasser versetzt und drei Stunden lang durch einen kräftigen Luftstrom oxydiert. Nach Hinzufügen von 150 g Ammoniumchlorid wird auf dem Wasserbad bis zur breiigen Konsistenz eingedampft und dann unter Umrühren mit Salzsäure angesäuert, bis sich kein Kohlendioxyd mehr entwickelt. Es wird ammoniakalisch gemacht, 10 cm³ konz. Ammoniak hinzugesetzt und darauf das auf 400···500 cm³ verdünnte Gemisch eine Stunde auf dem Wasserbad erwärmt. Nach Zusatz von 300 cm³ konz. Salzsäure scheidet sich bei ¹/₂···³/₄stündigem Erwärmen Chloropentamminkobalt(III)-chlorid aus. Der Niederschlag wird nach dem Erkalten abgesaugt und mit verdünnter Salzsäure nachgewaschen.

Zur Reinigung wird das Rohprodukt mit 400 cm³ 2proz. Ammoniaklösung anteilweise extrahiert, gegebenenfalls unter Erwärmen, und das Salz aus den Filtraten mit 300 cm³ konz. Salzsäure unter ³/₄stündigem Erwärmen auf dem Wasserbade ausgefällt. Nach dem Erkalten wird abgesaugt und mit verdünnter Salzsäure und Alkohol gewaschen. Ausbeute nahezu quantitativ.

Als *mikrochemische Charakterisierung* kann die Fällung mit Quecksilber(II)-chlorid herangezogen werden, die aus schönen, langen, seidenglänzenden, roten Nadeln oder Prismen von $[Co(NH_3)_5Cl]Cl_2 \cdot 3HgCl_2$ besteht und in kaltem Wasser sehr schwer löslich ist. Aquopentamminsalz gibt jedoch ähnliche Krystalle.

Kobalt und Nickel finden sich auf Grund ihres natürlichen Vorkommens weitgehend vergesellschaftet, so daß Kobaltpräparate häufig nickelhaltig sind. Da das Nickel jedoch keine Tendenz aufweist, Durchdringungskomplexe von der Art der Kobaltiake zu bilden, hat man die leichte Bildungsfähigkeit des Purpureosalzes dazu benutzt, nickelhaltige Präparate von dieser Beimengung zu befreien. Es ist auch möglich, bei vorsichtiger thermischer Behandlung des Purpureosalzes das Ammoniak irreversibel zu entfernen, wobei gleichzeitig unter Chlorabspaltung Kobalt(II)-chlorid in großer Reinheit erhalten wird, was zu Atomgewichtsbestimmungen des Kobalts ausgenutzt worden ist[1].

Das Chloropentamminkobalt(III)-chlorid kann durch Behandlung mit entsprechenden Säuren in deren Salze überführt werden unter Austritt von Salzsäure. Unter bestimmten Bedingungen bleibt der Komplex vollständig erhalten, es kann aber auch Substitution des komplex gebundenen Chlorids eintreten. Wird das Purpureochlorid z. B. mit konz. Schwefelsäure bei Zimmertemperatur behandelt, so tritt unter Salzsäureentwicklung Bildung von saurem Chloropurpureosulfat ein:

$$[Co(NH_3)_5Cl]Cl_2 \xrightarrow[\text{Zimmertemp.}]{H_2SO_4} [Co(NH_3)_5Cl]_2(HSO_4)_2(SO_4).$$

Wird jedoch Purpureosalz mit konz. Schwefelsäure auf dem Wasserbad erhitzt, so wird das Cl^- im Komplex durch $SO_4^=$ (welches in diesem Falle ausnahmsweise als einbindiger Ligand fungiert) ersetzt, und man erhält ein Sulfatopentamminkobalt(III)-hydrogensulfat oder Sulfatopurpureokobalt(III)-hydrogensulfat:

$$[Co(NH_3)_5Cl]Cl_2 \xrightarrow[\text{Wasserbadtemp.}]{H_2SO_4} [Co(NH_3)_5(SO_4)]HSO_4 \cdot 2H_2O.$$

238. Saures Chloropentamminkobalt(III)-sulfat, $[Co(NH_3)_5Cl]_2 \cdot (HSO_4)_2 \cdot (SO_4)$[2]. 5 g Chloropentamminkobalt(III)-chlorid werden in einer Reibschale mit 12 g konz. Schwefelsäure verrieben, wobei reichlich Chlorwasserstoff entweicht. Dann wird die Masse in 40 cm^3 Wasser von 70° gelöst und die Lösung filtriert. Das Filtrat scheidet bald feine, lange Prismen aus. Größer und schöner werden die Krystalle, wenn man sie mehrere Tage unter der Mutterlauge stehen läßt. Dabei lösen sich die kleineren Krystalle langsam wieder auf, und die größeren wachsen zu derben, prächtig fuchsienroten, langen Prismen aus (Ostwald-Reifung!). Man wäscht die abgesaugten Krystalle mit wasserfreiem Alkohol und trocknet sie bei 100°. Ausbeute 3 g.

Da das Chloridion innerhalb des Komplexes eingebaut ist, wird bei Zimmertemperatur aus einer Lösung des reinen Sulfats mit Silbernitrat kein Silber gefällt. Erst beim Erhitzen bildet sich langsam ein Niederschlag von Silberchlorid in dem Maße, wie das komplexe Chloridion in Gleichgewichtsreaktionen aus dem Komplex auszutreten vermag.

239. Saures Sulfatopentamminkobalt(III)-sulfat, $[Co(NH_3)_5SO_4]HSO_4 \cdot 2H_2O$[3]. Man zerreibt 10 g Chloropentamminchlorid mit 36 g konz. Schwefelsäure. Nach Be-

---

[1] Richards, Th. W., u. G. P. Baxter: Z. anorg. allg. Chem. **22** (1899) 222. — Baxter, G. P., u. F. B. Coffin: Z. anorg. allg. Chem. **51** (1906) 171.

[2] Jörgensen, S. M.: J. prakt. Chem. (2) **18** (1878) 210. — Biltz, H., u. E. Alefeld: Ber. dtsch. chem. Ges. **39** (1916) 3371.

[3] Jörgensen, S. M.: J. prakt. Chem. (2) **31** (1916) 264.

endigung der HCl-Entwicklung erwärmt man 4 Stunden auf dem Wasserbad, verdünnt mit Wasser, dampft auf dem Wasserbad möglichst weit ein, fügt 2 Vol. Wasser hinzu und filtriert. Im Laufe eines Tages scheidet sich das Sulfat aus; rechtwinklige, violettrote Tafeln. Das Salz enthält nach P. Job noch Aquopentamminsulfat[1].

c) Aquopentamminsalze, Roseosalze.

Die Roseosalze enthalten in der Regel ein Molekül Wasser oder auch zwei innerhalb des Komplexes gebunden. Wie der früher gebräuchliche Name schon sagt, zeigen sie alle eine mehr oder weniger hochrote bzw. ziegelrote Färbung. Sie haben die Tendenz, auch im festen Zustand das komplex gebundene Wasser bei längerem Aufbewahren schon bei Zimmertemperatur abzugeben unter Übergang in die entsprechenden Purpureosalze, also unter Eintritt eines ionogenen Restes in den Komplex, was an der Farbänderung verfolgt werden kann.

Die Bildung des Aquopentamminkomplexes läßt sich relativ einfach durch Oxydation ammoniakalischer Kobalt(II)-salzlösungen bewerkstelligen. Die Abscheidung ist aus ammoniakalischem Milieu wegen zu starker Löslichkeit jedoch nicht möglich. Zweckmäßigerweise geht man vom leichter isolierbaren Purpureosalz aus, löst dieses in Ammoniak zum Roseosalz auf und säuert nun *in der Kälte* langsam mit Salzsäure an. In der Wärme würde sich nämlich das Purpureosalz in salzsaurer Lösung zurückbilden.

240. Aquopentamminkobalt(III)-chlorid, $[Co(NH_3)_5H_2O]Cl_3$. I. *Aus Chloropentamminkobalt(III)-chlorid.* 10 g Chloropentamminkobalt(III)-chlorid werden in einem Literkolben mit 300 cm³ etwa 5proz. Ammoniaklösung unter Umschütteln auf dem Wasserbade gelöst. Man filtriert, wenn nötig, kühlt die Lösung zunächst mit Wasser, dann mit Eis auf etwa 0° ab und tropft aus einem Tropftrichter unter Umschwenken und dauernder Kühlung langsam starke Salzsäure ein, bis die Lösung sauer reagiert. Zur Ausfällung des Salzes wird dann noch weiterhin konz. Salzsäure hinzugegeben. Der abgesaugte, hell ziegelrote, krystallinische Niederschlag wird mit halbverdünntem Alkohol gewaschen und bei mäßiger Wärme getrocknet. Ausbeute 10 g.

II. *Durch Oxydation mit Permanganat.* Die Oxydation kann auch durch Kaliumpermanganat bewirkt werden; die Abscheidung des Komplexes wird durch Alkohol unterstützt.

Eine Lösung von 20 g Kobalt(II)-chlorid in 360 cm³ Wasser wird kalt mit 110 cm³ konz. Ammoniak und 10 g Kaliumpermanganat in 400 cm³ Wasser versetzt. Die Mischung wird mehrfach umgeschüttelt, nach 24 Stunden vom Manganschlamm abfiltriert, mit verdünnter Salzsäure neutralisiert und eiskalt langsam mit einer Mischung von drei Raumteilen konz. Salzsäure und einem Raumteil Alkohol gefällt. Der Niederschlag wird mit Alkohol gewaschen. Ausbeute 12···15 g.

Die Rohprodukte der beiden letzten Präparate lassen sich wie folgt reinigen:

Je 10 g Rohprodukt werden mit 75 cm³ kalter 2proz. Ammoniaklösung ausgezogen, von etwas Hexamminsalz abfiltriert und unter Eiskühlung sehr langsam mit konzentrierter Salzsäure gefällt. Der abfiltrierte Niederschlag wird mit halbkonzentrierter Salzsäure und dann mit Alkohol gewaschen und bei mäßiger Temperatur getrocknet.

III. *Aus Aquopentamminkobalt(III)-oxalat.* Die angegebenen Methoden erfordern einen besonders vorsichtig durchgeführten Übergang vom alkalischen ins saure Gebiet. Es ist nun jedoch auch möglich, den Roseokomplex als schwer lösliches Oxalat durch Ansäuern mit Oxalsäure abzuscheiden. Das Aquopentammin-

---

[1] Job, P.: Thèse Paris 1921, S. 18.

kobalt(III)-oxalat kann dann durch Umsatz mit Salzsäure in das Chlorid überführt werden.

10 g Chloropentamminkobalt(III)-chlorid werden in einem Kolben mit 75 cm^3 Wasser und 50 cm^3 10proz. Ammoniak auf dem Wasserbade gelöst. Die filtrierte, auf Zimmertemperatur abgekühlte Lösung wird mit Oxalsäurelösung versetzt, bis ein Niederschlag zu fallen beginnt; dann fügt man Oxalsäurelösung vorsichtig weiter hinzu, bis die Lösung eben sauer reagiert. Absaugen, Auswaschen mit Wasser. Kleine, ziegelrote Krystalle.

10 g Aquopentamminkobalt(III)-oxalat werden mit 30 cm^3 Wasser gemischt und durch Zugabe von 50 cm^3 normaler Salzsäure gelöst. Unter Eiskühlung wird sehr langsam durch Eintropfen von 100 cm^3 konz. Salzsäure gefällt. Der abgesaugte, matt hellrote Niederschlag wird mit halbkonz. Salzsäure und dann mit Alkohol gewaschen. Ausbeute 8 g völlig reines Aquopentamminkobalt(III)-chlorid.

d) Carbonatotetramminsalze.

Salze vom Typus $[Co(NH_3)_4CO_3]X$ mit komplex eingebautem CO_3^{--}-Ion bilden das Ausgangsmaterial für eine große Anzahl anderer Kobaltiake, so daß sie in dieser Hinsicht von großer Wichtigkeit sind. Aus sterischen Gründen ist allein eine cis-Form beim Carbonatosalz möglich, eine isomere trans-Form ist nie beobachtet worden (s. Abb. 54b).

Die Bildungsbedingungen sind die gleichen wie beim Aquopentammin- und Chloropentamminsalz, nur daß der Kobalt(II)-amminkomplex bei Gegenwart von Ammoniumcarbonat oxydiert wird und beim Einengen der Lösung durch Nachgabe von Ammoniumcarbonat dauernd für die Anwesenheit von CO_3^{--}-Ionen gesorgt werden muß. Je nach den Bedingungen, unter denen ein Carbonatokomplex mit Säure behandelt wird — wodurch das CO_3^{--}-Ion angegriffen und der Komplex umgestaltet wird —, werden verschiedene Typen anderer Reihen erhalten. Wird der Carbonatokomplex zunächst bei Zimmertemperatur mit konz. Salzsäure versetzt, so wird über $[Co(NH_3)_4H_2O \cdot Cl]^{++}$ nach Zugabe von Ammoniak $[Co(NH_3)_5H_2O]^{++}$ und erneutem Behandeln mit Salzsäure in der Hitze das Purpureosalz erhalten. Läßt man die Säure jedoch zuerst in der Hitze einwirken, so entsteht ein Praseosalz, z. B. $[Co(NH_3)_4Br_2]Br$ bei Einwirkung von konz. Bromwasserstoffsäure, also durch Substitution beider Ligandenstellen durch Br^-. Wird das Carbonatochlorid statt mit konz. Salzsäure zunächst mit verdünnter Salzsäure bis zur Entfernung des CO_3^{--} versetzt, so läßt sich nunmehr unter guter Kühlung mit konz. Salzsäure das Diaquotetramminkobalt(III)-chlorid oder Tetramminroseochlorid ausfällen. Diese Notwendigkeit der Einhaltung genauer Reaktionsbedingungen bei der Darstellungstechnik der Amminkomplexe erinnert an subtile Methoden der organischen Chemie.

241. Carbonatotetramminkobalt(III)-chlorid, $[Co(NH_3)_4CO_3]Cl$[1]. 20 g Kobalt(II)-carbonat werden in der eben notwendigen Menge verdünnter Salzsäure gelöst und die klare Lösung (100 cm^3) in ein Gemisch von 250 cm^3 konz. Ammoniak mit einer Lösung von 100 g Ammoniumcarbonat in 500 cm^3 Wasser gegossen. Die entstandene tiefviolette Lösung wird durch 2···3stündiges Durchsaugen von Luft oxydiert, und die jetzt blutrote Lösung, welche basisches Pentamminroseosalz enthält, wird auf dem Wasserbad unter recht häufigem Zusatz von einem Stück Ammoniumcarbonat auf 300 cm^3 eingeengt, dann von ein wenig abgeschiedenem, schwarzen Kobaltoxyd abfiltriert und weiter auf dieselbe Weise auf 250 cm^3 eingedampft. Es wird auf 300 cm^3 verdünnt und kalt mit zwei bis drei Vol. Alkohol in Anteilen versetzt. So wird das Salz in prachtvoll glänzenden, aber selten gut ausgebildeten,

[1] Jörgensen, S. M.: Z. anorg. allg. Chem. **2** (1892) 283.

carmoisinroten Blättchen abgeschieden. Sie bilden rhombische Tafeln. Ausbeute 24 g an rohem Salz, das zur Reinigung in Wasser gelöst und mit Alkohol gefällt wird.

242. Carbonatotetramminkobalt(III)-nitrat, $[Co(NH_3)_4CO_3]NO_3 \cdot {}^1/_2 H_2O$, kann mit gleichen Mengen (s. Nr. 241), nur unter Ersatz der HCl durch konz. Salpetersäure, dargestellt werden. Nach 3stündiger Oxydation wird beim Nitrat die blutrot gewordene Flüssigkeit in einer Abdampfschale auf etwa 300 cm³ eingedampft, währenddessen alle 15 Minuten etwa 5 g Ammoniumcarbonat (zusammen 20···30 g) zugesetzt werden. Man filtriert sogleich von geringen Verunreinigungen ab, kocht unter anteilweiser Zugabe von weiteren 10 g Ammoniumcarbonat auf 200 cm³ ein, läßt erkalten, saugt die ausgeschiedenen, schönen, großen, purpurnen Krystalltafeln ab und wäscht mit wenig Wasser, verdünntem Alkohol und zuletzt mit reinem Alkohol aus. Das zweite, weniger reine Produkt aus der Mutterlauge wird kalt mit dem 15fachen Gewicht Wasser ausgezogen und das Filtrat allmählich mit zwei bis drei Raumteilen Alkohol gefällt. Das abgeschiedene, reine Carbonatotetramminsalz wird wie oben gewaschen. Gesamtausbeute 22···25 g.

e) Diaquotetramminkobalt(III)-salze, Tetramminroseosalze.

Bei allen Kobaltiaken, die neben vier gleichen Liganden zwei andere, von ersteren verschiedene enthalten, sind zwei isomere Formen möglich. Nach der Wernerschen Koordinationstheorie sind die sechs Liganden des koordinativ sechswertigen Kobalts oktaedrisch um das Zentralatom herumgelagert; sofern zwei Liganden von den übrigen verschieden sind, können sie an benachbarten Ecken in 1,2-Stellung (cis-Form, s. Abb. 54a) oder an gegenüberliegenden Ecken in 1,6-Stellung (trans-Form, s. Abb. 54b) angeordnet sein. Aus der Tatsache, daß wirklich nur zwei Isomere aufgefunden werden können, ergibt sich aus sterischen Gründen zwingend die Oktaederkonfiguration. Über die Aufspaltbarkeit der en_2-substituierten cis-Form s. Nr. 247, S. 177.

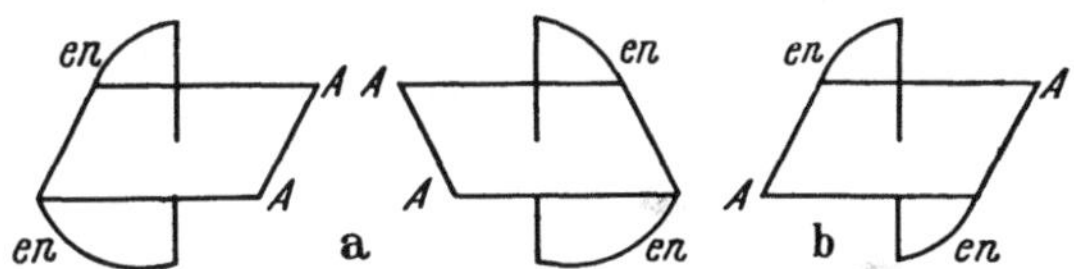

Abb. 54. cis-trans-Isomerie bei $en_2\,A_2$-Komplexen.

Da nun dem Carbonatotetramminkobalt(III)-ion zwangsläufig die cis-Form zugesprochen werden muß — denn das Carbonation ist sterisch nicht fähig, die Entfernung zweier gegenüberliegender Koordinationsstellen zu überbrücken —, werden bei Ersatz des CO_3^{--}-ions die entsprechenden cis-Verbindungen entstehen. Bei Behandlung mit verdünnter Salzsäure wird also in der Kälte hier der $[Co(NH_3)_4(H_2O)_2]^{+++}$-komplex der cis-Konfiguration erhalten.

243. Diaquotetramminkobalt(III)-chlorid, $[Co(NH_3)_4(H_2O)_2]Cl_3$. 5 g reines Carbonatotetramminkobalt(III)-chlorid werden in 25 cm³ kaltem Wasser gelöst, zuerst 10 cm³ verdünnte Salzsäure unter Umrühren zugesetzt, bis sich alle Kohlensäure entwickelt hat, dann unter gutem Abkühlen 100 cm³ konz. Salzsäure, wobei sich das Tetramminroseochlorid annähernd vollständig abscheidet. Nach Dekantieren mit konz. Salzsäure wird das Salz mit 95proz. Alkohol unter Absaugen absolut säurefrei gewaschen und an der Luft getrocknet. Ausschließlich kleine, dunkel hochrote, kaum reguläre Oktaeder. Ausbeute etwa 5,5 g.

f) Dichlorotetramminkobalt(III)-salze.

Salze des Komplexes $[Co(NH_3)_4Cl_2]X$ zeigen in besonders ausgeprägter Weise die cis-trans-Isomerie. Das cis-Dichlorotetramminkobalt(III)-chlorid läßt sich aus dem Carbonatotetramminkobalt(III)-chlorid durch vorsichtige Behandlung mit alkoholischer Salzsäure neben dem trans-Salz erhalten, während bei Anwendung starker wässeriger Salzsäure sich das trans-Salz, welches wegen seiner grünen Farbe auch Praseosalz genannt wird, ausschließlich bildet (cis-Salz violett = Violeosalz). Auf Grund des Ausgangsmaterials sollte man nur eine Bildung des cis-Salzes erwarten, seine primäre Entstehung kann auch angenommen werden, nur erleiden die Violeosalze durch konz. Säuren mehr oder weniger leicht eine Umwandlung in die Praseosalze, die in saurer Lösung die beständigen Formen der Dichlorotetramminsalze darstellen. In wässeriger Lösung nehmen dieselben leicht Wasser in den Komplex auf (Aquotisation). Die entsprechenden Dichlorodiäthylendiaminsalze weisen eine größere Beständigkeit auf.

244. cis-Dichlorotetramminkobalt(III)-chlorid, Violeosalz, $[Co(NH_3)_4Cl_2]Cl \cdot {}^1/_2H_2O$[1]. 20 g Carbonatotetramminkobalt(III)-chlorid werden mit der doppelten Menge bei 0° gesättigter, absolut alkoholischer Salzsäure so lange bei gewöhnlicher Temperatur durchgeschüttelt, bis die Kohlendioxydentwicklung aufgehört hat. Das graublaue Reaktionsprodukt wird dann abgesaugt, mit absolutem Alkohol säurefrei gewaschen und durch Aufpressen auf eine Tonplatte getrocknet. Man erhält ein Gemisch von 1,2- und 1,6-Dichlorotetramminkobalt(III)-chlorid, welches mit möglichst wenig eiskaltem Wasser ausgezogen wird, wobei das 1,2-Dichlorid zuerst in Lösung geht.

Die abfiltrierte, dunkelviolette Lösung wird sofort mit fein pulverisiertem überschüssigen Natriumdithionat verrieben, wodurch das Violeodithionat abgeschieden wird. Trotz möglichst schnellem Arbeiten tritt immer ein ziemlicher Verlust an Violeosalz ein, weil dieses in Lösung außerordentlich rasch in Chloroaquosalz übergeht. Aus 5 g Rohprodukt werden etwa 2 g Dithionat erhalten.

Das Dithionat (2 g) wird solange mit 4 g Ammoniumchlorid und 4 cm^3 Wasser verrieben, bis das Salz eine dunkelblaue Farbe angenommen hat. Hierauf wird das Reaktionsprodukt abfiltriert und zur Entfernung von überschüssigem Ammoniumchlorid mit Wasser zu einem Brei verrieben. Wenn keine Ammoniumchloridkrystalle mehr zu erkennen sind, saugt man es von der nur schwach blau gefärbten Mutterlauge ab. So lange das Salz Ammoniumchlorid enthält, ist es in Wasser fast unlöslich, dagegen löst es sich, wenn ammoniumchloridfrei, leicht darin auf. Ist dies der Fall, so löst man es möglichst rasch in kaltem Wasser auf und fällt es aus der filtrierten Lösung durch Ammoniumchlorid wieder aus. Das so erhaltene Chlorid wird, um anhaftendes Ammoniumchlorid zu entfernen, zweimal mit wenig Wasser angefeuchtet und auf einer Tonplatte von anhaftender Flüssigkeit befreit. Hierauf wird es mit Alkohol und Äther gewaschen. Es bildet schöne, glänzende, violettstichig dunkelblaue Prismen und Nadeln.

Das Violeosalz löst sich mit blauer Farbe in Wasser, die wegen Aquotisation von violett nach rotviolett übergeht, entsprechend dem Übergang des Salzes in Chloroaquochlorid.

245. trans-Dichlorotetramminkobalt(III)-hydrogensulfat, Praseosalz, $[Co(NH_3)_4Cl_2] \cdot HSO_4$[2]. Festes Carbonatotetramminchlorid wird in einer mit Kältemischung umgebenen Porzellanschale unter Umrühren mit konz. Salzsäure behandelt, bis sämtliche Kohlensäure entwickelt ist. Unter Vermeidung von Erwärmung löst man sodann in konz. Schwefelsäure und fügt solange konz. Salzsäure hinzu, bis das Aufschäumen aufgehört hat und auf weiteren Zusatz keine Fällung mehr eintritt. Die breiige Masse wird in einem Kolben einige Tage verschlossen stehen gelassen. Es tritt langsam, aber nach genügender Zeit vollständige Umwandlung in ein grünes

[1] Werner, A.: Liebigs Ann. Chem. **386** (1912) 103; Ber. dtsch. chem. Ges. **40** (1907) 4821.

[2] Werner, A., u. A. Klein: Z. anorg. allg. Chem. **14** (1897) 29.

Salz ein. Das Salz wird auf der Glasfritte abgesaugt, mit Alkohol und Äther gewaschen und auf Ton getrocknet.

Zur Reinigung wird das rohe Salz in Wasser bis zur Sättigung gelöst (ziemlich gut löslich!), die Lösung filtriert und mit halbverdünnter Schwefelsäure in Form dunkelgrüner, drei bis vier Zentimeter langer Krystallnadeln wieder ausgefällt.

Wegen seiner guten Löslichkeit und relativen Beständigkeit der wässerigen Lösung eignet sich das Hydrogensulfat der Praseoreihe zur Herstellung der anderen Salze. So erzeugen Salzsäure und Chloride einen hellgrünen, kleinkrystallinen Niederschlag von $[Co(NH_3)_4Cl_2]Cl$ in ähnlicher Weise viele andere Säuren bzw. deren Salze. Auch beim Praseosalz tritt beim längeren Aufbewahren der Lösung Aquotisation ein (Farbwechsel über blau, violett nach rot). Beim Arbeiten in konz. Lösung kann ein Aquotisationsprodukt $[Co(NH_3)_4H_2O \cdot Cl]SO_4$ in Form rotvioletter Blätter direkt gefaßt werden. Beim entsprechenden Praseochlorid tritt die Aquotisation bedeutend schneller ein und verläuft auch bis zum Diaquosalz $[Co(NH_3)_4(H_2O)_2]Cl_3$.

g) Äthylendiamin-kobalt(III)-salze.

Allgemeines. Das Äthylendiamin $NH_2CH_2CH_2NH_2$ kann in Kobaltiaken zwei Koordinationsstellen besetzen und bildet bei vollständiger Substitution hierdurch den Hexamminen (Luteosalzen) gänzlich analoge Komplextypen (ebenfalls gelbe Farbe). Durch die Tatsache, daß das Äthylendiamin zwei Liganden ersetzt, ergeben sich nun auch die besonderen Eigenschaften, die diese Komplexreihen vor den anderen auszeichnen. Allgemein kann gesagt werden, daß äthylendiamin-(en-)-substituierte Komplexe ein gegenüber analogen Amminkomplexen stabileres Verhalten aufweisen und aus diesem Grunde von Werner und weiteren Erforschern der Komplexsalze besonders gern als dankbare Untersuchungsobjekte herangezogen worden sind. Dies geht auch daraus hervor, daß das entsprechende Hydroxyd $[Co\ en_3](OH)_3$ direkt in Form einer auch in Lösung beständigen krystallinen Masse erhalten werden kann, während das entsprechende $[Co(NH_3)_6](OH)_3$ nur in Lösung erhältlich ist (Umsatz von $[Co(NH_3)_6]Br_3 + Ag_2O$), aber sich hier sofort mehr oder weniger schnell durch Komplexumlagerung (Bildung von $[Co(NH_3)_5OH]^{--}$ usw.) zu zersetzen beginnt (s. S. 138). Durch die koordinativ zweiwertigen Liganden im en-Komplex wird ein solcher Komplexzerfall also verhindert. Andererseits tritt bei Substitution mit zweibindigen Liganden allgemein eine Spiegelbildisomerie auf, die sich durch die Erscheinung der optischen Aktivität äußert.

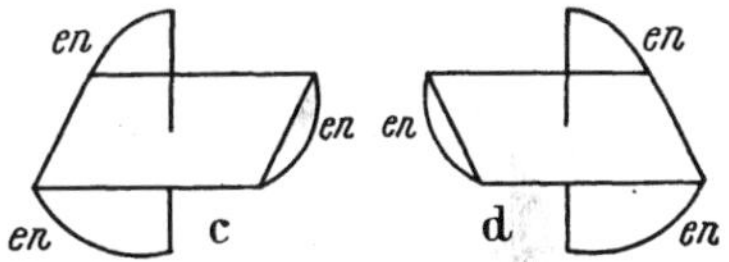

Abb. 55. Spiegelbild-Isomerie bei tri-en-Substitution.

Wie aus Abb. 54a und 55 hervorgeht, sind also Molekülarten möglich, die sich in ihrer Asymmetrie wie Bild und Spiegelbild verhalten. Diese Erscheinung tritt bei allen Komplexen mit zwei bzw. drei zweibindigen Liganden auf. Bei der Bildung derartiger Verbindungen entstehen beide Molekülarten in gleicher Menge; wir erhalten das sogenannte Racemat, an dem wir keine diese Tatsache besonders kennzeichnende Eigenschaften feststellen können. Gelingt es jedoch, eine Trennung, wenn auch zunächst nur eine teilweise, der beiden Molekülarten zu erreichen, so können wir dies an der Erscheinung der optischen Aktivität feststellen, d. h. die Verbindungen drehen die Ebene des polarisierten Lichtes im festen oder gelösten Zustand um einen bestimmten Betrag, der außer von der Schichtdicke, Konzentration, Temperatur und Wellenlänge der benutzten Strahlung in spezifischer Weise vom vorliegenden optisch aktiven Stoff abhängt.

Die Aktivierung optisch aktiver Komplexe wird präparativ nach ähnlichen Methoden bewerkstelligt wie bei den organischen, optisch aktiven Verbindungen bzw. sogar mit Hilfe derselben. Je nachdem ein Kationenkomplex oder ein Anionenkomplex mit optisch aktivem Zentralatom vorliegt, kombiniert man das nach den üblichen präparativen Methoden anfallende Racemat, d. h. das äquimolekulare Gemisch der beiden optischen Antipoden, mit einer optisch aktiven Säure (z. B. d-Weinsäure oder d- bzw. l-α-Bromcampher-π-sulfonsäure) oder Base (z. B. Strychnin). d bzw. l geben den Drehungssinn der betreffenden optisch aktiven Form an. Die d-Form dreht die Ebene des polarisierten Lichtes um denselben Betrag nach rechts wie die äquivalente Menge l-Form nach links. Das Racemat (Gemisch d, l) kann sich nun mit einer D-Säure zu einem dD-Salz und lD-Salz umsetzen, die bei geeigneter Kombination sich eben durch unterschiedliche physikalische Eigenschaften, zumeist unterschiedliche Löslichkeit und Krystallisationsfähigkeit, auszeichnen. Hierdurch kann dann eine Trennung herbeigeführt werden. Sofern die isolierten aktiven Isomeren nicht starke Tendenz zeigen, durch Racemisierung wieder in den inaktiven Zustand überzugehen, läßt sich durch weiteren Umsatz mit einer stärkeren Säure jedes andere Salz der optisch aktiven Base herstellen.

246. Triäthylendiaminkobalt(III)-chlorid, $[Co\,en_3]Cl_3 \cdot 3\,H_2O$, Racemat[1]. 5 g Chloropentamminkobalt(III)-chlorid werden mit 5···8 g Äthylendiaminhydrat und 40 cm³ Wasser längere Zeit auf dem Wasserbad erhitzt. Das Purpureochlorid löst sich zunächst in Form basischer Roseosalze auf, nach mehreren Stunden hat sich die Flüssigkeit tief orangegelb gefärbt. In einer Probe fällt man das Triäthylendiaminsalz mit absolutem Alkohol als gelben Niederschlag aus. Zeigt sich in der überstehenden Flüssigkeit das Roseosalz nur noch durch eine schwach rote Färbung, so wird die ganze Lösung mit ungefähr 250 cm³ absolutem Alkohol gefällt. Der voluminöse Niederschlag wird auf der Glasfritte mit 95proz. Alkohol gewaschen, Ausbeute 90···95% der Theorie. Beim Eindampfen des alkoholischen Filtrates und weiteren Konzentrieren neben konz. Schwefelsäure erhält man das in Wasser sehr leicht lösliche Salz in großen, gelbbraunen, glänzenden, trigonalen Krystallen (s. Abb. 58b S. 208).

Triäthylendiaminkobalt(III)-chlorid kann auch aus einer oxydierten Lösung von Kobalt(II)-chlorid in wässerigem Äthylendiamin erhalten werden. Beim längeren Stehenlassen scheidet es sich aus der Lösung in großen Krystallen aus[2,3].

Herstellung des Silbertartrats $C_4H_4O_6Ag_2$: Zu einer Lösung von 2 Molen Silbernitrat wird eine Lösung von 1 Mol d-Weinsäure gegeben. Eine stärkere Verdünnung der Lösungen ist zu vermeiden. Es fällt ein gut krystallisierter, weißer Niederschlag, der nach einiger Zeit abgenutscht und im Exsiccator über Silikagel gut getrocknet wird.

Aktivierung des Racemates[3]. Eine heiße konz. Lösung von Triäthylendiaminkobalt(III)-chlorid in Wasser wird mit der zwei Atomen Chlor entsprechenden Menge weinsaurem Silber versetzt, der Silberchloridniederschlag abgesaugt und mit Wasser ausgekocht, bis er weiß ist. Die vereinigten Lösungen werden konzentriert und dann zur Krystallisation gestellt. Die Krystalle werden von der Mutterlauge abfiltriert und letztere weiter konzentriert. Meistens erhält man noch eine zweite Abscheidung von Krystallen, dann aber erstarrt die konzentrierte Mutterlauge zu einer gallertartigen Masse. Die Krystalle bestehen aus d-Triäthylendiaminkobalt(III)-chloridtartrat $\left[Co\,en_3\right]^{Cl}_{C_4H_4O_6}$ und sind nach einmaligem Umkrystallisieren aus Wasser chemisch rein. Die Gallerte besteht aus dem entsprechenden Salz der l-Reihe, dem aber noch kleine Mengen der d-Reihe beigemischt sind. Aus den Chloridtartraten lassen sich die Bromide der d- und der l-Triäthylendiaminkobalt(III)-Reihe ohne

---

[1] Jörgensen: J. prakt. Chem. (2) **39** (1889) 8.

[2] Großmann, H., u. B. Schück: Ber. dtsch. chem. Ges. **39** (1906) 1896.

[3] Werner, A.: Ber. dtsch. chem. Ges. **45** (1912) 126.

Schwierigkeiten darstellen. Die Aktivierung wird durch Beobachtung der Lösung im Polarisationsapparat kontrolliert.

Umsetzung der aktiven Tartrate. d-Bromid: Das Chloridtartrat wird mit warmer konzentrierter Bromwasserstoffsäure verrieben und die entstandene Lösung abfiltriert. Sie setzt beim Stehen große, hexagonale Tafeln ab, die wahrscheinlich ein saures Bromid sind. Beim Umkrystallisieren aus Wasser erhält man große, säulenförmige Krystalle des Bromids.

Das d-Bromid ist in Wasser viel leichter löslich als das racemische.

l-Bromid: Das gallertförmige l-Chloridtartrat wird mit warmer konzentrierter Bromwasserstoffsäure verrieben. Es scheidet sich dabei etwas schwer lösliches racemisches Bromid aus, das von der bromwasserstoffsauren Lösung abgesaugt wird. Aus letzterer krystallisiert beim Stehen das l-Bromid aus, das aus heißem Wasser umkrystallisiert wird.

Die Erscheinung der cis-trans-Isomerie, die am Falle der Violeo- und Praseosalze des Dichlorotetramminkobalt(III)-chlorids gezeigt wurde (s. S. 174), läßt sich in gleicher Weise auf di-en-substituierte Chlorosalze übertragen, nur dass bei den cis-Isomeren durch zweifache Einführung der en-Liganden außerdem noch die Aufspaltbarkeit in optisch aktive Formen möglich ist. Das Salz der trans-Reihe (Praseo), welches am leichtesten zugänglich ist, dürfte das Hydrochlorid sein, welches als Ausgangsmaterial der anderen Salze dient.

247. 1,6-Dichlorodiäthylendiaminkobalt(III)-hydrochlorid, $[Co\,en_2Cl_2]Cl \cdot HCl \cdot 2H_2O$[1,2,3]. 160 g Kobalt(II)-chlorid werden mit 500 cm³ Wasser und 600 g 10proz. Äthylendiamin gemischt. Durch das Gemisch leitet man während 6 Stunden einen kräftigen Luftstrom, fügt hierauf zur oxydierten Lösung 350 cm³ konz. Salzsäure hinzu und dampft sie auf die Hälfte ein. Nach mehrstündigem Stehen hat sich aus Flüssigkeit eine reichliche Menge saures Dichlorodiäthylendiaminkobalt(III)-chlorid abgeschieden. Als Nebenprodukt kann aus der Mutterlauge $[Co\,en_3]Cl_3 \cdot 3H_2O$ isoliert werden. Glänzende, dunkelgrüne Tafeln (s. Abb. 58c S. 208). Ausbeute 100 g.

h) Mehrkernige Kobaltkomplexe.

Allgemeines. Bei der Oxydation ammoniakalischer Kobalt(II)-chloridlösung lassen sich als Zwischenprodukte vor der vollständigen Oxydation gut krystallisierende und definierte Komplexsalze isolieren, die zwei Kobaltatome im Kationenkomplex enthalten. Charakteristisch für diese mehrkernigen Komplexe ist die Brückenbindung zwischen zwei Kobaltatomen, die durch verschiedene Gruppen getätigt werden kann, z. B. OH, NH_2, O_2 usw. Diese sind nur an das eine Kobaltatom hauptvalenzmäßig, an das andere koordinativ gebunden; z. B. kann aus dem erhaltenen Komplexsalzgemisch das sogenannte reine Melanochlorid (μέλας = schwarz) von der Konstitution:

$$\left[\begin{matrix}(NH_3)_3 \\ Cl_2\end{matrix} Co^{III} \cdots \overset{H_2}{N} - Co^{III} \begin{matrix}(NH_3)_3 \\ Cl \cdot H_2O\end{matrix}\right] Cl_2$$

Trichloroaquohexammin-μ-aminodikobalt(III)-chlorid

isoliert werden. Der koordinativ vierwertige Stickstoff der Brücke vermag durch die vierte koordinative Valenz die Bindung der beiden Kobaltatome herbeizuführen. In der Nomenklatur wird dies durch die Bezeichnung „μ-amino" zum Ausdruck gebracht.

---

[1] Jörgensen, S. M.: J. prakt. Chem. [2] **39** (1898) 24.
[2] Werner, A.: Ber. dtsch. chem. Ges. **34** (1901) 1733.
[3] Uspensky, A., u. K. Tschibisoff: Z. anorg. allg. Chem. **164** (1927) 329.

Da sich unter den angegebenen präparativen Bedingungen ein Gemisch mehrkerniger Komplexe mit unterschiedlicher Ligandenverteilung bildet, muß dies durch weitere präparative Operationen erst getrennt werden. Wegen der hierdurch zu erwartenden Verluste ist man zur Anwendung relativ großer Ausgangsmengen gezwungen. Man kann jedoch auch durch Synthese zweier Kobaltkomplexe zu einem zweikernigen Kobaltiak gelangen, wobei man ein definiertes Produkt in besserer Ausbeute erhält, wie es am Beispiel des Oktammin-diol-di-kobalt(III)-chlorid

$$\left[(NH_3)_4Co\begin{matrix} \overset{H}{O} \\ \underset{H}{O} \end{matrix}Co(NH_3)_4\right]Cl_4$$

gezeigt werden soll[1].

248. Oktammin-diol-kobalt(III)-chlorid, $[Co_2(NH_3)_8(OH)_2]Cl_4$. Ausgangsmaterial ist das $[Co(NH_3)_4Cl \cdot H_2O]Cl_2$, welches man in das Sulfat überführt. Beim Behandeln mit wässerigem Ammoniak wird nun das Cl^- im Komplex durch OH^- ersetzt: $[Co(NH_3)_4Cl \cdot H_2O]SO_4 \rightarrow [Co(NH_3)_4OH \cdot H_2O]SO_4$. Durch vorsichtiges Erhitzen kann aus dieser Verbindung das komplex gebundene Wasser abgespalten werden unter Zusammenlagerung zweier Komplexe unter Ausbildung der zweifachen ol-Brückenbindung im Sulfat des angegebenen zweikernigen Komplexes.

Darstellung des $[Co(NH_3)_4Cl \cdot H_2O]SO_4$[2]. Aus 20 g Kobaltcarbonat stellt man durch Übergießen mit der eben hinreichenden Menge halbverdünnter Salzsäure eine Lösung von Kobalt(II)-chlorid her, welche erkaltet in eine Lösung von 100 g Ammoniumcarbonat in 500 cm³ Wasser und 250 cm³ konz. Ammoniak eingegossen wird. Durch die dabei entstehende tiefviolett-blaue Lösung leitet man zwei Stunden lang Luft und dampft dann auf dem Wasserbad unter häufiger Zugabe von Ammoniumcarbonat auf 200 cm³ ein. Nach Filtration der Lösung wird in der Kälte zunächst 250 cm³ 20proz. Salzsäure, danach 150 cm³ konz. Salzsäure zugegeben und die Lösung unter Umrühren erhitzt, bis sie nach kurzer Zeit tiefviolett gefärbt ist und violette Krystalle abzuscheiden beginnt. Nach 24 Stunden wird der dunkelviolette, krystallinische Niederschlag, der noch mit grünen Krystallen (Praseochlorid!) vermischt ist, abfiltriert, mit halbverdünnter Salzsäure ammoniumchloridfrei, mit Alkohol säurefrei gewaschen und an der Luft getrocknet. Ausbeute an Rohchlorid 36 g.

Zur Abtrennung des Praseo- und Purpureosalzes wird das Rohchlorid wie folgt gereinigt: 20 g des Rohchlorids werden auf dem Filter mit 600 cm³ kaltem, schwach schwefelsaurem Wasser ausgezogen, wobei die Verunreinigungen fast vollständig auf dem Filter zurückbleiben. Das Filtrat wird mit 140 cm³ Ammoniumsulfatlösung (1:5) versetzt und 24 Stunden kalt stehen gelassen. Das Chloroaquotetramminkobalt(III)-sulfat scheidet sich dann in blauvioletten Krystallen ab, wird filtriert und mit eiskaltem Wasser gewaschen, Ausbeute 15 g.

Darstellung des $[Co(NH_3)_4OH \cdot H_2O]SO_4 \cdot H_2O$[3]. 12 g des erhaltenen $[Co(NH_3)_4 \cdot Cl \cdot H_2O]SO_4$ werden in 200 cm³ 1n Ammoniaklösung gelöst, falls nötig filtriert und sofort 400 cm³ 95proz. Alkohol in Anteilen hinzugegeben. Die Hydroxoverbindung scheidet sich dann in roten, glänzenden, kleinen Krystallen ab, die sofort auf der Glasfritte abfiltriert werden und zuerst mit einem Gemisch von 1 Vol.

---

[1] Werner, A.: Ber. dtsch. chem. Ges. **40** (1907) 4437, 4820.

[2] Jörgensen, S. M.: J. prakt. Chem. [2] **42** (1890) 211.

[3] Jörgensen, S. M.: Z. anorg. allg. Chem. **16** (1898) 184; s. a. A. Werner: Ber. dtsch. chem. Ges. **40** (1907) 4116.

Wasser und zwei Vol. Alkohol, dann noch einige Mal mit Alkohol gewaschen und an der Luft getrocknet werden. Ausbeute 10 g.

Darstellung des Diolkomplexes[1]. Das $[Co(NH_3)_4OH \cdot H_2O]SO_4 \cdot H_2O$ wird nun bei 100° bis zur Gewichtskonstanz entwässert. Dabei bildet sich zur Hauptsache Oktammin-diol-kobalt(III)-sulfat, das folgendermaßen in das Chlorid überführt wird:

5 g entwässertes Sulfat werden mit einem Gemisch von 25 g Wasser und 10 g Ammoniumchlorid innig verrieben. Wurde das Hydroxoaquotetramminsulfat vollständig entwässert, so tritt hierbei kein Ammoniakgeruch auf. Das Sulfat verwandelt sich in einen carminroten bzw. weinroten, krystallinen Niederschlag, dem noch ungelöstes Ammoniumchlorid beigemischt ist. Man saugt den Niederschlag ab und verreibt ihn dann mit etwa 20 cm³ Wasser, wodurch sich das Ammoniumchlorid auflöst, während das rote Salz vollkommen ungelöst bleibt. Filtriert man nun wieder ab und übergießt den Rückstand mit Wasser, so löst er sich in 100 cm³ Wasser vollkommen klar auf. Zu der so entstandenen filtrierten carminroten Lösung setzt man 4 g Ammoniumchlorid hinzu, wodurch das gelöste Salz nahezu quantitativ in glänzenden kleinen Kryställchen von dunkelrubinroter Farbe ausgeschieden wird. Ausbeute etwa 3 g. Aus der schwach gefärbten Mutterlauge kann man durch Zusatz von Natriumdithionat noch unlösliches Dithionat ausfällen.

Der Konstitutionsbeweis ergibt sich aus den Tatsachen, daß erstens das gesamte Chlorid ionogen abdissoziiert, zweitens durch Einwirkung von konz. rauch. Salzsäure eine Aufspaltung in cis-Diaquotetramminkobalt(III)-chlorid und cis-Dichlorotetramminkobalt(III)-chlorid (Praseo) eintritt, wodurch also die gleichmäßige Verteilung der NH_3-Liganden

$$\left[(H_3N)_4Co\begin{matrix}\overset{H}{O}\\ \underset{H}{O}\end{matrix}Co(NH_3)_4\right]Cl_4 + 2HCl = \left[Co\begin{matrix}(NH_3)_4\\(H_2O)_2\end{matrix}\right]Cl_3 + \left[Co\begin{matrix}(NH_3)_4\\Cl_2\end{matrix}\right]Cl$$

auf die beiden Kobaltkerne sich ergibt, drittens das Salz in wässeriger Lösung neutral reagiert. Die Hydroxogruppen, die nicht ol-artig gebunden sind, also wie in einkernigen Komplexen, zeichnen sich durch alkalische Reaktion der wässerigen Lösung des Komplexes aus und reagieren mit verdünnten Säuren unter Bildung eines Aquokomplexes, z. B.:

$$\left[Co(NH_3)_4 \cdot OH \cdot H_2O\right]Cl_2 + HCl \underset{HCl}{\overset{NH_3}{\rightleftarrows}} \left[Co(NH_3)_4(H_2O)_2\right]Cl_3.$$

Letzteres ist besonders wichtig, wenn man einen zweikernigen Komplex mit Hydratwasser vom isomeren einkernigen von analytisch gleichartiger Zusammensetzung unterscheiden will, z. B.:

$$\left[Co(NH_3)_4OH \cdot H_2O\right]Br_2 \quad \text{und} \quad \left[(NH_3)_4Co\begin{matrix}OH\\OH\end{matrix}Co(NH_3)_4\right]Br_4 \cdot 2\,H_2O,$$

die beide im Verhältnis der Koordinationspolymerie stehen.

i) Dinitrotetramminkobalt(III)-salze.

Der Rest der salpetrigen Säure $(NO_2)^-$ vermag in Kobaltiaken häufig als Ligand zu fungieren und zwar in zweifacher Weise: Bei der salpetrigen Säure kann man

[1] Werner, A.: Ber. dtsch. chem. Ges. **40** (1907) 4820/4837.

folgende tautomeren Formen annehmen:

$$\ddot{\underset{..}{O}}::\ddot{N}:\ddot{\underset{..}{O}}:H \quad \text{und} \quad \ddot{\underset{..}{O}}::\overset{H}{\ddot{\underset{..}{N}}}:\ddot{\underset{..}{O}}:$$

Die koordinative Bindung an das Zentralatom kann also über Sauerstoff erfolgen (Nitritokomplex) oder über Stickstoff in den eigentlichen Nitrokomplexen (nach der neuen Nomenklatur), die wegen ihrer größeren Beständigkeit in erster Linie von Wichtigkeit sind. Die Dinitrotetramminkobalt(III)-salze existieren ebenfalls in zwei Reihen, den cis-Salzen und trans-Salzen; erstere wurden wegen der gelben Farbtönung früher Flavosalze genannt, letztere, ebenfalls von gelber Farbe, Croceosalze.

249. 1,6 - Dinitrotetramminkobalt(III) - chlorid[1]. 90 g krystallisiertes Kobalt(II)-chlorid werden in 250 cm^3 Wasser gelöst. Ebenfalls bereitet man eine Lösung von 100 g Ammoniumchlorid und 135 g Natriumnitrit in 750 cm^3 Wasser, versetzt diese mit 150 cm^3 20proz. Ammoniaklösung und gießt in der Kälte die Kobalt(II)-chloridlösung hinzu. Darauf wird 4···5 Stunden durch einen Luftstrom oxydiert, wobei die zuerst schwach braungrünliche Lösung gelbstichig grün wird und sich bald ein reichlicher, orangefarbener Krystallniederschlag abscheidet. Nach 12 Stunden wird die Mutterlauge auf der Glasfritte abgenutscht und der Niederschlag wiederholt mit je 50 cm^3 Wasser gewaschen, bis aus der Waschflüssigkeit nichts mehr durch Ammoniumoxalat gefällt wird. Hierdurch wird alles vorhandene Xanthosalz, $[Co(NH_3)_5NO_2]Cl_2$, entfernt. Das xanthosalzfreie Croceosalz wird schließlich mit Alkohol gewaschen und an der Luft getrocknet. Ausbeute 55···65 g.

Da dieses Rohcroceochlorid noch große Mengen von Nitrat enthält, wird es folgendermaßen gereinigt. 20 g werden in 400 cm^3 heißem Wasser unter Zusatz von einigen Tropfen Essigsäure gelöst, in ein heißes Glas filtriert und sogleich mit einer filtrierten Lösung von 40 g Ammoniumchlorid versetzt und durch Einstellen in kaltes Wasser gekühlt. Nach 24 Stunden wird das krystallinische, gelbbraune Salz abfiltriert und mit 90proz. Alkohol gewaschen, bis das Filtrat keine Chloridreaktion mehr zeigt. (Wegen geringer Löslichkeit des Croceochlorids wird ein geringer Niederschlag von Silberchlorid jedoch noch immer festzustellen sein.) Das so erhaltene Croceochlorid ist frei von Xanthochlorid und läßt sich aus heißem, destilliertem Wasser umkrystallisieren.

Fällungsreaktionen: Eine kalte, frisch bereitete Lösung des Croceochlorids gibt mit verschiedensten Reagenzien charakteristische Niederschläge schwerlöslicher Salze. Salpetersäure fällt das schwerlösliche Nitrat in Form gelber, federiger Kryställchen. Mit Ammoniumsulfat wird das Croceosulfat in glänzenden gelben Schuppen oder weinroten Krystallen erhalten. Kaliumchromat fällt einen krystallinen gelben Niederschlag des Croceochromats, Bichromat orangegelbe, goldglänzende, häufig zu Sternen gruppierte Blättchen. Mit gesättigter Quecksilber(II)-chloridlösung fällt $[Co(NH_3)_4(NO_2)_2]Cl \cdot 2HgCl \cdot 2H_2O$ in Form gelber, viereckiger Plättchen oder nadelförmiger Krystalle.

Aus dem trans-Dinitrotetramminkobalt(III)-chlorid läßt sich durch Behandeln mit Salzsäure ein Chlorokomplex $[Co(NH_3)_4(NO_2)Cl]Cl$ herstellen, der durch seine Hydratationsfähigkeit von besonderem Interesse ist. Wird das wasserfreie Chlorid aus schwach essigsaurem Wasser umkrystallisiert, so erhält man das sogenannte Esohydrat $[Co(NH_3)_4(NO_2)Cl]Cl \cdot H_2O$ in roten Tafeln. In heißem Wasser löst sich das schwerlösliche Esohydrat unter Farbumschlag nach gelb zum $[Co(NH_3)_4(H_2O) \cdot (NO_2)]Cl_2$, welches durch Kaliumchlorid wieder das Esohydrat ausscheiden läßt[2]. Die Hydratisomerie wird also durch den Farbwechsel äußerlich sichtbar.

---

[1] Jörgensen, S. M.: Z. anorg. allg. Chem. **17** (1898) 469.

[2] Jörgensen, S. M.: Z. anorg. allg. Chem. **7** (1894) 292; **17** (1898) 468.

250. 1,6-Chloronitrotetramminkobalt(III)-chlorid. 20 g Croceochlorid werden mit einer Mischung von 400 cm^3 Wasser, 10 cm^3 konz. Salzsäure und 10 g Ammoniumchlorid erwärmt, bis die Stickstoffentwicklung vollständig aufgehört hat. Aus der dunkelroten Lösung krystallisiert beim Abkühlen ein roter Niederschlag aus.

Wird dieses wasserfreie Chloronitrotetramminkobalt(III)-chlorid in 2n Essigsäure gelöst und in einer flachen Schale vorsichtig eingedunstet, so krystallisiert das Esohydrat $[Co(NH_3)_4(NO_2)Cl]Cl \cdot H_2O$ in Form roter Krystallnadeln aus. Wird der wasserfreie Komplex in reinem Wasser in der Wärme gelöst, so tritt Aquotisation unter Bildung von $[Co(NH_3)_4(H_2O)(NO_2)]Cl_2$ ein; dieser Komplex wird in gelben Krystallen nach langsamem Eindunsten erhalten.

Das 1,2-Dinitrotetramminkobalt(III)-chlorid kann über das Nitrat durch Entfernung der Carbonatogruppe im Kobalt(III)-tetrammincarbonatonitrat durch Säure als ein cis-Isomeres erhalten werden. Die größere Unbeständigkeit des cis-Isomeren gegenüber der trans-Verbindung geht auch daraus hervor, daß ersteres durch Kochen mit konz. Salzsäure in Praseochlorid, also 1,6 Dichlorotetramminkobalt(III)-chlorid, unter Ersatz beider Nitrogruppen übergeht, während die trans-Verbindung bei gleicher Behandlung nur in die Nitrochlorotetramminkobalt(III)-salze übergeht.

251. 1,2-Dinitrotetramminkobalt(III)-nitrat[1], $[Co(NH_3)_4(NO_2)_2]NO_3$. Durch Lösen von 10 g Carbonatotetramminkobalt(III)-nitrat ohne Erwärmen in einem Gemisch von 100 cm^3 Wasser und 14 g 40proz. Salpetersäure (D. = 1,25) erhält man eine blutrote Lösung von Diaquotetramminkobalt(III)-nitrat. Zu dieser Lösung werden nach und nach 20 g krystallisiertes Natriumnitrit gefügt und die Mischung 7···8 Minuten in ein siedendes Wasserbad getaucht, bis die Farbe tiefbraungelb geworden ist; dann wird sofort unter der Wasserleitung gekühlt und 130 cm^3 40proz. Salpetersäure hinzugegeben, worauf unter Aufschäumen starke Stickoxydentwicklung eintritt. Nach mehrstündigem Stehen wird das abgeschiedene Gemisch von saurem und neutralem Flavonitrat abgesaugt und mit Salpetersäure und darauf mit Alkohol nachgewaschen. Ausbeute ungefähr 8 g.

Zur Reinigung wird das Salz aus 25 cm^3 mit Essigsäure schwach angesäuertem Wasser umkrystallisiert, wobei hellbraune Krystallblättchen oder -prismen erhalten werden, die nach Absaugen mit verdünntem Alkohol, zuletzt mit reinem Alkohol gewaschen und durch gelindes Erhitzen getrocknet werden.

252. 1,2-Dinitrotetramminkobalt(III)-chlorid, $[Co(NH_3)_4(NO_2)_2]Cl$. 1 g Flavonitrat wird unter schwachem Erwärmen in 30 cm^3 Wasser gelöst, 2 g Ammoniumchlorid hinzugegeben, gegebenenfalls filtriert und allmählich mit 100 cm^3 Alkohol versetzt. Nach eintägigem Stehen werden die abgeschiedenen, tiefgelben Krystallblättchen des Flavochlorids abgesaugt, mit verdünntem Alkohol, darauf mit reinem Alkohol gewaschen und bei 100° getrocknet.

j) Trinitrotriamminkobalt(III).

Werden die drei positiven Valenzen des Kobalts durch drei negative Liganden innerhalb des Komplexes abgesättigt, so entstehen Nichtelektrolyte, die sich in ihrem Verhalten in besonders charakteristischer Weise herausheben. So ist das $[Co(NH_3)_3(NO_2)_3]$ weder ein Salz, noch eine Base oder eine Säure, besitzt praktisch keine Leitfähigkeit und kann aus essigsäurehaltigem Wasser umkrystallisiert werden.

253. Trinitrotriamminkobalt(III), $[Co(NH_3)_3(NO_2)_3]$[2]. 45 g krystallisiertes Kobalt(II)-chlorid werden in 125 cm^3 Wasser gelöst und zu einer kalt bereiteten Lösung

[1] Jörgensen, S. M.: Z. anorg. allg. Chem. **5** (1894) 162; **17** (1898) 473.

[2] Jörgensen, S. M.: Z. anorg. allg. Chem. **17** (1898) 475.

von 50 g Ammoniumchlorid und 67 g Natriumnitrit in 375 cm^3 Wasser und 250 cm^3 20proz. Ammoniaklösung gegeben. Man oxydiert die Lösung vier Stunden lang durch einen kräftigen Luftstrom. Die dicke, braune Lösung läßt man in mehreren Abdampfschalen drei Tage lang bei starkem Luftzug stehen. Die ausgeschiedenen Krystalle werden dann abgenutscht und mit kaltem Wasser bis zur Chloridfreiheit gewaschen. Ausbeute ungefähr 30 g.

Zur Reinigung kann das Rohprodukt auf zwei Filter verteilt und mit $1 \cdots 1^1/_4$ l heißem, essigsäurehaltigem Wasser ausgezogen werden; aus den klaren Filtraten krystallisieren nunmehr ungefähr 20 g gelbbraune Krystalle von reinem Trinitrotriamminkobalt.

k) Tetranitrodiamminkobaltiate.

Bei noch weitgehenderer Substitution des Ammoniaks durch elektronegative Liganden wird der Komplex negativ geladen, und das Kobalt tritt damit in das Anion. Die am längsten bekannten Typen dieser Art sind die sog. Erdmannschen Salze, von denen die Darstellung des Ammoniumsalzes beschrieben werden soll. Eine cis-trans-Isomerie sollte hier ebenfalls zu erwarten sein, jedoch lassen die diesbezüglich bisher durchgeführten Arbeiten noch keine klare Entscheidung zu.

254. Ammoniumtetranitrodiaminkobaltiat, $NH_4[Co(NH_3)_2(NO_2)_4]$[1]. Man löst 90 g $CoCl_2 \cdot 6H_2O$ in Wasser zu 250 cm^3 auf. Weiter löst man 100 g Ammoniumchlorid und 135 g Natriumnitrit in 750 cm^3 Wasser, versetzt die Lösung mit 25 cm^3 20proz. Ammoniak, fügt die Kobaltsalze hinzu und oxydiert, indem man etwa $1^1/_2$ Stunden lang einen starken Luftstrom hindurchleitet. Die filtrierte Lösung läßt man mindestens 5 Tage in offener Schale stehen. Die abgeschiedenen Krystalle werden mit Eiswasser gewaschen. Zur Reinigung behandelt man die Salze mit Wasser von 45°, bis die Auszüge mit Silbernitrat nur noch eine schwache Reaktion geben. Aus den vereinigten Lösungen scheidet sich das Salz in braunen rhombischen Prismen aus. Aus der verdünnten Lösung (1 : 500) fällt Silbernitrat einen glänzenden, orangegelben Niederschlag aus, unter dem Mikroskop acht-seitige und quadratische Tafeln von $Ag[Co(NH_3)_2(NO_2)_4]$.

6. Chromiake.

a) Hexammin-, Pentammin- und Tetramminsalze.

Allgemeines. Die ungeheure Mannigfaltigkeit der Kobalt(III)-ammine findet ein annähernd ähnliches Gegenstück in den Chrom (III)-amminen, den Chromiaken, die ebenfalls typische Durchdringungskomplexe darstellen. Die geringere Anzahl der hier beschriebenen Chromkomplexe läßt allerdings erkennen, daß dieses Gebiet noch nicht so ausgiebig durchforscht wurde. Überraschend ist, daß die typischen Salzreihen der Kobaltiake oft nur durch unwesentliche Unterschiede von den entsprechenden Chromiaken sich auszeichnen; so weisen die Hexamminchrom(III)-salze ebenfalls eine leuchtend gelbe Farbe auf, werden darum ebenfalls als Luteosalze bezeichnet; bei den Purpureosalzen des Chroms, also $[Cr(NH_3)_5Cl]Cl_2$ ist es ganz ähnlich. Die Variationsmöglichkeiten können durch diese ben Liganden ausgeschöpft werden, die von den Kobaltiaken schon geläufig sind. Präparativ-methodisch ergeben sich jedoch dadurch deutliche Unterschiede gegenüber den Operationen zur Darstellung der Kobaltiake, daß das Chrom(III) ein stabiles Chlorid zu bilden vermag. Beim Kobalt ist ja immer die zweiwertige Stufe das Ausgangsmaterial (weil Kobalt(III)-chlorid nicht existenzfähig ist), die dann in komplexbildungsfähigem Milieu zum Kobalt(III) oxydiert wird. Beim Chrom ist diese Methode allerdings

[1] Jörgensen, S. M.: Z. anorg. allg. Chem. **17** (1898) 477.

auch anwendbar, wegen der unbequemen Handhabung der Chrom(II)-verbindungen aber wenig vorteilhaft. Die Möglichkeit der Einwirkung von Ammoniak auf wasserfreies Chrom(III)-chlorid wird hier in erster Linie ausgenützt. Diese Methoden stellen sozusagen zwei wichtige Zugangspforten für viele Reihen von Chromiaken dar. Weitere Möglichkeiten, in das Gebiet der Chromiake präparativ vorzudringen, bestehen in der Einwirkung von NH_4Cl/NH_3 auf Cr(III)-salz (s. Nr. 257) und in der Einwirkung von fl. NH_3 auf $(NH_4)_3[Cr(SCN)_6]$.

Die direkte Addition von Ammoniak an wasserfreies Chrom(III)-chlorid geht merkwürdigerweise nur in einem bestimmten Temperaturbereich vor sich. Wenn man nämlich bei —80° (Trockeneis-Äther-Gemisch) flüssiges Ammoniak auf Chrom(III)-chlorid einwirken läßt, tritt keine Reaktion ein, ebenso beim Überleiten gasförmigen Ammoniaks über Chrom(III)-chlorid nicht, jedoch wird von siedendem Ammoniak (—33°) das Chromchlorid in Hexamminchrom(III)-chlorid und unter Umständen hauptsächlich in Chloropurpureochrom(III)-chlorid überführt, welches dem analogen Kobaltsalz außerordentlich ähnlich ist. Diese beiden Produkte werden durch ihre verschiedene Wasserlöslichkeit getrennt und das Luteosalz als schwerlösliches Nitrat abgeschieden und durch Umkrystallisation gereinigt.

255. Hexamminchrom(III)-chlorid bzw. -nitrat, $[Cr(NH_3)_6]Cl_3$ bzw. $-(NO_3)_3$ und Chloropentamminchrom(III)-chlorid, $[Cr(NH_3)_5Cl]Cl_2$[1,2]. In einem langgestreckten Schliffkolben (s. Abb. 56) wird Ammoniak kondensiert, unter Kühlung mit einem Brei aus Kohlensäureschnee und Äther (Temperatur ungefähr —80°). Die Kältemischung befindet sich in einem Dewar-Gefäß, in das man den Schliffkolben eintauchen kann. Das Ammoniak wird entweder einer Stahlflasche entnommen oder durch Erhitzen einer konzentrierten Ammoniaklösung und Trocknen des entwickelten Gases durch zwei Trockentürme mit Kalk und einem U-Rohr mit Natriumhydroxydplätzchen bzw. Natriumdraht entwickelt. In das gut gekühlte flüssige Ammoniak trägt man dann anteilweise 8g von fein zerriebenem, wasserfreiem Chrom(III)-chlorid ein und wartet nach jeder Zugabe die eintretende Reaktion ab. Wird das $CrCl_3$ bei sehr tiefen Temperaturen zugegeben, ohne die Reaktion der einzelnen Portionen abzuwarten, so tritt beim langsamen Erwärmen plötzlich eine sehr heftige Reaktion des gesamten $CrCl_3$ ein. Nachdem alles eingetragen ist, läßt man langsam bei Zimmertemperatur das überschüssige Ammoniak abdunsten. Der Rückstand wird mit 30 cm³ eiskaltem Wasser verrieben, filtriert und mit wenig kaltem Wasser nachgewaschen, bis das Filtrat rötlich abfließt, wodurch die beginnende Löslichkeit des ebenfalls entstandenen Chloropurpureochrom(III)-chlorids angezeigt wird. Das Luteochrom(III)-salz wird im Filtrat durch konz. Salpetersäure als schwer lösliches Hexamminchrom(III)-nitrat abgeschieden, in wenig mit Salpetersäure angesäuertem Wasser warm gelöst und durch abermaligen Salpetersäurezusatz nach Filtration krystallinisch zur Fällung gebracht. Ausbeute ungefähr 7 g. Die Hexammin-chrom(III)-salze sind wie viele Chromiake photochemisch empfindlich. Die Aufbewahrung soll daher unter Lichtabschluß erfolgen.

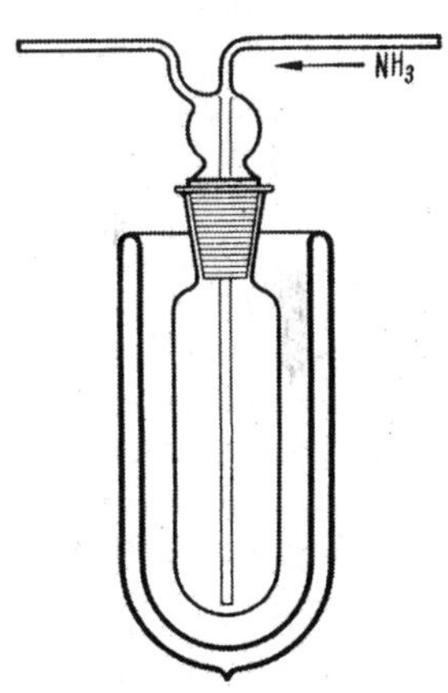

Abb. 56. Reaktionsgefäß für die Darstellung von Hexamminchromchlorid.

Will man das Chlorid isolieren, so extrahiert man den Abdunstungsrückstand, unter Vermeidung des Inlösunggehens von $[Cr(NH_3)_5Cl]Cl_2$, mit möglichst wenig

[1] Christensen, O.: Z. anorg. allg. Chem. **4** (1893) 229.
[2] Lang u. Carson: J. Amer. chem. Soc. **26** (1904) 414.

Wasser. Wenn nun die bei Zimmertemperatur gesättigte Lösung im Eisschrank abgekühlt wird, kann ein sehr großer Teil des Luteochlorids als Monohydrat in großen, sattgelben Krystallen abgeschieden werden; aus der Mutterlauge kann durch Zugabe von konz. Salzsäure in der Kälte noch weiteres Luteochlorid ausgefällt werden. Beim Trocknen über Silicagel wird das Wasser entfernt unter Zurücklassung undurchsichtiger, hellgelber Pseudomorphosen vom wasserfreien Chlorid nach dem Hydrat. Eine Ausfällung des Luteochlorids aus der Mutterlauge kann auch durch Alkohol erfolgen.

Der aus Purpureosalz bestehende Rückstand wird mit konz. Salzsäure aufgekocht, nach Abkühlen mit Wasser vermischt, abgenutscht und mit wenig kaltem Wasser gewaschen. Nun wird er möglichst schnell in 400···500 cm³ Wasser (mit wenig Schwefelsäure angesäuert) von 50° gelöst, sofort durch ein großes Faltenfilter filtriert und mit dem gleichen Volumen konz. Salzsäure versetzt. Das Chloropurpureochromchlorid fällt nun in schönen, roten Krystallen aus, wird nach einer Stunde abfiltriert, mit halbverdünnter Salzsäure, darauf mit Alkohol gewaschen und im Exsiccator getrocknet.

Die Methode der Oxydation ammoniakalischer Chrom(II)-salzlösung führt ebenfalls zur gemeinsamen Bildung von Luteosalz und Purpureosalz[1,2]. Die blaue ammoniakalische und ammoniumchloridhaltige Lösung von Chrom(II)-chlorid wird durch Oxydation mit Luftsauerstoff rot unter Abscheidung eines mehrkernigen Rhodochrom(III)-komplexes (ähnlich wie beim Kobalt!), der jedoch durch Kochen mit konz. Salzsäure zum Purpureochlorid umgesetzt wird.

256. Hexamminchrom(III)-nitrat, $[Cr(NH_3)_6](NO_3)_3$[1]. 80 g gepulvertes Kaliumchromat werden durch 100 cm³ Alkohol und 250 cm³ rauchender Salzsäure zum Chrom(III)-chlorid reduziert, die grüne Lösung wird mit Zink und Salzsäure in einer geschlossenen Apparatur unter Luftabschluß zum blauen Chrom(II)-chlorid reduziert. Diese Lösung wird durch Wasserstoffüberdruck in ein Gemisch von 700 g Ammoniumchlorid und 750 cm³ Ammoniak (D = 0,91) unter guter Durchmischung in der Weise eingetragen, daß die vorgelegte Flasche möglichst vollkommen gefüllt und mit einem Stopfen und Gasableitungsrohr versehen ist und ganz in kaltes Wasser gestellt wird. Der Verlauf der Reaktion kann an der Wasserstoffentwicklung verfolgt werden, nach Beendigung (18···24 Stunden) kann auf dem ungelösten Ammoniumchlorid schon abgeschiedenes krystallines Hexamminchlorid festgestellt werden. Die weitere Aufarbeitung erfolgt gleich anschließend; die abgegossene rote Flüssigkeit wird zur Abscheidung des gelösten Hexamminchlorids mit dem gleichen Volumen Alkohol versetzt, der Niederschlag nach Dekantieren mit Alkohol gewaschen, getrocknet, in *lauwarmem* Wasser gelöst und in gekühlte konz. Salpetersäure einfiltriert. Das ausgeschiedene Nitrat wird mit konz. Salpetersäure, dann mit einem Gemisch von 1 Vol. Salpetersäure und 2 Vol. Wasser chlorfrei und mit Alkohol säurefrei gewaschen.

Aus dem mit Hexamminchlorid vermischten Ammoniumchlorid kann das erstere durch Extraktion mit Wasser gewonnen und durch Fällung als Hexamminchrom(III)-nitrat abgeschieden und wie oben isoliert werden.

Das Chloropentamminchlorid bleibt mit Ammoniumchlorid zurück.

Außer diesen beiden Darstellungsmethoden sei noch eine Bildungsmöglichkeit des Purpureochlorids erwähnt, deren präparativen Ausnutzung jedoch die Entstehung und umständliche Abtrennung von Nebenprodukten (z. B. Chloro-Aquotetramminchrom(III)-chlorid) im Wege steht. Es können nämlich durch Behandeln

[1] Jörgensen, S. M.: J. prakt. Chem. (2) **20** (1879) 105; (2) **30** (1884) 2.
[2] Christensen, O.: J. prakt. Chem. (2) **23** (1881) 54.

von Ammoniumchromchlorid mit konz. Ammoniak und nachfolgendem Kochen mit rauchender Salzsäure die beiden genannten Chromiake entstehen und aus dem überschüssigen Ammoniumchlorid des Eindampfrückstandes isoliert werden.

Die Bildung des Chloro-aquo-tetramminchrom(III)-chlorids ist vorwiegend dafür verantwortlich zu machen, daß bei der Fällung von Chrom(III)-oxydhydrat in der Kälte mit NH_3 in Gegenwart von Ammoniumchlorid merkliche Mengen von Chrom gelöst bleiben.

Sofern das Chloroaquosalz dargestellt werden soll, ist dieses Verfahren als gemeinsame Darstellungsmethode zu empfehlen.

257. Chloroaquotetrammin-chrom(III)-chlorid $[Cr(NH_3)_4H_2OCl]Cl_2$. Man erhitzt 100 g Ammoniumdichromat in gesättigter Lösung mit 300 g Salzsäure von der Dichte 1,17, 200 g Ammoniumchlorid und 70 cm³ Alkohol. Es wird wiederholt zur Trockne abgedampft und der scharf getrocknete Rückstand in 1 l starkem Ammoniak (25%) zu einer rotvioletten Lösung gelöst. Nach einem Tag wird abgegossen, der Rückstand in HCl gelöst und diese Lösung wiederum mit 25proz. NH_3 behandelt, wobei praktisch kein Niederschlag mehr auftritt. Die vereinigten ammoniakalischen Lösungen werden mit 4 l konz. HCl versetzt. Es fallen im Gemisch mit Ammoniumchlorid $[Cr(NH_3)_4H_2OCl]Cl_2$ und $[Cr(NH_3)_5Cl]Cl_2$ aus. Durch Schütteln mit halbkonz. HCl wird das Ammoniumchlorid extrahiert. Die beiden purpurroten Salze werden bei Lampenlicht abgenutscht und in reines Wasser gegeben. Das Chloropentamminsalz bleibt wegen seiner Schwerlöslichkeit zum größten Teil zurück. Aus der Lösung wird das Chloroaquosalz mit Ammoniumsulfat (verd. 1:5) zur Abscheidung gebracht, welches erst nach längerer Zeit (12 Stdn.) unter Eiskühlung in dunkelkarminroten, gut ausgebildeten Krystallen auftritt. Durch Aufschlämmen in konz. HCl wird das Chloroaquosulfat in das entsprechende Chlorid übergeführt. Zur Erzielung größerer Krystalle löst man das zunächst erhaltene feinkrystalline Chlorid in wenig H_2O und fällt es nun durch vorsichtigen tropfenweisen Zusatz von konz. HCl aus. Bei beginnender Krystallabscheidung wartet man die restlose Aufhebung der Übersättigung ab und gibt erst dann einen weiteren Tropfen konz. HCl zu. Das Chloroaquochlorid fällt dann in gut ausgebildeten, karminroten Krystallen an.

Eine sehr elegante Bildungsweise des Purpureochlorids, die allerdings die Existenz von anderen Chromiaken voraussetzt, kann z. B. durch Kochen von Luteo- oder Roseosalz mit starker Salzsäure erzielt werden.

Überführung von Luteosalz in Chloropurpureosalz. Eine Lösung von Hexamminchrom(III)-nitrat in der elffachen Gewichtsmenge heißen Wassers wird mit dem gleichen Volumen konz. Salzsäure vermischt und $^1/_2 \cdots 1$ Stunde in schwachem Sieden gehalten. Das dabei ausgeschiedene Chloropentamminchromichlorid wird nach dem Abkühlen wie angegeben isoliert.

b) Hexaharnstoffchrom(III)-salze.

Die Harnstoff-Chrom(III)-salze dürften insofern von Interesse sein, als sie in vieler Hinsicht weitgehend von den anderen Chromiaken abweichen. Der Harnstoff vermag trotz der beiden Aminogruppen nur eine Ligandenstelle (Komplexbindung wahrscheinlich über den Sauerstoff) zu besetzen. Die grüne Farbe weicht von analogen Komplexen ab; sie können u. a. aus hydratischen Chrom(III)-salzen gewonnen werden. Auch die Unlöslichkeit des freien Hydroxyds ist ein Zeichen dafür, daß hier offenbar kein Durchdringungskomplex vom Luteotyp vorliegt.

258. Hexaharnstoffchrom(III)-chlorid, $[Cr(CO(NH_2)_2)_6]Cl_3 \cdot 3H_2O$[1]. 5 g grünes Chromchloridhydrat und 6,75 g Harnstoff (1 : 6) werden in Wasser gelöst und auf dem Wasserbad möglichst weitgehend zur Trockne eingedampft. Der Trockenrückstand wird mit soviel Wasser verrieben, daß ein dicker grüner Brei entsteht, der nach Erwärmen eine klare Lösung bildet, die nun filtriert wird. Nach kurzer Zeit scheiden sich zentimeterlange, gut ausgebildete, bläulich-grüne Nadeln aus. Aus der Mutterlauge kann man durch erneutes Eindampfen bis zur Trockne und gleicher Behandlung des Trockenrückstandes noch eine weitere Fraktion an Hexaharnstoffchrom(III)-chlorid gewinnen. Ausbeute 5···6 g. Ein Überschuß an Harnstoff ist zu vermeiden, da dessen Entfernung häufigeres Umkrystallisieren des Hexaharnstoffsalzes notwendig machen würde.

c) Aquopentamminchrom(III)-salze (Roseosalze).

Die Roseochrom(III)-salze $[Cr(NH_3)_5H_2O]^{+++}$ sind bedeutend unbeständiger als die Luteosalze; besonders empfindlich sind sie gegen Lichteinwirkung — eine Tendenz, die bei den Chromiaken allgemein ziemlich ausgeprägt ist —, ebenso gegen Erwärmung. In Wasser sind sie ziemlich gut löslich. Farbe gelborange.

Wegen der weitgehenden Unbeständigkeit der Roseochrom(III)-salze hat sich bisher nur ein schwieriges, aber das angestrebte Produkt sehr schonendes Verfahren bewährt. Man führt das Purpureochlorid durch Behandeln mit Silberoxyd in das Roseochrom(III)-hydroxyd über (unter Ausfällung von Silberchlorid!) und neutralisiert die Base vorsichtig mit der Säure, deren Salz man herzustellen wünscht. Die freien Basen der Kationenkomplexe von Chrom-III und Kobalt-III, ebenso Rhodium-III und Iridium-III, kann man allgemein so herstellen; zum großen Teil sind sie sehr stark dissoziiert, können aus Ammoniumsalzen Ammoniak in Freiheit setzen und verhalten sich wie Kalium- oder Natriumhydroxyd. Beständig und in fester Form erhältlich dürften jedoch nur die Basen der Komplexe sein, die durch Trisubstitution mit koordinativ zweiwertigen Liganden gegen einen Einzelligandenaustausch geschützt sind, z. B. $[Co\,en_3](OH)_3$.

259. Aquopentamminchrom(III)-chlorid, $[Cr(NH_3)_5H_2O]Cl_3$[2]. Aus 20 g Silbernitrat wird mit carbonatfreier Natronlauge das Silberoxyd ausgefällt und ausgewaschen und mit der anhaftenden Feuchtigkeit in einen Porzellanmörser über 5 g $[Cr(NH_3)_5Cl]Cl_2$ gegossen und 4 Minuten umgerührt. Danach wird sofort durch ein Filter gegossen, auf dessen Boden etwas Silberoxyd gebracht ist. Das tiefrote Filtrat wird nach Neutralisation mit Säure gelbrot. Es ist nicht zweckmäßig, das Silberoxyd länger auf das Purpureochlorid einwirken zu lassen, da durch die Selbstzersetzung der starken Base Ammoniak frei wird, das wiederum Silberchlorid in lösliches Silberdiamminsalz überführt, das allerdings bei Neutralisation wieder zur Ausfällung gebracht wird. Das Chlorid wird nun durch Neutralisation der Base mit schwacher Salzsäure erhalten; nach Möglichkeit wird das Hydroxyd direkt in die Säure hineinfiltriert, jedoch so, daß möglichst kein Überschuß vorhanden ist, der beim Eindunsten dann eine Komplexumlagerung in das Purpureochlorid verursachen würde. Die so erhaltene Lösung des Roseochlorids wird von etwa noch ausgeschiedenem Silberchlorid abfiltriert und in einer flachen Schale in starkem Luftzug (Fön) möglichst schnell (24 Stunden) eingedunstet. Hat sich die Hauptmenge abgeschieden, so wird die Mutterlauge, die überschüssige Salzsäure enthält, abgetrennt, da durch letztere eine Umwandlung in Purpureochlorid begünstigt wird. Auf Filtrierpapier wird die anhaftende Mutterlauge entfernt, mit sehr wenig Wasser gewaschen und an der Luft auf Filtrierpapier getrocknet. *Alle Operationen sind unter Ausschluß*

---

[1] Pfeiffer, P.: Ber. dtsch. chem. Ges. **36** (1903) 1926.

[2] Christensen, O.: J. prakt. Chem. (2) **23** (1881) 27.

von Tageslicht durchzuführen. Ausbeute 4 g. Orangefarbene Krystalle, die leicht wasserlöslich sind.

d) Trichlorotripyridinchrom(III).

Das $[CrCl_3Py_3]$ kann man zu den komplexen Nichtelektrolyten des Kobalts in Analogie setzen, worauf die Unlöslichkeit dieses Stoffes in Wasser, sowie Löslichkeit in Alkoholen, Pyridin u. a. m. hinweist. Dargestellt wird der Stoff durch Einwirkung von siedendem Pyridin auf wasserfreies $CrCl_3$[1] oder auch auf grünes Chromchloridhydrat[2], bei letzterem unter gleichzeitiger Bildung von $[CrPy_2(H_2O)_2 \cdot (OH)_2]Cl$.

260. Trichlorotripyridinchrom(III), $[CrCl_3Py_3]$. Wasserfreies Chromtrichlorid wird am Rückflußkühler einige Stunden mit überschüssigem, siedendem Pyridin behandelt, wobei der größte Teil des Chromchlorids in Lösung geht. Sofern das verwandte Pyridin wasserfrei war, entsteht hierbei *kein* unlöslicher Niederschlag von basischem, pyridinhaltigem Chromsalz. Nach restloser Auflösung des violetten Chromchlorids, die durch Zugabe von wasserfreiem Chrom(II)-chlorid erheblich beschleunigt werden kann, wird filtriert, worauf sich die Trichloropyridinverbindung in grünen Blättchen oder mehr kompakten grünen Krystallen abscheidet. Aus der Mutterlauge wird durch Abdestillieren des Pyridins noch eine weitere Fraktion gewonnen.

Man erhält den Stoff auch aus grünem Chromchloridhydrat, das man in Pyridin löst und Wasser hinzugibt, wobei sich ein Gemisch von $[CrPy_2(H_2O)_2(OH)_2]Cl$ und $[CrPy_3Cl_3]$ in Form eines grünen Pulvers abscheidet. Wird dieses Gemisch mit Salzsäure behandelt, so geht das Hydroxochlorid durch Addition von Salzsäure in $[CrPy_2(H_2O)_4]Cl_3$ über, was an der tiefroten Färbung der Lösung erkennbar ist, während der Tripyridinkörper als unlösliches Pulver zurückbleibt. Zur Reinigung kann man es in konz. Salpetersäure zu einer tiefgrünen Flüssigkeit lösen und durch Zusatz von Wasser sofort wieder in krystalliner Form abscheiden.

e) Reineckes Salz.

Allgemeines. Das als „Reineckes Salz" lange bekannte Chromiak ist insofern von besonderer Wichtigkeit, als viele Schwermetallsalze der zugrunde liegenden Säure eine außerordentlich geringe Löslichkeit besitzen und in Form des Reineckats abgeschieden werden können. Außerdem ist es möglich, z. B. durch Umsatz des Bariumsalzes mit Schwefelsäure die freie Säure in Form roter glänzender Blättchen zu isolieren, entweder durch Eindampfen der Lösung oder durch Ausäthern derselben (komplexe Säuren mit voluminösem Anion neigen allgemein zur Bildung von Ätheranlagerungsverbindungen und damit zur Ätherlöslichkeit). Mit Salpeter- oder salpeteriger Säure läßt sich eine Nitrosylverbindung des Reineckat-Anions in dunkelbraunroten Krystallen herstellen[3]. Präparativ-methodisch stellt die Darstellungsweise aus dem Schmelzfluß (!) von Ammoniumrhodanid für Amminkomplexe etwas Außergewöhnliches dar. Als Nebenprodukt bei der komplizierten Reaktion erhält man noch „Morlands Salz", das ein Guanidiniumsalz der Reineckesäure darstellt.

261. Ammoniumtetrarhodanatodiamminchromiat, $NH_4[Cr(NH_3)_2(SCN)_4]$[4]. 34 g fein gepulvertes Ammoniumbichromat werden in 200 g in einer Porzellanschale ge-

---

[1] Pfeiffer, P.: Z. anorg. allg. Chem. **21** (1900) 282.
[2] Pfeiffer, P.: Z. anorg. allg. Chem. **55** (1907) 99.
[3] Richter, G., u. A. Werner: Z. anorg. allg. Chem. **15** (1897) 243.
[4] Werner, A., u. A. Hoblik: Liebigs Ann. Chem. **406** (1914) 276.

schmolzenem Ammoniumrhodanid unter langsamem Umrühren eingetragen. Die Schmelze wird nach dem Erkalten pulverisiert und mit wenig kaltem Wasser einige Male ausgelaugt. Der Rückstand erhält dann das Reineckesche Salz, das zur Trennung von beigemischtem Morlandsalz mit Wasser von 50° ausgelaugt wird. Aus dieser Lösung krystallisiert das Ammoniumtetrarhodanatodiamminchromiat, während Morlands Salz auf dem Filter zurückbleibt.

Bei Verwendung von Kaliumbichromat erhält man ein Gemisch von Kalium- und Ammoniumsalz der Reineckesäure, die beide in kaltem Wasser und in Alkohol ziemlich leicht löslich sind. Das Ammoniumsalz krystallisiert mit einem Mol. Wasser in rubinroten glänzenden Blättchen bis zur Größe eines Quadratzentimeters.

7. Platiake, Rhodiake, Iridiake.

Die Homologen des Kobalts, Rhodium und Iridium, vermögen gemäß ihrer Elektronenstruktur den Kobaltiaken und Chromiaken vollkommen analoge Verbindungen zu bilden. Wenn auch die von diesen Edelmetallen sich ableitenden Komplexsalze noch nicht so systematisch und eingehend untersucht worden sind wie die des Kobalts und Chroms, so können die weitgehenden Analogien zwischen den vier koordinativ sechswertigen Elementen in den Komplextypen auch beim Rhodium und Iridium erkannt werden. Die Löslichkeit und die Fällungsreaktionen sind bei den entsprechenden Salzreihen des Kobalts und Chroms sowie des Rhodiums und Iridiums sehr ähnlich. Die charakteristischen Färbungen, die den verschiedenen Komplextypen ja die klassische Bezeichnungsweise eingebracht haben, treten hier nun vollkommen zurück; die meisten Rhodiake und Iridiake sind farblos, nur die bei Kobalt und Chrom intensiv rot gefärbten Chloropentamminsalze sind bei den entsprechenden Edelmetallkomplexen gelb gefärbt. Offenbar ist durch Veränderung des Zentralatoms eine Verschiebung des Absorptionsmaximums eingetreten. Da der praktischen Darstellung dieser Komplexe wohl immer der Mangel an entsprechendem Edelmetall im Wege stehen wird, seien einige Typen von Rhodium- bzw. Iridiumkomplexen nur tabellarisch aufgeführt.

Tabelle 11. *Komplexsalztypen des Rhodiums und Iridiums.*

Komplex	Färbung	Darstellungsweise
$[Rh(NH_3)_6]Cl_3$	farblose Kristalle	aus $[Rh(NH_3)_5Cl]Cl_2$ + konz. NH_3
$[Rh(NH_3)_5H_2O]Cl_3$	,, ,,	,, ,, + 10% NH_3
$[Rh(NH_3)_5Cl]Cl_2$	schwefelgelbe Krist.	aus $RhCl_3$ + flüss. NH_3 (in Wasser schwer löslich!)
$[Ir(NH_3)_6]Cl_3$	kleine farblose Krist.	aus dem Nitrat der Reihe, dies aus $[Ir(NH_3)_5Cl]Cl_2$
$[Ir(NH_3)_5H_2O]Cl_3$	,, ,, ,,	aus $[Ir(NH_3)_5Cl]Cl_2$ + KOH
$[Ir(NH_3)_5Cl]Cl_2$	hellgelbe tafelige Kristalle	aus Ir-chloriden + 25proz. NH_3 in Wasser relativ schwer löslich!

Amminkomplexe der oben beschriebenen Art kann auch das Platin bilden und zwar im zweiwertigen Zustand mit der Koordinationszahl 4.

So kann man z. B. durch Kochen von $H_2[PtCl_4]$ (erhalten durch Reduktion von H_2PtCl_6 mit SO_2) mit Ammoniak in großem Überschuß das sog. 1. Chlorid von Reiset $[Pt(NH_3)_4]Cl_2$ in farblosen, nadeligen Krystallen erhalten, die bei 250° zwei Mole Ammoniak abspalten unter Bildung des 2. Chlorides von Reiset $[PtCl_2(NH_3)_2]$, einem schwefelgelben Pulver, welches aus heißem Wasser umkrystallisiert und krystallin erhalten werden kann. Cl^- kann wegen seiner komplexen Bindung nicht momentan aus der wässerigen Lösung gefällt werden. Fügt man das Ammoniak zu einer *kalten* Lösung von $H_2[PtCl_4]$, so erhält man ein Isomeres zum 2. Chlorid von Reiset als grünlichgelben Niederschlag, das Chlorid von Peyrone, in dem das Cl ebenfalls komplex gebunden ist. Die Isomerie ist nur unter Annahme einer planaren Konfiguration der Liganden, die eine cis-trans-Isomerie ermöglicht, zu verstehen:

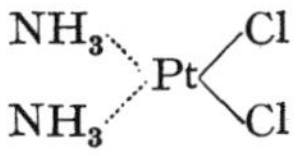

$NH_3 \\ NH_3$ > Pt < $Cl \\ Cl$	$NH_3 \\ Cl$ > Pt < $Cl \\ NH_3$
cis	trans
Chlorid von Peyrone	2. Chlorid von Reiset

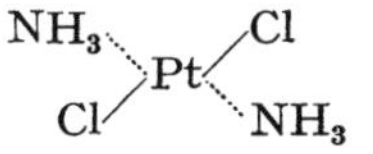

Dipolmomentmessungen haben die Zuordnung der cis-Form für das Chlorid von Peyrone ergeben.

Die Ammoniakkomplexe vom vierwertigen Platin reihen sich bezüglich der Eigenschaften und des komplexchemischen Verhaltens in vieler Hinsicht weitgehender in die Systematik der anderen Amminverbindungen ein, als die Platiake der zweiwertigen Stufe, was um so verständlicher ist, als hier ebenfalls eine edelgasähnliche Struktur erreicht wird; z. B. hat Platin 78 Elektronen, vierfach ionisiert $74 + 12$ Elektronen von $6\,NH_3 = 86$ Elektronen = Emanation. Es kommt so zu Amminen vom Typus $[(Pt(NH_3)_6)]Cl_4$ (Chlorid der Drechselschen Base) oder $[Pt(NH_3)_5Cl]Cl_3$ usw., die jedoch im sichtbaren Gebiet nicht absorbieren und daher farblos erscheinen, wie die entsprechenden Rhodiake und Iridiake. Die Abhängigkeit der Koordinationszahl des Zentralatoms von dessen Wertigkeit kommt beim Pt^{II} (Koordinationszahl 4) und Pt^{IV} (Koordinationszahl 6) besonders deutlich zum Ausdruck.

Salze der Drechselschen Base wurden zuerst durch Wechselstrom-Elektrolyse von Ammoniumcarbonat an Platinelektronen in geringer Ausbeute erhalten[1]. Von Tschugaeff[2] sind einfachere und ergiebigere Methoden ausgearbeitet worden, z. B. wird durch Einwirkung von flüssigem Ammoniak auf Ammoniumplatinchlorid $(NH_4)_2[PtCl_6]$ sowohl das Chlorid der Drechselschen Base als auch $[Pt(NH_3)_5Cl]Cl_3$ erhalten:

$$(NH_4)_2[PtCl_6] + 6\,NH_3 = [Pt(NH_3)_6]Cl_4 + 2\,NH_4Cl.$$

262. Platin(IV)-hexamminchlorid, $[Pt(NH_3)_6]Cl_4 \cdot H_2O$ und Platin(IV)-chloropentamminchlorid, $[Pt(NH_3)_5Cl]Cl_3$. 15···20 g $(NH_4)_2[PtCl_6]$ werden mit ungefähr 15 g flüssigem Ammoniak in einem Bombenrohr eingeschmolzen. Nach dem Erwärmen des abgekühlten Rohres auf Zimmertemperatur beginnt die Reaktion, die man am Übergang der gelben Farbe in einen ganz schwach gelblichen Farbton verfolgen kann. Zur Vervollständigung der Reaktion läßt man das Rohr einige Tage stehen, worauf es nach entsprechender Abkühlung mit einem Trockeneis-Äther-Gemisch unter großer Vorsicht (s. S. 5) wieder geöffnet wird. Das überschüssige flüssige Ammoniak wird nun abgedunstet und das feste Reaktionsprodukt mit wenig Wasser aus dem Rohr herausgespült und mit konz. wässerigem Ammoniak behandelt. Es tritt hierbei wieder eine schwache Gelbfärbung auf, die durch Bildung eines Platinamidokomplexes, der im ammoniakalischen Gebiet schwer löslich ist, hervorgerufen wird. Das Platinhexamminchlorid bleibt vorzugsweise in Lösung. Der gelbe Niederschlag wird abfiltriert und das ammoniakalische Filtrat auf dem Wasserbad eingedunstet, darauf mit Salzsäure angesäuert und das ausgeschiedene weiße, krystalline Produkt durch Umkrystallisation aus heißer Salzsäure gereinigt. Es ist relativ

[1] Drechsel: J. prakt. Chem. (2) **20** (1897) 378. — Gerdes: J. prakt. Chem. (2) **26** (1882) 257.

[2] Tschugaeff, L.: Z. anorg. allg. Chem. **137** (1924) 18.

schwerlöslich, so daß hierzu eine größere Menge Lösungsmittel notwendig ist. Beim Abkühlen der filtrierten Lösung scheidet sich das $[Pt(NH_3)_6]Cl_4 \cdot H_2O$ ab.

Der gelbe Rückstand, der im wesentlichen aus $[Pt(NH_3)_4NH_2Cl]Cl_2$ besteht, wird in verdünnter Salzsäure oder Essigsäure gelöst und durch Zugabe eines Überschusses an Salzsäure das nach der Gleichung

$$[Pt(NH_3)_4(NH_2)Cl]Cl_2 + HCl = [Pt(NH_3)_5Cl]Cl_3$$

gebildete Chloropentamminplatin(IV)-chlorid in charakteristischen Nädelchen zur Ausfällung gebracht. Es kann aus heißem Wasser, das mit Salzsäure angesäuert worden ist, umkrystallisiert werden.

8. Innere Komplexsalze (bzw. -verbindungen).

Allgemeines. Es besteht die Möglichkeit, daß in einem Molekül einer organischen Verbindung sowohl eine als neutraler Ligand wirkende Gruppe (z. B. NH_3) und zugleich eine Säuregruppe, die als anionischer Ligand wirken kann, enthalten sind. In diesem Fall wird durch das Zentralatom ein sog. „Innerkomplexring“ gebildet, der zu sehr beständigen und stabilen Komplexsalzen führt[1]. Das Glykokoll oder Glycin NH_2CH_2COOH z. B. kann durch das saure H-Atom der Carboxylgruppe salzbildend wirken und zugleich mit der Aminogruppe als neutraler Ligand das Koordinationsbestreben des Zentralatoms absättigen, so daß die Konstitutionsformel für das Kupfersalz wie folgt angegeben werden kann und aus der hervorgeht, daß die Koordinationszahl 4 für Kupfer erfüllt ist und dieses einmal durch Hauptvalenzkräfte und einmal koordinativ an das Glykoll gebunden ist. Komplexchemisch stellt das Glykoll also einen zweibindigen Liganden oder nach der Ausdrucksweise der angelsächsischen Literatur eine Chelatgruppe dar (χηλή = Krebsschere; also Scherenverbindung).

```
    /COO\   /OOC\
H₂C       Cu      CH₂
    \NH₂ ⋰  ⋱ H₂N/
```

α-aminoessigsaures Kupfer.

Charakteristisch für diese inneren Komplexe sind nun die Merkmale, die dieselben als typische Nichtelektrolyte kennzeichnen, also Schwerlöslichkeit in Wasser, keine Leitfähigkeit der Lösungen und damit keine elektrolytische Dissoziation, teilweise eine merkliche Flüchtigkeit oder Sublimationsfähigkeit, Löslichkeit in organischen Lösungsmitteln, normales Molekulargewicht, abweichende Färbung usw. Dadurch, daß sie sich in vielen Fällen leicht bilden und in Wasser schwer löslich sind, haben sie große Bedeutung als analytische Nachweis- und Bestimmungsreagentien von hoher Spezifität erlangt, das Nickelsalz des Dimethylglyoxims ist das bekannteste Beispiel. Die Beizenfarbstoffe, die in Form innerer Komplexe auf der Faser sich niederschlagen, lassen die praktische Bedeutung dieser Stoffklasse erkennen.

Auch wichtige Naturstoffe sind zu den inneren Komplexen zu rechnen wie z. B. Hämin, der Blutfarbstoff und Chlorophyll, die innerkomplex gebundenes Eisen(III) und Magnesium enthalten. Als künstliche Modellsubstanz sind in neuerer Zeit die Phthalocyanine aufgefunden worden, deren Aufbau, wie die Gegenüberstellung der beiden Formelbilder zeigt, den natürlichen Farbstoffen weitgehend analog ist und bei denen eine große Anzahl von Metallen komplex eingebaut werden. Auf den Charakter einer Innerkomplexverbindung deutet auch die Tatsache, daß

[1] Emeleus-Anderson: Ergebnisse und Probleme der modernen anorganischen Chemie, Berlin 1940, S. 85.

eine Sublimation der Kupferverbindung ohne Zersetzung noch bei 500···600° möglich ist.

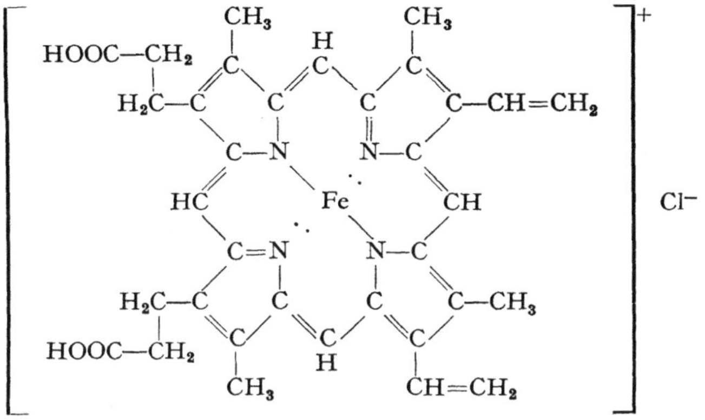

Hämin

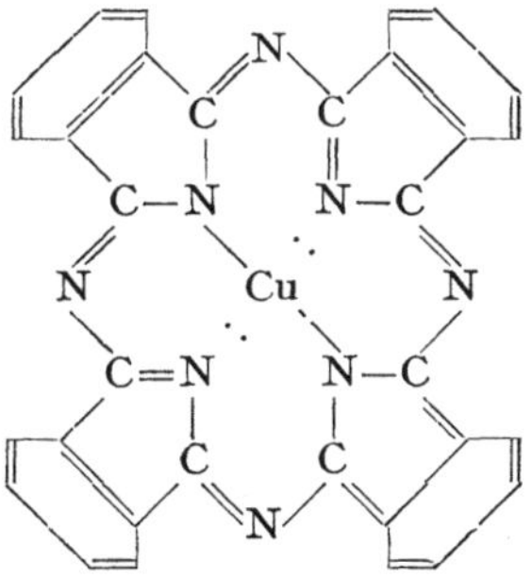

Kupfer-phthalozyanin

263. α-aminoessigsaures Kupfer, $Cu(NH_2CH_3COO)_2 \cdot H_2O$. 12,5 g krystallisiertes Kupfersulfat werden in Wasser gelöst und mit verdünnter Kalilauge in geringem Überschuß versetzt. Das ausgefallene Kupferhydroxyd wird mit Wasser gewaschen, filtriert und mit einer wässerigen Lösung von 7,5 g Glykokoll in der Siedehitze behandelt. Aus der erhaltenen Lösung scheidet sich das Salz in Form violettblauer Nadeln ab.

Von besonderer Wichtigkeit sind die zahlreichen Salze des Acetylacetons geworden, die man wegen ihrer niederen Schmelzpunkte und guten Löslichkeit in organischen Lösungsmitteln leicht in reinem Zustand erhalten kann. Das Acetylaceton weist in seiner Enolform $CH_3{-}CO{-}CH{=}C\langle{}^{CH_3}_{OH}$ ein durch Metall ersetzbares Wasserstoffatom auf und von diesem Metallatom wird noch eine koordinative Valenz zum Sauerstoff der anderen Karboxylgruppe betätigt (siehe Formel!), so daß die Koordinationszahl 6 des Chroms z. B. wieder erfüllt ist. Die Flüchtigkeit und die Löslichkeit in organischen Lösungsmitteln erlaubt es, mit den Acetylacetonaten Molekulargewichtsbestimmungen durchzuführen. Auf diese Weise war es möglich, beim Mangan(III)-acetylacetonat die Dreiwertigkeit gegenüber einer Mischung von 2- und 4wertigem Mangan sicherzustellen.

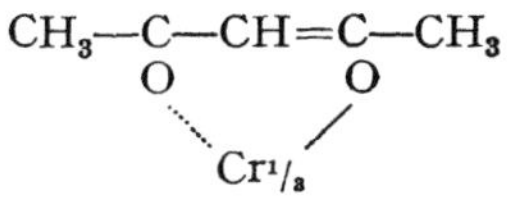

$CH_3{-}C{-}CH{=}C{-}CH_3$
O O
$Cr^{1/3}$

264. Chrom(III)-acetylacetonat, $(CH_3COCHCOCH_3)_3Cr$. Krystallisiertes Chromnitrat wird in Alkohol gelöst und die berechnete Menge an Acetylaceton hinzugegeben. Am Rückflußkühler wird leicht erwärmt. Nach dem Auftreten einer intensiv violetten Farbe wird der Alkohol abdestilliert. Das Chromacetylacetonat bleibt in glänzenden, gut ausgebildeten, rotvioletten Krystallen zurück. Es wird zur Reinigung mehrere Male aus Chloroform und Benzol umkrystallisiert. Im Vakuum kann es ebenfalls ohne Zersetzung sublimiert werden. Smp. 216° (Beginnt aber bereits vorher zu sublimieren!).

Basisches Berylliumacetat. Beryllium bildet ein seinem physikalischen Verhalten nach den inneren Komplexen sehr ähnliches basisches Acetat der Zusammensetzung $Be_4O(CH_3COO)_6$[1], das sogar destillierbar ist und damit eine gute Möglichkeit zur Reindarstellung von Berylliumverbindungen gibt. Entsprechende Salze werden auch mit höheren Fettsäuren gebildet.

265. Basisches Berylliumacetat, $Be_4O(CH_3COO)_6$. Berylliumhydroxyd, das gegebenenfalls durch Fällung einer Berylliumsalzlösung mit Ammoniak erhalten wird, wird in verdünnter Essigsäure unter Erwärmen aufgelöst. Beim Eindampfen der Lösung auf dem Wasserbad hinterbleibt eine gummiartig zähe Substanz, die man in ungefähr 200 cm^3 Eisessig (100proz. Essigsäure) löst (Abzug!). Die Lösung wird kochend filtriert, worauf das Salz nach Abkühlen in farblosen Nadeln und Oktaedern auskrystallisiert. Von der Mutterlauge wird $^3/_4$ des Eisessigs abdestilliert, um eine zweite Krystallfraktion zu erhalten. Die Krystalle werden auf der Glasfritte abgenutscht und bei 100° getrocknet.

Das Salz wird in einen kleinen Säbelkolben gefüllt. Es schmilzt bei 283···284° und siedet unzersetzt bei 330···331°. In der Säbelvorlage erstarrt es als weiße, krystalline Masse. In kaltem Wasser unlöslich, in heißem Zersetzung. In Chloroform gut löslich.

Die wegen ihrer Schwerlöslichkeit und praktisch totalen Spezifität bekannte Nickelverbindung des Dimethylglyoxims ist eine typische innere Komplexverbindung.

```
H3C—C=N—O\   /O—N=C—CH3
    |      Ni       |
H3C—C=N·········N=C—CH3
      |           |
      OH          OH
```

Abweichende Färbung, Schwerlöslichkeit in Wasser, Löslichkeit in organischen Lösungsmitteln, fehlende Dissoziationsfähigkeit, dafür aber Sublimationsfähigkeit sind hierfür charakteristische Beweise.

266. Sublimation des Nickeldimethylglyoxims. Das unter den üblichen analytischen Bedingungen erhaltene oder von gravimetrischen Nickelbestimmungen stammende Nickeldimethylglyoxim kann im Vakuum sublimiert werden. Es wird in einen Vakuumsublimationsapparat (s. Abb. 17 S. 10) gebracht und bei 1 mm Hg die Temperatur in einem Aluminiumblock langsam auf 230° gesteigert. Das Nickelsalz setzt sich in Form eines feinen Krystallniederschlages von satter carminroter Farbe am wassergekühlten Kühlrohr ab. Ab 250° tritt unter Braunfärbung jedoch schon der Beginn einer Zersetzung ein. Die Sublimation wird daher zwei Stunden bei 230° durchgeführt.

[1] Strukturbestimmung s. Gmelin: Handbuch der anorg. Chem. Be, 8. Aufl., S. 151.

9. Iso- und Heteropolysäuren und ihre Salze.

Allgemeines. Verschiedene Metallsäuren, besonders die schwächeren von diesen, wie die Wolframsäure, Molybdänsäure, Vanadinsäure usw., vermögen nicht nur monomolekulare, sondern unter bestimmten Bedingungen auch höhermolekulare Anionen zu bilden. So kann z. B., um den einfachsten Fall dieser Art anzuführen, das Chromation zu einem Bichromation unter Wasseraustritt kondensieren oder aggregieren:

$$2CrO_4^{--} + 2H^+ \rightleftharpoons Cr_2O_7^{--} + H_2O,$$

ein Vorgang, der mit weiteren Wasserstoffionen zu noch höheren Polychromsäureanionen (oder allgemein Isopolysäureanionen) führen kann. Die Aggregation ist also allgemein von der Wasserstoffionenkonzentration abhängig, wobei mit steigender Wasserstoffionenkonzentration eine Zunahme des Aggregationsgrades zu verzeichnen ist. Die meisten dieser Metallsäuren vermögen nun nicht nur mit sich selbst unter Wasseraustritt zu aggregieren, sondern auch mit anderen, meist schwächeren Metalloidsäuren wie z. B. Borsäure, Kieselsäure, Phosphorsäure, Arsensäure usw. unter Bildung der sog. Heteropolysäuren, wobei immer ein bestimmtes Verhältnis der beiden Säuren vorliegt, meistens Metallsäure:Metalloidsäure = 12:1, 6:1 oder auch 9:1.

Bei der Phosphormolybdänsäure, $H_3[P(Mo_3O_{10})_4] \cdot aq$, deren Ammoniumsalz wegen seiner Schwerlöslichkeit auch zum Nachweis der Phosphorsäure dient, kann man sich die Konstitution so entstanden denken, daß die vier Sauerstoffionen des Phosphatanions durch das bereits bei Isopolymolybdänsäuren als Baugruppe fungierende $(Mo_3O_{10})^{--}$ ersetzt sind.

Für die präparative Darstellung der Isopolysäuren und ihrer Salze ist nun ausschlaggebend, daß einerseits Hydroxylionen eine Aufspaltung zu monomolekularen Säuren bewirken, andererseits, z. B. bei der Molybdänsäure und der Wolframsäure, bei fortgesetzter Steigerung der Wasserstoffionenkonzentration durch fortlaufende Aggregation hochmolekulare unlösliche Oxydhydrate ausfallen, so daß eine genaue Einhaltung der vorgeschriebenen Wasserstoffionenkonzentration bzw. der angegebenen Reagenzienmenge notwendig ist. Freie Isopolysäuren können wegen dieser Aggregation auch nicht gefaßt werden, sondern nur deren Salze.

Die Heteropolyverbindungen, die prinzipiell durch Zusammengeben der Komponenten dargestellt werden können, sind in dieser Beziehung beständiger; es ist möglich, aus stärker angesäuerten Lösungen die freien Säuren zu isolieren. Durch Hydroxylionen wird eine rückläufige Wiederaufspaltung der komplexen Säure zu den Salzen der Säuren, die die Heteropolysäure aufbauen, herbeigeführt. Wichtig ist noch, daß die freien Heteropolysäuren Anlagerungsverbindungen mit Äther bilden, die mit Wasser und Äther nur begrenzt mischbar sind und darum aus wässerigen Lösungen die Säuren auszuschütteln gestatten (Drechselsches Verfahren).

Die Salze der Heteropolysäuren sind, sofern sie nicht direkt aus den einzelnen Komponenten erhältlich sind, durch Sättigen von Lösungen der freien Säuren mit Metallchloriden oder besser durch Zugabe von berechneten Mengen des Metallcarbonats darstellbar. Wegen der Aufspaltbarkeit der Heteropolysäuren durch Hydroxylionen ist ein Überschuß des Carbonats unbedingt zu vermeiden.

a) Isopolychromate.

Salze der Isopolychromsäuren lassen sich durch Zusammengeben des leicht zugänglichen Kaliumbichromats und Chromtrioxyd in bestimmtem Verhältnis darstellen. So kann z. B. ein Kaliumtrichromat durch vorsichtiges Eindampfen einer

Lösung von Kaliumbichromat und in bestimmter Menge überschüssigem Chromtrioxyd erhalten werden; bei höherem Überschuß an Chrom(VI)-oxyd wird Tetrachromat erhalten.

267. Kaliumtrichromat, $K_2Cr_3O_{10}$ bzw. $K_2O \cdot 3CrO_3$[1]. Man stellt bei 60° eine Lösung von 11 g Kaliumbichromat und 17,4 g Chromtrioxyd in 22 cm³ Wasser her (Molverhältnis $K_2O:CrO_3 = 1:6,66$). Diese Lösung ist bei 60° gerade gesättigt. Beim Eindunsten bei 60° scheiden sich intensiv rote Krystalle ab. Man verdampft etwa 13 cm³ der Flüssigkeit und dekantiert dann schnell noch warm ab. Die Krystalle werden durch Abpressen auf Filtrierpapier getrocknet. Ausbeute ca 7,8 g. Dicke, tiefrote Prismen, die in Wasser nur unter Zersetzung löslich sind. Sie krystallisieren wasserfrei. In Lösungen nur bei Gegenwart von überschüssigem Chromtrioxyd oder konz. Salpetersäure beständig.

b) Isopolymolybdate.

Das Ammoniummolybdat des Handels hat für gewöhnlich die Zusammensetzung des im Folgenden beschriebenen Stoffes, welcher meistens als Paramolybdat bezeichnet wird.

268. Ammoniumparamolybdat, $5(NH_4)_2O \cdot 12MoO_3 \cdot 7H_2O$[2]. Man läßt eine Lösung von Molybdän(VI)-oxyd in überschüssigem Ammoniak bei mittlerer Temperatur eindunsten, wobei das überschüssige Ammoniak mit verdunstet, und man das gesuchte Salz erhält, das in großen, klaren, farblosen, sechsseitigen Prismen krystallisiert, die in Wasser mäßig löslich sind. Die wässerige Lösung reagiert sauer und wird bei längerem Kochen hydrolytisch gespalten.

c) Heteropolysäuren.

Die Kieselsäure bildet mit der Wolframsäure eine Heteropolyverbindung der Konstitution $H_4[Si(W_3O_{10})_4 \cdot aq]$. Ihre Salze können aus Natriumwolframat und Kieselsäurehydrat erhalten werden, woraus die Säure nach dem Drechselschen Verfahren in freier Form darstellbar ist.

269. 12-Wolframsäure-1-Kieselsäure, $H_4[Si(W_3O_{10})_4 \cdot aq]$[3]. 50 g $Na_2WO_4 \cdot 2H_2O$ werden in 400 cm³ Wasser in der Kälte gelöst. Man versetzt die Lösung tropfenweise mit etwa 27 cm³ ca. 6n Salzsäure, bis sie auf Lackmus neutral reagiert. Der intermediär auftretende weiße Niederschlag löst sich beim Umschwenken wieder. Zu dieser Lösung wird ein Überschuß an frisch gefälltem Kieselsäurehydrat hinzugegeben (hergestellt nach folgender Vorschrift: Im Handel erhältliches Natriumsilikat wird in möglichst wenig kaltem Wasser gelöst und tropfenweise mit konz. Salzsäure gegen Lackmus neutralisiert. Nach einer Viertelstunde wird ein kleiner Säureüberschuß hinzugesetzt, dekantiert und 1···2 mal mit kaltem Wasser gewaschen und wieder dekantiert). Man kocht ca. 2 Stunden, wobei die Flüssigkeit durch Zugabe von kleinen Mengen Salzsäure sauer gehalten wird, bis eine abfiltrierte Probe beim Zusatz von verdünnter Salzsäure kein Wolframsäurehydrat mehr ausfallen läßt. Dann filtriert man vom ungelösten Siliciumdioxyd ab und schüttelt die Lösung mit Äther und konz. Salzsäure aus. Hierzu wird die möglichst konzentrierte Lösung der Säure im Scheidetrichter mit ungefähr einem Drittel ihres Vo-

---

[1] Jäger, E., u. G. Krüss: Ber. dtsch. chem. Ges. **22** (1889) 2040. — Schreinemakers, F. A. H.: Z. physik. Chem. **55** (1906) 71.

[2] Rosenheim, A.: Z. anorg. allg. Chem. **96** (1916) 141.

[3] Rosenheim, A., u. J. Jaenicke: Z. anorg. allg. Chem. **101** (1917) 240.

lumens Äther gut durchgeschüttelt. Darauf wird konz. (37proz.) eisenfreie und eisgekühlte Salzsäure in kleinen Anteilen unter Vermeidung jeglicher Erwärmung hinzugesetzt. Die Ätheranlagerungsverbindung setzt sich nunmehr in schweren öligen Tropfen als dritte unterste Schicht im Scheidetrichter ab und kann ohne Schwierigkeiten aus diesem abgelassen werden. Sobald bei erneuter Zugabe von Salzsäure keine öligen Tropfen mehr entstehen, ist die Bildung der freien Säure beendet. Das Öl wird mit ungefähr dem gleichen Volumen Wasser versetzt und der Äther durch Hindurchsaugen eines reinen, trockenen Luftstromes ausgetrieben. Die nunmehr vorliegende, klare wässerige Lösung der freien Heteropolysäure wird im Vakuumexsiccator über konz. Schwefelsäure bis zur beginnenden Krystallisation eingedunstet, die noch adsorbierte Salzsäure durch Stehen über festem Kaliumhydroxyd entfernt. Zweckmäßigerweise verwendet man zum Herstellen der freien Säure nur Salzsäure, da sich diese besser als Schwefelsäure oder Salpetersäure aus der Ätheranlagerungsverbindung wieder entfernen läßt[1,2]. Die Säure krystallisiert bei Zimmertemperatur in farblosen glänzenden, regulären Krystallen, die leicht wasserlöslich sind und bei einem Gehalt von 32 H_2O einen Schmelzpunkt von 53° aufweisen.

Die 12-Molybdänsäure-1-Phosphorsäure, deren Ammoniumsalz wegen seiner Schwerlöslichkeit weitgehende analytische Anwendung zum Nachweis und zur Bestimmung sowohl von Phosphor als auch von Molybdän findet, kann direkt aus freier Phosphorsäure und Molybdänsäure synthetisiert werden. Ein weiteres Ansäuern beim Ausäthern nach Drechsel erübrigt sich hier.

270. 12-Molybdänsäure-1-Phosphorsäure, $H_3[P(Mo_3O_{10})_4 \cdot aq]$[3]. Eine siedende Lösung von 6,3 g 25proz. Phosphorsäure in 100 cm^3 Wasser wird anteilweise mit 35 g Molybdän(VI)-oxyd versetzt und $2\cdots2^1/_2$ Stunden gekocht. Man filtriert vom Ungelösten ab und schüttelt die gelbe Lösung zur Reinigung des Rohproduktes mit Äther aus. Hierbei ist kein Säurezusatz nötig. Es wird nun weiter nach der Drechselschen Vorschrift wie bei der 12-Wolfram-1-Kieselsäure gearbeitet. Man erhält gut ausgebildete, orangegelbe, in Wasser sehr leicht lösliche Oktaeder mit einem Wassergehalt von 63 H_2O. Die Krystalle schmelzen in einem Intervall von 78···98°.

Als Stammsäuren können bei Heteropolymolybdaten auch die Hydroxyde des dreiwertigen Eisens, Aluminiums und Chroms fungieren, deren saure Natur aus ihrem amphoteren Verhalten erkenntlich ist. Die Darstellung des Ammoniumsalzes einer 12-Molybdänsäure-2-Chrom(III)-säure soll im Folgenden wiedergegeben werden.

271. Ammoniumsalz der 12-Molybdänsäure-2-Chrom(III)-säure, $3(NH_4)_2O \cdot Cr_2O_3 \cdot 12MoO_3 \cdot aq$[4]. Zu einer Lösung von 2 g $KCr(SO_4)_2 \cdot 12H_2O$ in 20 cm^3 Wasser wird in der Siedehitze eine Lösung von 30 g Ammoniumparamolybdat $5(NH_4)_2O \cdot 12MoO_3 \cdot aq$ in 110 cm^3 Wasser langsam hinzugefügt. Dabei schlägt die Farbe der Lösung von grün über bräunlich nach blaurosa um. Das p_H der Lösung soll ca. 5 betragen. Beim Erkalten krystallisiert das gesuchte rosa gefärbte Salz aus, manchmal erst nach 24 Stunden. Ausbeute ca. 6 g. Das rosa gefärbte Salz bildet ziemlich grobe, viereckige Plättchen oder Schuppen, die in heißem Wasser gut, in kaltem Wasser etwas schwerer löslich sind.

---

1 Drechsel, E.: Ber. dtsch. chem. Ges. **20** (1887) 1452. — Rosenheim, A., u. J. Jaenicke: Z. anorg. allg. Chem. **101** (1917) 224.

2 Rosenheim, A., u. J. Jaenicke: Z. anorg. allg. Chem. **101** (1917) 248.

3 Rosenheim, A., u. J. Jaenicke: Z. anorg. allg. Chem. **101** (1917) 248.

4 Rosenheim, A., u. H. Schwer: Z. anorg. allg. Chem. **89** (1914) 226.

XVII. Seltene Erden.

Allgemeines. Die Trennung der Elemente der Seltenen Erden voneinander ist ein präparatives Problem, an dem seit ihrer Entdeckung mit einer ganz besonders starken Intensität gearbeitet worden ist. Die weitgehende chemische Ähnlichkeit dieser Elemente miteinander ließ die präparativen Möglichkeiten einer Trennung auf sehr langwierige und umständliche Umkrystallisations- bzw. Fällungs- oder Zersetzungsvorgänge bei gewissen Salzen oder Doppelsalzen beschränken. Die generelle Dreiwertigkeit der Seltenen Erden wird nun in verschiedenen Fällen durchbrochen, so daß man z. B. Verbindungen des vierwertigen Cers oder des zweiwertigen Europiums oder Ytterbiums herstellen kann. In diesen abweichenden Wertigkeitszuständen treten nun chemische Eigenschaften der betreffenden Verbindungen hervor, die eine genügende Unterschiedlichkeit gegenüber den Verbindungen der im dreiwertigen Zustand verbliebenen Nachbarelementen aufweisen. Das vierwertige Cerion zeichnet sich vor dem dreiwertigen durch seine Gelbfärbung aus. Die Salze vom Ce(IV) sind sehr beständige Verbindungen.

272. Cer(IV)-ammoniumnitrat $(NH_4)_2[Ce(NO_3)_6]$. Man stellt Cer(IV)-oxyd-hydrat durch Fällung von Cer(IV)-sulfatlösung mit Ammoniak (gelbe Substanz) her. 10 g dieses Produktes werden mit konz. Salpetersäure (stickoxydfrei!) (d = 1,4) in der Wärme behandelt. Die Lösung wird durch eine Glasfritte filtriert und heiß mit einer ebenfalls erhitzten Lösung von 4 g Ammoniumnitrat in 12 cm^3 Wasser versetzt. Auf dem Wasserbade wird bis zur beginnenden Krystallisation eingedampft, abgekühlt und die orangeroten Krystalle des Doppelnitrats auf der Glasfrittennutsche abgesaugt und mit Salpetersäure nachgewaschen. In dreiwertigem Zustande noch anwesendes Cer krystallisiert nicht mit, bzw. kann durch Umkrystallisation entfernt werden. Beim Verglühen des Doppelnitrates muß CeO_2 als gelbliches Pulver zurückbleiben. Eine Dunkelfärbung zeigt die Anwesenheit von Praseodym an, das auch die Tendenz zeigt, in den vierwertigen Zustand überzugehen. Darstellung von Cer(IV)-sulfat s. S. 129, Nr. 158.

XVIII. Wolframbronzen.

Allgemeines. Eine Stoffklasse mit sehr merkwürdigen und charakterischen Eigenschaften bilden die sog. Wolframbronzen, die schon von Wöhler 1824 beobachtet, in neuerer Zeit aber erst eingehend untersucht worden sind[1]. Wenn Alkali- oder Erdalkalipolywolframate (also Salze, die auf ein Mol Alkalioxyd mehr als ein Mol Wolframoxyd enthalten) reduzierend behandelt werden, so entstehen Substanzen von erstaunlicher chemischer Indifferenz (in Säuren bis auf Flußsäure und Königswasser unlöslich, ebenfalls in wässerigen Alkalien), intensiver Färbung, metallischem Glanz, hoher Dichte und guter elektrischer Leitfähigkeit. Dabei ist das Wolfram partiell von der sechswertigen Stufe zur fünfwertigen reduziert worden. Je nach den gewählten Reduktionsbedingungen erhält man Produkte von verschiedener Farbe. Eine quantitative Reduktion des Wolframs zur fünfwertigen Stufe, also bis zur Zusammensetzung $NaWO_3$, läßt sich jedoch nicht erreichen, es tritt bei fortgesetzter Einwirkung des Reduktionsmittels letztlich elementares Wolfram auf.

---

[1] S. a. Emelèus-Anderson: Ergebnisse und Probleme der modernen anorganischen Chemie, Berlin 1940, S. 422.

Man kann sich die Struktur der Wolframbronzen so von dem hypothetischen Endglied $NaWO_3$ abgeleitet denken, daß Natriumionen in zunehmendem Maße im Krystallgitter fehlen; die dadurch entfallende positive Ladung wird durch Übergang eines entsprechenden Anteiles an W^{5+}- in W^{6+}-Ionen kompensiert. Die gleichzeitige Anwesenheit von fünf- und sechswertigem Wolfram bedingt die intensive Färbung dieser Verbindungen.

Als Reduktionsmethoden kommen in Frage:

1. Die Wöhlersche Methode durch Erhitzen im Wasserstoffstrom.
2. Reduktion des geschmolzenen Wolframats mit Zinn oder anderen Metallen.
3. Elektrolyse des geschmolzenen Wolframats.
4. Zusammenschmelzen von WO_2 und Wolframat bzw. Polywolframat unter Luftabschluß (überschüssiges Wolframat als Lösungsmittel).

Die Ausbeuten sind meist nicht hoch, außerdem entstehen oft Gemische verschiedener Bronzen. Die Natriumwolframbronzen sind am weitgehendsten untersucht, sie weisen je nach dem vorliegenden Verhältnis von Natrium zu Wolfram verschiedene Färbungen auf: $Na_{0,93}WO_3$ goldgelb, $Na_{0,64}WO_3$ orangerot, $Na_{0,46}WO_3$ rotviolett, $Na_{0,32}WO_3$ dunkelblauviolett, die man durch das Verhältnis der Wolframatkomponente und der Menge des Reduktionsmittels beeinflussen kann.

273. Gelbe Natriumwolframbronze, $Na_2W_2O_5$[1]. 60···80 g eines Gemisches von Natriumwolframat und Wolfram(VI)-oxyd im molaren Verhältnis 2:1 werden zusammengeschmolzen, allmählich mit 30 g Zinnfolie versetzt und 1···2 Stunden im Schmelzfluß belassen. Danach wird der Tiegel mit dem Schmelzgut sehr langsam erkalten gelassen, um eine gute Krystallisation der gewünschten Bronze zu gewährleisten. Die erkaltete Schmelze wird zerkleinert und in einer Porzellanschale abwechselnd mit Natronlauge und Salzsäure gekocht. Die Bronze bleibt in Form goldgelber oder rotgelber metallisch glänzender Metallwürfel zurück, die maximal 0,5 cm Kantenlänge haben können.

XIX. Ester anorganischer Säuren und Alkoholate.

Allgemeines. Die Esterdarstellung ist nach den Methoden der organischen Chemie in vielfältiger Weise durchführbar, deren Beschreibung hier nicht eingehend erfolgen soll. Diese Verbindungsklasse ist jedoch auch für anorganische Belange von großer Bedeutung, z. B. wenn eine unbeständige Säure in Form ihrer Ester als stabile Substanz charakterisiert werden kann oder wenn man eine leichtflüchtige Verbindung eines metallischen Elements zu erhalten wünscht usw. Formal lassen sich nämlich die Ester als Stoffe, deren saure Wasserstoffatome durch Alkyl- oder Arylreste ersetzt sind, den Salzen an die Seite stellen. Ihre leichte Flüchtigkeit, mangelnde elektrolytische Dissoziationsfähigkeit, Hydrolysierbarkeit zeigen jedoch, daß ein prinzipiell von diesen verschiedenes Verhalten vorliegt. Das geht auch aus den Bildungsweisen hervor: während sich ein Salz durch Neutralisation als Ionenreaktion unmeßbar schnell bei Zusammengeben von Säure und Base bildet, kommt es bei der Reaktion von Säure und Alkohol erst durch einen oft ziemlich langsamen Reaktionsverlauf zur Bildung vom betreffenden Ester und zwar auch nur bis zu einem gewissen Gleichgewichtszustand, z. B.:

$$CH_3OH + HNO_3 \rightleftharpoons CH_3NO_3 + H_2O \quad \text{(Salpetersäuremethylester)},$$

d. h., durch das entstehende Wasser wird der Ester wieder in die Ausgangsstoffe gespalten oder, wie man speziell bei den Estern diesen Vorgang bezeichnet, „ver-

---

[1] Philipp, I.: Ber. dtsch. chem. Ges. **15** (1882) 504.

seift". Das Gleichgewicht kann beeinflußt werden und zwar durch Zugabe von Wasser in Richtung der Verseifung, durch Zugabe von Alkohol oder Säure in Richtung der Esterbildung. Die Geschwindigkeit der Esterbildung kann durch Katalysatoren, z. B. Wasserstoffionen, gesteigert werden.

Aus Säurechloriden oder Säureanhydriden können die entsprechenden Ester quantitativ ohne Gleichgewichtseinstellung erhalten werden, z. B. nach:

$$SOCl_2 + 2\,C_2H_5OH \rightarrow SO(OC_2H_5)_2 + 2\,HCl$$

Schwefligsäurediäthylester (Diäthylsulfit).

Eine Esterbildung kann auch durch Einwirkung von Alkylhalogeniden auf ein Silbersalz der zu veresternden Säure erzielt werden, wobei neben unlöslichem Silberhalogenid der entsprechende Ester entsteht:

$$Ag_2SO_3 + 2\,C_2H_5J = 2\,AgJ + SO_2(OC_2H_5)\,(C_2H_5)\,.$$

Äthylester der schwefligen Säure.

Für die Konstitution der schwefligen Säure lassen sich zwei Formelbilder aufstellen:

$$O{=}S\begin{matrix}\diagup OH\\ \diagdown OH\end{matrix} \qquad \text{und} \qquad \begin{matrix}O\\ O\end{matrix}{\gg}S\begin{matrix}\diagup H\\ \diagdown OH\end{matrix}$$

1. 2.

in denen der Schwefel in der ersten symmetrischen Form strukturell vierwertig, in der zweiten unsymmetrischen Form sechswertig auftritt. Die Salze der schwefligen Säure leiten sich von der ersten Form ab, die freie schweflige Säure ist nicht bekannt, von ihren Estern kennt man aber tatsächlich zwei Reihen, die den beiden angegebenen Formelbildern entsprechen. Aus der Darstellungsweise dieser beiden isomeren Ester kann bereits auf ihre Zuordnung zu einer der angegebenen Konstitutionsformeln geschlossen werden ebenso wie aus ihren Verseifungsreaktionen. So kommt für den aus Thionylchlorid, $SOCl_2$, und Äthanol erhaltenen Ester nur die symmetrische Form in Frage, also $O{=}S\begin{matrix}\diagup OC_2H_5\\ \diagdown OC_2H_5\end{matrix}$. Der unsymmetrische Ester $\begin{matrix}O\\ O\end{matrix}{\gg}S\begin{matrix}\diagup OC_2H_5\\ \diagdown C_2H_5\end{matrix}$ kann sowohl aus Ag_2SO_3 und C_2H_5J als auch durch Veresterung der Äthylsulfonsäure erhalten werden, womit er also konstitutionsmäßig sich mit Sicherheit der zweiten Form zugehörig erweist. Die Äthylsulfonsäure enthält, wie aus ihrer Bildungsweise aus Äthylmerkaptan, C_2H_5SH, hervorgeht, direkt an Kohlenstoff gebundenen Schwefel und damit ebenso der entsprechende Äthylester, wie es Form 2 erfordert. Bei der Verseifung bildet sich ebenfalls beim symmetrischen Ester SO_2 und Äthanol, während der unsymmetrische Ester zur Äthylsulfonsäure und Äthanol verseift wird.

274. Symmetrischer Schwefligsäurediäthylester, $(C_2H_5O)_2SO$. Auf einen Fraktionierkolben mit Kühlmantel von 75 cm³ Inhalt wird mit einem Kork ein kleiner Tropftrichter so aufgesetzt, daß das Rohr des Trichters eben in die Kugel reicht; in den Kolben werden 40 g Thionylchlorid (1/3 Mol) eingefüllt und mit Eis-Kochsalzmischung gekühlt. Man läßt dann aus dem Tropftrichter 31 g Äthanol, das vorher durch zweistündiges Kochen über viel gebr. Kalk entwässert und dann unter Feuchtigkeitsausschluß abdestilliert wird, eintropfen und zwar zuerst langsam, da die Umsetzung anfangs sehr heftig ist und die Mischung sich stark erwärmt. Dauer 30···45 Minuten. Dann läßt man die Mischung sich auf Zimmertemperatur erwärmen, wobei reichlich Chlorwasserstoff entweicht (Abzug!), ersetzt den Tropftrichter durch ein Thermometer und destilliert. Zuerst geht neben viel Chlorwasserstoff noch etwas Alkohol fort, dann destilliert zwischen 130° und 160° etwa 38 g

Diäthylsulfit. Man destilliert das Rohprodukt aus dem gereinigten und getrockneten Apparat noch einmal, wobei ein Reinprodukt bei 158° übergeht. Ausbeute 35 g.

Symmetrischer Schwefligsäurediäthylester ist ein angenehm riechendes, farbloses Öl, das durch Wasser allein nicht verseift wird, mit Natronlauge tritt jedoch Spaltung zu Äthanol und Natriumsulfit ein.

275. Unsymmetrischer Schwefligsäurediäthylester, $C_2H_5 \cdot SO_2 \cdot OC_2H_5$. Zur Darstellung des als Ausgangsmaterial dienenden Silbersulfits wird Schwefeldioxyd in eine mit kaltem Wasser gekühlte Lösung von etwa 150 g Silbernitrat in 500 cm^3 Wasser geleitet, bis eine abfiltrierte Probe mit Salzsäure keine Fällung mehr gibt. Das Silbersulfit wird sofort abgesaugt, mit Wasser, Alkohol und Äther gewaschen und im Vakuumexsiccator über Schwefelsäure getrocknet.

Am nächsten Tage wird das trockene Silbersulfit mit der 11fachen Gewichtsmenge Äthyljodid übergossen, auf den Kolben ein mit Wasser gefüllter Rückflußkühler gesetzt, das obere Ende des Rückflußkühlers mit einem Chlorcalciumrohr versehen und das Ganze über Nacht stehen gelassen. Nach 24 Stunden werden 150···200 cm^3 Äther hinzugegeben, der durch mehrtägiges Stehen über Natriumdraht völlig entwässert worden ist. Es wird sechs Stunden auf dem Wasserbad unter Rückfluß gekocht, wobei das obere Ende des Kühlrohres mit dem Chlorcalciumrohr verschlossen bleibt. Das entstandene Silberjodid wird abgesaugt, mit Äther gewaschen und aus dem Filtrat der Äther langsam unter Verwendung einer Widmerkolonne abdestilliert. Der Rückstand wird aus einem Rundkolben ebenfalls mit der Widmerkolonne fraktioniert: 1. Vorlauf bis 100°, 2. 100···200°, 3. über 200°. Die erste Fraktion wird verworfen, während die beiden anderen weiterhin mehrmals fraktioniert werden. Der reine unsymmetrische Ester siedet bei 214···215° (760 mm Hg), Ausbeute 12···18 g.

Farbloses Öl, das sich mit Wasser nicht mischt und nur langsam verseift wird; mit alkoholischem Alkali tritt schnellere Spaltung nach folgender Gleichung ein:

$$C_2H_5SO_2 \cdot OC_2H_5 + H_2O = C_2H_5SO_2 \cdot OH + C_2H_5OH.$$

276. Ortho-Vanadinsäuretriäthylester, $VO(OC_2H_5)_3$[1]. Absoluter Äthylalkohol wird mit feingepulvertem Vanadinpentoxyd 6···8 Stunden am Rückflußkühler auf dem Wasserbad erhitzt; dann wird von ungelöstem Vanadinpentoxyd heiß abfiltriert und zwar unter möglichst weitgehendem Ausschluß von Luftfeuchtigkeit. Der überschüssige Alkohol wird bei Atmosphärendruck abdestilliert, bis das übergehende Destillat durch den Vanadinester gelb gefärbt ist und die Siedetemperatur des Alkohols überschritten wird. Nun wird im Vakuum (unterhalb 20 mm Hg) der Vanadinsäureester überdestilliert und zur Reinigung nochmals fraktioniert. Sdp. 98,5° (16 mm Hg).

Hellgelbe Flüssigkeit, die sich am Sonnenlicht und bei Temperaturen über 100° zersetzt. Mit Luftfeuchtigkeit tritt ebenfalls Hydrolyse des Vanadinsäureesters ein.

277. Kieselsäuretetraäthylester, $Si(OC_2H_5)_4$[2]. Allgemein wird zur Darstellung der Orthokieselsäureester zu 4,4 Molen des betreffenden wasserfreien Alkohols unter Feuchtigkeitsausschluß 1 Mol Siliciumtetrachlorid unter Kühlung zugetropft. Das Gemisch wird langsam im Verlauf einer Stunde am Rückflußkühler zum Sieden gebracht, bei höheren Alkoholen im Ölbad bis 150°. Nachdem nach $^3/_4$stündigem Erhitzen kein Chlorwasserstoff mehr entweicht, wird die Flüssigkeit in einer Kälte-Mischung gekühlt und zur Entfernung von noch gelöstem Chlorwasserstoff mit Natriumalkoholatlösung versetzt, bis Kongopapier nicht mehr gebläut wird. Ohne

---

1 Prandtl, W., u. L. Heß: Z. anorg. allg. Chem. **82** (1913) 103.

2 Weygand, C.: Organisch chemische Experimentierkunst, 2. Aufl. 1948, S. 326

Rücksicht auf das ausfallende Natriumchlorid wird der überschüssige Alkohol abdestilliert und der zurückbleibende Kieselsäureester gegebenenfalls im Vakuum fraktioniert.

Beim Äthylester reicht als Kühlung ein über das Ableitungsrohr des Fraktionierkolbens geschobenes Glasrohr von 40 cm Länge vollkommen aus. Bei der Destillation bei Atmosphärendruck werden zunächst folgende Fraktionen aufgefangen: 1. 160···175° (viel); 2. 175···185° (wenig); bei der folgenden erneuten Destillation der ersten Fraktion: 1. wenig Vorlauf; 2. 167···170°; 3. 170···180°. Die bei 167···170° siedende Flüssigkeit wird aus dem gereinigten und getrockneten Apparate nochmals destilliert, wobei fast alles scharf bei 168···169° übergeht. Ausbeute 13···15 g.

Farblose Flüssigkeit, die mit Wasser nicht mischbar ist, jedoch in verdünntem Alkohol langsam verseift wird.

Äthylate. Wird der Wasserstoff in einer hydroxylhaltigen Verbindung basischer Elemente durch eine Alkyl- oder Arylgruppe ersetzt, so erhält man die Alkoholate, die in verschiedenster Weise Bedeutung erlangt haben. Das Aluminiumäthylat z. B. kann wegen seiner leichten Hydrolysierbarkeit unter Abscheidung von Aluminiumhydroxyd als empfindliches Reagens auf kleine Mengen Wasser in organischen Lösungsmitteln dienen[1] oder es wird in der organischen Chemie für bestimmte Reduktionswirkungen benutzt[2].

278. Aluminiumäthylat, $Al(OC_2H_5)_3$[2]. Dadurch, daß für einen dauernden Überschuß an Aluminium gesorgt wird, erhält man ein krystallalkoholfreies und daher leicht lösliches und leicht schmelzbares Produkt im Gegensatz zu den früheren Verfahren, die ein krystallalkoholhaltiges, unschmelzbares und unlösliches Äthylat ergeben, aus denen durch langwierige Operationen der überschüssige Alkohol erst entfernt werden muß.

100 g Aluminiumgrieß werden in einem mit Rückflußkühler und Tropftrichter versehenen Kolben mit 650 cm³ Xylol übergossen und dann zum Sieden erhitzt. In 440 cm³ absolutem Alkohol löst man 0,5 g Quecksilber(II)-chlorid und 0,5 g Jod und gibt die Lösung tropfenweise in die siedende xylolische Suspension von Aluminium. Es setzt eine lebhafte Reaktion ein, so daß man die Heizquelle bald entfernen kann. Der Alkohol wird nur in dem Maße zugegeben, wie er zur Äthylatbildung verbraucht wird; sofern es bei zu schneller Zugabe zu einer Abscheidung des krystallinen, unlöslichen, krystallalkoholhaltigen Äthylats kommt, wartet man vor der weiteren Zugabe von Alkohol das Verschwinden des Niederschlages ab. Nachdem 320 cm³ Alkohol in 40 Min. zugesetzt worden sind, wird wegen der Verlangsamung der Reaktion die Heizung wieder in Gang gesetzt und die letzten 120 cm³ zugetropft. Nach Zugabe des Alkohols während $1^1/_2 \cdots 1^3/_4$ Stunden kocht man noch eine Viertelstunde weiter, bis die Wasserstoffentwicklung ganz aufgehört hat und filtriert heiß durch ein Faltenfilter im Heißwassertrichter. Vom klaren Filtrat wird das Xylol zuletzt im Vakuum abdestilliert, wobei 400 g reines, farbloses, geschmolzenes Aluminiumäthylat zurückbleiben. Smp. 134···135°; Sdp. $\sim 320^\circ_{760\,mm\,Hg}$; $200 \cdots 210^\circ_{10\,mm\,Hg}$.

Bei der Hydrolyse der Äthylate entsteht neben dem Metallhydroxyd oder -oxydhydrat nur Alkohol, der aus wässerigen Lösungen wegen seines niederen Siedepunktes leicht entfernt werden kann und außerdem kein Elektrolyt ist; dies ist z. B. für kolloidchemische Gesichtspunkte von Wichtigkeit. Bei der Hydrolyse von $Fe(OC_2H_5)_3$ oder $Cr(OC_2H_5)_3$ bildet sich z. B. nur $Fe(OH)_3$ bzw. $Cr(OH)_3$ und

[1] Henle, F.: Ber. dtsch. chem. Ges. **57** (1920) 719.

[2] Meerwein, H., u. R. Schmidt: Liebigs Ann. Chem. **444** (1925) 231.

Äthanol[1]. Die leichte Bildung von Thalliumalkoholat ermöglicht ein gutes Darstellungsverfahren von TlOH, das eine starke Base darstellt, die im Gegensatz zu anderen Schwermetalloxyden leicht löslich ist.

279. Thallium(I)-äthylat, $TlOC_2H_5$[2] und Thallium(I)-hydroxyd, TlOH. 5 g Thalliumspäne werden auf ein weitmaschiges Drahtnetz gelegt, das im Vakuumexsiccator über einem Schälchen mit 15 cm³ Äthanol liegt. Im Exsiccator befinden sich außerdem einige Stückchen gebr. Kalk; nach dem Evakuieren wird er mit Sauerstoff gefüllt, der je nach Verbrauch nachgefüllt wird. Das sich bildende Thalliumalkoholat tropft ölig in das Schälchen mit Alkohol, worin es sich zunächst etwas löst und sich dann als schwere Flüssigkeit am Boden ansammelt. Nach einem Tag ist die Reaktion beendet. Die Reaktionstemperatur darf nicht zu gering sein, Durchführung an einem warmen Ort beschleunigt die Reaktion. Durch das nach der Gleichung

$$2\,C_2H_5OH + 2\,Tl + {}^1\!/_2\,O_2 = 2\,TlOC_2H_5 + H_2O$$

entstehende Wasser tritt bereits eine partielle Hydrolyse nach der Gleichung

$$2\,TlOC_2H_5 + H_2O = TlOC_2H_5 + C_2H_5OH + TlOH$$

ein. Gibt man weiter Wasser hinzu, so kann durch Entfernen des Alkohols im Vakuum bei möglichst niederer Temperatur das Hydroxyd bei genügend hoher Konzentration in gelben Krystallen zur Ausscheidung gebracht werden. Um Carbonatbildung zu vermeiden, muß auf Fernhaltung der Luftkohlensäure geachtet werden.

XX. Acetate.

280. Bariumacetat, $Ba(CH_3COO)_2 \cdot 3\,H_2O$. Bariumcarbonat wird in eine wässerige Lösung von Essigsäure gegeben, bis diese durch Zugabe eines geringen Überschusses an Carbonat restlos verbraucht ist. Nunmehr wird filtriert und die Lösung eingedampft. Bei Zimmertemperatur kristallisiert das Trihydrat, bei Krystallisation bei höherer Temperatur fällt das Monohydrat oder das wasserfreie Salz an. Die Hydrate werden bei 150° restlos in das wasserfreie Salz überführt.

281. Siliciumtetraacetat, $Si(CH_3COO)_4$[3]. In ein Gemisch von wasserfreier Essigsäure und Essigsäureanhydrid wird etwas weniger als die theoretische Menge Siliciumtetrachlorid gegeben und auf dem Wasserbad unter Rückfluß erhitzt. Sobald die Salzsäureentwicklung nachläßt, wird erkalten gelassen. Nach einigen Stunden scheidet sich das Tetraacetat in Form weißer Krystalle aus der Lösung ab. Die überstehende Lösung wird abgegossen und die Krystalle mit reinem Äther gewaschen. Im Vakuum kann die Verbindung bei 5···6 mm Hg mit einem Siedepunkt von 148° (Smp. 110°) durch Destillation gereinigt werden. Beim Erhitzen unter Atmosphärendruck tritt bei 160°···170° Zersetzung ein. Die weiße Krystallmasse hydrolysiert sehr leicht und muß daher vor Luftfeuchtigkeit geschützt werden.

Bleitetraacetat. Salze des vierwertigen Bleis sind im allgemeinen nicht sehr beständig. Ihre Oxydationsfähigkeit wird bei organischen Reaktionen ausgenutzt und besonders das Blei(IV)-acetat hat sich als relativ beständige Verbindung in dieser Beziehung als brauchbare Substanz erwiesen. Alle bisher angegebenen Darstellungsvorschriften lösen Mennige in Eisessig:

$$Pb_3O_4 + 8\,CH_3COOH = Pb(CH_3COO)_4 + 2\,Pb(CH_3COO)_2 + 4\,H_2O.$$

---

[1] Thießen, P. A., u. O. Koerner: Z. anorg. allg. Chem. **180** (1929) 65. — Thießen, P. A., u. B. Kandelaky: Z. anorg. allg. Chem. **181** (1929) 285.

[2] Freudenberg, K., u. G. Uthemann: Ber. dtsch. chem. Ges. **52** (1919) 1509.

[3] Friedel, C., u. A. Ladenburg: Liebigs Ann. Chem. **145** (1867) 176.

PbO_2 würde eine bessere Ausbeute erwarten lassen, ist aber nur in ganz frisch gefälltem Zustand gegenüber Eisessig reaktionsfähig.

282. Bleitetraacetat, $Pb(CH_3COO)_4$[1]. In einen Weithals-Erlenmeyer-Kolben werden 150 g Eisessig gebracht. Ein Thermometer und ein Rührer werden ebenfalls im Innern des Kolbens angebracht. Durch ein feinmaschiges Drahtnetz werden Portionen von 5···10 g Mennige zugegeben, wobei jedesmal abgewartet wird, bis Farblosigkeit den vollständigen Umsatz der Mennige anzeigt. Die Reaktionstemperatur wird auf 55···65° gehalten. Im ganzen werden 60···65 g Mennige eingetragen. Es wird gegebenenfalls warm filtriert, nach dem Erkalten scheidet sich das Tetraacetat in weißen Nadeln ab. Die Krystalle werden abgenutscht und zur Reinigung in 20 cm^3 Eisessig bei 50° gelöst. Beim Erkalten scheiden sich die reinen Krystalle vom Tetraacetat erneut ab. Ausbeute 30···35 g.

283. Arsen(III)-acetat, $As(CH_3COO)_3$[2]. In einem Kolben wird in Acetanhydrid unter Erwärmen auf dem Wasserbad fein gepulvertes Arsentrioxyd in kleinen Portionen eingetragen, solange, als Lösung desselben erfolgt. Darauf wird die erhaltene Lösung im Vakuum fraktioniert. Nach Abdestillation des überschüssigen Acetanhydrids steigt der Siedepunkt auf 165···$170^{\circ}_{31\,\mathrm{mm\,Hg}}$. Es geht eine ölige Flüssigkeit über, die in der Vorlage zu einer weißen krystallinen Masse erstarrt. Wegen leichter Hydrolysierbarkeit muß das Arsen(III)-acetat unter Feuchtigkeitsausschluß aufbewahrt werden.

284. Boracetat, $B(CH_3COO)_3$[3]. 1 Gewichtsteil Borsäure wird mit 5 Gewichtsteilen Essigsäureanhydrid auf dem Wasserbad in einem Rundkolben mit aufgesetztem Rückflußkühler langsam erwärmt. Beim Erreichen einer Temperatur von 60° geht unter heftiger Reaktion und Aufsieden die Borsäure in Lösung, da die Bildung des Boracetats nach der Gleichung

$$B(OH)_3 + 3(CH_3CO)_2O = B(CH_3COO)_3 + 3CH_3COOH$$

eintritt. Nach dem Erkalten krystallisiert das Acetat nach einigen Stunden fast vollständig in weißen Nadeln aus. Sie werden aus Essigsäureanhydrid umkrystallisiert und mit absolutem Äther gewaschen. Smp. 147···148°. Destillation — auch im Vakuum — ist ohne Zersetzung in Borsäure und Acetanhydrid nicht möglich. Sehr feuchtigkeitsempfindlich und daher im abgeschmolzenen Röhrchen aufzubewahren. Nach Dimroth liegt ein Pyroboracetat $[(CH_3COO)_2B]_2O$ vor.

XXI. Kolloide Lösungen.

Allgemeines. Ein Stoff kann in einem anderen so gelöst werden, daß in dieser Lösung seine Molekeln vorliegen, er ist also molekulardispers im betreffenden Dispersionsmittel gelöst. Dieser Zustand kann an der optischen Homogenität der Lösung erkannt werden, sie ist vollkommen klar. Erfolgt nur eine mechanische Verteilung relativ grobteiliger Partikeln, so spricht man von Suspensionen, die optisch inhomogen, also trübe erscheinen bzw. durch Sedimentation mehr oder weniger rasch eine Ausscheidung des suspendierten Stoffes zeigen. Zwischen diesen beiden Verteilungsarten können die sog. kolloiden Lösungen eingruppiert werden,

[1] Criegee, R.: Z. angew. Ch. **53** (1940) 266; O. Dimroth u. R. Schweizer: Ber. dtsch. chem. Ges. **56** (1923) 1377.

[2] Pictet, A., u. A. Bon: Ber. dtsch. chem. Ges. (3) **33** (1905) 1114.

[3] Pictet, A., u. A. Geleznoff: Bulletin Soc. Chim. **36** (1903) 2219; s. a. O. Dimroth: Liebigs Ann. Chem. **446** (1925) 109. — Kahovec, L.: Ber. dtsch. chem. Ges. **43** (1939) 111.

deren gelöste Teilchen einen Durchmesser der Größenordnung 10···1000 Å haben und die zwar meistens klar sind und — soweit haltbar — keine Sedimentationserscheinungen zeigen. Durch das Tyndall-Phänomen, das durch seitliche Streuung eines durch die Lösung geschickten Lichtstrahles zustande kommt, können diese kolloiden Lösungen leicht erkannt werden.

Prinzipiell lassen sich alle Stoffe in geeigneten Dispersionsmitteln in den kolloiden Verteilungszustand bringen. Die praktischen Möglichkeiten dazu sind jedoch mannigfacher Art, und für einzelne Fälle sind oft nur spezielle Verfahren anwendbar. Je nach dem ob eine Kolloidsynthese von kleineren molekularen Bausteinen oder von grobdispersem Material ausgeht, spricht man von Kondensations- oder Dispersionsverfahren.

Die Kondensationsverfahren gehen von molekular gelösten Stoffen aus. Durch eine chemische Reaktion erzeugt man aus diesen den im kolloiden Zustand gewünschten Körper, der natürlich im Dispersionsmittel unlöslich oder zumindest sehr schwer löslich sein muß. Die Tendenz, in den kolloiden Zustand überzugehen und hierin auch stabil zu bleiben, ist bei verschiedenen Substanzen sehr unterschiedlich. Die Stabilität eines kolloiden Sols kommt durch die gleichsinnige Ladung der Kolloidteilchen zustande, die eine gegenseitige Abstoßung bewirkt und darin eine Zusammenlagerung zu größeren Teilchen, eine Ausflockung oder Koagulation, nicht eintreten läßt. Die Gegenwart mehr oder weniger großer Konzentrationen an Fremdelektrolyten beeinflußt die Ladung der Kolloidteilchen, so daß durch Elektrolytzugabe häufig eine kolloide Lösung zum Ausflocken gebracht werden kann. Da bei den Kondensationsreaktionen aber immer Ionen als Reaktionsprodukte anfallen, ist es von großer Wichtigkeit, diese möglichst weitgehend zu entfernen. Hierzu wird die Tatsache ausgenutzt, daß Kolloidteilchen Membranen, wie Pergament oder besser Cellophanpapier nicht zu durchdringen vermögen, während ionendisperse Teilchen sozusagen herausgewaschen werden. Vorrichtungen zu einer derartigen Dialyse müssen darauf eingerichtet sein, den durch die Membran dialysierten Elektrolyten gleich zu entfernen und durch Zuführung neuen Lösungsmittels möglichst schnell die kolloide Lösung hiervon zu befreien. Im in Abb. 57 wiedergegegebenen Schnelldialysator befindet sich das zu reinigende Sol im Mittelteil, das durch Drehung des inneren Rührers und des ganzen von der Membran umhüllten Mittelteils möglichst weitgehend mit der fließenden Außenlösung in Berührung kommt.

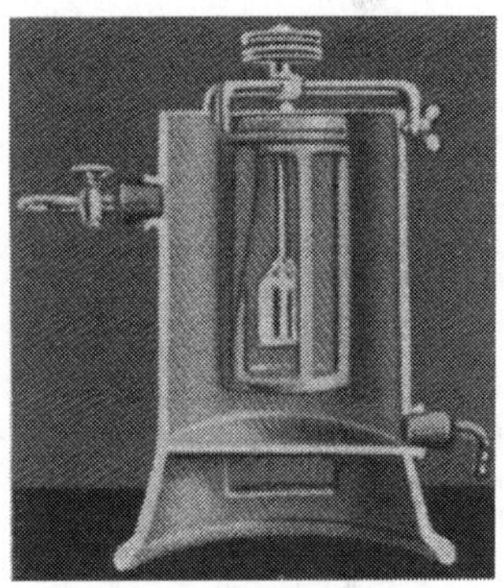
Abb. 57. Schnelldialysator nach Gutbier (nach Lottermoser).

Dispersionsverfahren erlauben häufig eine Kolloidsynthese auch in Abwesenheit von Elektrolyten, z. B. die elektrolytische Zerstäubung nach Bredig, die vor allem für Metallsole in Frage kommt. Zwischen zwei Metallstäben wird unter reinem Wasser ein elektrischer Flammenbogen erzeugt, durch den eine partielle Verdampfung des Metalls und Wiederabscheidung in kolloid gelöstem Zustand erfolgt. Durch rein mechanische Zerkleinerung (feines Zerreiben in einer sog. Kolloidmühle) lassen sich ebenfalls verschiedene Stoffe in den kolloiden Verteilungszustand überführen, wie z. B. Schwefel, Selen und Tellur sowie verschiedene Metalle.

a) Metallsole.

Kolloides Gold. Grundlegende Erkenntnisse über die Natur kolloider Lösungen wurden in hohem Maße durch das Studium kolloider Goldlösungen erzielt, die sich besonders, wie durch die klassischen Arbeiten von Zsigmondy[1] gezeigt worden ist,

[1] s. S. Zsigmondy: Kolloidchemie, Leipzig 1927, Seite 11.

für diesen Zweck als geeignet erwiesen haben. Es sind mehrere Verfahren zur Herstellung reiner Lösungen von kolloidem Gold angegeben, von denen das sog. Formaldehydverfahren darauf beruht, daß Goldchlorwasserstoffsäure in verdünnter Lösung mit Formaldehyd reduziert wird. Es kommt bei der Herstellung dieser Lösungen auf besonders sauberes Arbeiten in bezug auf Reinheit des Wassers, der Gefäße usw. an, um eine Koagulation der Goldteilchen, die sich an einer Farbänderung von roten nach blauen Farbtönen zu erkennen gibt, auszuschließen.

285. Goldsol (Formaldehydverfahren). Es wird zunächst doppelt destilliertes Wasser benötigt, das durch Destillation von aqua dest. (mit etwas Kaliumpermanganat versetzt) erhalten wird. Korken, Gummistopfen usw. sind unbedingt vollkommen zu vermeiden. Das Kühlrohr muß aus Gold, Silber oder Zinn bestehen. Die Vorlagekolben müssen aus Jenaer Glas sein und falls sie neu sind, durch mehrstündiges Ausdämpfen (Einleiten von Wasserdampf in den umgekehrten Kolben) von möglicherweise herauslösbarem Alkali befreit sein. Alle zur Verwendung kommenden Gefäße sind in gleicher Weise zu behandeln. Zum Umrühren sind ebenfalls Stäbe aus Jenaer Glas zu benutzen.

120 cm^3 dieses reinen Wassers werden in ein Becherglas von 300···500 cm^3 gebracht und zum Kochen erhitzt. Es werden 2,5 cm^3 einer Lösung hinzugegeben, die durch Auflösen von 0,6 g Goldchlorwasserstoffsäure $H[AuCl_4] \cdot 3H_2O$ in 100 cm^3 reinem Wasser erhalten worden ist und außerdem noch 3 cm^3 einer 0,18 normalen Lösung von reinstem Kaliumcarbonat zugefügt.

Man läßt wieder aufkochen und fügt unter lebhaftem Umschwenken ziemlich schnell 3···5 cm^3 verdünnte Formaldehydlösung (0,3 cm^3 von frisch destilliertem Formaldehyd in 100 cm^3 reinem Wasser) zu. Nach einigen Sekunden oder längstens nach einer Minute tritt die Reaktion unter Erscheinen einer zunächst hellroten, dann intensiv hochroten Farbe ein, die sich nicht weiter verändert.

Sofern blaue oder violette Lösungen entstehen, kann die Menge des zugegebenen Kaliumcarbonats oder Formaldehyds variiert werden. Das Verfahren ist aber äußerst empfindlich gegenüber Verunreinigungen der benutzten Lösungen, die eine Herabsetzung der pro Volumeneinheit sich bildenden Goldkeime bewirken und daher eine Vergrößerung der Teilchen, d. h. blaue Färbung des Sols verursachen.

b) Oxydhydrosole.

Kolloides Vanadinpentoxyd. Das Vanadinpentoxyd weist insofern im kolloiden Zustand ein besonders bemerkenswertes Verhalten auf, als seine Teilchen aus krystallinen Partikeln von stäbchenförmigem Aufbau bestehen, was deutlich beobachtet werden kann, wenn das Sol umgerührt wird. Die stäbchenförmigen Partikeln richten sich alle in der Strömungsrichtung aus und erzeugen charakteristische Schlieren von seidigem Glanz (Strömungsdichroismus).

286. Vanadin(V)-oxydsol. Ammoniummetavanadat wird im Porzellanmörser mit konz. Salzsäure verrieben. Der entstehende Niederschlag von Vanadin(V)-oxyd wird solange mit Wasser gewaschen, bis er in Lösung geht. Diese Lösung wird nunmehr dialysiert, wie auf S. 203 beschrieben worden ist. Es resultiert ein Hydrosol von rotgelber Farbe, die erwähnte Doppelbrechung kann jedoch erst beobachtet werden, nachdem durch längeres Stehen eine Ausbildung der stäbchenförmigen Kolloidpartikeln möglich geworden ist.

Kolloides Molybdänblau. Sole des Molybdänblaus erweisen sich wegen der Fähigkeit des Mo_3O_8, durch Fasern adsorbiert zu werden, also sozusagen als anorganische Farbstoffe zu fungieren, als besonders bemerkenswert[1]. Das ausgeschiedene Gel läßt sich reversibel ins Sol überführen.

---

[1] Biltz, W.: Ber. dtsch. chem. Ges. **38** (1905) 2964.

287. Molybdänblauhydrosol. Eine Lösung von 15 g Ammoniumparamolybdat, $5(NH_4)_2MoO_4 \cdot 7MoO_3 \cdot 7H_2O$, in 250 g Wasser und 35···40 cm³ 2 normaler Schwefelsäure wird unter schwachem Sieden während $^1/_2$···1 Stunde mit gasförmigem Schwefelwasserstoff reduziert, wobei sie sich sehr bald dunkelblau färbt. Die Säurekonzentration muß unbedingt eingehalten werden, da bei einem geringeren Zusatz von Schwefelsäure Abscheidung von Molybdänsulfid eintritt; bei starkem Säuregehalt wird die Ausbeute verschlechtert. Nach Filtration wird die Lösung längere Zeit dialysiert, bis im Außenwasser keine SO_4-Ionen mehr nachweisbar sind. Der Inhalt des Dialysators wird auf dem Wasserbad eingedampft, wobei zuletzt ein lackartiger, tiefblau gefärbter Rückstand verbleibt, der unter öfterem Verreiben auf dem Wasserbad staubtrocken erhalten wird.

Dieses Produkt löst sich ohne Rückstand als reversibles Kolloid in Wasser. Es kann gezeigt werden, daß Seide beim Kochen mit dieser Lösung angefärbt wird, bei Zugabe von Natriumsulfat wird durch dessen aussalzende Wirkung der Effekt verstärkt. Außerdem wird das kolloide Mo_3O_8 auch von feinteiligem Aluminiumoxydhydrat aufgenommen, es bildet sich ein Farblack vom Typ des Aluminiumalizarinats.

Kolloides Eisen(III)-hydroxyd. Wird in einer Eisen(III)-salzlösung die p_H-Zahl langsam durch Zugabe von Hydroxylionen gesteigert, so wird nicht unmittelbar $Fe(OH)_3$ zur Ausfällung gebracht, sondern unter Wasserabspaltung tritt eine Aggregation oder Kondensation unter Bildung von fortlaufend höhermolekularen Teilchen nach folgender Gleichung ein:

$$2Fe^{+++} + 2OH^- \rightarrow Fe^{++}{-}O{-}Fe^{++} + H_2O$$

$$2Fe^{++}{-}O{-}Fe^{++} + 4OH^- \rightarrow Fe^{++}{-}O{-}\underset{\displaystyle OH}{\underset{|}{Fe}}{-}O{-}\underset{\displaystyle OH}{\underset{|}{Fe}}{-}O{-}Fe^{++}$$

Bei genügend weitgehender Aggregation können die Teilchen kolloide Dimensionen annehmen, so daß man bei Vermeidung einer Ausflockung kolloide beständige Sole von Eisen(III)-oxydhydrat erhält.

288. Eisen(III)-hydroxydsol. 6 g Ammoniumcarbonat werden in 25 cm³ heißem Wasser gelöst und nach dem Erkalten ungefähr zwei Drittel davon unter Rühren zu einer Eisen(III)-chloridlösung gegeben, die man sich aus 7,5 g Eisen(III)-chlorid in 25 cm³ Wasser hergestellt und filtriert hat.

Nun wird ein Zehntel der weitgehend neutralisierten Lösung abgegossen und der übrige größere Teil tropfenweise mit Ammoniumcarbonatlösung weiter versetzt, bis sich der an der Eintropfstelle entstehende Niederschlag von Eisen(III)-oxydhydrat gerade nicht mehr auflöst. Nun fügt man zu dessen Auflösung einen Teil der vorher abgetrennten, noch schwach sauren Lösung hinzu. Nach dem Abfiltrieren etwa vorhandener Trübungen kommt die Lösung, sofern ein Schnelldialysator nach Abb. 57 nicht zur Verfügung steht, in eine Dialysierhülse, die man in ein mit destilliertem Wasser gefülltes Gefäß hängt. Das Wasser wird täglich erneuert. Durch Diffusion der Ionen bleibt in der Hülse eine reine, kolloide Lösung von Eisenhydroxyd zurück. Die noch in ihr enthaltenden Chlor-Ionen sind von dem Sol adsorbiert und lassen sich durch Fortsetzen der Dialyse nicht mehr entfernen, wie die Proben auf Anwesenheit von Chlor-Ionen im Dialysat, an denen man die Reinheit des Sols prüft, anzeigen. Die erhaltene Lösung ist haltbar (in der Kälte aufbewahrt), wird aber durch Kochen, Elektrolyse oder Zusatz von Elektrolyten ausgeflockt.

Kolloide Kieselsäure. Sole vom Siliciumdioxydhydrat werden ähnlich wie das Eisen(III)-hydroxydsol durch p_H-Veränderung, in diesem Falle durch Säurezugabe zu der durch Hydrolyse alkalisch reagierenden Natriumsilikatlösung, erhalten. Außerdem besteht die Möglichkeit, Dämpfe von Siliciumtetrachlorid hydrolysieren zu lassen. Die bei diesen Reaktionen entstehenden Elektrolyte müssen durch Dialyse entfernt werden. Eine Verseifung von Kieselsäuretetramethyl- oder -äthylester[1] ergibt neben dem Kieselsäureoxydhydrat, welches unter bestimmten Versuchsbedingungen kolloid anfällt, nur den entsprechenden Alkohol, der erstens ein Nichtelektrolyt ist und zweitens durch Temperaturerhöhung evtl. noch im Vakuum entfernt werden kann.

289. Kolloide Kieselsäure. 20 g krystallisiertes Natriummetasilikat werden in 70 cm³ heißem Wasser gelöst und die Lösung, falls notwendig, filtriert. Hiervon wird nun unter Umrühren soviel in eine Mischung von 20 cm³ 37proz. Salzsäure und 40 cm³ Wasser eingetropft, bis eine durch zugegebenes Phenolphthalein an der Eintropfstelle auftretende Rosafärbung nicht mehr verschwindet. Das erhaltene Kieselsäuresol wird im Dialysierapparat von den anwesenden Elektrolyten befreit, bis das im äußeren Teil des Dialysierapparates sich befindende Wasser chloridfrei ist.

c) Sulfidhydrosole.

Allgemeines. Zur Darstellung von Metallsulfidhydrosolen sind die leichtlöslichen Schwermetallsalze als Ausgangsmaterial nicht geeignet, weil die Metallionenkonzentration in denselben zu hoch ist und bei der Umsetzung mit Schwefelwasserstoff starke Elektrolyte gebildet werden, so daß Solbildung nur in äußerster Verdünnung eintreten würde. Metalloxyde würden für diesen Zweck besser geeignet sein, da bei ihrer Umsetzung mit Schwefelwasserstoff nur Wasser entsteht. Da es aber kaum in Frage kommende wasserlösliche Oxyde gibt, ist dieses Prinzip im wesentlichen auf die Arsensulfidhydrosolherstellung beschränkt. Das Trioxyd des Antimons ist schon zu wenig löslich, um Hydrosole höherer Konzentration zu erzielen. Man verwendet in diesem Fall das Kaliumantimonyltartrat (Brechweinstein) als Ausgangsmaterial, ist jedoch nun wegen der durch die Reaktion entstehenden Elektrolyte wieder an relativ geringe Konzentrationen gebunden.

290. Arsentrisulfidhydrosol. Glasiges Arsentrioxyd wird längere Zeit mit destilliertem Wasser gekocht, so daß eine konzentrierte wässerige Lösung entsteht. Man läßt die Lösung auf Zimmertemperatur abkühlen, 50 cm³ dieser Lösung werden auf 200 cm³ verdünnt und Schwefelwasserstoff eingeleitet. Es entsteht nach kurzer Zeit ein intensiv gelbrotes oder gelbes oder bei höherer Verdünnung auch grünlichgelbes Sol. Um konzentriertere Sole zu erhalten, löst man in dem Hydrosol erneut Arsentrioxyd und fällt wiederum mit Schwefelwasserstoff. Die bei mehrfacher Durchführung unvermeidlich entstehenden grobdispersen Anteile müssen durch Filtration entfernt, der Schwefelwasserstoff durch einen Luftstrom ausgetrieben und das Sol zuletzt durch Dialyse gereinigt werden.

291. Antimontrisulfidhydrosol. 0,2 oder 0,3 g Kaliumantimonyltartrat werden in 100 cm³ Wasser gelöst und in die Lösung Schwefelwasserstoff eingeleitet. Antimontrisulfid entsteht in Form eines gelbroten Sols. Zur Vermeidung einer Ausflockung wird nicht zulange eingeleitet und das erhaltene Sol dialysiert.

Kolloides Quecksilbersulfid. Es ist bekannt, daß sich Quecksilbersulfid im Gegensatz zum Verhalten in Ammoniumsulfid in Alkalisulfiden auflöst unter Bildung eines Thiokomplexes nach folgendem Gleichgewicht:

$$HgS + S^{--} \rightleftharpoons HgS_2^{--}.$$

[1] Thiessen, P. A., u. O. Koerner: Z. anorg. allg. Chem. **182** (1929) 343.

Ein Überschuß an Alkalisulfid wird also die Komplexbildung begünstigen. Wird nun eine solche Lösung mit überschüssigem Alkalisulfid, also mit Quecksilberthiosalz mit sehr geringer rückläufiger Aufspaltung, verdünnt, so entstehen im ersten Moment wegen der geringen Sekundärdissoziation wenig Keime an ungelöstem Quecksilbersulfid, die durch Nachlieferung nach obigem Gleichgewicht allmählich wachsen, dadurch zu größeren Teilchen aggregieren und darum als grobflockiger Niederschlag allmählich ausfallen. Geht man jedoch von einer Lösung aus, die ohne einen Alkalisulfidüberschuß ein durch sofortige Sekundärdissoziation bei Verdünnung aufspaltbares Komplexsalz enthält, so entstehen bei hoher Bildungsgeschwindigkeit sehr viele Keime, die sehr bald das gesamte Quecksilbersulfid zur Ausscheidung bringen, also nicht mehr wachsen können und daher als Sol bestehen bleiben.

292. Quecksilber(II)-sulfidhydrosol. Zu 1 cm^3 einer gesättigten Sublimatlösung gibt man vorsichtig eine gesättigte Lösung von Natriumsulfid (s. S. 113), so daß gerade eine vollständige Lösung eingetreten ist. Die Lösung von Natriumthiomerkurat wird unter heftigem Umrühren in 1 Liter destilliertes Wasser gegossen. Nach kurzer Zeit scheidet sich das Quecksilbersulfid mit zuerst dunkelbrauner, dann schwarzer Farbe als haltbares Sol ab.

Wird eine Thiosalzlösung mit einem Überschuß an Natriumsulfid verwendet, so ist anfänglich bei gleichem Vorgehen keine Abscheidung von Quecksilbersulfid zu beobachten, nach einiger Zeit scheidet es sich aber in Flocken ab. Keine Solbildung!

d) Halogenidhydrosole.

Allgemeines. Von den Erscheinungen, die man bei argentometrischen Titrationen beobachten kann, ist die Tatsache bekannt, daß bei Zugabe von Silbernitratlösung zu einer Kaliumjodidlösung in hinreichend verdünnten Lösungen das Silberjodid zunächst in kolloidem Verteilungszustand anfällt. Bei weiterer vorsichtiger Zugabe von Silbernitrat flockt dieses zunächst entstandene Kolloid an dem Punkt aus, wo gerade ein Mol Silbernitrat zu einem Mol Kaliumjodid zugegeben worden ist. Diesen Punkt nennt man den Klarpunkt, weil das Silberjodid sich unter Bildung einer klaren Lösung als Bodenkörper absetzt. Diese Erscheinung hat eine kolloidchemische Ursache: Wird die Silbernitratlösung zur Kaliumjodidlösung langsam hinzugegeben, so ist neben dem in festem Zustand abgeschiedenen Silberjodid auch noch gelöstes Kaliumjodid und Kaliumnitrat vorhanden. Durch Untersuchung des elektrophoretischen Verhaltens kann nachgewiesen werden, daß das Silberjodid in kolloider Form negativ aufgeladen ist. Es muß also negative Ionen absorbiert haben. Wird ein analoger Versuch im umgekehrten Verhältnis angestellt, also so, daß z. B. Kaliumjodid in überschüssiges Silbernitrat gegeben wird, so erhält man Teilchen mit positiver Aufladung. Die Ionen des durch Umsetzung entstandenen Kaliumnitrats können hieran nicht beteiligt sein, sondern es ist anzunehmen, daß im ersten Falle das negative Jodion, im zweiten Falle das positive Silberion die Ladung bewirkt. Wird diese Aufladung durch restlose Ausfällung aller Jodionen bzw. aller Silberionen zum Verschwinden gebracht, also am Äquivalenzpunkt, so wird damit auch die Stabilität des Sols aufgehoben und es tritt Koagulation ein.

293. Silberjodidhydrosol. 2···3 cm^3 einer 0,1normalen Kaliumjodidlösung werden auf 100 cm^3 Wasser verdünnt und 1···2 cm^3 einer 0,1n Silbernitratlösung hinzugegeben. Es entsteht ein grüngelbliches milchiges Sol, das in Gegenwart von überschüssigem Elektrolyt, in diesem Falle Kaliumjodid, lange haltbar ist. Eine weitgehende Dialyse dieses Sols würde die Stabilität nur herabsetzen.

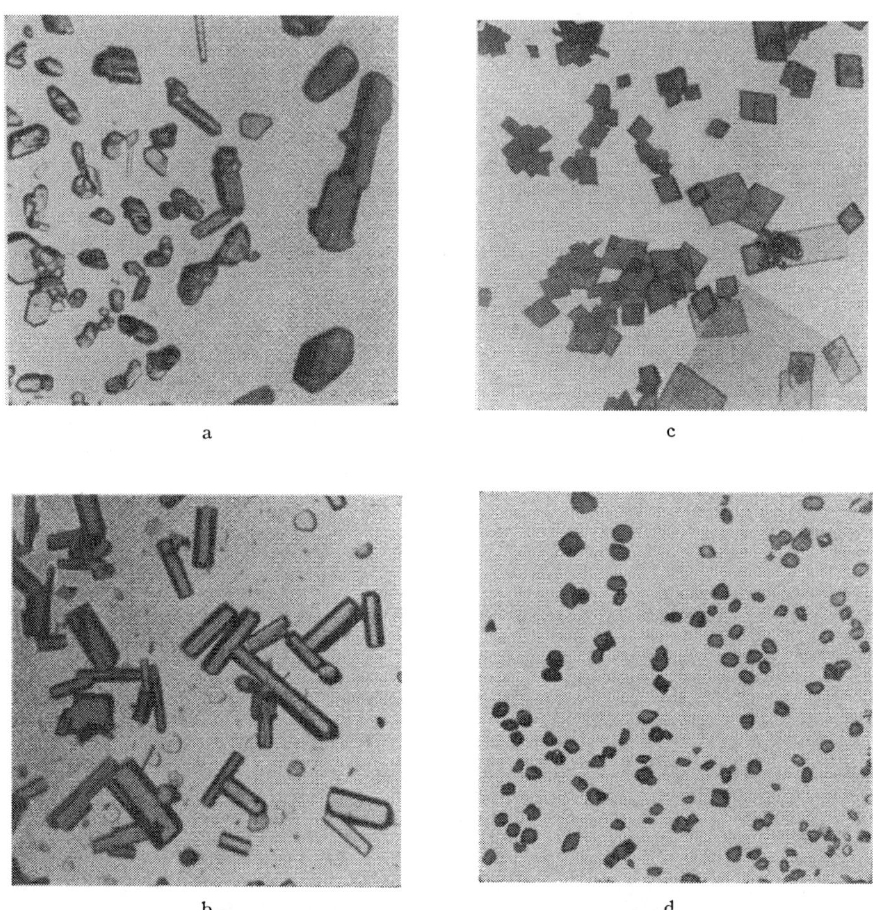

Abb. 58. Mikrochemische Charakterisierung von Komplexsalzen.
a $[Co\,(NH_3)_6]\,Cl_3$ aus gesättigter, wässeriger Lösung; b $[Co\,en_3]\,Cl_3 \cdot 3\,H_2O$ aus gesättigter, wässeriger Lösung; c $[Co\,en_2Cl_2] \cdot HCl \cdot H_2O$ aus salzsaurer Lösung; d $[Co\,(NH_3)_5Cl]\,Cl_2$ aus gesättigter, wässeriger Lösung.

Literatur.

Bernhauer: Einführung in die organisch-chemische Laboratoriumstechnik. Wien: Springer 1949. — Biltz, H. u. W.: Übungsbeispiele aus der unorganischen Experimentalchemie, Leipzig 1907. — Emeléus, H. J., u. J. S. Anderson: Ergebnisse und Probleme der modernen Chemie, übersetzt von K. Karbe. Berlin 1940. — Gattermann-Wieland: Die Praxis des organischen Chemikers, Berlin u. Leipzig 1937. — Gmelin: Handbuch der anorganischen Chemie, 8. Auflage, Berlin. — Jander, W.: Lehrbuch für das anorganisch-chemische Praktikum, herausgegeben von K. E. Stumpf u. G. Jander, Leipzig 1944. — Moser, M.: Die Reindarstellung von Gasen. Stuttgart 1920. — Riesenfeld, E. H.: Anorganisch-chemisches Praktikum. Leipzig 1932. — Weinland, R., u. Chr. Beck: Darstellung anorganischer Präparate. Dresden u. Leipzig 1913. — Weygand, C.: Organisch-chemische Experimentierkunst. Leipzig 1948.

Sachverzeichnis.

(Die in Klammern gesetzten Zahlen bedeuten die Nummern der Präparate.)

(IV/5/1) Buchdruckerei Paul Dünnhaupt, Köthen (Sachsen-Anhalt).

Berichtigung.

S. 168, Z. 9 v. o.: statt $[Co(NH_3)_6]Cl_3$ **lies** $[Co(NH_3)_6]Cl_2$.

S. 169, Z. 24 v. u.: statt $[Co(NH_3)_6Cl]Cl_2$ **lies** $[Co(NH_3)_5Cl]Cl_2$.

Hecht, Präparative anorganische Chemie.

Zeitfracht Medien GmbH
Ferdinand-Jühlke-Straße 7
99095 Erfurt, Deutschland
produktsicherheit@kolibri360.de